JN155162

ネコの行動学

パウル・ライハウゼン　今泉みね子訳

丸善出版

Katzen

eine Verhaltenskunde

6th edition

by

Paul Leyhausen

Printed in Japan

ネコの行動学●目次

はじめに……6

Ⅰ　獲物に対する行動

II　社会行動

はじめに

本書の課題

「たとえこの数年の間に哺乳類の行動についての出版物が増えたとしても、まだ比較行動学はこの分野ではとくに多くのことをなしとげなければならない。哺乳類は飼育も繁殖も、そして野外での観察もむずかしい。また、哺乳類の行動は種ごとに大きく異なる。だから、これまでにザイツ（一九四〇、一九四三、一九四九）がカワスズメ科で、ティンバーゲンら（一九四七、ヴァン・イーゼル　一九五三）がトゲウオで、ローレンツ（一九四一）がカモで、あるいはベーレンズ（一九四一）とアドリアンゼ（一九四七）がジガバチで、ファーバー（一九二九、一九三二、一九三六）とヤコブス（一九五〇、一九五三）が直翅類で私たちに見せてくれたようなくわしい分析、あるいはそれにいくらかでも似たような分析すら、哺乳類では一度としてなしとげることはできなかった。哺乳類の行動の研究は、まだほとんどすべて記述で終わっているのである。これから報告する観察と実験も、本質的にはその域を出ていない」

　このような言葉で、私は本書の第一版をはじめた。当時から現在までの間に、飼育されている哺乳類および野外で生息する哺乳類の行動、とくに霊長類の行動については、ここではあげきれないほどたいへん多くの研究が発表された。ここで報告する研究に直接意味のあるものだけは、本文中の適切な箇所で引用していくつもりである。それでもこうした研究はいまだにほとんどが記述的である。したがって、これらの研究はほかの動物群での研究ほどには一般的な行動理論に応用することができない。この事実は当時とあまり変わってはいないのである。だから次にあげる本書の課題も、第一版のそれとあまり変わりがない。

一、観察、比較、慎重な実験によって、ある高度に進化した哺乳動物の行動システムの進化の足跡をたどり、さまざまな要素がおたがいにどう働き合っているのか、この行動システムがそれぞれの個体で発達してくるときに、各要素がどのように関与しているのかをさらに解明し、実際の行動の流れにおけるいろいろな因果関係をくわしく分析する。

二、生理学や薬理学の実験室のように、他の手段や問題設定の下でネコを研究している学者たちに、かれらが使っている実験動物、つまりネコがもつ性質や表現のしかたをよりよく理解してもらい、こうした学者たちが、自分の実験結果をより的確に、そして細かい点において、より多くのことを評価できるようにする。そうなれば、研究に必要な実験の数も少なくなるのではないか、という願いもここには込められている。

三、得られた結果から、ネコだけに見られるステレオタイプを取りのぞき、一般的な哺乳類のステレオタイプを引き出して、それをもとにして、こうも混乱した私たち人間の行動をも解明する。では、なぜこの点で、よりによって食肉動物の研究が霊長類のそれとともに利用価値が高いのだろうか。

シャラーとロウザー（一九六九）はこれを、単独生活をいとなむ食肉類ならびに群れ生活をいとなむ食肉類の野外での比較研究から納得のいく形で説明した。すなわち、狩り、とくに大型動物の狩りが原人の生活でますます多くの役割をはたすようになるにつれて、人間たちの生態学的な状況は変化した。その結果、食肉類の行動に似たような行動様式が人間においても見られるようになったのである。だが、人間にもっとも近い霊長類の行動様式にはこのような平行現象が見られなかったし、いまもないから、霊長類の研究はこの疑問を解明するには十分でないのである。

人間の生態学的状況の二つ目の重要な変化は、農耕と定住生活への移行である。これも人間の行動の発展に影響をあたえずにはいなかった。人間の行動様式のまさにこの側面を理解するのにも、ネコの研究はいくつかの貢献をした（ライハウゼン　一九六五a、一九七一）。これには私自身もたいへんおどろいた！

研究期間と研究方法

一九四九年の冬から一九五五年のはじめまで、私は合計三〇頭のイエネコで観察と実験をおこなった。それぞれのネコには番号をつけ、さらに番号の前に雄ならM、雌ならWとつけた。比較のためにブラジルのジャガーネコを一頭飼った。これについてはすでにべつの論文で報告した（ライハウゼン　一九五三）。さらに一頭のサーバルも飼った。一九四九年一一月から一九五二年六月まで、私はボンのケーニッヒ博物館で研究室一部屋、動物の飼育舎一つ、五つの小屋、一つの実験室、ならびに六つの屋外の檻を使うのを許された。さらに一九五二年の六月から一九六〇年までは、ゲッティンゲン大学の動物学研究所で二、三の屋内の部屋と屋外の檻一つをもつことができた。そのほかに、ノラネコを観察し、また多くの動物園でも観察をした。マックスプランク行動生理学研究所のヴッパータール研究グループが設立されてからは、さらに多数の種類のネコを、以前よりはるかにすぐれた飼育条件の下で研究できるようになった（ライハウゼン　一九六二b）。記録には口述用レコーダー、映写機、カメラを用いた。あらゆる声はつねにテープレコーダーに録音した。声の録音はいまも進行中である。いまでは、何年間にもわたって研究所に飼われたすべてのネコ類、および動物園や個人が飼育する他の多くのネコ類について、広範な記録資料がある。ピューマ、ウンピョウ、トラ、ライオン、ヒョウ、ジャガー、およびトラとライオンの雑種、ヒョウとライオンの雑種、ヒョウとジャガーの雑種の声についての比較研究はすでに出されている（ペータース　一九七八）。それ以外の種についての同様の研究（ペータースとトンキン　印刷中）、および喉を鳴らす声についての研究も現在準備中である（ペータース）。けれどもスペースの関係から、これらの結果がすべて本書に収録されているわけではない。

　記録の取り方については、次のような点も指摘しておかなければならない。特別な疑問があって、それに答えを出すためにおこなわれた実験はべつとして、ふつうは記録者は実際に起こったことの経過だけを、省略やカテゴリーづけや比較その他なしに、まるでそれをはじめて見たかのように書くように、きびしく指示されている。問題提起やそれ以外のすべてのことは、のちに記録を評価したあとにおこなわれる。こうしないと、問題提起や予備知識が、記録することや記録のしかたに影響をおよぼしすぎるからである。**量的**な分析を目的とした観察、そしてとりわけ実験は、たいていの場合、そこで使われる定量的、とくに統計的な方法の特殊性を配慮して、あらかじめ計画することができる。けれども、量的な分析よりも先におこなわれなければならない**質的**な分析は、上に述べたような方法によってしか、本当の成功はのぞめないのである。

獲物に対する行動

ある一つの動物の種の「自然な」状況における**正常な行動**とはなにか、という疑問は、私が見るかぎり、以下の**三つ**の意味で出すことができる（ライハウゼン　一九六五b）。

一、さまざまな行動様式について、そもそもそこでなにが起こるのか。ある状況が、その種が生息する環境の中でとてもひんぱんに起こり、その結果、その動物の適応状態と適応能力（ガウゼ　一九四二）の発達に淘汰(とうた)圧をくわえるなら、それらすべては正常とみなさなければならない（「行動の幅」）。

二、なにがどの程度の確率で期待できるのか。統計的にみてひんぱんにおこなわれる行動、つまり平均的な行動がわかれば、個体群の行動を評価するための「標準」を出すことができる。次にこの標準をもとに、もし条件がいくらか変わった場合に個体がどういう行動をとるかをかなりのパーセントの確率で予測することができる。これは多くの実践上の目的にとっては重要であり、またこれで十分足りる。だが、そのときに考慮しなければいけないのは、個体群ごとに統計的な可能性の分布は異なることがあるということである。これは、飼育されている個体の特殊な「生態的状況」にもあてはまる。だから**「統計的標準」は、厳密にはそれが調査されたときの状況についてのみ、有効なのである**（「行動の確率」）。

三、すべてが「まったくスムーズに」運んだときには、動物はどのように行動するか。この疑問はたいていは条件法で出されるべきである。つまり、もし、ネコが砂利(じゃり)の上ですべらなかったら、もし、ラットがちょうどよい瞬間に仰向けに身を投げ出さなかったら、もし、ネコがこれほど臆病すぎなかったら、なりゆきはどうなっていただろうか、というようにである。「もともと意図したとおりに」、なんの障害もなく経過する、この「理想的な標準」は、行動を質的に分析するには大きな意味があり、だからまた、行動自体がもつ質的—構造的な効果のしくみを理解するのにも重要である。つまり、この理想的な標準は、抽象的なことや推測的な空想図しか表現していないという意味で「理想的」なのでは決してない。たとえ、この標準が場合によってはほとんど一度として、あるいはきわめてまれにしか「純粋な形」では起こらず、すでに知られていることからだけ推定されるか、形として知覚できるだけであってもそうである（ライハウゼン　一九六一、ローレンツ　一九五九、一九六三）。実際はまさにその反対で、理想的な標準は、動物の中にある**非常に現実的な不変性**である。つまり、行動がどのようにさまざまな形でおこなわれても、かならずその中に存在するのである。量的—統計的な方法を投入する**前に**、かならずこの標準を明らかにしておかなければならない。それがおこなわれてはじめて、それならなぜ、その行動がこうもさまざまな形をとっておこなわれるのかとか、なぜおこなわれる頻度にこうもばらつきがあるのか、という要因を調べる段階に移ることができるのである。**ある行動システムの質的—構造的な成り立ちを調べたい研究者にとっては、観察された事例の中でまれにしか起こらなかった過程が、しばしば他のすべてのそれよりも重要であることがある**（「典型行動」）。

このように、「正常な行動」のことを論じたいなら、まず最初に、この**三つの基準**のどれのことを話しているのかを、正確に述べなければならないのである。

それでもつねに考えなければならないのは、ある一つの生き物にまつわるすべてのことには、少なくとも二つの成立の歴史がある、という点である。すなわち、その生き物が属する種の進化の歴史（系統発生）と、それぞれの個体の発達の歴史（個体発生）である。系統発生は、受精したばかりの卵細胞からなにができるかを決定する。ニワトリの卵からは決してワニは生まれない。一方後者、つまり個体発生は、それぞれの個体について、そこからなにが実際に生じるか、ということを決定する。そこでは、すべてとはいわないまでも大部分において、個体の遺伝的な差異が共に作用している。

けれども、生物を構造だけでなく、いろいろな機能として見てみよう。とりわけ、かならずしもいつも同じようには起こらない、つまり規則的なリズムでは起こらないような機能として考えてみよう。そうすれば、ある生物の体が発生したとしても、それが機能するには、その機能はそのつど新たに引き起こされなければならない、ということがわかる。つまり機能として見たときの生物は、もう一つの発生の歴史をもっているのだ。毎回独特で、特別で、そしてそれぞれの時点ごとに起こる成立の歴史である。行動様式については、私はこの発生史を、形態心理学に由来するAktualgenese（現実的発生）の概念にのっとって、Aktogenese（現時点での発生）と名づけている。

どのような小さな行動要素にも、こうした三つの発生史が作用しており、これら三つすべてを解明しなければ、分析は不完全なままに終わる。

行動学では、なにが「生得的」の概念で、なにが「学習」の概念で検討されるべきかをめぐる論争はいまだに終わっていない。私は両概念をこれから本文の中でさまざまに使うので、次のことははっきりさせておきたい。

これらの概念は、古典的な遺伝学で環境に左右されない形質と、環境に変動される形質として知られていることを、やや手作り的に、安易に表現したにすぎない。ヨーロッパの行動学者のだれひとりとして、これ以外の解釈をした人はいない。「生得的な」行動様式の中に、後成説的でないもの、つまり個体発生の途上で遺伝と環境との共同作用によって生まれるのではないものがある、などと考えるのはばかげている。たとえばクオ（一九六七）は私たちがそれを言ったと主張しているが、そのようなことはない。だから私たちは、攻撃やそのほかのなんらかの行動が「遺伝子の中に」ある、とは考えない。新しい家に取りつけられる窓自体は、青写真には載ってはいないのだ。けれども、青写真は家にいくつの窓が、どこに、どのように取りつけられるかは決定する。

もし、環境の影響を受けない形質がなかったなら、メンデルは決して最初の考察も実験もしようと思わなかっただろうし、こんにち遺伝学などはなかっただろう。環境の影響を受けない行動様式がまったくないなら、さまざまな種の間の類縁関係を解明するのにそれを使えないはずである。だが、実際にはそれは多くの場合でおこなわれ、成功をもたらしたし、現在もおこなわれているのである。環境の影響を受けない行動様式が障害なのではない。まさにその反対で、環境しだいで変わる、適応能力のある行動様式が発達し、機能するためには、環境の影響を受けない行動様式は欠くことのできない前提条件なのである。これについては、本書でもまだ述べることになる。

社会行動

ネコ科の大部分の種は、群れ生活をいとなまずに、単独でなわばりをもつ動物だとみなされている。同じ種に属する仲間どうしは交尾のためだけに出会い、子どもはある程度自活できるようになるとすぐに、母親やきょうだいたちから離れると考えられている。

そこで私は、単独生活をいとなむ小型ネコ類の「典型的な」代表であるイエネコが、「自然に近い」条件のもとでは、実際にどのような社会的関係をつくっているのか、そして狭く限定された環境の中で複数のネコが飼われるといった「不自然」な人為的条件のもとでは、イエネコが社会行動をどのようにこなしているのかを調べることにした。

イエネコが環境に対してどのようにふるまっているか、とくに未知の領域での探索行動について、私はかつて詳細な論文を書いたことがある（一九五三）。そこでも述べたことだが、イエネコの環境に対する関係は、イエネコがそこで他の動物に出会ったときに、そのなりゆきを決める決定的な要因になる。これは相手が同種でも、異種の動物でも同じである。これから紹介する観察や実験をもとに、ネコの社会的な関係をつくり、また可能にしているいくつかの基本的な行動様式をくわしく検討していきたい。これらの実験や観察でも、私はネコの環境に対する関係には十分な配慮をしてきたつもりである。

それではまず、ネコが獲物をとらえるときの典型行動からはじめることにしよう。

I　獲物に対する行動

第1章

獲物への接近

ネコが獲物に忍び寄るようすは、ザイツ（一九五〇）がキツネについて述べているのと似ている。いくらか離れたところに獲物がいるのを見つけると、体をかがめて、獲物めざしてさっと走り寄る（「忍び走り」：ライハウゼン　一九五五、図1）。あたりに身を隠すような物陰があるかどうかにもよるが、獲物から二～五メートルぐらい手前のところまで来ると、立ち止まって、待ち伏せの姿勢をとる（図2）。体全体を地面にぴったりつけ、ひじが肩胛骨より上に突き出るほど、前脚を深くおり曲げる。こうして、前足が肩の関節のすぐ下で体をささえるかっこうになる。体はやや縮め、後ろ足の裏全体を地面につける。尾は後ろ向きに伸ばすか、または曲げて体につける。そして尾の先をぴくぴくと軽く痙攣させる。頭は低くたもったまま、前の方に伸ばす。口ひげは大きく広がり、耳はぴんと立ち、前方に向いている。ネコはこの姿勢のまま、獲物を何分間もずっと見つめつづけることがある。そのとき、頭を獲物のどんな小さな動きにも合わせて振る。獲物との距離がまだ大きすぎるようだと、もう一度「忍び走り」をするか、あるいはとてもゆっくりと、慎重に忍び寄って（図3）、獲物にとびかかるのにちょうどよい、近くの物陰までいく。そこまで来ると、もう一度待ち伏せ姿勢をとり、すぐに、あるいはしばらくしてから、とびかかる体勢をととのえる。まず、後脚をだんだん後ろ向きにずり出し、かかとを地面から離す。後ろ足はリズミカルに、上下にこまかく動きはじめ、ついには体の後部全体が、このリズムで大きく振られるようになる。この大きな動きを、クライン（一九三〇／三一、一九三一／三二）は「揺さぶり」と名づけた。これが実際の獲

図1 「忍び歩き」。(a) マウスに近づくW10。(b) 糸に結ばれて垂らされた、死んだスズメに近づくジャガーネコ。スズメはぶらぶらと揺らされている。

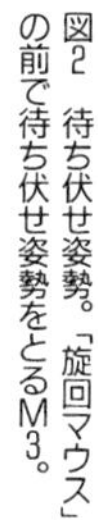

図2 待ち伏せ姿勢。「旋回マウス」の前で待ち伏せ姿勢をとるM3。

図3 M3の忍び寄り。

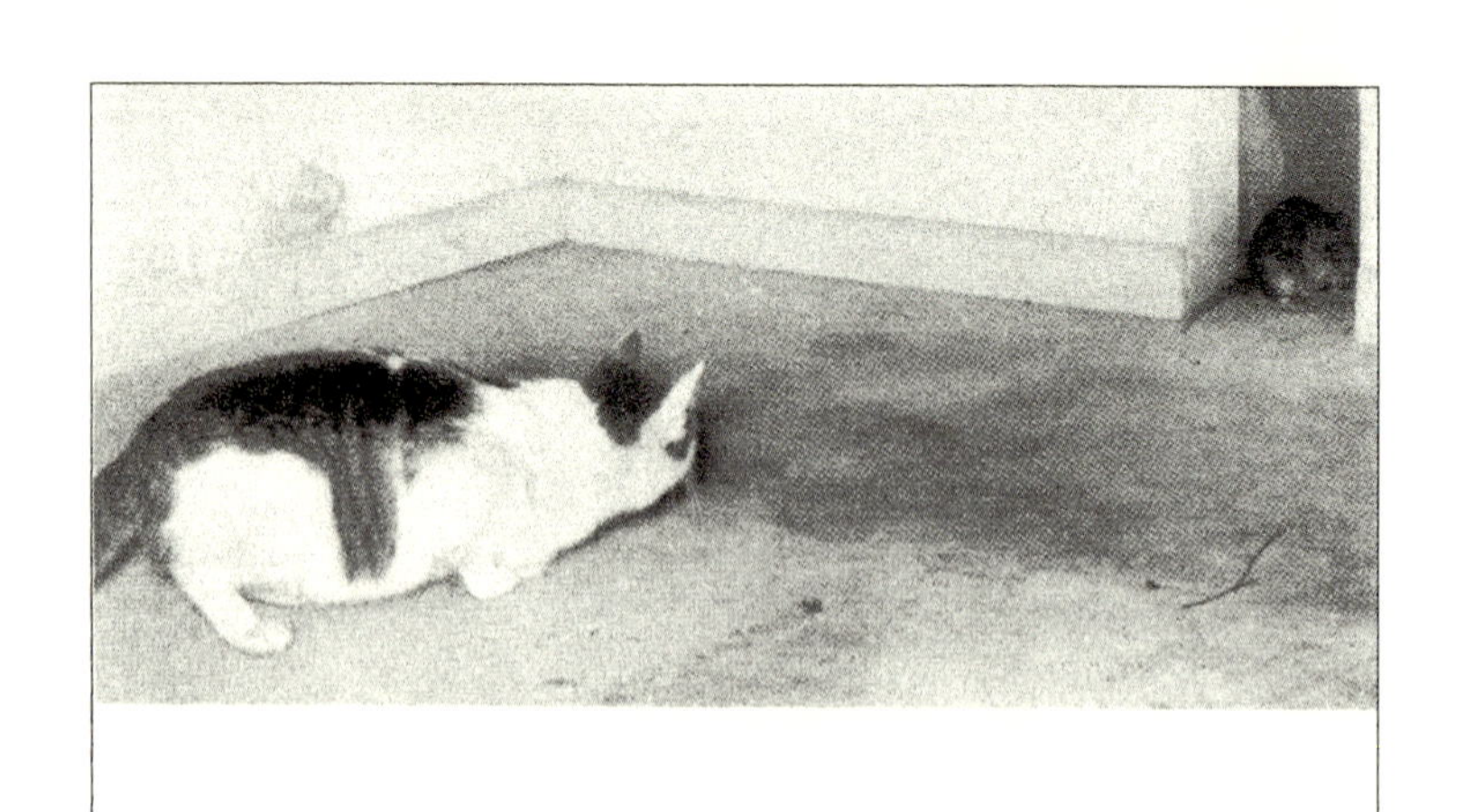

図4　待ち伏せ姿勢からとびかかる準備に入るM3。獲物はドブネズミ。

物捕獲の場で見られることはほとんどなく、子ネコが獲物捕獲の遊びでふざけて、おおげさにおこなうときだけである。本物の獲物を相手にしているおとなのネコは、せいぜいかすかに体を揺らす程度である。尾は後ろ向きに伸ばされ、尾の先はぴくぴくと、ますます激しく痙攣する（**図4**）。

　これらすべての準備態勢がととのってからやっと、ネコは獲物に向かって突進するが、多くの動物学の本に書かれているように、一回大きく跳躍してとびかかるわけではない。むしろ、走りながら、あるいは何回か低い跳躍をして突進する（**図5**）。ついに獲物にとびかかるときも、まだそれまでと同じぐらい低い位置から、獲物に到達する（**図6**）。ただし、マウスのような小型のネズミや、丈（たけ）の高い草にとまっている虫を相手にしたときは例外である。いま述べたような接近のしかたは通用しないからだ。このときは、キツネがネズミにとびかかるように、大きな弧を描いて跳躍することが多い（ザイツ　一九五〇、ズィーヴェルト　一九三六、**図7**）。ただし、キツネは丈の低い草の中にいても、大きな跳躍をする。

　獲物にとびかかるときの最後の跳躍は幅も短く、後ろ足は地面につけたままで、前半身だけをはじきだすように出し、前足を獲物に向かって伸ばす。これは事の安全性と確実性を高める戦術である。獲物に到達するとすぐに、後ろ足を地面

図5　待ち伏せ姿勢からとびかかる瞬間。　上はM12、下はW8。

図6　獲物をとらえる。上)白ラットをとらえるジャガーネコ。下）マウスをとらえるM9。

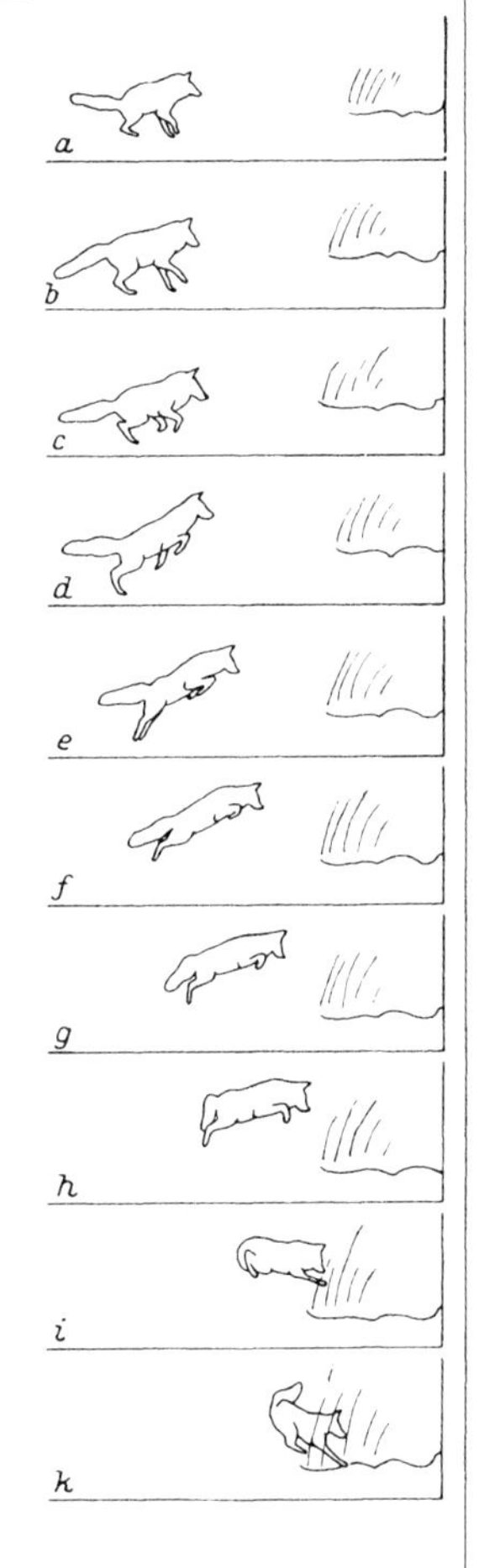

図7　キツネは高くとびあがり、弧を描くようにして、マウスにとびかかる。各映像の間隔は24分の1秒。H.ズィーヴェルト撮影による映画より。科学映画研究所（ゲッティンゲン市）所蔵のフィルムNr.C352。

図8　左）羽ばたくスズメにとびかかるM12。右）糸に結ばれて垂らされた、死んだスズメをねらうジャガーネコ。とびかかるときにも、後ろ足を地面につけたままなので、スズメのぶらぶら揺れる動きを追うことができる。

につっぱって、それまで走ってきた勢いにブレーキをかけ、また両足を大きく開けて立ち、体の安定をはかる。体の安定は、そのあと獲物と闘わなければならなくなった場合にも、あるいは、すぐにきびすを返して逃げなければならなくなったときにも必要だからだ。それに、後ろ足が地面についたままならば、とびかかっているあいだにとつぜん獲物が身をかわしたときにも、それを追えるし、跳躍の長さを大きくすることもできる。これは、空中に舞い上がる鳥をとるときに、とくに重要である。このときはもちろん、ネコは後ろ足も地面からすっかり離してしまうことが多い（図8）。そうなれば成功の確実性は失われる。

この例を私はM3で見た。M3は飛び去るスズメのあとを大きな跳躍で追いかけ、とらえもしたのだが、そのとき、まさしくでんぐり返ってしまった。とび上がったあと前足を先に地面につけたので、体をささえきることができなかったからである。ネコは獲物を放した。もし、スズメがとらえられたときの衝撃で気を失っていなかったら、M3はスズメがすばやく飛び去るのを、指をくわえて見ていなければならなかったところである。

図9のaからlまででは、ジャガーネコがマウスに忍び寄り、獲物に近づくにしたがって体を「平らに」している。m

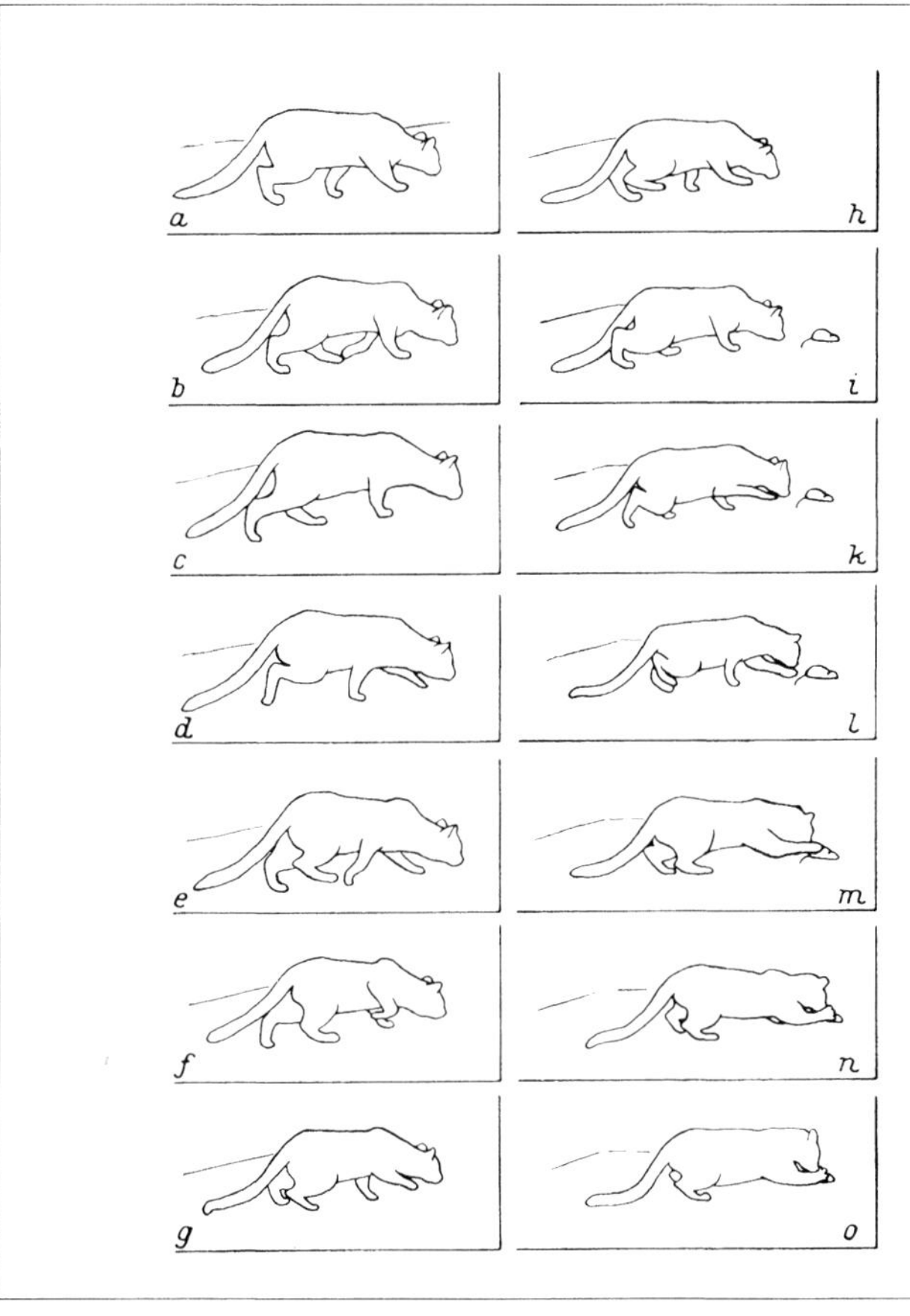

図9　「ビロードマウス」をおそうジャガーネコ。解説は本文。各映像の間隔は一六分の一秒。

は獲物をつかむ直前、ｎとｏではネコはマウスを前足で地面に押しつけ、かみついている。**図10**のａとｂでは雌のサーバルが忍び走りをしているようすがわかる。ｃでは最後の突進にそなえて後ろ足を地面におろそうとしており、ｄでは後ろ足は地面につき、そのまま止まっている。その間に前足が獲物である小さなニワトリをとらえ、地面に押しつけている（ｅ―ｉ）。後脚を前方に引き寄せるのは、前足が獲物をしっかりつかんで、歯も獲物をくわえてからである（ｋ―ｏ）。

経過のしかたの、こまかい部分がとくにはっきりわかるのは、攻撃がその目的をはたさなかったときである。**図11**では、獲物遊びをしている雌ライオンが、雄ライオンを追いかけている。ａでは、雌

図10　ニワトリのヒナを襲う雌サーバル。解説は本文。各映像の間隔は32分の１秒。

図11　二頭のライオンの例。解説は本文。各映像の間隔は36分の1秒。二頭目のライオンは、経過を知るのに必要と思われる箇所にだけ描き入れてある。図はすべてK.フィリップ撮影の非公開の映像をもとに描かれた。映像は科学映画研究所（ゲッティンゲン市）所蔵。図12、13、19も同様。

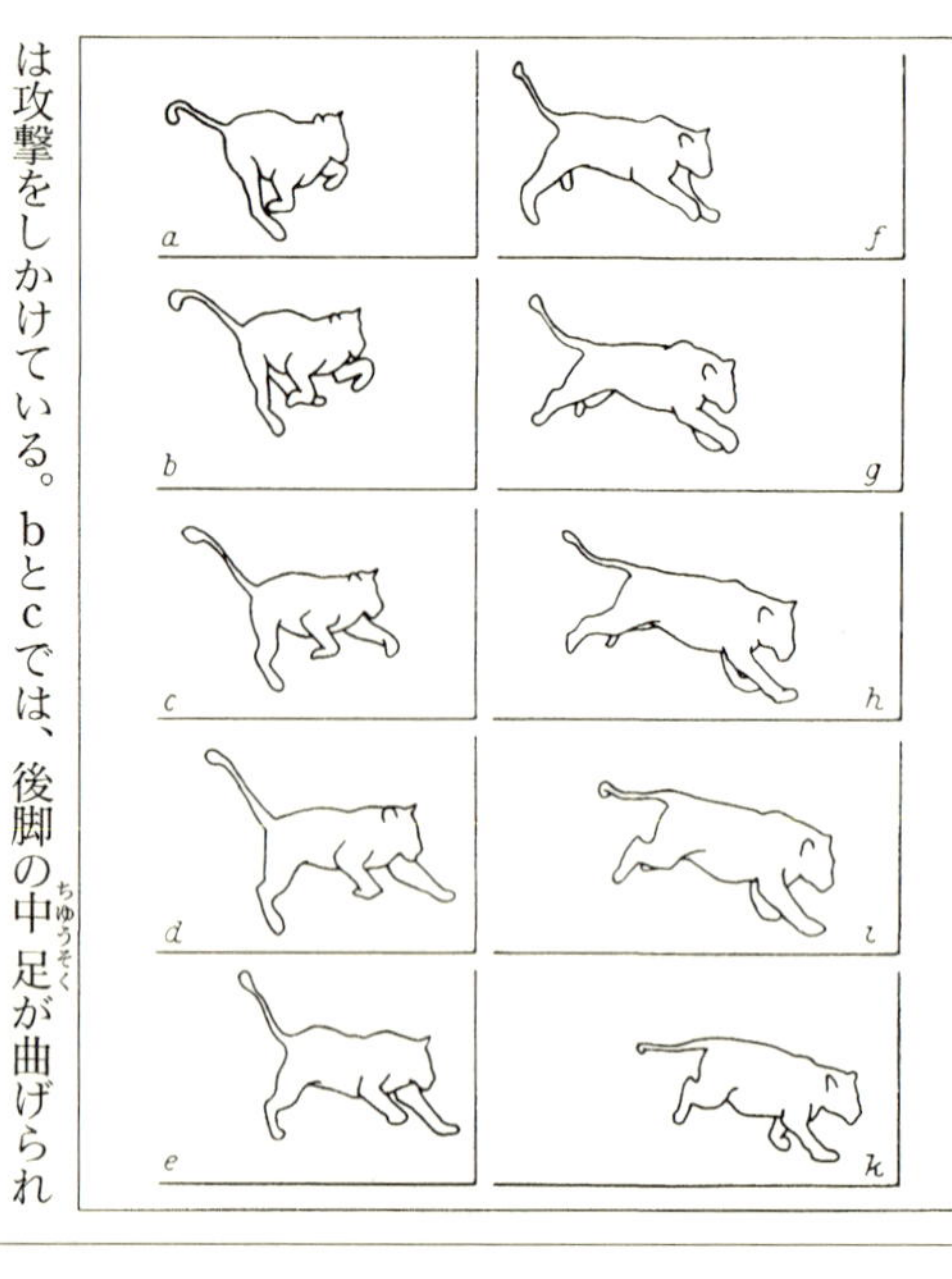

図12　雌ライオンの通常のギャロップでの跳躍。各映像の間隔は三六分の一秒。

は攻撃をしかけている。bとcでは、後脚の中足が曲げられているので、雌ライオンが相手に向かってとびかかる準備をするために、いったん体重を後脚にかけているのがわかる。そうしてからやっと、体を前方にはじき出している(d—f)。おそくともfとgの間で、先に出された右前足が「獲物」に到達していなければならない。けれども「獲物役の雄ライオン」は半円を描くようにして、それをかわしている(c—m)。そのため雌ライオンは、跳躍を延長させたにもかかわらず、相手をつかみそこなっている。攻撃は空ぶりとなる(g—i)。kでやっと、雌ライオンは左前足で雄ライオンの肩をつかむが、そのときにはすでに体は、とびかかりの状態から落下しつつある。それであわてて、前方に引き寄せられた後脚が体重全体を受けとめている(k—m)。そのとき後ろ足は、急ブレーキをかけながら地面を少しすべっている(n—s)［アイブル-アイベスフェルト（一九五〇a）が記載したアナグマの「誇示のブレーキ」を参照せよ］。図のtまできてはじめて、雌ライオンはふたたび通常のギャロップに移行している。通常のギャロップ（図12）や障害物の跳躍（図13）は、このような獲物にとびかかるときの跳躍とはまったくちがった形をしている。ギャロップや障害物の跳躍では、体を地面から離す前に体重がかかとに移されることはないし、とび上がったときに、最初に体重を受けとめるのは前足である。

　これとまったく同じように、チーターも獲物に到達するときに体重を移す(イートン　一九七二a)。時速一〇〇キロメートルで走っているときですらそうする。

　ネコが獲物を高い地点から、たとえば樹上や岩の上などから攻撃するときでも、獲物の真上からとびかかることは一度としてない。どっちみち、獲物の体はやわらかくて動きやすく、どれほど不安定であるかもわからないから、着地点としては都合が悪いのはたしかだが。ネコはこの場合も、とびかかる直前にまず地面にとびおり、そこからはじめて獲物にとびかかるのである。これは獲物捕獲の遊びをする子ネコでも、ほとんど例外なく見ることができる。ハーゲンベック動物園の雌ピューマも、ふざけながら睡眠用の小屋の屋根から「獲物役」の雄を攻撃するときに、同じような行動をとった。

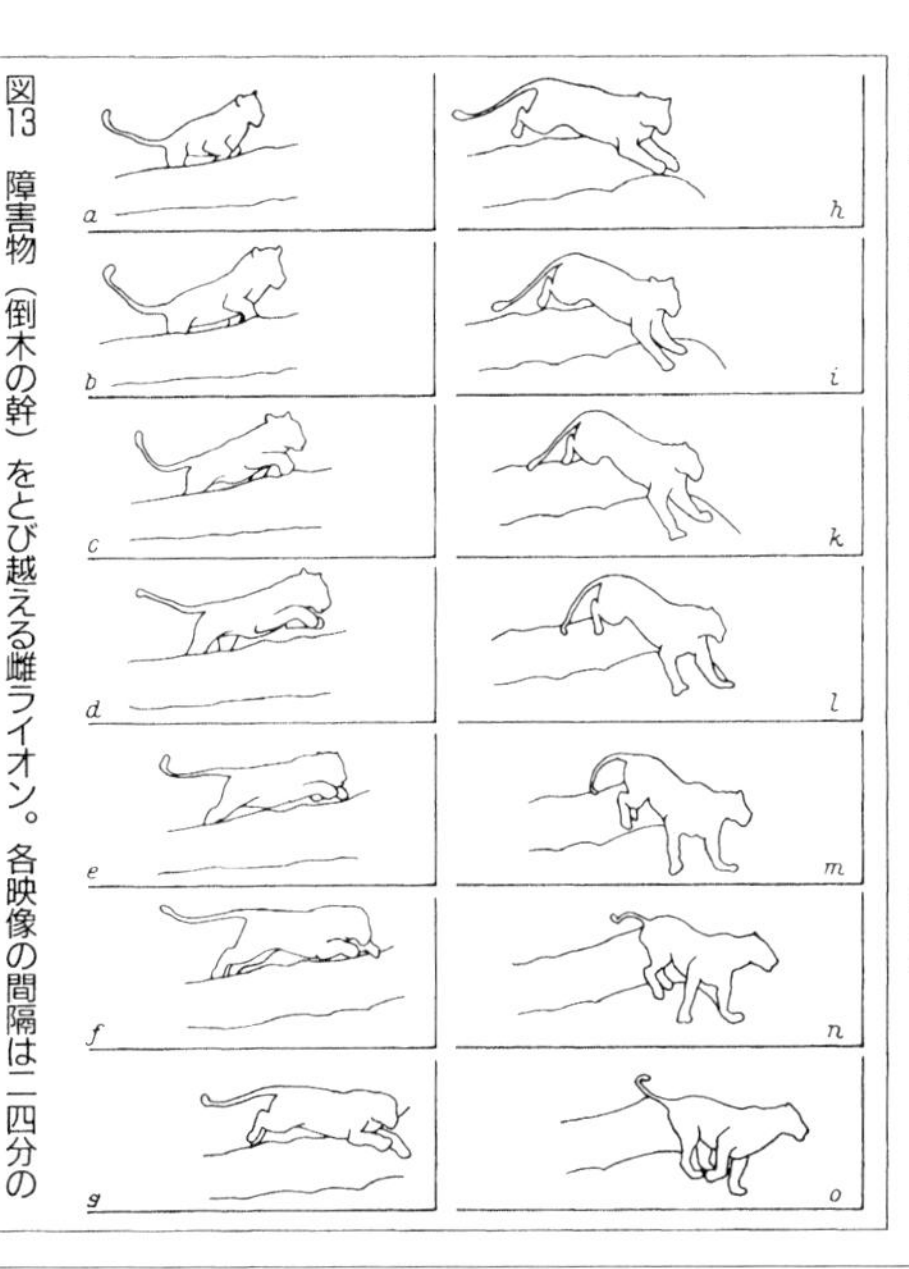

図13　障害物（倒木の幹）をとび越える雌ライオン。各映像の間隔は二四分の一秒。

ヘンマー（一九六八）は、ウンピョウの子どもが遊びでしばしば、母親とかきょうだいといった遊び相手の体の上にとびおりるようすを記載し、本種が同じ行動を真剣な獲物捕獲でもおこなうと考えられるのではないか、と言っている。だが、そう結論することはかならずしもできない。子どもの遊びでは行動が変化することが多く、そうした変形は「真剣な遂行」ではまったくおこなわれないか、あるいはせいぜい、たいへんまれにしかおこなわれないからである。

体の安定、すぐに身を守れる可能性、跳躍の延長と制御がどのような長所をもつかはすでに述べたが、それ以外にも、この攻撃方法がどのような大きな意味をもつかについては、二一二頁以下で見ていく。いずれにせよ、このような攻撃方法をとるために、ネコは他の多くの食肉類のように臆することなく、欲望をむきだしにして、獲物にとびかかることはないのである。死んだスズメに糸をむすびつけ、糸を引いて獲物を動かしてみせる実験をすると、そこからいくらか離れた椅子（いす）の背の上にすわっているのがムナジロテンならば、やみくもに、このスズメにとびかかる。ネコならこのようなことはぜったいにしない。おそらくは多少ともはっきりした意図的動作を、喉（のど）から手が出るほど欲しいこの目標に向かっておこなうだろう。そして、そのときネコは、場合によってはバランスを失うこともあるが、そうなっても、かならずいったん地面にとびおり、そこから鳥をとらえようとする。これまで私は、ネコ類ではたった一種でだけ、テンと似た行動を見た。それは他のネコ類よりも樹上生活に適応しているマーゲイ（ライハウゼン　一九六三）である。ただし、これが見られたのも、遊びにおいてだけである（二三頁参照）。

図14　ジャガーネコ。図8と同じ「飛ぶ獲物」を追っておこなわれる低いギャロップ。

ネコは獲物に接近するときには、その場にあるどんな有利な状況も、身を隠すことのできるどんな場所も利用する。溝の中をつたって忍び寄り、草の茂みの背後を待ち伏せ姿勢をとりながら歩くのだ。けれども、なにもない実験室のむきだしのコンクリートの床の上でも、ネコは身を隠す場所を利用するときとまったく同じようにして、地面近くに身を低くたもちながら忍び寄り、待ち伏せる。たとえば鳴禽類が地面で餌をさがしていて、それをたやすく捕獲できそうな場合ですら、ネコは長い間ようすをうかがっていて、一向にとびかかろうとしないことがよくある。そしてたいていは、ネコが突進する前に、鳥はふたたびいくらか離れたところに飛び去ってしまうのである。鳥がいつまでも一カ所にじっとしていることはまれだからだ。こうして、ネコはまたあらためて、とびかかれるところまで近づきはじめ、またしても待ち伏せ姿勢におちいってしまうのである。こうしたことが何回もくりかえされることもある。そして、たいてい鳥は、身の危険があったことなどまったく気づかずに、最終的にその場から去ってしまう。ネコの方は、期待が裏切られたといった、「ぽかんとした」表情でそれを見送るばかりである。

　そもそもネコは地中の穴にすむ、小型の齧歯類をとるようにできているのだ。小型齧歯類が相手のときは、長い間ようすをうかがって、獲物が逃げこむことのできる穴からじゅうぶん遠くまで離れるのをじっと待つことは、目的にかなっている。もし、マウスやラットが穴に姿をあらわしたとたんにネコが突進するようであれば、毎回つかまえる前に、獲物がふたたび穴に姿を消してしまうはずだからだ。これに対し、私が飼っていたジャガーネコは、小鳥捕獲の本格的な専門家のようだった。イエネコでこうも典型的に見られる待ち伏せ姿勢は、ジャガーネコではほんのかすかな兆候すらもなかった。哺乳(ほにゅう)類の獲物をとらえるときですら見られなかった。獲物の姿を目にしさえすれば、すぐにためらうことなく攻撃をしたのである。一方、私の雌サーバルは、イエネコほどは顕著ではないにしろ、やはりはっきりと目に見えるかたちで待ち伏せをする。

獲物が早めに危険に気づいて逃げようとしたときには、獲物へのとびかかりがあからさまなギャロップへと移行することがある(**図14**)。ネコは最初のとびかかりに失敗すると、飛んでいる獲物でも追いかけることがよくある。そのときも、獲物への最後のとびかかりのジャンプはかならず低い位置でおこなわれるので、ふつうのギャロップとははっきり区別がつく。これについては、すでに**図11〜13**で説明した。

ネコがマウスその他の小さな獲物を、じかに歯でとらえることもときにはある。だが、ふつうはかみつくときに、少なくともちょっとは一方の前足を獲物の上に置く（一九頁の図9参照）。マウスの体に両前足を同時にのせることはまれである。これに対し、獲物が昆虫や小鳥のときには、きまって両前足をたがいにぴったり寄せてとらえる（図15）。カナダで私たちが観察した倉庫のネコは、その地方にたくさんいるバッタをいつもこの方法でとらえた。それでも虫が逃げてしまうと、ネコはすでに述べたような、期待がはずれたという表情でそれを見送った。けれども、そのあと、まだ閉じたままの前足に鼻をぴったりつけ、とてつもなく慎重にそっと開けた。ちょうど人間がハエをとろうとして明らかに失敗したのに、それでも、もう一度手の中を調べてみるのに似ている。まさにこのもう一度調べてみる、という行動があるからこそ、先の表情を「期待がはずれた」と解釈することが擬人化ではなく、正しい解釈であることが証明される。

もっと大型の獲物を相手にしたときにはふつう、まず一方の前足で打ち、獲物が抵抗しなかったら、そのあとすぐに歯でとらえなおす。そのとき鼻先を、獲物を押さえている方の前足に近づけるか、あるいは前足（片方または両方）で獲物を引き寄せて地面からもち上げ、口にもっていく（三八頁の図24c参照）。これら二つの動きが組み合わされることもあり、それはふつう小型の獲物でもおこなわれる。手で口にもっていく行為は、獲物が穴などの狭い隠れ場所に逃げこんでしまって、ネコが頭をそこに突っこむことができない場合には、唯一できる方法である。このときには、ネコは爪を大きく開

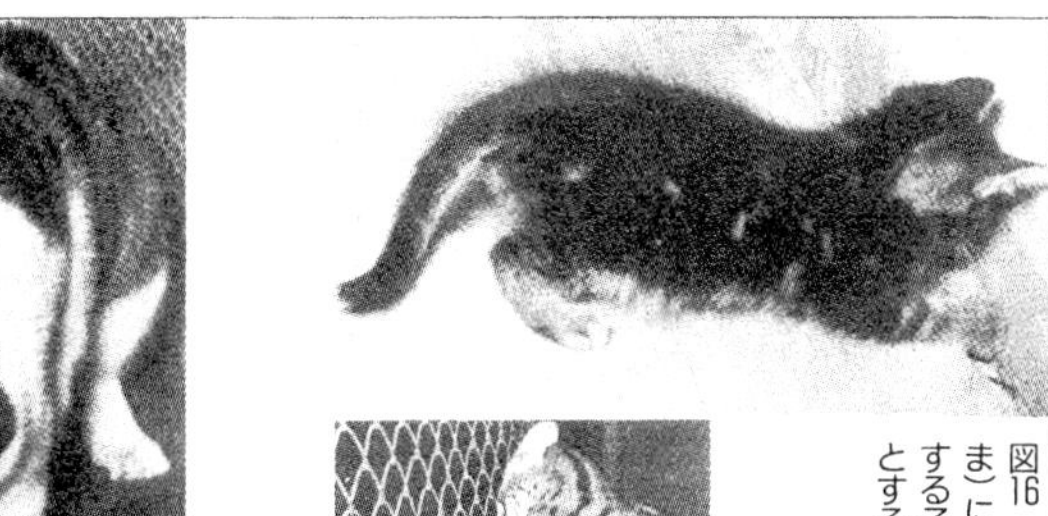

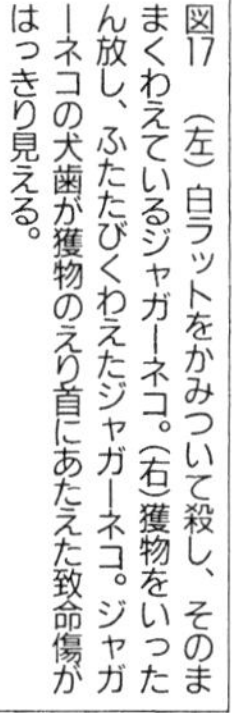

図16 （上）壁と板の隙間（すきま）にいるマウスを「釣ろう」とする子ネコ。（右）餌を「釣ろう」とする雌サーバル。

図15 スズメをとらえるM３。

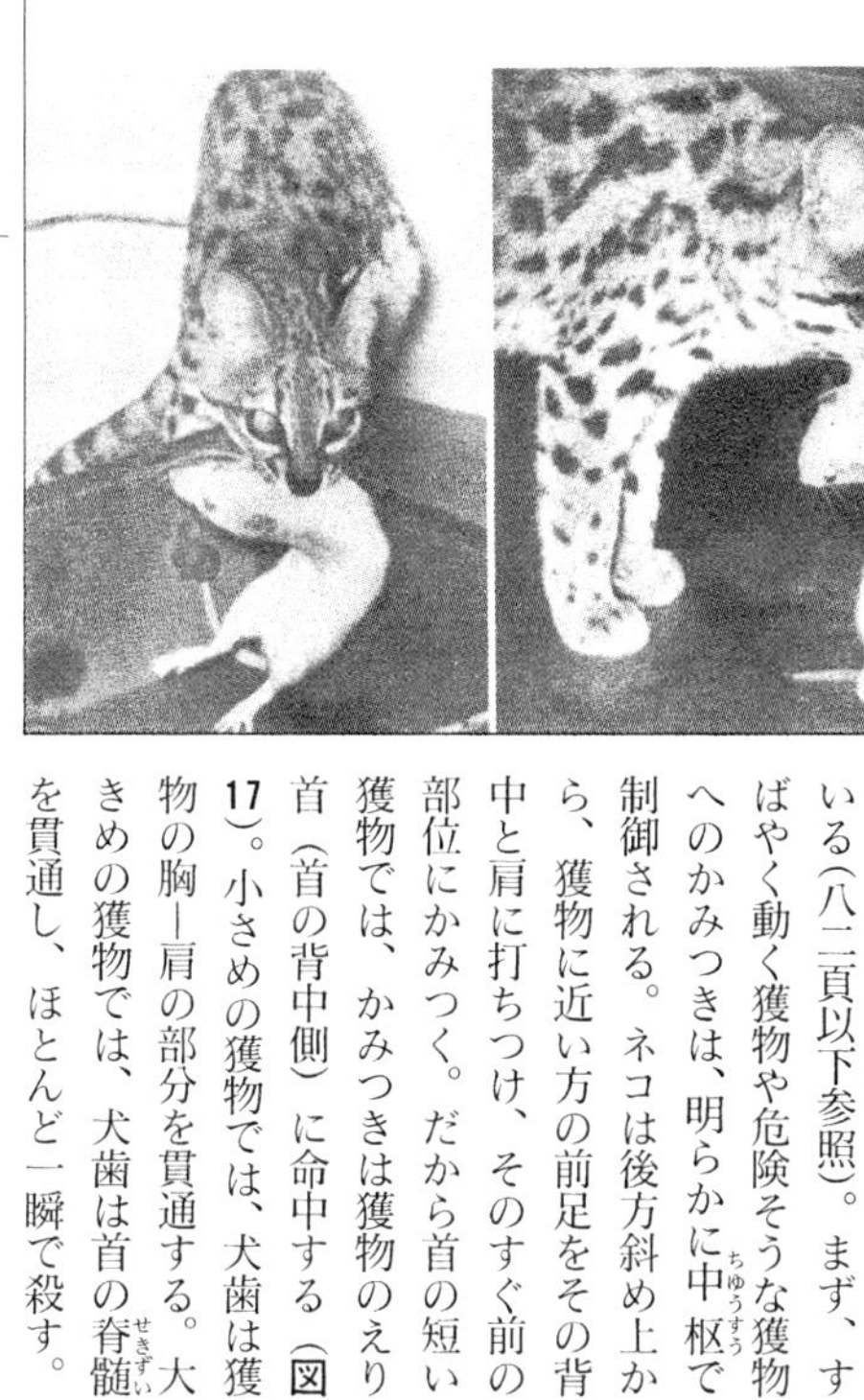

図17 （左）白ラットをかみついて殺し、そのまくわえているジャガーネコ。（右）獲物をいったん放し、ふたたびくわえたジャガーネコ。ジャガーネコの犬歯が獲物のえり首にあたえた致命傷がはっきり見える。

いた前足だけで獲物を「釣り上げ」るのだ。前足がとどく範囲はおどろくほど広い（**図16**）。

はげしく抵抗する獲物をどうやって打ち負かすかについては、三五頁以下と九二頁以下を参照のこと。

かみつきは二通りに制御されている（八二頁以下参照）。まず、すばやく動く獲物や危険そうな獲物へのかみつきは、明らかに中枢（ちゅうすう）で制御される。ネコは後方斜め上から、獲物に近い方の前足をその背中と肩に打ちつけ、そのすぐ前の部位にかみつく。だから首の短い獲物では、かみつきは獲物のえり首（首の背中側）に命中する（**図17**）。小さめの獲物では、犬歯は獲物の胸―肩の部分を貫通する。大きめの獲物では、犬歯は首の脊髄（せきずい）を貫通し、ほとんど一瞬で殺す。

首の長い獲物では、最初のすばやいかみつきは、首のつけ根か肩にあたる(図18b)。また、たとえばハトがとらえられてすぐに、必死に逃げようとして首を前に伸ばしたときにも、そうなる。

ネコがそれほど激しく獲物をとらえなかったときには、ほとんどかならず、獲物をいったん放して、もう一度かみなおす。この場合は、かみつきは純粋に視覚的に制御される。つまり、歯は、かならず頭のすぐ後ろをかむ(図18c)。ただし、このようなえり首への正確な視覚による定位は(たんに首をねらっているのではない)、経験によるものである(一二九頁以下参照)。

スナドリネコ、ジャガーネコ、オオヤマネコ、カラカル、サーバル、ピューマ、チーターは、ニワトリ、カモ、ハトを相手にしたときには、まず肩の部分にかみつく。それから両前足でつかみなおし、獲物の頭のすぐ後ろの首の部分に口がとどくまで、獲物を引き寄せる。すべての場合で、えり首へのかみつきによって、はじめて獲物は死ぬ。ヨーロッパケナガイタチもしばしば、最初は獲物の体のかなり後方の部位をとらえ、それからつかみなおす(ゲーテ　一九四〇)。レーバー(一九四四)によると、ムナジロテンはラット、モルモット、スズメ、トカゲを頭へのかみつきで殺し、ハトは背中へのかみつきで殺すという。ここでは前足でとらえることと、どこにかみつくかという定位との間に、似たような関係があるのだろう。一方、すぐに鳥を適切な部位でとらえることができたときには、肩へのかみつきはおこなわれないまま終わる。屋内と庭でしばらくのあいだ放し飼いにしていたW2が、あるときハトを殺した。ハトが食べられてしまう前にとりあげて調べてみると、えり首に犬歯の鋭いかみ跡があったが、出血はしていなかった。

ネコ科では、すべての種が同じ方法で獲物をとらえ、殺すようである。私が飼っていたイエネコは、この方法でマウス、ラット、スズメ、ハトを殺したし、やはり飼っていたジャガーネコはマウス、ラット、自分と同じぐらい大きくて重いアナウサギ、イエネコの子ネコ、ハト、ニワトリを、サーバルはマウス、ラット、モルモット、ハト、ニワトリも同様の方法で殺した。ベンガルヤマネコとイエネコの雑種五頭、五頭のベンガルヤマネコ、三頭のスナドリネコ、二頭のアフリカゴールデンキャット、四頭のアジアゴールデンキャット、九頭のクロアシネコ、二頭のマーゲイ、二頭のオセロット、三頭のカラカル、一頭のオオヤマネコ、二頭のチーター(ニワトリのみ)、一頭のピューマ(カモ)、一頭のヒョウ(子ヤギ)、四頭のライオン(スイギュウの赤ん坊およびなかば成長した

図18　ニワトリをとらえるジャガーネコ。a）とびかかる。b）前足で押さえて、肩の関節の下部、首の根もとにかみつく。c）えり首への殺しのかみつき。d）後ずさりしながら獲物を運ぶ。e）前方へと獲物を運ぶ。f）獲物をくわえたまま睡眠用の箱の上にとびあがる。

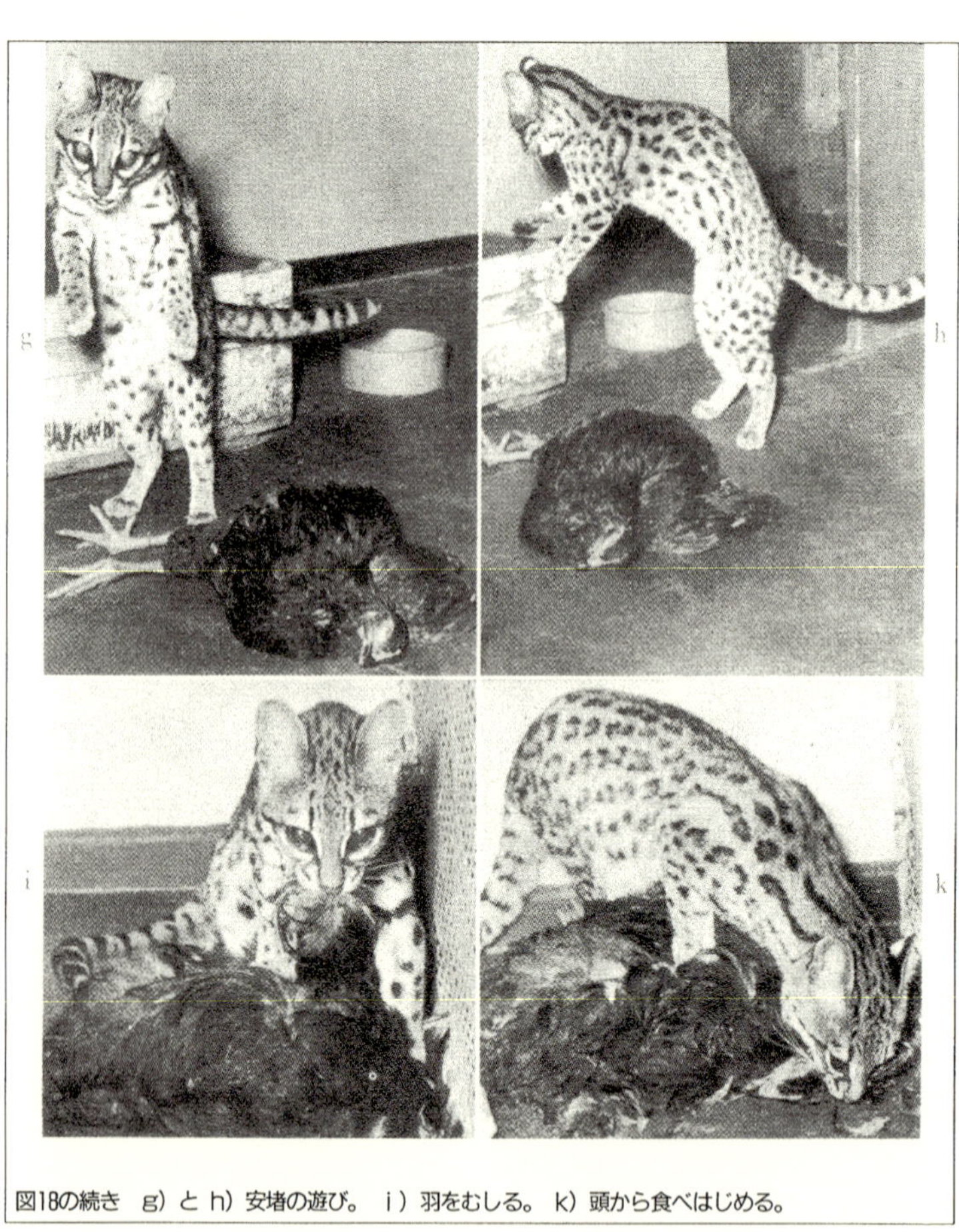

図18の続き　g）とh）安堵の遊び。　i）羽をむしる。　k）頭から食べはじめる。

子ども）も、まったく同じ方法をとった。

トラに襲われた、かなり成長したスイギュウの子どもをその直後に調べたところ、やはり典型的なえり首へのかみ傷が見られた。リンデマン（一九五〇）、およびリンデマンとリーック（一九五三）は、これをヨーロッパヤマネコとオオヤマネコについても記載している。バートン（一九二九／三〇）は、トラがスイギュウの子どもを殺す光景を二回観察した。二回とも、トラは獲物の体側のところに立って、えり首を歯で押さえた。私はモスクワ動物園で撮影された映画で、広い囲い地で雄ライオンがヤギぐらいの大きさの小型アンテロープを殺すようすを見ることができた。ライオンは逃げようとするアンテロープに横からとびかかり、歯で腰をとらえ、側方に動いて獲物を仰向けにたおし、すぐに歯をえり首に突き刺す。

図11（二一頁）の説明からもすでに、獲物の攻撃のしかたが、先にあげた小型ネコ類とライオンとで基本的には同じであることは明らかである。**図19**は、このような遊びの攻撃のもう一つの例である。今回は的がはずれていない。ｄかｅのあたりで「攻撃者」は「いけにえ」のえり首にかみつき、同時に左前足を肩にかけ、右前足は相手の胸をかかえている。これは遊びなので、攻撃者はすぐに攻撃の手をゆるめ、体をおろして、相手が逃れるままにする。ここでも、攻撃者が相手を押さえているあいだ、後ろ足をしっかり地面につけていることに注意していただきたい。

ニュルンベルク動物園の大きな野外囲い地には（一九五三）、二歳半から三歳のライオンの群れが飼われていた。これらのライオンたちは、いっしょにとても活発に遊んだ。遊びでは、子ネコと同じように、獲物捕獲で見られるさまざまな動きのすべてがおこなわれた。相手を殺さないのはもちろんであるが。しばしば一方が相手を待ち伏せし、とつぜん低いギャロップで斜め後ろから突進する。それから相手の背中に片手を

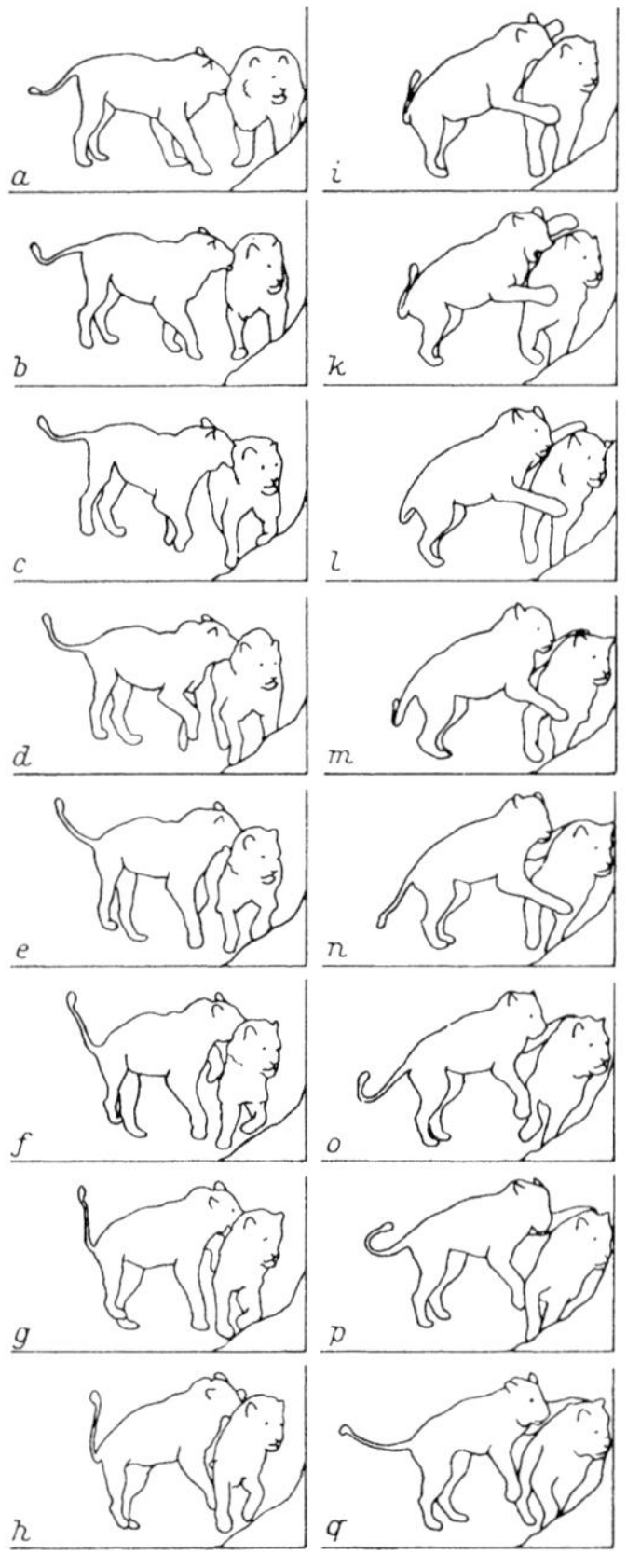

図19　遊びながらライオンがもう一頭のライオンに襲いかかる。各映像間隔は72分の１秒。

図20　図19の急襲がおこなわれたあとの二頭のライオン。上が攻撃した方のライオン。

かけ、えり首を歯で押さえる。一例では、これが「真剣勝負」にとても近いところまでいった。攻撃する側のライオンは、いま述べたようなやり方で「いけにえ」を押さえ、後脚に独特なはずみをつけて、相手もろとも、地面にどさっと身を投げ出した。それから攻撃者は相手の背中にぴたっとついて、えり首を押さえた。模式的には**図20**のような形になる。けれども、それからすぐに手をゆるめ、両者はおたがいから離れていった。

ライオンは大きな獲物をとらえるときでも、たいていはいま述べたような、後ろ足を地面から離すほどのはずみはつけない。むしろ、おどろくほど「静かに」ことがおこなわれることが多い。大型の獲物の尻または肩を歯でとらえ、それから仰向けに横だおしにするのだ。F・エドモント・ブランク氏は私のために、二頭のライオンがスイギュウを殺すところを撮影してくれた。二頭はスイギュウを両側からはさみ、交互にスイギュウに攻撃をしかけた。スイギュウはそのつど、自分をせめてくるライオンの方に角を向けるために、たえず向きを変えなければならなかった。この戦法の最後の段階は、**図21**のaからgまでで見られる。hからjでは、片方のライオンがスイギュウに後ろからとびかかり、両前足で尻を殴打している(k)。スイギュウはこのライオンの方に向こうとするが、ライオンはスイギュウをしっかり押さえつけ、後ろ足でスイギュウのまわりをはね回っている(l—o)、というかスイギュウに振り回されている。そのとき一瞬だけ後ろ足を地面から離す(p)。ふたたび着地すると、ライオンはスイギュウの腰にもかみつき、後方へと引く(q)。同時に、もとのように円を描いてスイギュウのまわりを回りながら、スイギュウの体の後部を押さえ(r—v)、ついに引きたおす(w—x)。もう一頭のライオンは、すぐ近くでスイギュウのまわりを歩いていたが、これまでは介入していなかった。最初のライオンがスイギュウをたおしてやっと、このライオンも近づき(y—z)、ふたたび立ち上がろうとするスイギュウの肩を歯で押さえ(A)、体を後ろ向きにつっぱらせながらスイギュウを横だおしにする(B—D)。このライオンはスイギュウの肩をはなし、頭の後ろのどこかにかみつき、二回押さえなおす。残念ながら、こまかい点は見分けがつかない。一つには草の丈が高いためであり、また決定的な瞬間にハイエナがスイギュウの頭とカメラの間を通っているからである（この出来事のあいだじゅう、五、六頭のハイエナがこれらの動物のまわりを歩いている。一部はライオンに触れそうなぐらい近づいた。ライオンたちはスイギュウにばかり注意をはらい、ハイエナのことはまったく気にとめていない)(ライハウゼン

図21　スイギュウを殺すライオン。一頭目のライオンは白、二頭目のライオンは灰色、スイギュウは黒。F・エドモント・ブランク撮影の映像にもとづく。解説は本文。

一九六五b)。

ハルテノース(一九三七)は、ウンピョウとチーターは頭骨と歯の構造からみて、これらとはかなり異なった方法をとるはずだとしている。ウンピョウはとくべつ長くて鋭い犬歯のおかげで、樹上の鳥をたやすくとらえるという。枝の上では、前足ではうまく獲物をとらえにくいはずだからだ。まだ一九六〇年(本書の第二版)では私は、自分が飼っていた二頭のチーター(先に述べた箇所参照)での観察から、ハルテノースの仮説はまちがっていると思っていたし、ウンピョウあるいは他のネコ類が、樹上で狩りができるほどたくみに木に登れるという説にも反対だった。だがその後、私の飼っていたマーゲイがたくみに木に登れるのがわかった。ヘンマー(一九六八)も、ウンピョウが木登りがうまいことを確信している。ただし、マーゲイとウンピョウが本当に木の上でなにかをとらえることができるという証拠はない。それでも、それができそうではある。マーブルキャットはすくなくともマーゲイぐらいはうまく木に登れるし、前足を使うことにかけてはもっと器用である。

チーター、そしておそらくはまた他のすべての大型ネコ類も、たしかにここで「典型行動」とされる殺し方をもっているし、一定の条件のもとでは使うこともある。けれども、それぞれの個体群が生息している地域によって、好んでとられる獲物の種類はちがうから、獲物の種類に合わせて他の殺しの方法を使う「行動の確率」は、典型行動をつかう確率よりも高い場合が多い。他のネコ類でも、「行動の幅」は、ここで最初に説明した「典型」よりもはるかに広い(一三三頁以下、一七四頁以下も参照)。

さて、えり首をしっかりつかまれた獲物が抵抗をはじめても、イエネコとジャガーネコは獲物をふたたび放しはせずに、歯でしっかりはさんで、ちょっと前足でたたく。大きめの動物が激しくもがき、抵抗すると、ネコは獲物もろとも横向きに地面に体を投げ出して、前足で獲物を引き寄せ、しっかり押さえながら、後ろ足で力づよく獲物を突く。よく知られているように、子ネコを遊ばせるときに手で仰向けに投げ出してやると、このような協調された動作をいつでも引き起こすことができる。だが、小型ネコ類がとらえる獲物は、大型ネコ類の獲物である大型の有蹄類よりはるかにしなやかに動く脊柱をもつ。だから、そうした獲物は体をひねって、攻撃しているネコに腹側を向け、ひっかいたり、突いたりして逃れようとする。それでも、このようなちがいをのぞけば、イエネコもジャガーネコも、先に述べた二頭のライオンとまったく同じように横たわって獲物をあつかう。

記録（一九五二年三月一日）

私の飼っていたジャガーネコ「ムシ」がたいへん大きなドブネズミと闘うようすを撮影することになった。部屋の一部が撮影用に区切られた。けれども、このドブネズミはこのコーナーから逃げだした。そのため、狩りは机やタンスの上などにわたってくりひろげられた。………

「ついにネズミはふたたび机にとびのり、書類ばさみの下にもぐりこんだ。ムシはすぐに机の下に走っていったが、机の上にはとびあがらなかった。ふだんはよく机の上にすわっているのに。私がネズミを追い立てたところ、ネズミは机とタンスと壁の間にとびおりようとした。だが、ムシは、ネズミをとびおりるとちゅうの空中ですでにとらえた。そのときムシは〝うっかりして〟ネズミの喉と胸をとらえた。ネズミは激しく抵抗したが、むだであった。ムシは横向きにねて、まだ後ろ足をばたばたさせているネズミを両前足でしっかり押さえた。ドブネズミがネコの左の頰にかみついたように見えたが、あとで調べてみると、傷はどこにもなかった。両者はこうして長いあいだ横たわっていた。ついに、ネズミの動きが弱まってきた。顎はゆっくり動いていたが、もはや閉じることができなかった。前足はまだかすかにぴくぴく痙攣していた。ムシはネズミを放すと、あたりを歩きまわった」

この攻撃方法をみると、なぜ力づよい野生ウシ類の雄がライオンやトラの攻撃を免れることがあるか、ということもわかる。それは獲物が強いからというよりも（それなら、野生ウシ類の雌の成獣も強いはずである）、むしろ雄の野生ウシ類ではえり首の筋肉があまりに厚いために、大型ネコ類の長い犬歯ですら、頸部脊髄まで貫通することができないからであるようだ。えり首の筋肉に、わりあい危険のない傷がつくだけなのである。そのため、攻撃された動物は捕食者の手を逃れたり、体をひねって捕食者が放さざるを得なくすることができる。ベルク（一九三四）は、自分が撃ったガウアの雄の写真を発表している。このウシのえり首と胸には、はっきりとかみ傷の跡が見えるから、このウシはトラに襲われたが、抵抗して逃れることができたことがわかる。

けれども、獲物がまだはげしく抵抗をつづけると、ネコは獲物をそれ以上押さえるのをやめていったん放し、いくらか引き下がって、もう一度攻撃をやりなおすことも多い。エヴアーとヴェンマー（一九七四）は、アフリカジャコウネコが使うこの攻撃方法を「逃げ・かみつき」と名づけている。これがおこなわれるのは、ネコが獲物を恐れたり（一〇三頁以下、一四七頁、一四九頁参照)、なんらかの理由でおじけているため、ということも考えられる。「ムシ」とドブネズミのそうした闘争は三〇分以上もつづいた。

記録(一九五二年三月三一日)

「ある大きなドブネズミはすでに何頭ものイエネコの前に出されたが、すべてのネコを退散させてしまっていた。そこで私はすぐにこのドブネズミを金網のワナに入れ、実験室内の隔離されたコーナーに放した。ムシは室内に自分の知らない助手がいるために、そしておそらくはまた、いまだに興奮してキーキー鳴きながらとびまわるネズミのせいで、おじけづき、最初は檻から出てこなかった。ドブネズミが一瞬だけ静かになると、ムシはやっとゆっくりとネズミに近づいた。ネズミはすぐに、かん高い声を出しながらムシに向かってとびだした。ムシは逃げ、ネズミはそれを追いかけて、ムシの檻に入った。私は檻の戸をしめた。ドブネズミはまだ攻撃的で、一方ジャガーネコの方は、相手をこわがっている。まさしく混乱してしまって、逃げ道をさがしている。〝自分の陣地に攻撃的な獲物動物をかかえている〟という状況は、明らかにまったく〝非生物学的〟で、ネコはそれに対応すべき行動をもっていないのだ。ムシはやっと、おそるおそる自分の睡眠用の箱に腰をおろした。ネズミの方は檻の床に陣取った。しばらくすると、ネズミも睡眠用箱と壁の間の隙間で休みはじめた。私は助手に実験室から出るように指示し、それから檻の戸を開けた。ムシはすぐに檻を出て、落ちつきなく歩きまわった。私はネズミを隙間から追い出した。するとネズミは、檻の金網とネコのトイレ用箱との間に入りこんだ。ムシはネズミを外から見ることができた。それでムシは何度もネズミを金網ごしに攻撃しようとしたが、もちろんうまくはいかなかった。私は箱を金網からいくらか離した。それでも、ムシはなかなか出てこなかった。

かなりたってやっと、ムシは開いている檻の戸から出てきて、ネズミの攻撃を開始した。ネズミに触れもしたが、ネズミが抵抗すると、予想されるようなやり方で相手を制圧することもなく、何回か前足でパンチをくらわしたあと、ふたたび放した。ネズミは手近な隅に突進し、檻を出て、壁づたいに走って金網のワナに入った。ムシはためらいながらそれを追い、くりかえし金網ごしにネズミを前足で殴打しようとした。そしてワナのまわりを何度も歩いたが、開いている入り口には気がつかなかった。私がワナの位置を変えてやると、やっとムシはワナに入った。けれども、まだ入りきらないうちに、またもやネズミの激しい攻撃に会って逃げた。だが、

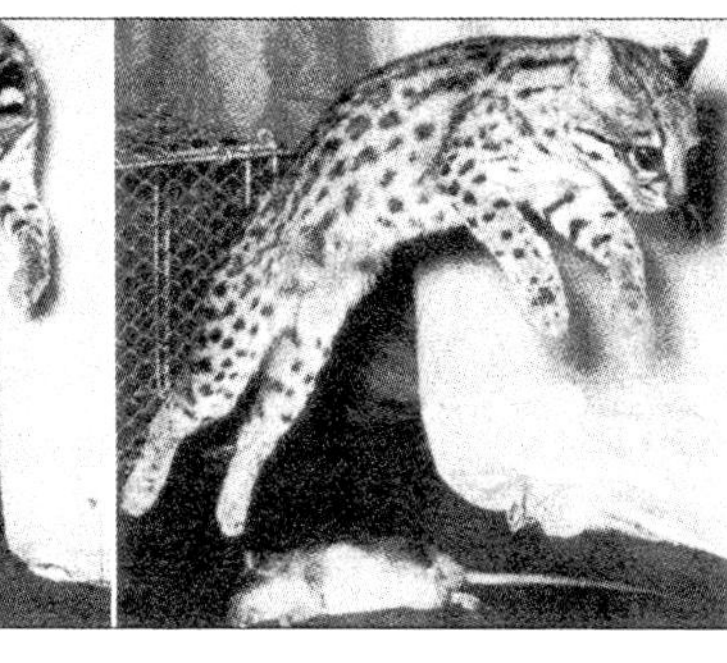

図22　ドブネズミとの激しい闘いのあと演じられる安堵の遊びの2場面。解説は本文。

ネズミはネコを追いかけてワナから出てしまい、ワナと実験室の仕切りとの間の隙間に入った。ここでネズミはふたたびムシの攻撃を受けることになったが、またも抵抗に成功した。

　こうしたことが一〇回以上もくりかえされた。ムシは攻撃をするたびにとびすさって、いくらか離れたところで心を落ちつけてから、あらためて攻撃をした。それぞれの攻撃はあまりにすばやくおこなわれるので、そもそもそこでなにが起こったのか、正確に識別することはできなかった。それでも、ドブネズミの抵抗はやっと弱まってきた。攻撃を受けるたびに、大儀そうに、もといた隅に体を引きずっていった。そしてついに、それもできなくなった。それでもまだ、ジャガーネコにかみつかれるたびに、すばやく仰向けに身を投げ出すことはできた。相手にかみつくこともできたかもしれない。いずれにせよ、ネコはそのたびにすぐにネズミを放した。ムシの攻撃はおぼつかなげで、以前のネズミとの闘いよりもはるかに弱くなっていた。実験の間じゅう、雑音、ドアの閉まる音、実験室の前の廊下を歩く足音が聞こえるたびに、気持ちを相当乱されたようだった。けれどもついに、ネズミはあまりに衰弱して、もはやまったく抵抗できなくなった。そこでムシはネズミを押さえ、何回か強くかみついて殺した。闘争は三二分かかったことになる。これが終わると、ムシは獲物のまわりで〝よろこびのダンス〟を演じた。このようなものを私はそれまで見たことがなかった。一五分間もムシはすばらしいジャンプをしたのだ（**図22**）」

ターナー（一九五九）は、一頭のトラが大きな雄のイノシシを攻撃するようすを記載しているが、そのときに使われた戦術はこれとまったく同じである。

　イエネコがこのジャガーネコのように執拗に獲物を攻撃することはめったにない。ただし、私が知っている一例では、

図23　口ひげを大きく広げてスズメにとびかかるM3。

図24　マウスを運ぶとき、口ひげはマウスを包むようにして（a）、マウスの動きを追う（b、c）。ネコはM9。

a

b

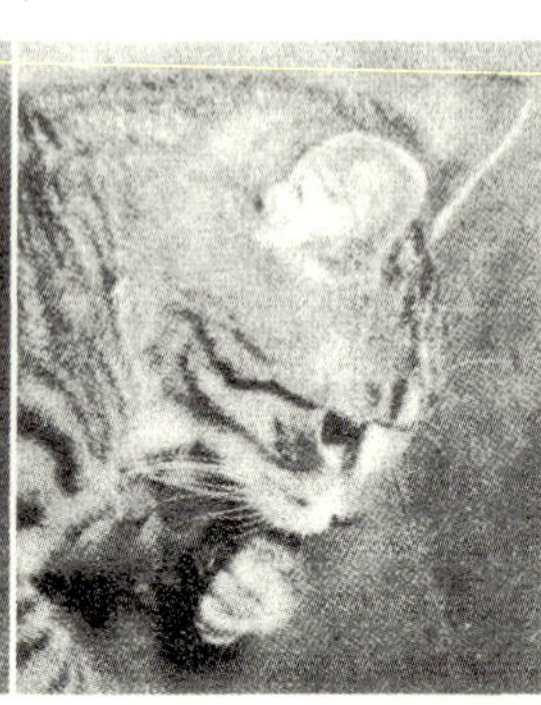

c

ネコがニワトリの小屋に侵入したムナジロテンと三〇分以上も闘ったすえに、ついに殺し、自分はたいした傷も負わなかった。

ネコが一回あるいはそれ以上の攻撃のあと、とらえた獲物への興味を失うのを、私は何度も見た。これについて、二つの例を紹介しよう。

一九五二年三月四日

「W4とM10は、私がマウスを手の中にまだもっているのを目ざとく見つけた。W4は私にとびついた。私がマウスをこれらのネコたちの間に投げ出してやると、二頭はすぐにそれを追った。W4の方がはやく走り、マウスをとらえた。マウスをくわえたまま走り、屋外の檻に入り、うなりながらマウスのあちこちにかみついた。M3もやってきて、約五〇センチメートル離れたところで腰をおろし、それをながめた。W7は二メートルほど、さらにぶらぶら歩いた。マウスはすでに死んでいる。W4はしばらくの間マウスで遊び、何度もその頭をかじったが、食べはじめはしなかった。何回かマウスをちょっとの間おきっぱなしにして、あちこち歩きまわった。W7はこのような機会をねらって、ついにマウスをぬすみとり、そのまま逃げて、食べてしまった」

一九五二年三月四日

「マウスをあたえられたW1は、すぐにそれに攻撃したが、殺しはしなかった。しばらくこのマウスで遊んだが、そのうちに興味を失い、それ以上はマウスに注意をまったくはらわなかった」

バグシャウィ（一九〇九／一九一〇）は、トラが自分がしとめたスイギュウをそのまま置き去りにした例を二つ紹介している。スイギュウはその場では死ななかったが、やがて死んだ。トラは獲物のところにもどってはこなかった。殺した獲物を置き去りにする行動については、本頁の下段と五〇頁も参照のこと。

すでにべつの論文（ライハウゼン　一九五三）でくわしく書いたように、口ひげは獲物にとびかかるときに、いっぱいに広げられる（**図23**）。これは明らかに、とらえる獲物の動きをコントロールするためであろう。マウスのような小型の獲物は、口ひげに文字どおり包まれてしまう（**図24**）。

獲物が動かなくなるとすぐ、ネコは獲物をまず地面におろす。とらえたその場ですぐに食べはじめることはまれである。それでも、マウスを両前足でつかんだだけで、えり首へのかみつきもせずに、すぐに頭から食べはじめる例は、とても腹をすかせていたイエネコで三回、そして仲間に対して内気だった雄のマーゲイで一回だけ見られた。

けれども、ふつうは、ネコはとらえた獲物をいったん置き、体をおこして周囲を見回し、しばしばちょっと歩いて、まるではじめて来た場所であるかのようにあたりの空間を調べる。それからやっと、獲物をあらためてとらえる。これが何回もくりかえされることもある。こうした「散歩」は、獲物捕獲のあとたいていおこなわれる。散歩によって、ネコは獲物捕獲で消耗しつくせなかった興奮をすっかり発散させるのである（「アフター・ディスチャージ（後放電）」一五〇、三三一頁参照）。獲物が大きいほど、あるいは慣れない相手であればそれだけ、発散の時間も長くなる。またネコが内気であったり、なじみのない場所にいたときも、同じく発散に時間をかける。

このような習慣のために、獲物が逃げてしまうこともときにはある。えり首への殺しのかみつきは、ネコや他の食肉類、齧歯（げっし）類の母親が子どもを運ぶときのかみ方と同じであるため、しばしば獲物がいわゆる「運搬の硬直」を起こす。だから、致命的な攻撃を受けなかった獲物は、この反応を起こしてじっと動かなくなることが多いのだ。一方、本当に致命的な傷を負った獲物は痙攣を起こして、ぴくぴく動きながら体をくねらせる。獲物が動かないと、ネコはしばしばそれを「死んだものとみなして」放す。それで、ネコがそれから「散歩」をしているあいだに、獲物はそっとどこかに逃げることができる。このように、運搬の硬直は、おとなの小型哺乳類でもまだ、個体および種の維持に役立っており、自然淘汰におけ る長所としては過小評価できない。だからこそ、本来は幼獣に見られる行動であるが、ほかの行動とちがって、成長してからも消えないのである。ただし、たいていの場合、ネコは獲物が逃げようとするのにいち早く気がついて、それを阻む（一七〇頁も参照）。ネコが獲物をいったん放して「置く」ことの意味についてはあとで述べる（五〇頁以下）。

大型ネコ類も獲物を殺したあと、食べはじめる前にしばしばこのような休憩時間を入れる。シャラー（一九六八）によると、チーターは狩りに成功したあと、あまりに体が消耗するため、二〇〜三〇分休んで活力をとりもどさないと、獲物を食べられないという。綱でつないでおいた家畜スイギュウを、二頭またはそれ以上のライオンがいっしょに殺すのを私は五回見た。いずれの場合も、致命的なかみつきで獲物にとどめをさし、そのあと獲物の痙攣が終わるまでしっかり押さえていたライオンは、みんなの中で食べはじめるのが最後だった。そのうちの三頭は、獲物から五〜二〇メートルほど離れ、横たわった。そして一五〜四〇分してからやっと、獲物のところにもどってきて、自分の分を食べた（一八六頁の記録も参照）。

ふつうの殺しのかみつきでは、顎はたいへん力づよく閉じられる。そのときには犬歯はなめらかな刺し傷をのこし、出血はまったくないか、あったとしてもわずかである。ただし、獲物が攻撃をかわそうと動いたために、ネコが本来ねらった箇所にかみつけなくて、頸動脈にかみついた場合はべつである。大きめの鳥の胸・肩部分に最初のかみつきがくわえられたときだけは、しばしば傷がひどく出血する。えり首の皮膚が犬歯の刺し傷をふたたびおおってしまうことも多い。私は殺されたばかりの獲物をたくさん調べたが、傷の跡を見つけるのに苦労した。

すでに述べたように、理想的な場合には、獲物の頸部脊髄と後脳は歯で打ち抜かれるか、つよく押しつぶされるので、獲物は即死する。だが、そのためには、かみつきはしっかり命中していなければならず、ネコの顎が獲物の大きさに「合って」いなければならない。おとなのイエネコにもっともよく合っているのは、実験室で飼われているような中ぐらいの大きさのラットである。だから、ラットはふつうもっともすばやく殺される。これに対し、マウスは場合によっては何度も「殺しのかみつき」を受けても、生きのびることがある。マウスの首が細いために、犬歯が首の腹側に刺さったり、まったく刺さらないことがよくあるからだ。ネコが獲物をじゅうぶん長い時間押さえつけていれば、窒息によって獲物は死ぬ。また、獲物の体のもっと後方にかみついたときには、肺あるいは心臓、またはその両方への圧力で死ぬこともある（一三六頁以下参照）。これに対し、生後六～八週間のネコは口が小さいので、マウスにぴったり合う。だから子ネコは、生きた獲物をとるようになっていくらもたたないうちに、おとなになってからよりも、ずっとすばやくマウスを殺すことがよくある。

　獲物をえり首へのかみつきで殺す方法は、系統発生的には、たいへん古くからあったはずである。脊椎動物のあらゆるグループが、種内闘争および種間闘争で防御や攻撃のためにかみつく。哺乳類はこの方法を爬虫類の先祖から受け継いだのだろう。もしこの方法を使わない動物があるとすれば、それは、本来はその能力があったのが、のちに退化した、つまり二次的な消失だったにちがいない。体の構造上できなくなった（たとえば「歯が少ない」ゾウ）のか、さもなければ、植物質の食物を咀嚼するのに歯が特殊化したために、べつのもっと効果的な武器をもつようになった（たとえば多くの洞角をもつ動物およびシカ類、だがすべてではない！）のである。だがここでは、種内闘争や異種の敵からの防御行動についてではなく、異種の動物（哺乳類および鳥類）を殺して食べる「目的」のためのかみつき攻撃についてだけ考察する。

　食肉類の歯のつくりは獲物を攻撃するときに、それを**しっかり押さえ**、そして**殺す**ようにできている。前足は獲物をつかみ、ひっぱり、押さえる機能を二次的にもつようになっただけである。食虫類はまず前足で獲物をとらえてから、口吻を使う。食肉類ではこれをするのは、高度に進化した種類だけである。しかも、そのための解剖学的な前提条件をそなえていても、これらの種類のすべてがそうするわけではない。「押さえる」と「殺す」の二つの機能は、そもそもは、はっきり区別されていないようだ。獲物に何度もかみつくことで、逃げるのをくりかえし阻止するのだ。そして獲物はついに、多数の傷と出血で、あるいはそのどちらかのために死ぬか、かみつきの一つがたまたま致命的な箇所に的中したために、死ぬ結果になるのだ。

キノボリジャコウネコ（*Nandinia*）と、おそらくはまたパームシベット（*Paradoxurus*）（次を参照）でも、状況はこのようであろう。同じことは、この点では原始的な肉食性哺乳類といえるいくつかの種、とりわけ肉食性の有袋類でも見られる。これら二つの機能が分離するのは、獲物を押さえて引き寄せたあとに、即死を招くような体の部位をねらってかみつく場合である。キノボリジャコウネコは、獲物がそのつど**もっとも激しく動かした**体の部分にかみつく、という印象をあたえる。そして獲物が抵抗して体をくねらせるときに、もっとも激しく動くのは、ふつう体の前端である。ジャコウネコ（ライハウゼン　一九六五b）は、いつも獲物の前端をねらってかみつこうとし、獲物が静かにすわっているときには、たいてい頭にかみつく。この行動にも、この要因が働いているのかもしれない。おそらくはこの点から出発して、特別の定位反応、つまり攻撃のかみつきを**もっとも致命的な**部位に向けるような反応が進化するように自然淘汰が働き、ついにそれが「殺しのかみつき」になったのだろう。そして殺しのかみつきは、ネコ科および一部のイタチ科の動物では「えり首のかみつき」として完成されたのだ（殺しのかみつきの定位の学習については八〇頁および一二九頁以下参照）。

　さて、えり首へのかみつきが致命的な効果をあたえるのは、それが獲物の頸部脊髄か後脳を十分に傷つけたときだけである。これは実際、私が以前に（一九五六a）調べたときにも、またその後さらに多くの調査をしたときにも、ほとんどの例でそうであった。それでも、たとえばジェネット（ライハウゼン　一九六五b）や、イタチ科の動物（ヨーロッパケナガイタチ：アイブル‐アイベスフェルト　一九五五、イイズナ：ゲーテ　一九五〇）は、いくらか大きめの獲物を相手にしたときには、一回のかみつきでこれを容易になしとげることはできないようだ。だから、これらの動物は先に述べたようにえり首へのかみつきを何回もくりかえすのである。これに対し、ネコ科の動物は一回のかみつきで**非常に**高い確率で頸部脊髄に命中する。ただし、たとええり首へのかみつきが「すぐれて」いても、歯が獲物の首に突き刺さる方向は異なることがある。このことは殺しのかみつきの定位だけでは説明できない。私の推測では、ネコ科の犬歯は形の点でも、また顎における位置の点でも、獲物の頸椎部分の筋肉、腱、靭帯が走っている方向、そして頸椎表面の方向にたいへん適応しているため、突き刺さった四本の犬歯のうち、すくなくとも一本がほとんど自動的に椎間部分に到達する確率はとても高いようだ。その歯は次に、くさびのように脊椎の間に押し入って、脊椎の結合部分をこわし、そこから頸部脊髄を一部または完全に寸断するのではないか。こう考えるほか、なぜ椎体がほとんどまったく傷つけられないのかに説明がつけられないようだ。犬歯は、なにかの間にくさびのように入りこんでこじ開けるのにはすばらしく適しているが、歯の先端でとても堅いものにかみつくには適していない。博物館の頭骨標本から、動物園やサーカスの動物がどれほどひどい扱いを受けているかわかるように、犬歯はたての方向にわりあい簡単に割れるのである。犬歯は多くの獲物動物の相対的にうすい頭蓋は貫通できるが、椎体のようながんじょうな骨を砕くことはできないのだ(一八七頁以下のジャガーについても参照)。

最後の「微調節」は、自己受容反応で制御されるのだろう。歯の先が堅いもの、つまり骨にぶつかったら、ネコはちょっとあたりをさぐって、どこかの隙間に歯の先端をすべり入れ、それからはじめてしっかりかみつくことができるのかもしれない。そうだとすると、先に推測したような「自動調節」は、脊椎骨の上に到達するまでにおこなわれればよいのであって、二つの椎体の間にぴったり到達する必要はないことになる。実際、ネコがまったく無力な獲物をわりあいゆっくりとかみついて殺すときには、顎を二段階にわけて閉じるのがはっきりわかることがある。ネコが一本あるいはそれ以上の犬歯を失っても、殺しのかみつきの効果は落ちない。このふしぎな事実は、獲物を殺すときにこのような自己受容がかかわっていると考えて、はじめて説明がつけられる。私が飼っていた年老いた雌のサーバル「S」は、上顎の一本をのこして、他の犬歯はすべて失っていた。それでもこのサーバルは、大きなモルモットを以前と同じくらいすばやく殺すことができた(ライハウゼン　一九六五b)。

エヴァー(一九七三)が述べているように、機械受容器は犬歯の根にたくさんあり、求心性および遠心性の神経の伝達速度はとてもはやいし、顎の筋肉の収縮速度もはやい。ネコは一瞬で強大な力でかみつきながらも、獲物の組織のどこに犬歯を誘導するかという精密な定位を、自己受容によっても調節している。この一見ありそうもないほどの技をなしとげるのに必要な生理学的な装備を、ネコはすべてもっているのである。

アイブル-アイベスフェルトによると、ドブネズミ(一九五二)とハムスター(一九五三)も、獲物をえり首へのかみつきで殺すという。ただし、これらの動物はネコ(二〇六頁以下参照)とはちがって、仲間どうしの闘いではえり首へのかみつきを使わない。けれども、これらの動物に見られるえり首へのかみつきを食肉類のそれに相当させることには、疑問がのこる。私自身の観察や映画の分析からは、行動の経過のしかたが、食肉類のそれとは明らかにちがう場合が、とても多いからである。ドブネズミは、獲物をちょうど小さな棒か食物をかじるように、横向きにくわえる。そしてたいていは一方の前足を獲物の頭におき、他方を腰におく。それから獲物の背骨を**かみきる**。ふつうそれを背中の中央からはじめ、横向きにえり首、そして後頭部へとつづける。おそらくは、直接えり首にかみつく行動もこの方法に由来するのであろう。しかもそれは経験にもとづくのだろう。だから、このようなえり首へのかみつきは食肉類のそれとは相同(そうどう)ではない。

ムナジロテン（レーバー　一九四四）やイイズナ（ゲーテ　一九五〇）は、えり首へのかみつきで獲物を殺す。私の観察によると、イタチ類はおもに後頭部にかみつく。つまり行動がもっと特殊化している（ゴッソウ　一九七〇、ミューラー　一九七〇も）。ヨーロッパケナガイタチは、小型の脊椎動物もやはりえり首か背中へのかみつきで殺し、一方、大きめの哺乳類（テンジクネズミ、ウサギ）は鼻にかみつく。鼻にかみつくためには、獲物の前方から攻撃する（ゲーテ　一九四〇、レーバー　一九四四）が、これは私がこの点に関して知っている他のすべての肉食性哺乳類の攻撃姿勢とは対照的である。あるパームシベット（*Paradoxurus hermaphroditus*）はこれとはめだって対照的に、ニワトリの胸、首、頭など任意の部位にところかまわずかみついて殺し、まだ獲物が生きているうちに、さまざまな部位から食べはじめた。だからといって、適切とはいえない条件のもとでの一回の観察から、パームシベットの正常な行動がこうである、と結論しようとするのは性急すぎる。北アフリカのシマハイエナは、ロバをえり首へのかみつきで殺した（ヒッグズ、エヴァー　一九六八の八八頁より引用）。クルーク（一九七二）は、ブチハイエナが獲物のとくに決まった部位にかみついて殺すのではなく、任意の部位をただ引きちぎって殺すと報告している。獲物は、攻撃するハイエナの数が多ければすぐに、少なければしばらくのちに、おそくとも一三分後には死ぬという。だが、クルーク自身も（かれの論文の一六二、一九五頁）、小型の獲物ではえり首へのかみつきがおこなわれる例をいくつもあげている。つまり、ハイエナはえり首にかみつく能力はもっているのだが、やはり群れで狩りをするほかの動物（オオカミ、リカオン）と同じく、この能力は狩りや自己防衛にとって、もはやそれほど重要ではない。そのためにえり首にかみつこうとする性向も退化しているのである。

あるキツネは、ニワトリの肩、胸、首などいろいろな部位にかみついて殺した。オオカミ（ロシアの映画で）がビーバーをえり首へのかみつきで殺すのを、私は見たことがある。

これとは逆に、ザイツ（一九五〇）は、かれが飼っていたキツネたちが獲物をかみつきではなく、振り落として殺すと述べている。「振り殺し」はキツネだけでなく、一般にイヌ科の殺しの方法とみなされている。ただし、これについての綿密な観察と実験は、私の知るかぎり、まだおこなわれていない。ピルターズ（一九六二）によると、フェネックギツネはえり首へのかみつきで殺すというし、オオカミも小型の獲物には同様にするという（ツィーメン　一九七二）。クマ科の動物の殺しのテクニックについては、なにも報告を得ることができなかった。獲物を振って弱らせてから、殺す方法は広く分布しており、おそらく肉食性の有袋類や、さまざまな肉食性の有胎盤類（ゆうたいばん）で平行して進化したようだ。これについては、べつの論文でくわしく述べた（ライハウゼン　一九六五b、六一頁以下も参照）。

第3章

真空活動、獲物の代用物への反応

獲物捕獲を起こさせる興奮は鬱積(うっせき)しやすいようである。だから、ネコはしばしば、獲物の代わりとなるものに対しても反応するし、ときにはそれが本当の真空活動、つまり対象物のない行動になることもある。たとえばハエをとらえるのは、明らかにこうした反応である。ただし、ネコはとらえたハエをたいていは食べてしまう。バッタの狩り（二六頁）でも、とらえたバッタを食べるネコはいる。とくに大きな雄ネコはよろこんでバッタを食べる。それでもたいていのネコは、バッタをとらえたあと、すぐにまた放す。明らかにバッタは、獲物をとらえるという行為自体をするためだけの獲物と「みなされて」いるようである。檻(おり)に入れられたネコはしばしば、石や土くれを「とらえる」ことがある。しかもそれは遊びなどではなく、まったく真剣におこなわれる。真空活動の記録を少しだけ紹介しよう。

記録（一九五一年一一月一二日）

「しばらくするとジャガーネコの〝ムシ〟がとびおりてきて、〝遊び〟はじめた。遊びでは、獲物捕獲で見られるあらゆる行為がまったくの真空活動としておこなわれた。つまり、ムシはなにかをねらって捕獲行動をしたわけではない。けれども私が足をちょっとでも動かすと、すぐに私のつま先を獲物代わりに使った」

「本能的真空活動」という概念に対しては、くりかえし反論が出されている。動物が実はやはり、観察者の目には見えない小さな外的刺激に反応しているのではない、とは決して完全に言い切れないから（たとえば、アームストロング　一九五〇、バストック、モリス、モイニハン　一九五三、レーマン　一九五三、リスマン　一九五〇）、この概念を拒否する、というのである。これに対しては、基本的には次のようなことがいえるだろう。

「このような仮説的な最小限の刺激が、ここで問題としている〝反応〟にとって適切だとは、だれも主張しないはずである。捕獲行為を起こす特有の興奮が鬱積すると、ついには捕獲行為を引き起こす閾値（いきち）（最小限の刺激の強さ）がほとんどゼロにまで達するということは、いずれにしろ認めなければならない。なぜなら、そう考えてこそ、刺激―反応説の正当性を維持するためにわざわざ考え出された最小限の刺激でも、〝反応〟を引き起こすことができることになるからである。けれども、それならなぜ、反応を引き起こす閾値がほとんどゼロにまでなることはあっても、まったくのゼロにはぜったいにならないのか、理解できない」

　こうなると、「本物の真空活動」なのか、それとも「ほとんど本物に近い真空活動」なのかという議論は、ことばをめぐるけんかでしかなくなる。だが、ここで記録として紹介した例についてだけは、私は保証できる。ボンにある私の実験室のピカピカにみがかれた床には、ムシの捕獲行動の対象となりそうなもので、私が見ることができたものは、せいぜい微小なほこり粒しかなかったと。そしてこのほこり粒は、空気の流れに対してかなり抵抗力があるので、このネコが何メートルも追跡したほどのスピードで床の上を動けたはずはない。ネコはこのとき、前足を交差させて「架空の」対象物をたたきながら、追い立てた。これは子ネコがピンポンの玉で、また、長い間なにもとらえていなかったネコがマウスで見せる行動に似ている（「鬱積の遊び」一四八頁以下参照）。もし、私の目には見えないふわふわしたほこりがあったとしても、そのようなほこりは、前足でこれほどすばやくどんどんかき寄せることはできない。もしほこりが相手だったとしたら、ネコが次々とすばやくおこなった前足のパンチの一つひとつが、毎回べつのほこりの一片であって、そのどれもが私には見えなかったのだ、と主張しなければならなくなる。これではあまりに行き過ぎというものだろう。だから、私が自分の目で見たこの例では、異論の余地のない、本物の真空活動がおこなわれていたのである。そして、ほかにもこうした例を私はたくさん観察した。

　石、土くれ、その他の代用対象物への反応が、鬱積した捕獲の興奮の「真剣な」発散であるのか、それとも遊びであるのかをどれほど区別できるかについては、一四四頁以下で解説する。次に紹介する例では、状況はいくらか異なる。

記録（一九五一年一一月九日）

「七羽のスズメのいる金網の檻（四×二×二メートル）にM3を入れた。M3はすぐに体をかがめて、スズメたちに向かって忍び寄った。スズメは檻の上のすみへ舞い上がった。M3は上をながめ、〝カチカチ音をたてた〟。それから何分間もまったく役に立たない待ち伏せ姿勢をとり、あたりを忍び足で歩き、上を見上げてまたしても〝カチカチ音をたてた〟。そしてとつぜん、獲物捕獲のいろいろな動作が、空に向かって一挙におこなわれた。一部の動作は土くれを獲物の代用にして、それに向かっておこなわれた。待ち伏せる、走り出す、前足でたたく、つかむなど、すべての動きがめちゃくちゃな順序で、何度もくりかえされた」

この雄ネコはとても刺激的な獲物のすぐ近くにいたのに、それに到達することができなかった。このような状況では、しばしば「カチカチ音をたてる」（シュヴァンガルト　一九三二）行動が「転位活動」としてあらわれる。口角をぐっと後方に引いて、顎を痙攣するようなリズムで上下に打ちならし、舌打ちするような音を出すのである。シュヴァンガルトによると、ネコがこれをするのは、わずらわしい気分にあるときだという。だが、シュヴァンガルトがくわしく記述している例では、これは証明されない。この著者の雄ネコはベランダの手すりにすわっており、そのすぐ目の前の細い小枝でスズメが大声をあげていた。つまり、スズメは雄ネコの手のとどかないところにいた。ネコは空間を自由同然にただよう獲物に向かって、テンのように（二三頁以下も参照）とびかかることはできなかったからだ。

M3でつづいて爆発的に、堰を切ったようにおこなわれた捕獲行為は、「redirection activity」（バストック、モリス、モイニハン　一九五三）の典型的な例である。捕獲行為を刺激する適切な対象はたしかにとても近くにあるのに、到達できない。すると、こうした対象は、ついにはそれに対応した本能行為を引き起こすのだが、ただし、この行為は本来の対象にではなく、たとえ適切ではなくとも、到達可能なべつのものに向けられなければならないのだ。いまあげた三人の著者たちは正しくも、このような行動が代用対象物への反応とははっきり異なることをみきわめ、「redirection activity」ということばを使っている。つまり、べつの対象に転嫁された行為である。この訳語としては、私は「代替（やむをえず替えた）対象物での反応」を提案して、代用対象物と代替対象物のちがいを次のように定義したい。代用対象物は本能運動自体も引き起こし、また、これらの運動も代用対象物それ自体に向けておこなわれる。これに対し、代替対象物は一連の本能運動がそれに向かっておこなわれるように引きつけるのはたしかだが、じつはその本能運動は、同時にそこに存在しているがその動物が到達できない本来の対象物によって引き起こされるのである。

第4章

殺した獲物の扱い

すでに述べたとおり、ネコは殺した獲物をいったん放す。すぐに食事にとりかかることはあまりない。ふつう獲物を――とくに獲物がかなり大きな場合には――放置し、その場を少し離れる。地面を何カ所か嗅ぎまわり（「散歩」、図25d）、いくらかグルーミング（身づくろい）運動をし、それから獲物のところにもどって、獲物をとりあげて（図25e）、あちこちと運びまわる（図25f）。食事のための隠れ場所をさがしているのであろう。安全な隠れ場所が見つかれば、そこを食事に使う。この行動は高度に儀式化されていて、まったく隠れ場所のない空間で、しかもネコがそこにすっかり慣れている場合でも、これはおこなわれる。また、ネコが「逃げ道」をさがしているわけではないこともたしかだ。食事のための隠れ場があっても、そこに行くのに最短の道を使おうとはしない。それよりも獲物を置いて、「散歩」し、獲物をふたたびとりあげて、そしてあちこちと運びまわるといった行動を何回もくりかえすことの方が多いのである。

ネコはしばしば、これらの行動につづいて死んだ獲物で遊ぶ（図25g）（一四九頁以下）。獲物を運ぶときには、獲物の頭のすぐ後方のえり首をくわえる。マウス、スズメなど獲物が小さな場合にかぎって、ときには他の体の部位をくわえることがある。獲物が大きくなればなるほど、えり首をくわえる傾向は強くなり、頭部を高くかかげて、だらりとたれ下がる獲物の体を地面から離そうとする。ちなみに頭をかかげる運動は、獲物の揺れや引きずりによって引き起こされるというよりは、むしろ獲物の重さによって解発される。かさばらない肉塊の場合、頭をかかげなくても地面を引きずるおそれは

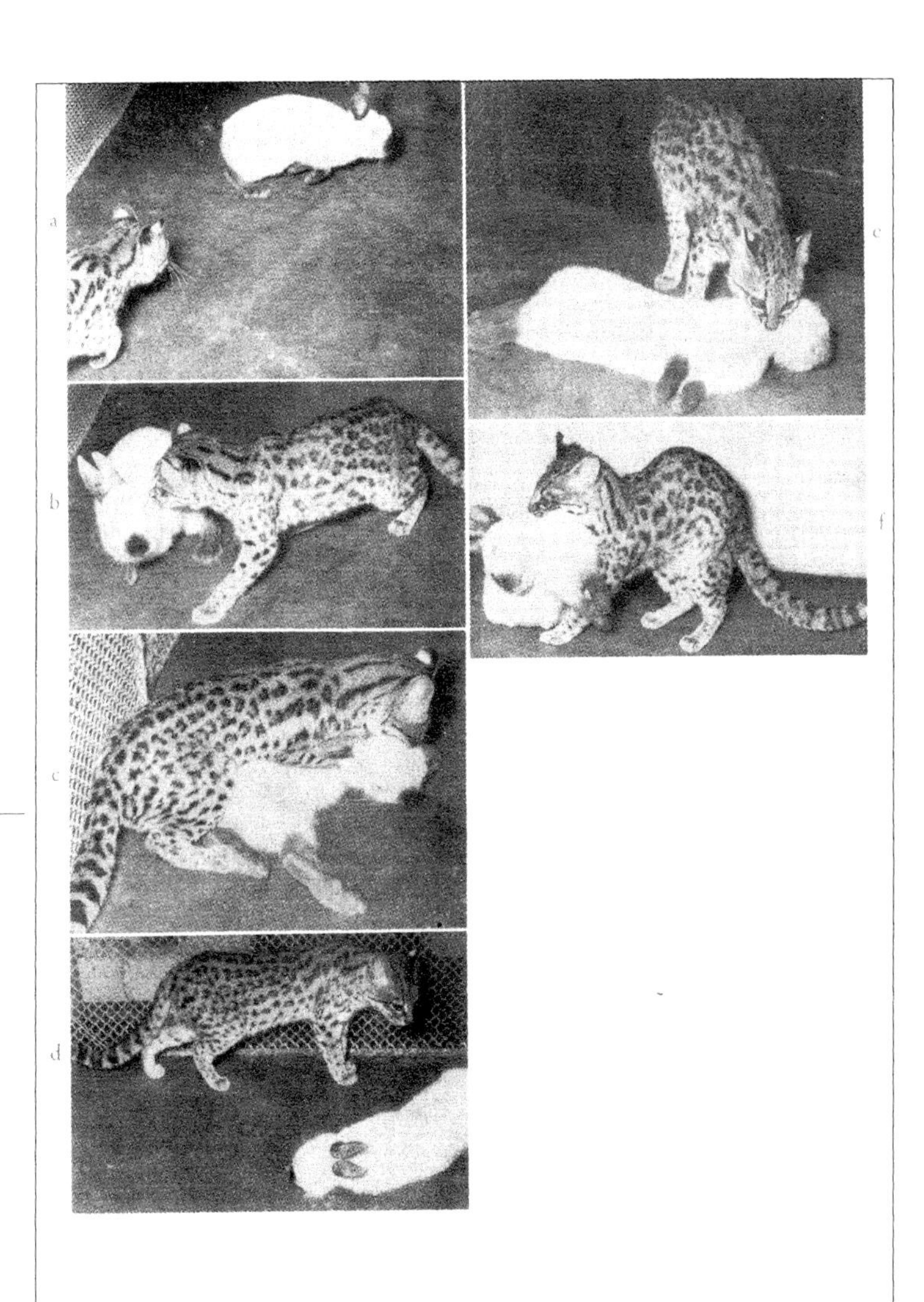

図25　アナウサギを殺すジャガーネコ。a）追跡。b）かみつく直前。c）殺す。d）「散歩」。e）運ぶためにくわえる。f）運搬。

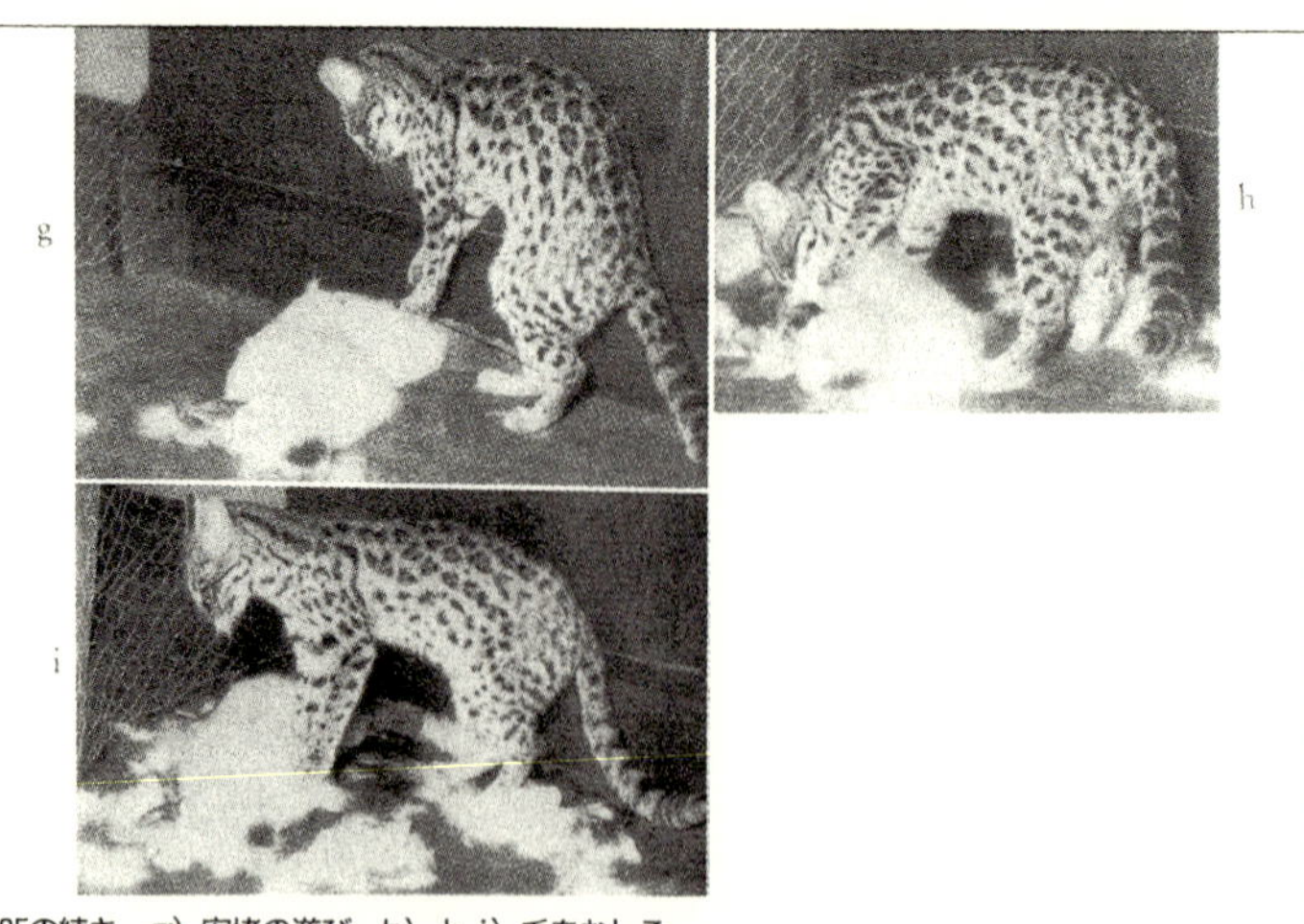

図25の続き　g）安堵の遊び。h）と i）毛をむしる。

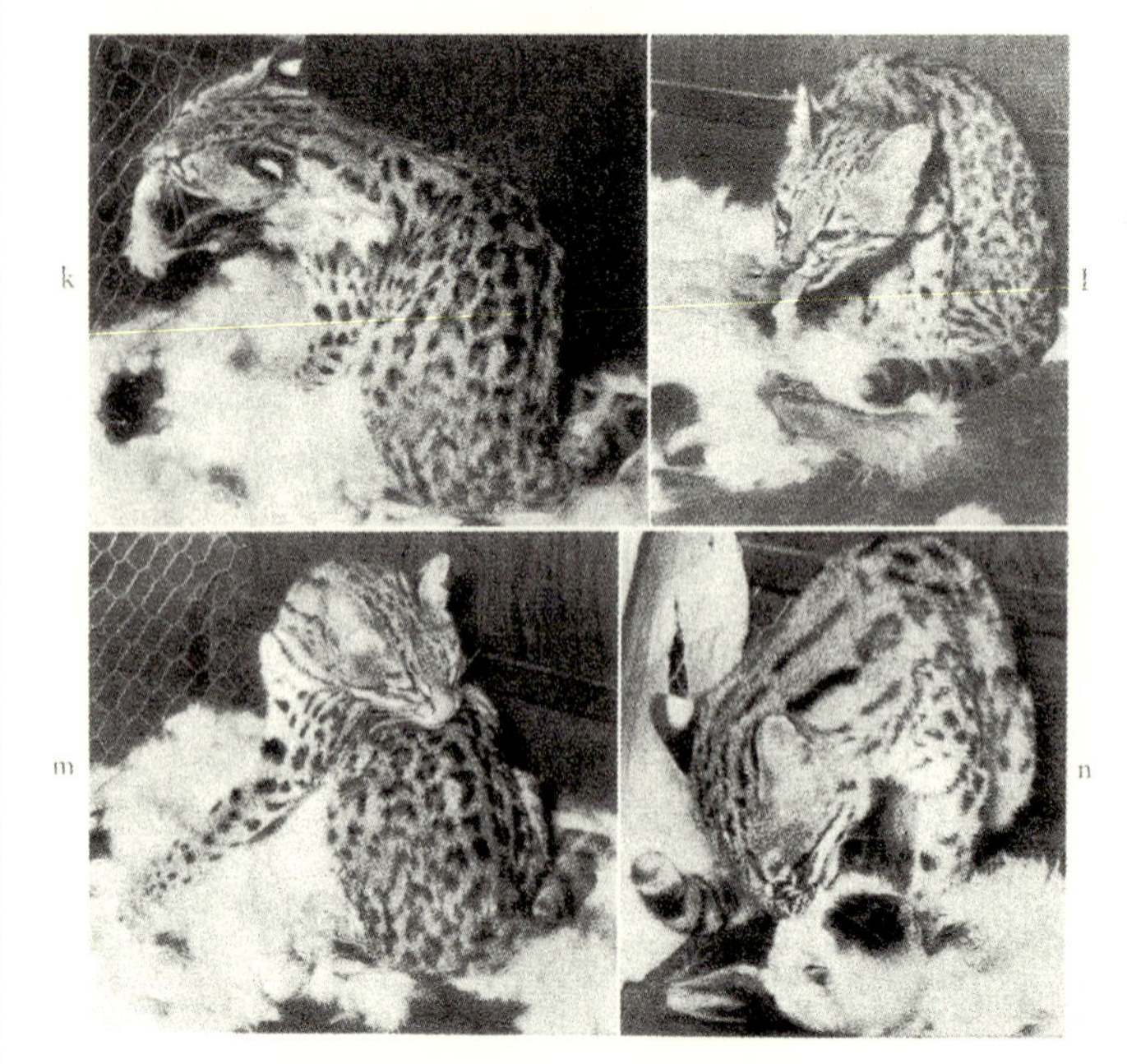

図25の続き　k）毛を振りとばす。l）舌で毛をはじきとばす。m）わき腹をなめて、舌にはりついたウサギの毛を落とす。n）頭から食べはじめようとする。

図26　左）重い餌のかたまりを運ぶときには、頭を高くもち上げる。右）左と大きさは同じだが軽いぞうきんを運ぶときには、頭は水平線以上にもち上げることはない。

ないが、それでもネコは頭をかかげるのである（図26左）。逆に獲物の代用物のぞうきんを運ぶときには、たとえ引きずることになっても、ネコは頭を下げたままでいる（図26右）。大きな獲物を運搬する場合、その重心の近く、すなわち肩のあたりをくわえる方が、実際のところネコにとってはるかに楽なはずである。だが、私が観察した種はすべて獲物のえり首をくわえた。とくに大きな獲物は、前脚のわきか両前脚の間に入れて引きずる。あるいは後ずさりしながら、引きずって運ぶこともある（一一九頁の図18d、e）。同じ方法でライオンがシマウマを運ぶのを映画で何度も見たことがある。

第5章

羽をむしり、振りとばす

満腹しているために、とらえた獲物を置き去りにしたまま手をつけない場合をべつとすれば、獲物をとらえたネコは、結局は食事にとりかかる。獲物がクロウタドリ大およびそれより大きな鳥であれば、食事の前に羽をむしる。小さな羽は歯ではさみ、前足を獲物の上にのせて、肩と頭を上向きにつっぱって羽をひき抜く(三〇頁の図18 i、五二頁の図25 h、i)。口の中にひっかかった羽は吐き出し、羽を抜く動作を何度かくりかえすごとに、頭を側方に左右にふって振り落とす(図25 k)。大きな羽は抜くことがあるにしても「うっかりして」ついでに抜いてしまうだけである。ふつう羽軸(うじく)は、食べている最中に肉とともにかみ切られるか、あるいは、ただ抜け落ちる。羽を吐き出すときには、口を大きく開き、下方に丸めた舌先を独特のなめるような動きでうごかして羽を押し出す(図25 l)。これにつづいて、舌を引きこめるときに口を閉じ、舌にこびりついた羽を門歯(もんし)の間でぬぐい落とす。羽をひき抜くときの頭を上げる動作の最中にも、ネコは羽を吐き出す動作を一回、あるいは数回しているが、あまりにすばやいために、映画にとって一コマごとによく検討しないと確認できない。頭を上げきったあとも、今度はややゆっくりした動作で頭を横向きかげんにしてこれを数回くりかえす。

羽を振りとばす運動は、一回、あるいは数回、頭を左右に振っておこなわれる。振られた頭が反対方向に折り返す瞬間に、舌で羽を押しだして振りとばすのである。この運動の最中にもネコは吐き出す動作もすばやくおこなう。

ネコは羽むしりをしばしば中断して、わき腹をなめる(図25 m)。はじめ私はこれを転位活動だと考えたが、いまではむしろ毛をなめる行為がもつ通常の機能が逆転したものだと考えている。つまり、ふつうはネコが毛をなめるのは、舌で毛をきれいにするためだが、この場合には毛が、舌のざらざらにこびりついた細かな綿毛をこそぎとっているのである。

私が調べたネコ科の種は、すべて鳥の羽をむしる。だが、目でじかに見た観察でも種の間にはっきりしたちがいが認められる。それらのうち四種については、映画に撮影して確認することができ、さらに正確にそのちがいを知ることができた。

イエネコは、クロウタドリではあまり積極的に羽をむしろうとしない。むしっても、その合間にしょっちゅう食べはじめようとする。「本当は」すでに食事をはじめているのであって、ただたんに口に入ってしまう羽を吐き出しているのだ、と見る方がよさそうだ。イエネコはクロウタドリ大より小さな鳥については羽をむしることはまずなく――私は五八例中一例しか見ていない――、羽むしりをしようとする気配すらみせずにすぐに食べる。風切り羽と尾羽は羽軸でかみ切り、吐き出す。イエネコが羽むしりを集中しておこなうようになるのは、ハト大以上の鳥である。

リンデマン（私信）によると、ヨーロッパヤマネコとカルパチアオオヤマネコの羽むしりはイエネコと同じであるようだ。すなわち、クロウタドリ大より大きな鳥についてだけ羽をむしる。フランクフルト動物園と私の研究所でおこなった一連の実験では、リビアネコ（一♀）、サーバル（四頭）、スナドリネコ（三頭）、カラカル（一♀、一♂）、カナダ産のボブキャット（一♀、一♂）、それにチーター（二♂）も同様であった。その後、ヴッパータールのマックスプランク研究所で飼われているベンガルヤマネコ（一頭）、アジアゴールデンキャット（四頭）、それにイエネコとベンガルヤマネコの雑種（一〇頭）も同じ羽むしり行動をすることがわかった。クロアシネコ（七頭）は羽むしり行動が目立って少なかった。これらとちがった行動が見られたのは、雄のカラカルの一例だけで、この雄はスズメの羽をむしった。その後、何頭ものカラカルを観察したが、これらもいま記した種よりも積極的に羽むしりをした。また、これらすべての種は、ハトと小さなニワトリを相手にするときにはほとんどかならず、羽むしりをする前に頭を食べた。

ジャガーネコの「ムシ」が羽をむしるときの動作は、これらよりはるかに明確で、一連の食事行動の中の欠かせない部分となっていることがわかる。「ムシ」は獲物の鳥がとても小さくてもまるで「目的を自覚している」かのように羽をむしる。食事をはじめたいのに羽がまちがって口に入ってしまう、

図27　スズメの羽むしり。上）イエネコ（W５）。下）ジャガーネコ。

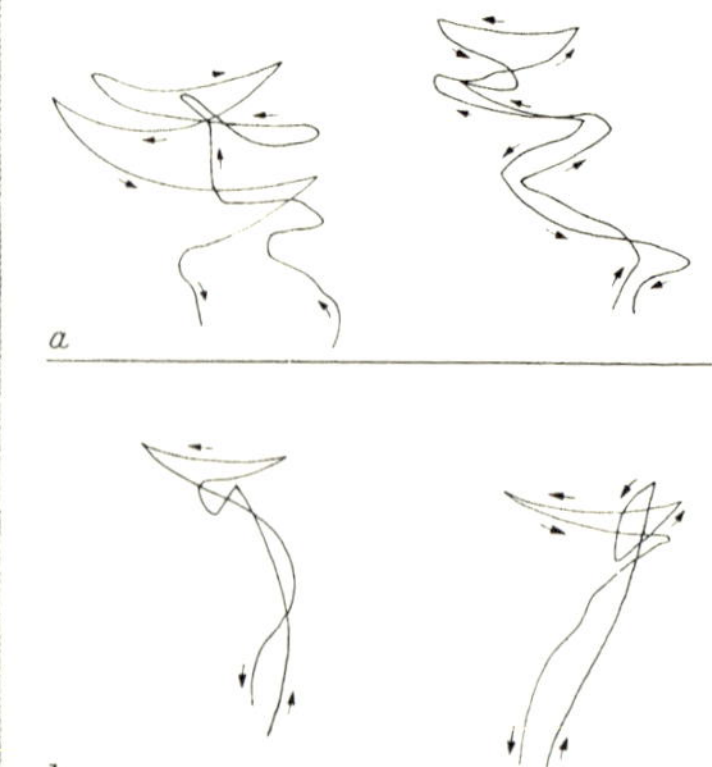

図28　羽むしりの動きの曲線。a）雌サーバル。b）ジャガーネコ。本文参照。

などというのとはまったくちがう。たいていは、獲物の頭か胸から羽むしりをはじめ、裸の部分が出るまでつづける。「ムシ」がスズメの羽をむしるのをイエネコのそれとくらべると、ちがいがはっきりする（**図27**）。「ムシ」は長く羽むしりをつづけてから、ようやく食事をはじめるのである。食べかけの獲物を「ムシ」からとりあげ、しばらく時間をおいてからふたたびあたえると、「ムシ」はたいていはじめほど長くはないにしても、かならずいったん羽むしりをしてから食事にかかった。この事実も、ジャガーネコでは羽むしりが一連の食事行動の中で固定的な位置を占めていることをしめしている。「ムシ」は獲物が哺乳類でも、毛が一～一・五センチをこえると、毛をむしった。たとえば大きめのドブネズミでは、そのとくに長い背中の毛をむしった。小さなアナウサギでは全身の毛をむしって、ほとんど丸裸にした。

　はじめのうち私は、イエネコが羽むしりがへたなのは家畜化による欠陥であり、ジャガーネコの熱心な羽むしりは、小型の鳥類のハンターとしての特殊化の結果だろうと解釈した。前に述べたように、ジャガーネコは待ち伏せ姿勢をほとんどとらないし、小さな哺乳類の獲物にくらべて、鳥の獲物にずっと強い熱意をしめしたからである。のちに私は、先に述べたようなネコ類がイエネコと同じような行動をとることを確認できた。それに対して、ピューマ（三頭）、マーゲイ（二頭）、多数のジョフロワネコと（「ムシ」以外の）ジャガーネコ、それに大きなオセロット（二頭）が「ムシ」と同じように行動するのを知った。ロンドン動物園の一頭のオセロットは、屋外の囲い地の芝生でハトの羽をむしり、「恍惚」のあまり獲物を放してしまっても、それと気づかず何分間も草をむしりつづけたのだった（D・モリスの撮影した未公開映画による）。

羽むしり行動の種によるちがいは、映画に撮影してくらべるととてもはっきりする。だが、正確な評価ができるのは、羽むしりをするネコ類を正面から撮影できた場合で、それに成功するのはごくまれである。**図28**は、サーバルとジャガーネコのそれぞれ二回の羽むしりをしめしている。描かれた曲線は、映画の画面の一コマごとの鼻さきの動きをつないだ線である。サーバルの鼻先の動きは、下方のはじまり部分ですでにわずかであるが側方にゆれている。この振幅は頭を上にあげるにつれて増大し、ついには羽を振りとばすときの大きな振る動作になる。そして頭がふたたび獲物へと下げられるにつれて、振りは徐々に弱まる。一方、ジャガーネコの鼻先の描く線は、頭を振る気配をまったくしめすことなく、ほとんど垂直に近い急勾配で上がる。最高点に達すると、羽がとつぜん放されるところでわずかにもどり、つづいて、するどく際だった線を描いて振りとばしの動きをしめし、それからやはり明快な線を描いて獲物へとまっすぐにもどっている。

羽むしりのリズムにも、はっきりした種のちがいがある。これについてはサーバル、ボブキャット、ジャガーネコ、それにピューマについて、それぞれ撮影した映画を使って分析できた。映画ではジャガーネコは二羽の獲物、その他のネコ類は一羽の獲物の羽を抜いている。サーバルとボブキャットは事実上、一回羽を抜くたびに振りとばす。頭をもち上げるとちゅうで、すでに振りとばす動作がはじめられるからである。ただし例外として、小鳥の羽をむしるときには、振りとばしが完全に省略される。小鳥の羽は容易に抜けるので、W5とカラカルがスズメの羽をむしるときと同じく、振りとばし動作の幅が大きくならないのである。ピューマとジャガーネコは何回か羽をひき抜いたあとで、振りとばしをすることがある。サーバルとボブキャットでは、羽を抜く動作と振りとばし動作の比が一対一であるのに対して、ピューマとジャ

表1
羽むしりのリズム（撮影された映画からカウント）。一番左と中央の数字は、映画全体の中で羽を抜く動作と羽を振りとばす動作がおこなわれた回数をあらわしている。

	羽を抜く	羽を振りとばす	振りとばしの動作ごとに頭を左右に振る平均回数
サーバル	14	14	3.2
ボブキャット	14	12	3.7
ジャガーネコ	68	34	2.4
ピューマ	20	12	1.8

ガーネコでは、二対一になる（**表1**）。ただし、これらの観察の回数は、統計的に確実な数値を出すには少なすぎる。このためには、もっと多くの撮影が必要である。それでも**表1**からは運動のリズムのちがいがわかるし、そのちがいは映画を何回も見ると、ますますはっきりと確認できる。

　羽を振りとばす動作のたびにおこなわれる、頭を左右に動かす動作の回数も異なる。**図28**から予測されるとおり、また**表1**の三番目の項からもわかるように、頭を左右に動かす動作は振りとばす動作がしだいに高まり、そしてふたたび弱まるあたりで、よりひんぱんになる。この頻度のちがいも統計的には十分なものではないが、目で見ただけでも、ピューマとジャガーネコの振りとばしが短くエネルギッシュであることはわかる。ちなみに、左右に頭を動かす運動は、羽むしりへの集中度が高まるにつれて回数が増える。この事実は、ここで確認されたネコ類の二つのグループのちがいの意味をはっきりさせてくれる。同じ大きさの獲物を食べるときでも、サーバルとボブキャットは、ピューマとジャガーネコにくらべて、羽むしりにずっと消極的である。そのため、一回の羽むしりごとに抜ける羽の平均的な量は、サーバルとボブキャット、その他のこのグループに属する種では、ピューマ、ジャガーネコ、オセロットの三分の一から四分の一である。

　リンデマンは、ヨーロッパヤマネコが大きめの哺乳類の獲物の毛をむしらず、爪ではぐと報告している（一九五五）。私は自分で飼っていたヨーロッパヤマネコでこのことの当否を確認できなかったが、イエネコ、サーバル、ボブキャット、カラカルといったヨーロッパヤマネコの近縁種がそのようなことをしないことはたしかである。もしヨーロッパヤマネコがリンデマンのいうような行動をとるのだとしたら、それはまったく「ネコらしくない」行動だといわなければならない。ネコの爪は、このような作業に向いていないからである（ただし七二頁以下の「引き裂く行動」を参照）。

　二つのグループの羽むしりにおけるこうしたちがいは、この行動を引き起こす刺激の閾値(いきち)のちがいからきている面もある。「イエネコグループ」ではこの閾値は高いので、クロウタドリ大以上の鳥ではじめて、羽をむしろうとする。一方、「ジャガーネコグループ」の閾値は低く、小さな鳥でも羽むしりをし、いわば「熱心さでリード」している。この傾向は、大きめの鳥や毛の長い哺乳類でも変わることはない。興味深いことに、両グループとも、それぞれの種の体の大きさと刺激の閾値との間にはなんら関係がない。イエネコ、ボブキャットそれにチーターにとっては、クロウタドリの大きさは羽むしりを引き起こす刺激としては同じように小さいのだ。一方、体の大きなオセロットは小さなジャガーネコと同じほど熱心に、スズメの羽をむしる。大きなピューマですら小さな鳴禽(めいきん)類の羽をむしるし、あるいは少なくともむしろうとする。ピューマの歯で小さく短い羽をつまむのはむずかしく、ときにはまったく不可能なこともある。ピューマは鳴禽類を唾(つば)だらけにして押しつぶし、結局たいていは、なんだか見分けのつかないような塊にしてしまう。もちろん同じ種でも個体によって羽むしりへの熱意はちがうし、同じ個体でも場合によって熱心さは変わる。それでも私の経験では、これらの個体のちがいが種の間のちがいを消しさることはないのである。

いま述べたような観察結果を、統計的に反論の余地がまったくないように証明することはたいへん重要なはずである。というのは、一方のグループの種――イエネコ、ヨーロッパヤマネコ、リビアネコ、クロアシネコ、ベンガルヤマネコ、ゴールデンキャット、スナドリネコ、ヨーロッパオオヤマネコ、ボブキャット、カラカル、サーバル、チーター――は**旧世界**のネコであり、もう一方のグループの種――ジャガーネコ、ジョフロワネコ、マーゲイ、オセロット、ピューマ――は**新世界**のネコだという事実があるからである。ここで、ボブキャットは北アメリカに分布するが、この北アメリカのオオヤマネコは、南アメリカのネコ類の祖先よりもずっと後の時代になって、アジアとアメリカの陸橋を通って北アメリカにわたってきた。だから旧世界のネコ類に属するとみなしてよいだろう。一方の側にはイエネコとチーター、他方ではジャガーネコとピューマというように、このように異なるネコの間で行動に明らかな一致があるという事実は、**偶然とはいいがたい**。

このことから、分類学的に特別な位置にあることが認められるヒョウ属をべつにして、ネコ類の分類に新たな観点を導入してみてはどうか、ということも考えられる。羽むしり行動のほかにも、いくつかの行動上の特徴のちがいが、旧世界と新世界のネコ類にはあるようなのだ。たとえばネコ属*Felis*

とオオヤマネコ属*Lynx*、それにそれらの近縁種に見られる糞を埋める行動や、前足を胸の下にたくしこむ休息の姿勢は、新世界のネコ類と大型ネコ類にはない特徴である。

　これらの事実のすべてをまとめあげ、さらに必要な調査を可能なかぎり多くの種についておこなえば、旧世界と新世界のネコ類の間に、旧世界と新世界の霊長類の関係と似たような類縁関係があることがわかってくるかもしれない。ただしこの場合、大型ネコ類は新世界のネコ類と近い類縁関係にあることになるだろう。霊長類の場合の類人猿の位置とはちがってくるのだ。また、旧世界と新世界のネコ類を、広鼻猿類と狭鼻猿類のように、深い明確な切れ目で分断できると思ったらまちがいであろう。二つのネコ類は、広鼻猿類と狭鼻猿類の関係にくらべて、もっとおたがいに近い関係にある。カラカルでほのかにうかがえるような、二つのグループの移行型も存在するだろう。

　実際、私たちは最近、八頭のアフリカゴールデンキャットの羽むしり行動が、熱心さと刺激の閾値の点で二つのグループのちょうど中間にあることを観察でたしかめた。アフリカゴールデンキャット属は、**この一つの**行動に関しては、羽むしり行動がわずか（アジアゴールデンキャット）→羽むしり行動が中間的（カラカル、アフリカゴールデンキャット）→羽むしり行動が激しい（ピューマ）、という形で二つのグループをつないでいる。このような移行型は、旧世界と新世界の霊長類では知られていない。

　いくつかの聞き取り調査の結果では、大型ネコ類は新世界のネコ類と同じ方法で羽をむしるようだ。ある一頭の雌のヒョウは、ニワトリのヒナの羽をとても熱心に激しくむしったという。そのとき、頭を垂直になるまで振りあげ、振りとばし動作は他の行動からはっきりと区別できるものだったというが、それは私がピューマで見た行動と一致する。ただし、ヒョウが羽をむしるときは体を横たえ、両方の前足でヒナを押さえた。また、ある一頭のトラは、ニワトリの羽をきわめてエネルギッシュにむしった（D・モリスによる未公開映画）。私はギル保護区で、一頭の雄のインドライオンが大きなヤギを殺し、すぐに背中の毛をむしる動作をはじめるのを見た（一九六九年一一月一一日）。だが、私の見たヒョウは殺したヤギの毛をむしらなかった。

　ネコはむしった毛や羽のほかにも、死んだ獲物やぞうきんなど、歯にひっかけられるものを振りとばす。これらのものは、綿のかたまりでよくあるように、歯の間にはさまりさえしなければ、かなりの距離をとばされる。まだ生きている獲物でも動かないと（三九頁以下）、同じようにあつかわれることがある。同様に、臆病なネコは小さな獲物を殺さず、体の毛をところかまわずそっとくわえてすぐに振りとばす。この動作は殺しの振りまわしではない。たんに歯の間に入った毛や羽を振りはらうための動作であって、このために獲物が死ぬことはぜったいにない。獲物を殺しのかみつきでちゃんととらえたときには、振りとばすことはない。殺しのかみつきのあとでは獲物をいったん下に置くのだ。

獲物あるいは遊びの対象物を振りとばしたり、あるいはほうり投げたりする行動がもっともひんぱんに、またはっきりした形で見られるのは子ネコの場合であるが、おとなのネコでも、一定の条件の下ではこれが見られる（一四八頁、一五〇頁以下）。獲物の羽は、むしられる前に、こうした遊びの段階でかなり落ちてしまうことがある。獲物が羽むしりを引き起こす最低限の刺激しかもたない場合には、羽むしりと遊びのほうり投げが、相互になめらかに移行しあうことがよくある。W5とカラカルがスズメを獲物としたときにこれを見ているし、先の二頭のボブキャットとW1、W4、W5、M3、M5、M8、M9がクロウタドリを獲物としたときにも、同じような行動をした。

大型ネコ類はしばしば、骨つきの大きな肉塊をくりかえし左右に振る。放してほうり投げることはまずなく、振りおわると、振るためにくわえていた部位から食べはじめる。うまくかじれないと、もう一度振る。おそらく振ることで筋が骨に付着している部分をゆるめ、かぶりつきやすくしているのであろう。イエネコもラットにかぶりつくのに難儀すると、似た行動をとることがある。ここにネコ科動物の振りとばしをイヌ科動物の振り殺しとくらべることのできる、唯一の接点を求めることができるかもしれない。ザイツ（一九五〇）によると、キツネは大きな獲物を振って切りはなし、また死んだ獲物についている砂などをはらい落とすという。ネコ科動物の振る行動にもこのような目的をもつ場合があるかもしれない。ただし、ネコ類がこの種の汚れを気にすることはまずない。もちろん、この比較からネコ科の「振りとばし」をイヌ科の「振り殺し」と相同（そうどう）の行動だとみなすことはできない。だが、そうである公算は大きいし、そうだとすればその系統発生的な発達の過程は、次のようではなかったかと想像することはできる。

かつて私は、歯についた物、たとえば羽むしりでついた羽や毛を振りとばしたり、あるいは獲物を振りとばすのは、野生イヌ科動物でよく知られている振り殺しと同様に、多くの哺乳類が体についた水を振りはらう行動と同じ動作パターンに由来するものと考えた（本書の第一版、一九五六）。いまでは、これはありそうにもないことだと思うようになった。体を振るときには、おそらくすべての哺乳類が、首と頭をほぼ体の縦軸方向に伸ばす。たとえばホッキョクグマは水中で直立し、首と頭をまっすぐ上方に伸ばす。体が振られると鼻は体の回転軸の上に位置し、振れることはほとんど、あるいはまったくない。一方、くわえた物を振りとばす場合には、頭は引きこめられるので、首の軸と頭の軸はほぼ直角をなす。頭の回転は第二頸椎の歯状突起を中心にしておこなわれるから、回転軸は首の軸に一致する。だから、鼻先は大きな弧を描くのである。つまり、これら二つの運動はまったく異なる性格のものであり、一方がもう一方に由来している公算は少ない。体を振る運動と物を振りとばす運動は、たがいに無関係に成立したと見てよいだろう。

ほとんどすべての哺乳類が、頭についた異物のためにくすぐったい感覚をおぼえたり、あるいはその他のわずらわしい触感覚をおぼえると、物を振りとばす動作に似た頭を振る動作をおこなう。すべての食肉類と多くの齧歯類は、頭についた毛、羽、土などを前足ではらう前にまず頭を振って落とそうとする。くしゃみと頭を振る動作が、ほとんどかならずいっしょにおこるのを、私たちはつね日頃見ているではないか。

私が知っている食肉目の動物はすべて、小さな、はって歩く動物や体が大きめでも見慣れない獲物を相手にすると、相手の体のところかまわず、まず歯でゆるくくわえ、ただちに頭を側方に振って、少し離れたところに投げとばす（ライハウゼン　一九六五b；「かみつき→投げ」行動、エヴァーとヴェンマー　一九七四）。この行動が振りはらい動作の起源であるのかもしれない。この行動はリズムが不定で、動きも左右で非対称である。すなわち、かならず一回、側方に八分の一、あるいは四分の一の弧を描き、そこで獲物を放し、振りはじめの位置にもどる。激しさが増すと、側方への頭の振りにくわえて、正中線上を動く運動要素が重ね合わされる。おとがいと首を体にぴったり引きつけ、ふたたびぐいと上向きに伸ばす。さらにくわえて、しばしば体の前部全体もはね上げられる。こうして、サッカーやキャッチボールのような激しい運動になるのである（一四八頁参照）。

側方に一回だけ動かされる投げとばし動作で、歯からくわえたものが放されず、そのまま振りはじめの位置にもどされると、振りとばしの動作になる。振りとばし動作の系統発生的な発達の過程が実際このとおりだとすると、ジェネット（図**29**）の一見奇妙に思える独特の行動の説明もつく。ジェネットは振り投げをくりかえすときにもかならず一方の側に振るだけで、正中線を越してもう一方の体側の側に振りもどすこ

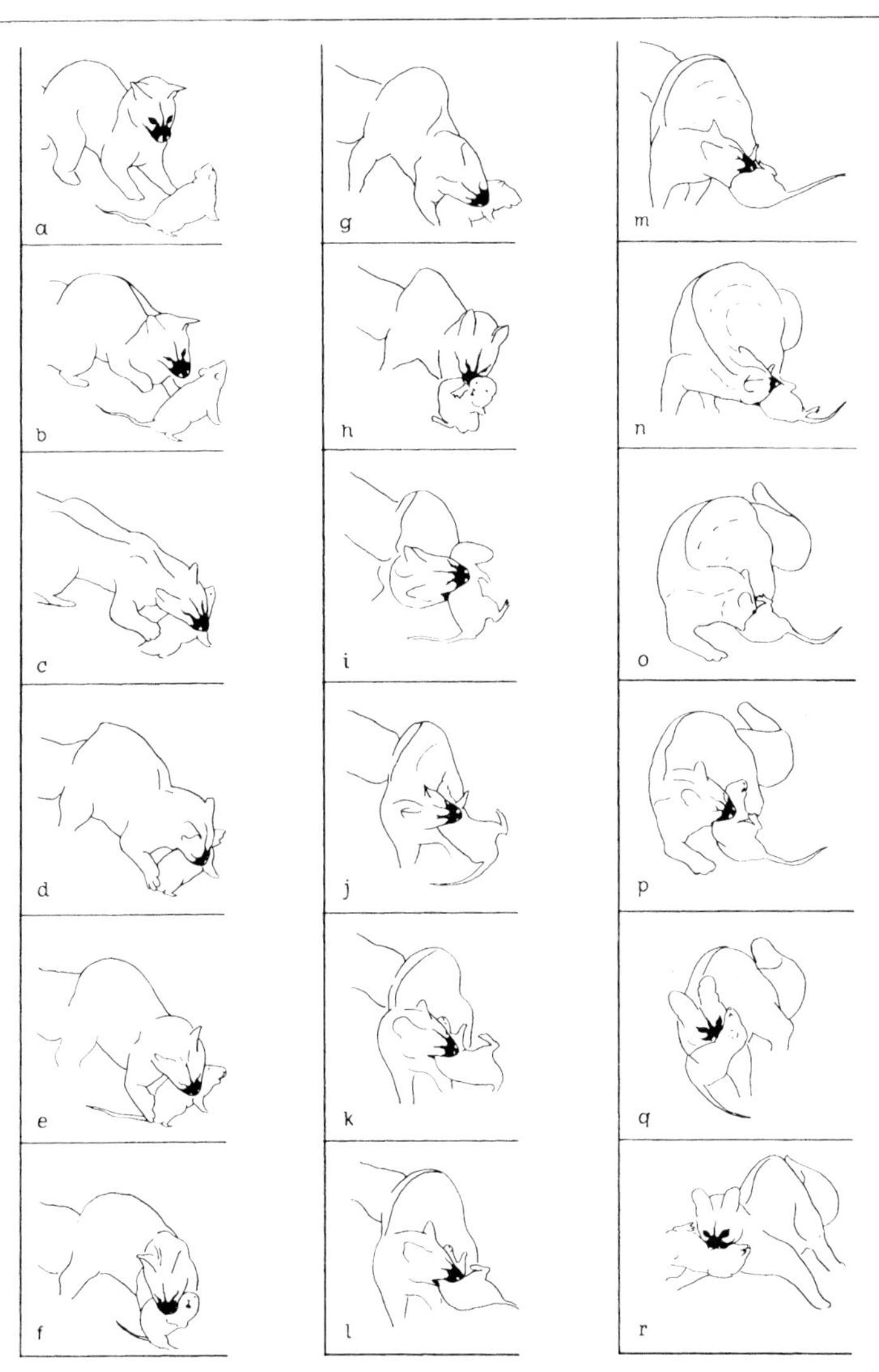

図29　ラットをとらえるジェネット。a) かみつく直前。b) ～ d) 肩にかみつく。前足はラットの体の後端を押さえつけている。e) ～ f) 頭をもち上げる。そのときに獲物の体は前足からはずれる。g) 1回獲物をくわえたまま頭を左向きに振る。h) 振る動作が中心にもどった瞬間。i) もう一度左向きに振る。j) ～ k) 振る動作がなかば中心にもどる。l) ～ n) ラットをくわえたまま、またも頭を横向きに振る。そのとき口がいったん開き (m)、くわえなおす (n)。o) ～ r) 獲物を自分の体に引き寄せるようにし、そのままの勢いで運び去る。映像をもとに描かれたスケッチ。

とがけっしてないのだ。ジェネットの一側のみの振りが、つぎに左右対称の振り運動に発展する。それは、ジャコウネコ属とコジャコウネコ属の一部のように、はるかに激しくまた回数を多く振るために、振りの勢いを正中線で止められないようになった種の段階ではじめて見られる。私自身の観察でわかったかぎりでは、こうした振りとばしや一側のみの振り投げのために獲物の首が折れることは決してなく、迷路器官（内耳）の正常な機能が、しばらくのあいだ混乱する程度である。だが、自分の姿勢や位置を制御する機能を失った獲物は、防御も逃走もできない。そこで捕食者は自由に、獲物の体のつごうのよい部位にかみつくことができる。ネコ類は生きた獲物をジャコウネコ属のように激しくは振らない（ライハウゼン　一九六五b、エヴァーとヴェンマー　一九七四：「かみつき→振り」行動）。それでも一部のネコ類、たとえばゴールデンキャットやスナドリネコは、とらえたばかりのさかんにもがく獲物を食事場所に運んで殺す前に、何回か小さく振ることがよくある。獲物はこうして振られると、まったく動かなくなるわけではないにしても、おとなしくはなる。

捕食者によって激しく、くりかえし振りまわされると、獲物は一時的な呼吸麻痺（まひ）をおこすことがある（ライハウゼン　一九六五b）。この現象をひんぱんに観察したクリーク（一九六四）は、獲物の第二頸椎の歯状突起が脊髄（せきずい）を圧迫するためではないかと推測している。おそらくこの推測は正しいであろう。もっと強く振りまわされると、最終的に「首が折れて」獲物は死ぬことになるのである。

ジャコウネコ科、ハイエナ科（クルーク　一九六六）、イタチ科、イヌ科の多くの動物に見られる振り殺しは、こうして発達したのだと考えることができる。アライグマ科ではこの行動は発達していない（カウフマン　一九六二、ポグライエン＝ノイヴァル　一九六二、一九六五）。クマ科の動物はたしかに獲物を振るが、ネコ科の場合のように獲物をばらしたり、あるいは汚れを落とすためなのか、それとも獲物をおとなしくさせたり、殺すためなのか、私にはわからない。それでも、生きた獲物を振りまわす行動は、系統発生的には非常に古い行動だと思われる。多くの食虫類にくわえて、肉食性の有袋（ゆうたい）類でも、れっきとした振り殺しが見られる。有袋類では、少なくともキタオポッサム（ロバーツら　一九六七）とネズミクイ属（エヴァー　一九六九）で観察されている。アイゼンベルクとライハウゼン（一九七二）は、肉食性の有袋類、食虫類、食肉類、いくつかの種の齧歯類、それに霊長類のさまざまな獲物捕獲行動の広がりと系統発生について、くわしく述べている。

獲物を振るのとちがって、羽むしりはネコ科だけに発達した行動であるようだ。すでに一九五六年の段階で（本書の第一版）私は、それまでに観察したわずかの例のジャコウネコ科の動物（エジプトマングース、ヨーロッパジェネット、アビシニアジェネット、パームシベット）が、こうした行動様式をとる兆候をまったくしめさないことを確認した。デュッカー（一九五七）は、ヨーロッパジェネット、コジャコウネコ、ハイイロマングース、シママングースが大きめの鳥（ほぼカケス大以上）の羽をむしるといっている。けれども、私たちがこれらの動物にくわえて一九属二一種のそれぞれ数個体の動物について実験した結果では、ただの一度も羽むしり行動は観察されていない（ライハウゼン　一九六五b、アイゼンベルクとライハウゼン　一九七二）。ツァンニアー（一九六五）の観察したコビトマングースの「羽をむしる」行動は、ここで定義した意味での羽むしりというよりも、むしろ五五頁でイエネコについて述べた行動に一致している。エヴァー（一九六三）は、スリカータが同じように行動するのを観察している。

　ネコ科の動物が羽むしりをするときには、振りとばしのほかに、いくつかの運動要素がくわわる。ねらいを定めて羽をくわえる、前足で獲物を押さえながら頭を上げる、抜いた毛や羽を舌で突き出したり吐き出す動作である。ジャコウネコ科ではこれらの運動要素のうち、前足で獲物を押さえる動作と、食べているさいちゅうに抜けおちた羽を吐き出す動作の二つの要素だけがよく見られる。

　羽むしりが成長の過程でどのように発達してくるかは、ボブキャットの成長を撮った映画から読みとることができた。またイエネコの子どもの遊びでも、羽むしり行動は発達してくる。そこでは四つの運動要素がそれぞれ別々に、そのもともとの姿で演じられる段階から、それらすべてが高度に特殊化したかたちで組み合わされる段階にいたるまで、すべての過程が観察できるのである。

第6章

とらえた獲物を食べはじめる

小型ネコ類はどの種も、獲物を頭から食べはじめる。ただし獲物が鳥だと、翼のつけ根から食べることもある（八四頁以下）。数千回の観察例の中で、例外は数えるほどしかなかった。たとえば生後九週間ではじめてマウスを食べたW10は、そのとき体の後部から食べはじめた。私が飼っていた雌のサーバルは、約二〇匹の白ラットのうちの一匹を陰嚢から食べた。またおとなの雌ピューマは、カモを胸から食べはじめた。サーバル、ゴールデンキャット、スナドリネコなど、体がやや大きいネコ類になると、多くの個体が、ラットやモルモットなどのわりあい大きな獲物では頭のすぐ後方の首から食べはじめ、そのまま首をかみ切って落とす。落とした頭はあとで食べることもたまにはあるものの、たいていはそのまま放置する。大型ネコ類になると、獲物を頭から食べるのはまれで、わき腹か、あるいは後脚の間から食べはじめるようである。私は四回、それぞれべつのライオンがスイギュウのひざに執拗にかぶりついているのを目にしたが、この大きさの獲物になると、ひざの皮膚と関節包を破るのがやっとで、それ以上かみ進むのはほとんど不可能のようであった。

リンデマンとリーック（一九五三）の報告によると、ヨーロッパヤマネコはカラスやモルモットなどの大きな獲物を相手にするときには、腹腔から食べはじめるという。だが、私が観察したジャガーネコが自分の体とほぼ同じ大きさのアナウサギを食べたときにも、ふだんとはちがう行動をとった。ヨーロッパヤマネコの大型の獲物の食べ方にも、この場合と同じ背景があるのかもしれない。ジャガーネコはアナウサギの頭に何度もかみついた（五二頁の図25n）のだが、頭骨に歯が立たなかったのか、ほかのいろいろな箇所から食べようとしてはそのたびに頭にもどった。この行動を何度もくりかえし、とうとう首から食事をはじめたのだった。クーパー(一九四二)によると、ライオン園に飼われている一〇〇頭以上の住人のうち、ウマを頭から食べる「専門家」はごく一部だという。リンデマンの私信によれば、オオヤマネコは小さな鳥を食べるときにはどこからでも食べはじめるが、ニワトリ大から上の鳥になると胸か腹から食べはじめる。

一方、私はボブキャットとカラカルが獲物をいつも頭から食べはじめるのを見ている。私が観察したジャコウネコ科の動物もすべての獲物を頭から食べた。ヨーロッパケナガイタチ(ゲーテ 一九四〇)とムナジロテン(レーバー 一九四四)も頭からである。イタチ科の動物のこの行動は殺しのかみつき(四四頁)と同じく、ネコ科より特殊化している。まず獲物の頭骨をかならず上方からかみ破り、脳室をあけて脳から食べはじめるのだ。それどころか、獲物が豊富なときには脳しか食べない。ある一頭のアカハナグマはマウスではやはり頭から下方へと食べすすんだが、ハトの場合には最初に頭をかみ砕いたあと、前足で腹と胸の羽をこそぎ取り、皮をはぎ、爪で肉片をひきちぎってはなめ取って食べた。

第7章

獲物を食べる

ネコは食事をするときには、腰をおろし、体全体をかがませてしゃがんだ姿勢をとる(図30)。ただし、小さな肉片は立ったまま、体の前部だけをかがめて食べる。この姿勢で水を飲むこともあるが、たいていはやはり腰をおろす。大型ネコ類はこれらの姿勢のほか、ねころんで食事をするのも好きで、そのときには両前足で肉を押さえる(図31)。自然の中で撮影された大型ネコ類を見ても、とらえた獲物を前にしてこの姿勢をとることが多いのがわかる。ピューマとチーターはかならずしゃがんで食べる(図30c)。ピューマとチーターはこの点でもポコック(一九一七)のいう意味での*Felinae*(ネコ亜科)に属することがわかる。イヌ科とクマ科の動物も小さな肉片をねころんだ姿勢で食べることがしばしばあるが、ネコ類のように食物を前足の内側で押さえはしない。これらの動物は両前足の間に食物をはさみ、橈骨(とうこつ)部分をあてて押さえるか、あるいは内側に向けた両前足をわずかに交差させ、一方の前足は下から横向きに食物を押して、肉片が前にすべり出るのをふせぎ、もう一方の前足を上から、地面と下の前足との間をかぶせるようにあてて肉片を押さえる。後者の方法は、大型ネコ類が小さな獲物を食べるときに使うことがある(図32)。

イエネコは液体の中に浮かぶごく小さな食物片(たとえば水などにひたしてやわらかくしたパン)を前足の爪にかけて釣り上げ、そのまま前足からとって食べることができる。餌(えさ)が落ちないように、もう一方の前足でささえることもある。そのときには、後ろ足の上に体を起こしてすわる。イエネコはこの姿勢で昆虫などを食べることもよくある。他のネコ科

図30　小型ネコ類が獲物を食べるときのかがんだ姿勢。a）イエネコ（W5）。b）雌サーバル。c）雄チーターの「アリ」。（フランクフルト動物園）

図31　食事中のトラ。（ヴッパータール動物園）

図32　ニワトリの食べ残しを押さえるヒョウ。（左）「イヌ科のマナー」。（右）「ネコ科のマナー」。

動物ではこの行動を見たことがないが、そもそもそうした状況での観察の経験がない。だが、大部分のネコ科動物が、小さな獲物を相手にした遊びではこれをすることを考えると、この行動様式をもっていることはまちがいない。

ネコ類はふつう食物を咀嚼しない。裂肉歯を「肉切りバサミ」のように使って、獲物を小片あるいは細長く切って丸飲みするのだ。ただ、大きめの獲物の頭部にかぎっては咀嚼し、かみ砕いて食べる。細長い肉片は、裂肉歯で一方の端がまだかみ切られているあいだに、もう一方の端はすでに喉の奥に入りはじめる。獲物の頭を咀嚼するときも同じである。イエネコとジャガーネコは、しばしば喉につまったラットの頭を口に吐きもどし、もう一度小さくかみ砕いて、ついにちゃんと飲みこむ。

裂肉歯は口の奥にあるので、食物をかみ切るには、口角の奥に送りこまなければならない。ふつう獲物は地面の上にあるから、ネコの頭は獲物をかんでいる顎の側にかたむけられる。食べるときのこのような頭部のたもちかたは、裂肉歯に強い力をかける運動と頭部をかしげる運動との中枢での連動で調整される。だから、ネコは、たとえ小さな肉片でも硬くてかみ切るのに力がいる場合には、その分、大きく頭をかたむける。咀嚼筋と耳を動かす筋の一部との間にも似た関係があるようだ。強くかむとき、あるいは顎の一方の側だけでかむとき、また犬歯でくわえるときには、耳は多少とも外側に向けられるが、やがて後方に平らにねかされ、ついには頭蓋骨にぴたりとつけられる(図33a)。一方の側の顎だけで咀嚼するときには、かんでいる顎の側の耳だけが平らにねかされて、もう一方はたいてい立ったままである(図33b、c)。そうでなくとも、ネコ類では「片側だけの表情」がしばしば見られる。

頭部をかたむける運動と裂肉歯に強い力をかける運動との連動は、食物を咀嚼してかみ切るときにだけ起こるもので、くわえる（殺しのかみつき、運搬のためにものをくわえる）ときには起こらない。裂肉歯による切り裂きとくわえることとでは、咀嚼筋を制御する神経支配のパターンが異なるのである。ベヒト（一九五三）の研究によると、ネコ科の下顎は、それだけで裂肉歯が食物をなめらかに切れるほどには、顎関節にぴったりついてはいない。もし、そのようにぴったりついていたとしたら、細くても丈夫な腱を切ろうとすると、すぐに歯にはさまってしまって、動きがとれなくなるだろう。そんなことになったら、その捕食者にとっては悲劇的な結果になるはずだ。だから、顎関節には、トラで五ミリといったように、適切な量の「遊び」ができている。この「遊び」の

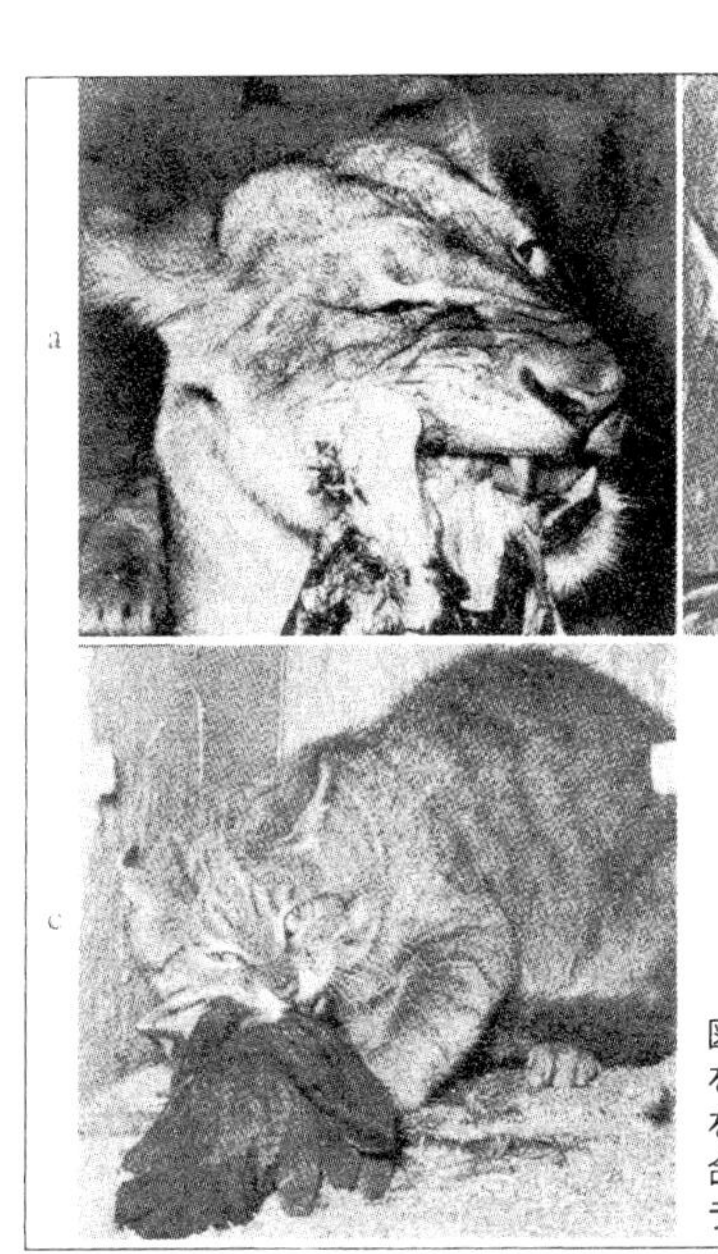

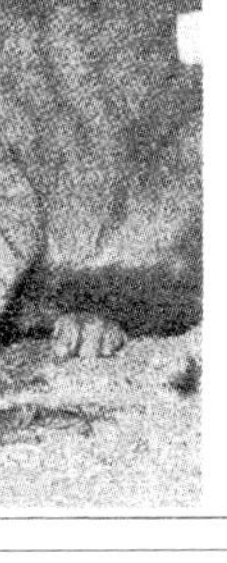

図33　力をこめてかむときの耳の位置。a）軟骨と腱をかみ切る雌ライオン。b）と c）かんでいる側の耳をねかせるリビアネコ。cでは、防御の表情と重なり合っている。（aはデュイスブルク動物園、bとcはフランクフルト動物園）

おかげで、下顎の裂肉歯は上顎の裂肉歯の一方の側面にそってのみすべりながら動くことができ、そのときに食物をするどく切断する。裂肉歯のはさみを動かすのは咬筋(こうきん)と翼突筋(よくとつきん)である。これらの筋肉は食肉類、とくにネコ科では特別によく発達し、またしっかり固定されていて、下顎を上顎へとしっかり引き寄せることができる。そして、細い腱がはさみの間にはさまったとしても、顎関節の適度の「遊び」のおかげで、ただちにはさみをゆるめて、腱を取りのぞくこともできるのである。

顎を動かす二つの筋は持久力があまりないので、短い時間しか強力な力を発揮できない。そこでネコ類は食事のあいだ、左右の顎をしょっちゅう交代させてかむことになる。舌と顎を動かして、食物を一方の口角からもう一方の口角へと送り、同時に頭も、新たにかみはじめる顎の側にかたむける。多くの場合、こうした交代が何回もくりかえされて、ようやく食物片は完全に切断される。それから、たいていは頭をうなずくように動かしながら食物片を飲みこむ。ひきつづいてネコは、ふたたび裂肉歯で獲物の体から新たな肉片を切り取りにかかるのだが、その前に舌で唇、鼻の頭（**図32**左）、ときには獲物をもなめる。それから、なかばはずれそうになっている肉片を門歯(もんし)でくわえて、ちょっと振り、切り取るのによさそうな部位をさがす。大きな骨に付着した肉は舌でこすり取るか、あるいは門歯でかじり取る。M1はこの方法でドブネズミの背中から長い毛の生えた皮をはぎとり、まだくっついていた尾といっしょに捨てた。

私の知っている陸生の食肉類はすべて、そのつど口の一方の側だけで咀嚼する。ジャコウネコ類、とくにジェネットはネコ類よりもしょっちゅう咀嚼する顎を交代させる。一方、イヌ科とクマ科はネコ類にくらべてはるかに長時間、一方の側の顎で咀嚼できる。イヌ科とクマ科の動物は本当の意味で咀嚼をするので、下顎の側方への動きのずれはあまり問題にならないからである。そもそもクマ科では顎関節のつくりがちがっていて、下顎は側方へ動くことがない。両前足を獲物の上にのせ、獲物の体のどこか突き出た部分を犬歯と門歯でくわえたまま、頭を高く引きあげて裂く(「引き裂き行動」**図34**a)という行動は、クマ科(ライハウゼン　一九四八)、アライグマ科、イヌ科、イタチ科、アナグマ(アイブル-アイベスフェルト　一九五〇a)、クズリ、スカンクなど一部の種、ハイエナ、ジャコウネコ科の少なくともパームシベット(マーティン　一九二九/三〇)とジェネットはおこなう。

小型ネコ類も、羽むしりではこれと同じ動作の組み合わせをよく使う(五四頁以下、六五頁)が、獲物の肉を引き裂くためにはふつう用いない。大型ネコ類はねころんだ姿勢でたまにこの方法で肉を引き裂く。ただし、そのときにも前足で獲物を地面に押しつけるのではなく、すでに述べたように、獲物を両前足の間にはさむ(**図34**b)。そもそも多くの種のネコは、たとえ獲物をかみ切ろうとしたときにそれが口からはずれてしまっても、前足で押さえようとすることはあまりない。たとえそうしたとしても、力をこめない。ネコによってはそうした行動がとれないようでもある。まだおとなになりきっていないM1が、ドブネズミの頭にかぶりつこうとしたことがある。かたい頭部はすぐにすべって口からはずれてしまい、やっとのことでうまく口でとらえるまでに三〇分もかかってしまった。そのあいだM1は、一度として前足で獲物を押さえようとはしなかったのである。

ヘルターとヘルター(一九五三)も、同種仲間からまったく隔離して育てられたあるヨーロッパケナガイタチが、これと同じことをするのを観察している。獲物を食べるのに決して前足で押さえようとはしなかったのだ。ジェネットは「引き裂く行動」をすることもあるにはあるが、わりあいまれである。ジェネットは「ネコの作法」を好むのだ。興味深いことに、ジェネットは地面で肉片を食べようとしているときには、肉片がはずれても前足で押さえることはほとんどないく

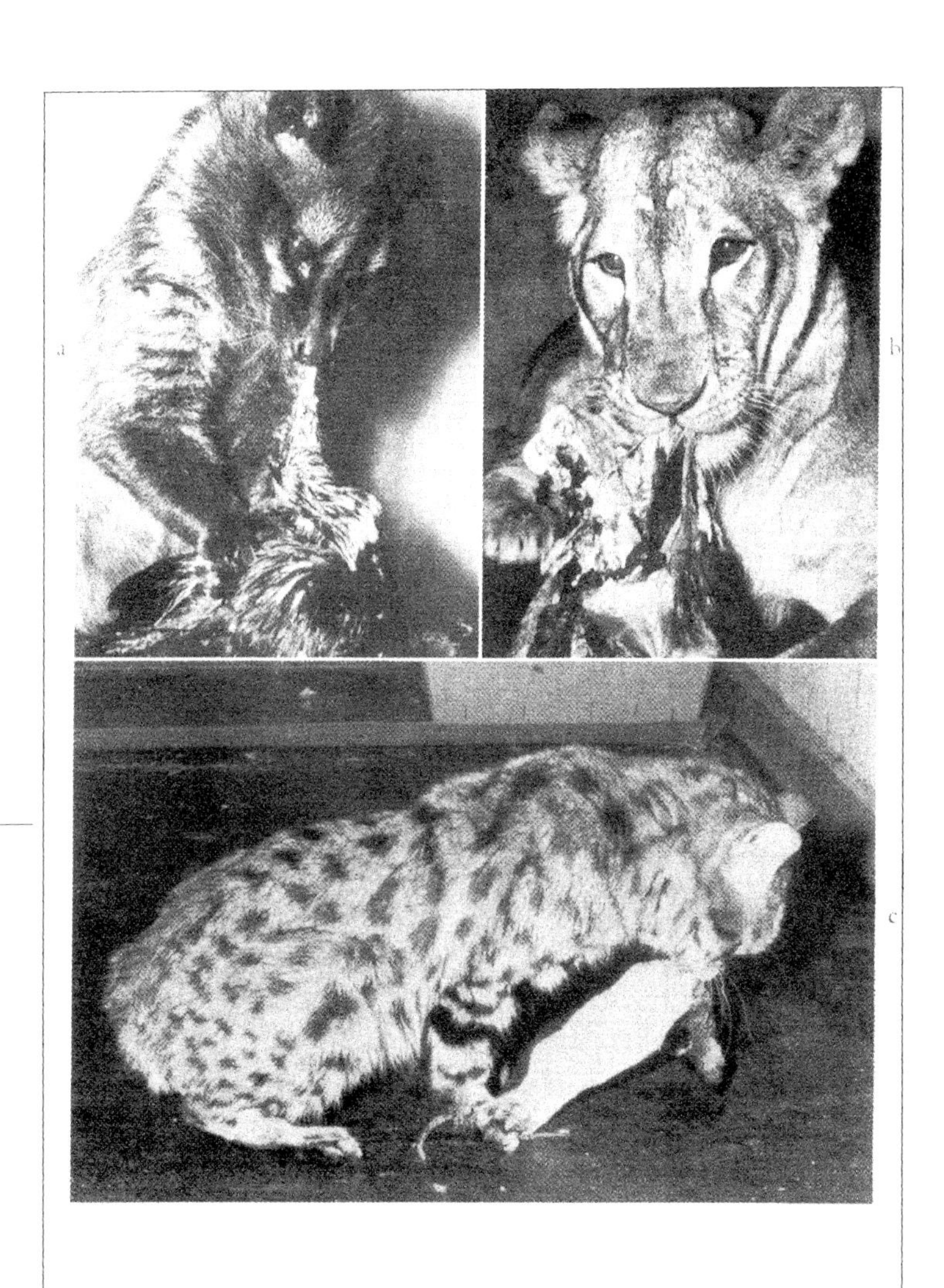

図34　獲物を「引き裂く」。a）パームシベット（フランクフルト動物園）。b）ライオン（デュイスブルク動物園）。c）クロアシネコ。解説は本文。

せに、木の枝の上で食事をしているときには、獲物が落ちそうになるとすぐに前足で押さえる。これは、哺乳類においても、いくつかの本能的運動はきわめて厳密に状況と強くむすびついている、ということをしめす例の一つである。すなわち、肉片がそれをはさんでいる歯からはずれるのと、他の力――この場合、重力――によって落ちていくのとでは、まったく意味が異なるのである。ネコ類もこれに似た状況では、やはり同様の行動をとる。私が見てきたジャコウネコ類のなかで、ジェネットがもっとも真正のネコ類に近いと考える理由の一つは、この点にあるのだ。

小型ネコ類もこれと同じ動作パターンをもってはいる。ただ、それを引き起こす刺激の閾値がきわめて高いだけなのだ。年老いて裂肉歯が磨滅し、食物を切りとるのに役立たなくなったネコは、しばしばこの方法に回帰するようになる（**図34**c）（ハース［一九六二、一九六五］のいう意味での「種属の行動」、ライハウゼン　一九六五b）。このときにネコは、ヒョウ属について記したのと同じようにして獲物を両前足の間で押さえ、頭部を切りはなしたあと、皮を文字どおりまくりかえし、歯で中身を引き出すことがある。これは偶然の結果なのであるが、私が飼っていた老いた雌サーバルがあまりにたびたびこれに成功したので、危うく私はこれが確立した「方法」なのではないかと信じそうになった。W・シェッフェルは、同じ行動を一頭のマライヤマネコで観察している（私信）。だが、私の四頭のマライヤマネコ（雌二頭、雄二頭）は、かなり歳をとっていたのに、この行動をとらなかった。五八頁で引用した、リンデマンのヨーロッパヤマネコが獲物の皮を爪ではぎ取るという報告も、これに似た観察から出てきているのかもしれない。少なくとも一九歳だった私のサーバルはその後、もっと年老いて食物を引き裂くこともできなくなったため、食物は前もって、こまかくきざんであたえなければならなくなった。磨滅してわずかに残った門歯と犬歯だけでは、とても食物をしっかりはさむことはできなかったのかもしれない。**図34**cのクロアシネコでも、のちに同じことがおこった。一方、ある雄のアジアゴールデンキャットは、歳をとっても、引き裂き行動に回帰できなかった。そのため裂肉歯がすり減り、抜け落ちてからは、すべての餌を小さく切りきざんであたえなければならなかった。

このように、ネコ科では食物を引き裂く行動はふだんは見られないのだが、小型ネコ類の中でマライヤマネコでだけは、これを通常の行動として、年齢と関係なく、しばしば観察できた。マライヤマネコはほかにも、行動や形態で独特の特徴をもっている。マライヤマネコがこのように独特なのは、一つにはこのネコが原始的な種であるためであり、一つには小型ネコ類としては風変わりな生態学的な条件へ適応したからだと考えられる。けれども、くわしい研究はまだなされていない。

ネコはあまり小さくない哺乳類を食べるときに、独特の運動様式を見せることがよくある。ネコは獲物の前部胸腔(きょうこう)まで食べおわると、つづいて胃と腸を引き出して食べはじめるのがふつうなのだが、そのときに、かならずとはいえないまでもしばしば、獲物の胃から腸、さらには直腸からもその中身を出してしまうのである。それをするときには、口にとりこんだ消化管の一部を、舌を軽く下向きに丸めて口蓋(こうがい)に押しつけ、犬歯の方へとなでるように押しのばして中身をしごきだす。つづいて消化管の次の部分を口にとりこみ、ふたたび同じようにして中身をしごきだす。中身は先おくりされて、ついには腸の末端から地面に出される。私はこの行動をネコ類のほとんどすべての種で見ることができた。野外のライオンやヒョウでも見ている。けれども、このような行動を食肉目のほかの動物では見たことがない。ネコ類は小さな齧歯(げっし)類の胃と盲腸はくりかえしにおいを嗅(か)ぎはするものの、手をつけないことがよくある。これは中身の消化状態のちがいによるのかもしれない。

ネコ類は小さな獲物の体を、むしった羽や毛、それに骨の小さなかけらをのぞけば、すべて食べるのがふつうである。私はジャガーネコに二羽のかなり大きなニワトリをあたえたことがある(二九頁の図18)。はじめのニワトリは羽とくちばし、それに脚の骨の小さなかけら二片しか残さなかったし、もう一羽は、羽以外にはなにも残さなかった。リンデマンとリーック(一九五三)によると、ヨーロッパヤマネコはヨーロッパヤマウズラの足、背中の一部、それに大きな羽だけを残し、ドブネズミではM1と同じく(七二頁)、長い毛の生えた背中の皮しか残さなかったという。リンデマンの私信によると、オオヤマネコはオオライチョウの羽の生えた脚全体を残した。私の雌サーバルは、マウスや孵(ふ)化したてのヒナなどの小さな獲物以外では、頭を残した。

私が飼っていたイエネコたちは多くの実験で、死んだクロウタドリをせいぜい半分ほどたいらげるだけで、それもたいていは食べてしばらくすると吐きもどした。食べた獲物を吐きもどすのはジャガーネコも同じである。その理由は私にはまったくわからない。これに対して、オセロットとボブキャットはクロウタドリを残さずにたいらげた。私のイエネコたちは、皮をはいだフクロウ、オオタカ、カケス、ゴジュウカラ、それにサギを、大きな骨はべつにして、すべて食べた。

だが、皮をはいだヨーロッパケナガイタチには手をつけなかった。ジャガーネコはこのケナガイタチを食べた。皮をはいだキツネにM5とW1は手をつけなかったはずだし、W5もおそらくは手をつけなかったが、M3、M4、M8、それにW4はたっぷり食べた。ネコ類の他の種については、この点での習性はほとんど知られていない。

ネコは、極端な空腹におちいっていなくて、また邪魔されないかぎり、食事中にせかせかしたり、がつがつしたようすを見せることはない。食事にはときどき休息を入れ、食事がおわると、顔と前足の手入れをたっぷり時間をかけておこなう。

第8章

獲物捕獲を引き起こす要因と、その方向を決める要因

ネコ類の獲物捕獲を引き起こし、獲物の体の一定の部位へと導く解発機構を研究するには、獲物から発せられる少なくとも次の四つの種類のかぎ刺激を区別しておく必要がある。

1　最初の獲物捕獲行動を引き起こし、その行動の方向を決めるかぎ刺激
2　獲物の把握と殺しのかみつきを引き起こし、その方向を決めるかぎ刺激
3　食物の摂取を刺激するかぎ刺激
4　獲物の体のどの部位から食べはじめるかを決定するかぎ刺激

獲物から発するあらゆる刺激に反応する用意のある、ただ一つの解発機構といったものは存在しない。だから、ひとまとまりの「獲物の型」といったものもありえない。獲物をとらえたことのないネコが獲物のどのような刺激に反応し、獲物をとらえた経験があるとどのような刺激に反応するようになるかという疑問、いいかえれば、それが生得的解発機構（IRM）なのか、それとも部分的には学習された獲得された解発機構なのか、あるいはまったくの獲得的解発機構であるのか（シュライト、一九六二）という問題には、いまのところ十分には答えられない。

ネコ類には、生まれつきどれかの種の動物を獲物とみなして反応するような生得的解発機構はない。だが、歳をとっているイエネコでも、ごく若いネコでも、バチバチいう音やひっかく音、あるいはネズミの鳴きまねにとてもよく引きつけ

られる事実はだれでも経験している。これらの音が聴覚的な生得的解発機構に登録されているのだと考えてもまちがいないかもしれない。けれども、実際にはこうした刺激によって獲物捕獲行動そのものが引き起こされるわけではなく、ある一定の状況を求める欲求が解発されるだけである。つまりネコは音のする方向をめざして歩きながら、さぐるようにあちこちながめるしぐさをする。だが、体をかがめる、忍び歩き、待ち伏せがはじめられるのは、ネコがなんらかの動き――あるいはネコがすでに獲物をとらえた経験があるのならじっとすわって動かない獲物――を見てからである。ただし、ネコが音の発する源までたどることができながらその発生源が干し草の山の中などにあって見えない場合には、しばしば「釣り」(二七頁)でさぐり、獲物を爪にかけて引き出すか、あるいはいったん追い出して「視覚的な」狩りに移ることはよくある。ヨーロッパケナガイタチ、アナグマ(アイブル-アイベスフェルト　一九五〇a、一九五五)、ハナグマ(カウフマン　一九六二、ライハウゼン　一九五四a)、タイガーシベット(アイゼンベルクとライハウゼン　一九七二)などは、獲物を鼻で掘り出して狩りをする動物である。ネコ類はこれとはちがって、目で見ずに嗅覚をたよりに獲物にかみつく部位を定めることはない(ただし八五頁以下の記述を参照のこと)。

異種の動物とふれあう機会をもたずに育ったイエネコの子は、はじめて出会うすべてをまずは「仲間のネコ」だとみなす(一九五頁以下)。そのような子ネコの前にマウスなどを置くと、マウスが動かないかぎりネコは注意をはらわない。マウスがゆっくり動くと、ネコは臭いを嗅ぐ。マウスがある程度の距離をすばやく走って遠ざかると、はじめてネコはマウスを追いかけて、とらえる。だが、マウスにかぎらず、あまり大きくないものが地面をすばやく動きさえすれば、ネコの追跡と捕獲の行動を引き起こすことができる。もっとも効果的にネコの追跡行動を引き起こすのは、ものが横の方からネコに向かってくるか、あるいはネコからまっすぐに遠ざかる場合である。これに対して、ものが正面からネコに向かって動いてくると、はじめてそれを経験するネコはたじろぎ、ものの大きさが大きいほど、またそのスピードが速いほど、それをこわがり、引き下がったり逃げたりする。これらの実験で使われる「もの」は、マウスでも、紐をつけて引きずられたウサギの手でも、あるいは紙のボールでもかまわない。どれでも同じ結果がえられる。つまりある程度の大きさのものであればよく、ものの動きと動きの方向だけが「生得的に」ネコの獲物捕獲行動を引き起こす要因なのである。

リンデマンの飼っていたヨーロッパヤマネコの雄は、生後五五日でスズメにはじめて出会った。この雄はスズメが羽ばたいてあちこちと動くときだけ追跡し、じっとしてしまうと、まるでスズメが目に入らないかのようにふるまった（リンデマン　一九五三）。「黄色耳」と名づけられていたこのヨーロッパヤマネコは、わずか七センチ離れたところにすわっているスズメのわきは通り過ぎたが、スズメが動くとただちにとらえたのである。ベーゲ（一九三三）によると、獲物の経験のないイヌも、やはり自分からすばやく離れていくものだけを追跡するという。これまで研究されたすべてのジャコウネコ科の動物にも、同じことがいえる（デュッカー　一九五七、一九六二、一九六五、エヴァー　一九六三、ライハウゼン　一九六五b）。シュミット（一九四九）は飼っていた獲物経験のない子ネコが、はじめは鳥にはほとんど興味をしめさず、マウスには強く引きつけられたと報告している。だが、シュミットは報告の中で、これらの動物がどのように動いたかにふれていないので、この比較は意味がない。

図35　獲物を「つつく」。「旋回マウス」とM3。

私は三種類のブリキのおもちゃを使って実験をしてみた。大きさと、形と、色はマウスに似せてある。第一のマウスは「一直線マウス」で、速いスピードでまっすぐに動く。第二のマウスは「旋回マウス」で、直径一・五メートルの円を描いてゆっくりと動く。第三のマウスは「ビロードマウス」で、ビロードでおおわれ、はじめは少しだけまっすぐに動き、次いでターンして予測不能な方向に動き、さらにターンしてまたべつの方向に動く、といったぐあいに進む。ぜんまい仕掛けの作動音が騒々しくて、ネコたちはこれにかなり混乱させられたが、それでも、何頭かのイエネコとジャガーネコが即座に追跡したのは「一直線マウス」であった。これと対照的に、「旋回マウス」は不安げに目で追うだけで、ときにぜんまいが切れて止まってしまってからおそるおそる前足でふれてみる、といった程度であった（**図35**）。「ビロードマウス」は特別に作動音がやかましかったのと、不規則に動いてしばしばとつぜんネコたちに向かっていったためか、どのネコも例外なく追跡したわけではないが、「マウス」の動きがとまると前足で打つことが何回もあったのが注目される。またジャガーネコは一度「殺しのかみつき」すらしかけた（一九頁の図9を参照）。「ビロードマウス」のほかに「殺しのかみつき」を引き起こしたのはノウサギの前足、まれにだが、やわらかな紙を丸めたボール、それにぞうきん、あるいはそれに似たものであった。リンデマンの飼っていたヨーロッパヤマネコは私が見ている目の前で、ある女性客がはいていた毛皮の飾りのついたブーツに実に「野生的に」殺到し、かみついて、むりやり引きちぎろうとした。「殺しのかみつき」を解発するには、ものが毛状のものでおおわれている必要があるようだ。三種類のおもちゃのマウスのうち「一直線マウス」は、きわめて熱心に追跡されたものの、せいぜい一度攻撃を引き起こしただけで、かみつかれることはなかったのである。

図36　ソーダ水のビンに「かみつく」マーゲイの「ブエノ」。解説は本文。

私が観察したネコ類の中でマーゲイの「ブエノ」は、ただひとりこの法則の例外となった印象深いネコである（ライハウゼン　一九六五b）。ブエノの最初の「獲物」は空のソーダ水のビンであった。ブエノは見慣れぬこのビンに向かって歩き、まずビンの底のにおいを嗅いだ。ついで立ち上がって、ビンの口の部分を調べにかかった。ちょうどそのとき、ビンがたおれた。次の瞬間、ブエノはビンのすぼまった「えり首」、つまり、やや厚くなった口部分のすぐ下のくびれにかみつき（図36上）、ついで体全体でビンにのしかかった（図36下）。それはジャガーネコの「ムシ」がアナウサギでしたのとまさに同じ行動だった（五一頁の図25b、cと比較）。当時七、八カ月齢だったブエノは、それまで生きた獲物を相手に、なにかをした経験はまったくなかった。ほぼ同年齢の雌のマーゲイである「ボニータ」が遊び仲間としていただけである（ライハウゼン　一九六三）。二頭とも固形の食物を食べることができるようになって以来、いつも決まって死んだマウス、ラット、モルモット、それにヒヨコをあたえられていた。

もちろん、このようなただ一回の観察例から、過大な推測をするのはまちがいである。たとえば、生きた獲物との経験があってはじめて、殺しのかみつきを毛におおわれたものに対してだけおこなうようになる、というような結論は出せない。同様に、同じ年齢の仲間との遊び体験、とりわけ獲物捕獲遊びは実際の獲物捕獲になんの効果も及ぼさないとか、獲物体験をもつネコはどんな状況の下でも、このようなふるまいをすることは一度としてない、といった結論を出すこともちろんできない。獲物の経験がかなり豊富なネコでさえ、ビロードのおもちゃのマウスに「だまされた」という事実は、経験が過大な意味をもつわけではないことをしめしている。

おもちゃのマウスを使った実験、リンデマンのヨーロッパヤマネコの雄が動かないスズメに気づかなかったという観察、それに獲物経験のないイエネコがじっとしているマウスのにおいを嗅ぎながらも攻撃はしないという私自身の多くの観察などがしめすとおり、獲物のにおいはネコの獲物捕獲と殺しの解発にとって重要ではない。ネコ類は、イヌ科やイタチ科の動物とちがい、獲物の残したかすかなにおいのあとをたどれない。そもそもネコにとって嗅覚は、食物の摂取と性的な領域以外ではあまり重要ではないようだ（ライハウゼン　一九五三、八四頁参照）。ただし獲物の経験のあるネコは、マウスの尿で標識された強烈なにおいのする「マウスの通り道」（アイブル－アイベスフェルト　一九五〇b）をたどり、穴をさぐりだすことができるという。一方、レーバーの詳細をきわめた実験によると（一九四四）、ムナジロテンが獲物にとびかかり、かみつくには、獲物のにおいを感知することが前提となることが明らかである。ムナジロテンはにおいをつけていない獲物のモデルに忍び寄り、とびかかる体勢をととのえるが、実際にとびかかりはしないのである。モリス（一九二九／三〇）によると、トラとライオンでも、嗅覚は獲物を見つけだし、追跡するのに役立たないという。

ネコはあたえられれば卵の中身を嬉々としてなめとって食べる。それでも、他の多くの食肉類、たとえばムナジロテン、ヨーロッパケナガイタチ（いずれもレーバー　一九四四）、クシマンセ（ナウンドルフ　一九三六）、カワウソ（フォン・ザンデン　一九三九）、それにもしかしたらクマ（ライハウゼン　一九四八）ともちがって、卵やカタツムリを食べる本能行為を身につけていないようである。私はネコが卵を盗んだという事例を文献で読んだことがないし、聞いたこともない。ヌママングースなどは木の実を割るのに卵への本能行為を応用しているようなのだが（シュタインバッハー　一九三八／一九三九)。

前にも述べたように、すばやい接近のあとの殺しのかみつきは、獲物に打ち当てられた前足と、中枢(ちゅうすう)神経を介して制御されているだけのようだ。一方、ゆったりと事が進むときには、獲物を前足でつかむ動作だけでなく、殺しのかみつきも、また殺した獲物を運ぶために口にくわえる動作も、すべて視覚的に制御される。この視覚的な制御でもっとも重要なのは、獲物の胴と頭部との形態的な区分である。ネコはこの区別のないものを運ぶときには、つまみあげる部位をえらばない。

次に紹介する実験は、こうした要因を突き止め、さらにそれと同じ刺激が獲物を頭から食べる行動をも規定しているかどうかを知るためのものである。

この実験のために私はまず、殺したばかりの成長なかばのラットの首のまわりの毛を刈りとり、そこから胴の皮を裏返してはぎ取った。これを複数つくり、半数については尾を毛皮のない胴につけたままにし、半数については毛皮とともにとりさった。はぎ取ったラットの毛皮は、毛のある側を表にしてもとにもどし、中に肉を詰めて何針かぬって閉じた。つまり「毛皮ソーセージ」ができたわけだが、その一部については四肢(しし)をうらがえさず、中に入れたままにしておいた。また一部の尾のない「毛皮ソーセージ」については、頭を体の後端にぬいつけた。こうして、八三頁の表のような組み合わせの獲物モデルが、それぞれ五個できた。

つまり全部で六〇個の獲物モデルができた。これらのモデルを獲物経験のあるおとなのイエネコとジャガーネコにあたえた(**図37**)。結果は次のとおりである。

1　頭つきのモデルはすべて例外なく頭の**後方**をくわえて運ばれた。これは頭が胴の後端についたモデルでも同じであった。

2　頭なしのモデルでは、前部、後端、中央といったぐあいに**任意の部位**でくわえられた。

3　頭に毛皮を残し、胴は毛皮がはぎ取られたモデルは、すべて**頭から**食べられた。頭を食べおわると、六例でひと休みのあと、こんどは後端から食べられた。

4　頭も胴体もすべての毛皮をはぎ取られたモデルは、**任意の**部位から食べはじめられたが、しばしば四肢から食べられた。頭のない胴でも同様だった。

5　「毛皮ソーセージ」は、頭つき、頭なしにかかわらず、体の**前端から**食べはじめられた。頭が体の後端につけられたモデルでも同様だった。

毛皮なし	毛皮ソーセージ	
頭と尾なし	頭と尾なし	脚が毛皮の内側に隠されているもの、脚が外に出ているもの、各5体
頭つき尾なし a）毛皮つきの頭 b）毛皮をはいだ頭	尾なし、 頭を体の後端につける	（同上）
頭なし、尾つき	頭なし、尾つき	（同上）
頭と尾つき a）毛皮つきの頭 b）毛皮をはいだ頭		

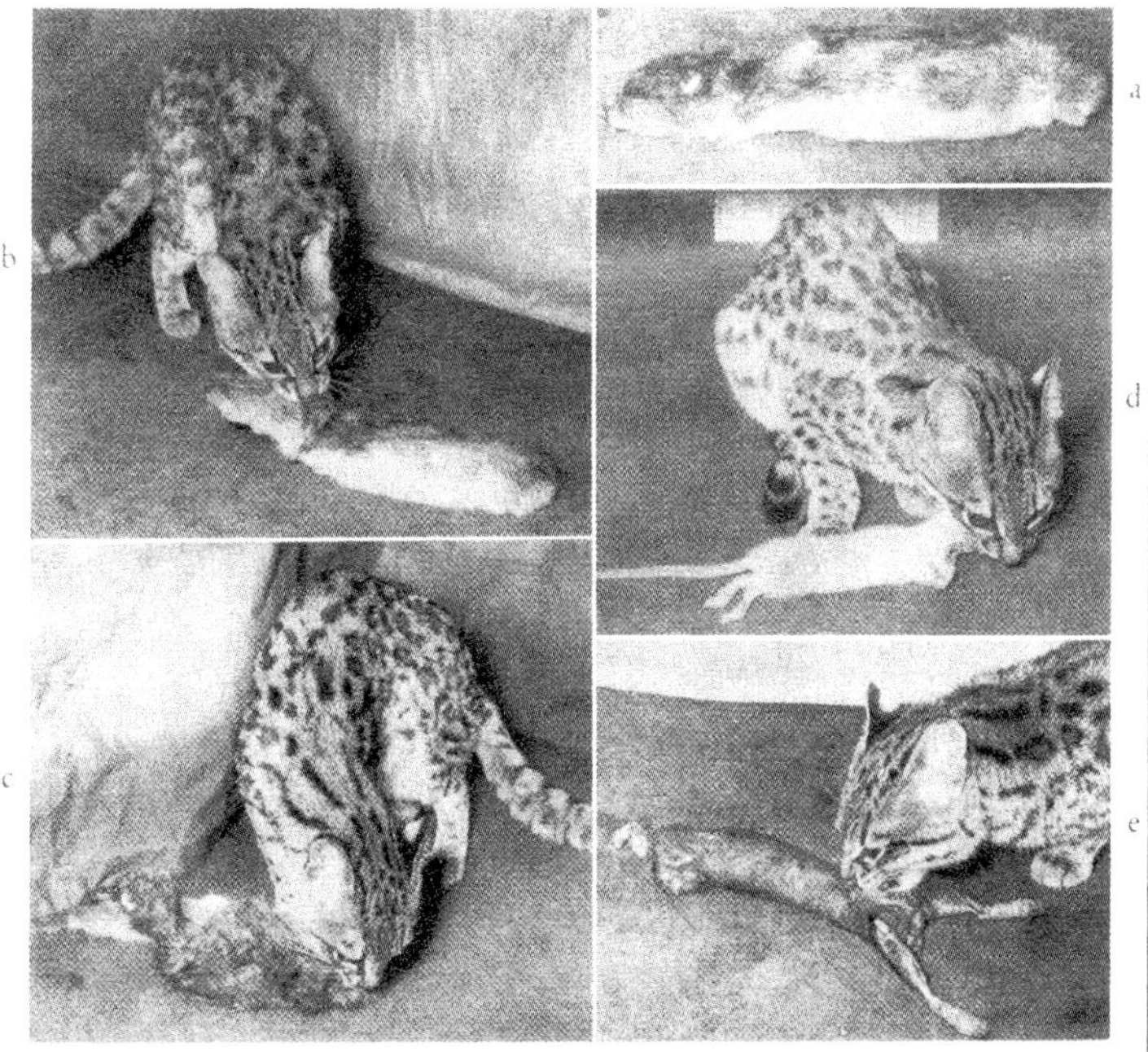

図37　a）体の後端に頭をぬいつけた毛皮ソーセージ。b）毛皮ソーセージの「えり首」をくわえて運ぼうとするジャガーネコ。c）毛皮ソーセージは「正しい」位置から食べはじめられる。d）比較のためにあたえられた、殺されたばかりの白ラットを食べはじめるジャガーネコ。e）頭を除去され、毛皮をはがされたラットは陰嚢（いんのう）から食べはじめられる。

モデルに尾がついているかどうかは、どの実験例でも、結果にはっきりした影響をあたえなかったようである。「毛皮ソーセージ」の四肢のつきかたについても、同じことがいえる。以上の結果から、次の三つの結論を導くことができる。

1　獲物を運ぶときにどこをくわえるか、そしておそらくはまた、殺しのかみつきを獲物のどこにおこなうかは、視覚によって調整される。調節のときに決め手となるのは、獲物の頭部と胴の形態的な区切りだけである。レーバーが研究したフクロウの場合（一九四九）とちがって、ネコ類では獲物の体の他の部位は特別な意味をもたない。におい――たとえば肛門腺からのにおい――に導かれるといったこともない。もし、そのようなことがあるとすれば、ネコは頭のない胴の獲物モデルを運ぶときに、任意の部位ではなく、前端部をくわえるはずである。

2　ネコは獲物を食べはじめる部位を決めたり、あるいは自分がいま食べている部位を知るのに視覚を使わない。というのも、頭を後端部につけた「毛皮ソーセージ」をネコは体の前部から食べはじめているが、「頭つきの（毛のない）胴」では、頭に毛皮がついているモデルだけ頭から食べはじめているからである。けれども、ネコが獲物を運ぶためにくわえる部位を視覚によって決めるには、毛皮をはいだ頭があるだけでも十分である。毛皮つきの頭を食べてしまうと、そのあと部位を定められなくなるという事実からも、視覚刺激ではなく、毛皮にかかわるなんらかの刺激が部位の認識にともに作用していることが考えられる。それに、「毛皮ソーセージ」と通常の獲物、つまり体に毛皮があるものは、頭が食べられたあとも、ひきつづき体の前部から後部に向かって食べられるのだから。

3　食べはじめの部位を決めるのに、嗅覚刺激と味覚刺激が関与しているはずはない。もし、これらの刺激が関与しているとすれば、頭つきの「毛皮ソーセージ」の頭の毛皮から発せられるこれらの刺激が効果を発揮するはずだからである。

獲物を食べはじめる部位と食べる方向を決定している要因が聴覚、嗅覚、あるいは味覚のいずれの刺激でもないとなると、残るのは触覚刺激である。実際、ネコの食事を撮影した映画を見ると、食べはじめる前と食事中の小休止のあいだに、ネコがすばやく鼻先で獲物の体の表面をなぞるしぐさをくりかえしているのがわかる。そのとき、たいてい鼻はじかに獲物にふれていないところをみると、おそらくネコは口の周囲に生えている触毛（しょくもう）をひろげて、獲物の体の毛の流れ（体の部位ごとの毛の生える向き）をさぐっているのだろう。こう考えれば、鳥を食べるときにしばしば翼（つばさ）の前部、すなわち肩にあたる部分から食べはじめる理由も説明がつく（イエネコでは数多く観察されている。他にカラカルとチーターでそれぞれ一回の観察例がある）。エヴァーの観察による（一九六八／六九）と、ジャコウネコ科のクシマンセ（一頭）と肉食性有袋（ゆうたい）類のネズミクイ、それにタスマニアデビルでも、同じ行動がみられる。とはいえ、食肉類と肉食性有袋類の行動が相同（そうどう）であると、無条件に結論することはできない。恒温（こうおん）動物の獲物の体の部位をさぐり出すには、毛や羽の生える方向がとても役立つことはたしかで、よく似た行動様式が多くの動物群（綱（こう））でそれぞれ独自に進化してきた。ローレンツ（私信）によれば、たとえば大型のヘビであるボアは、殺した獲物をこの場合は舌でふれてから頭をくわえ、飲みこむ。そのときボアでもネコに似た「まちがい」が起こることがある。たとえばボアがガチョウを飲みこもうとするときには、翼の前部、つまり肩の部分からはじめるのである。翼のこの部分は、頭以外では唯一、あらゆる方向に向かって羽が生えている部位だからである。

　コーラルスネイクとキングコブラは、他のヘビやトカゲ類を捕食する。グレーネ（一九七六）は、私がネコについてしたのと似た獲物モデルの提示実験をコーラルスネイクとキングコブラでおこなった。その結果、これらのヘビも獲物を頭から飲みこむが、そのときに頭の位置を知る手がかりは、獲物の体表に屋根瓦（やねがわら）状にならぶ鱗（うろこ）の方向から得ているのがわかった。

　もちろん、ここで検討してきた、獲物の体の位置を知る定位は、体にそなわったあらゆる感覚能力が十分に発揮できる状態にあるネコにのみあてはまる。ネコは殺しのかみつきを視覚以外ではまったく調節できないとか、食べはじめる部位を触覚だけを手がかりに見つける、ということではない。ネコはよく知られているとおり、暗い森の落ち葉のかげで活動する小さな野ネズミをとらえる。片方の目がきかないあるベンガルヤマネコは、いくらか離れたところにいる獲物は見える方の目だけ使って見つけなければならなかった。けれども、獲物を見つけたあと、接近していくあいだにネズミが見えない方の目の側に動いてしまっても、そうでない場合とまったく同じように、たくみにとらえることができた。

　ゴットシャルトは、目隠ししたネコがどのようにしてマウスをとらえるかを明らかにした。かれは自分で撮影した映画を私に見せてくれたが、目隠しされたネコはテーブルの上のマウスのいる位置をすばやく察知し、マウスの体がネコの口のまわりの触毛にふれた瞬間、一瞬のうちに——ゴットシャルトの計算では1/10秒で——正確にマウスのえり首にかみついて殺した。次に、このネコの触毛を切ってしまうと、目が使える場合にはたいした影響はなかったが、目隠しをされるとネコはマウスの位置を察知することができなくなった。マウスがたまたまネコの鼻先にふれると、ネコはマウスにかみつきはしたが、えり首をねらうことはできず、たまたまふれた部位にかみついた。ふつうネコは、暗やみや目隠しされた条件のもとでも、触毛がふれるまえにすでに、獲物の位置を聴覚によって察知できると考えられている。だが、このような実験条件の下では、触毛を除去すると獲物を見つけることができない。これは興味深い事実である。

ゴットシャルトとヤング（一九七七a、b）と、シュルツ、ガルブライト、ゴットシャルトとクロイツフェルト（一九七六）は、ネコの触毛の毛嚢にある受容器の機能を明らかにしようと試みた。それらの受容器から、三叉神経の神経核とさらには脳皮質にいたる伝導経路、そしてそれらの支配する神経細胞の機能を調べた。その結果、毛嚢の受容器には四つの異なったタイプがあり、感覚神経の核および脳皮質では、これらの受容器から伝えられる興奮パターンを複合的に読みとることができることがわかった。これによって、ネコは触毛の通常の位置からのずれを角度、方向、変化速度、持続時間、さらにはリズムについて感知し、上唇のどの位置にある触毛が獲物にふれているかをも知ることができる。こうした触毛の機能のおかげで、ネコは獲物の毛の向きを察知するだけでなく、三九頁で説明したような方法で、触毛のすぐ下にある獲物、あるいはすでにとらえた獲物の動きを調べることもできる。四三頁で、犬歯の髄にある受容器と殺しのかみつきの運動機能との間の協調作用について述べたように、ここでも感覚インパルスと運動インパルスの間の時間経過がごく短いおかげで、獲物が最高のスピードで動いていても、ネコの頭はその動きを追うことができるのである。

右の研究者たちはまた、ネコに同一の刺激をあたえても、まったく異なる中枢の興奮が生まれることを発見した。かれらはそこで、ネコは触毛の機能を自在に作動させたり休止させたりできるのだと結論している。もしそのとおりだとすれば、それはネコが自在に触毛の姿勢を制御できること、つまり対象となるものにどれだけ注意を向けようとしているかによって触毛の状態を変化させられることとむすびついているにちがいない（ライハウゼン　一九五三、三九頁参照）。

このことは、フリンとかれの共同研究者たちが発見した、ネコの唇に二つの異なる感覚領域が存在する、という事実ともうまく合致する。二つの感覚領域というのは、触毛が生えている部分と、それがない上下の唇の辺縁である。触毛が生えている部分にふれると、ネコは刺激を受けた側に頭を向けて口を開ける。上下の唇の辺縁部にふれると、ネコはかみつく。だが、これらの反応が生じるのは、視床下部にある、獲物捕獲行動を解発する部位に、二つの感覚領域にふれるのと同時に電気刺激をあたえた場合だけなのである。予測されるとおり、視床下部に刺激したのとは左右で反対の唇の側がより強力に反応する。これと同じ状況は、ネコが追いかけっこ遊びをしているときの、前足を側方に出して相手をつかもうとする動作でも見られる。視床下部に電気的な刺激をあたえると、この行動は視覚的な刺激で引き起こせるのだが——目隠しをした場合には前足の内側にふれることで引き起こせる——、この場合も左右で反対側の前足の方がより強力に反応するのである。

　視床下部に電気刺激をあたえると、刺激部位に応じて、視覚皮質のさまざまな細胞が同一の視覚刺激に対しても異なった返答をする（ヴァネガス、フート、フリン　一九六九／七〇）。これらすべての結果は、中枢の刺激部位しだいで感覚器官系の機能の程度と反応のしかたが、個々の受容器にいたるまで、どれほど変わってくるかということをしめしているにすぎない。すなわち、中枢神経で調整される動作の流れを統括し、それらが個々それぞれの状況に応ずることができるように調整し、緩衝器としてはたらく「反応のマント」（フォン・ホルスト　一九三六）がいかに緻密に織られているものであるかを証明しているのである。

　ただし、フリン（一九七二）は、この発見が「本能運動」と「本能行為」（固定的動作パターン）の概念をうちやぶるものだと考えている。かれが実験によって分析してきた反射と行為の個々の構成部分は、一定の順序をはずれた形でも、個々ばらばらにも引き起こすことができるからだという。しかし、フリンはこれらの概念の意味をとりちがえているのだ（一六七頁参照）。

　食物の摂取にかかわる本能行動（かみつく、咀嚼する、飲みこむ）については、いまのところ十分な検討材料がない。嗅覚をもたないようだった盲目の子ネコの観察（ライハウゼン　一九五三）からは、食物の積極的な摂取——すなわちある食物を食べるか食べないかを決めること——は嗅覚にたよっており、咀嚼し、飲みこむ行動は、味覚と（もしかしたらまた）触覚感覚にたよっているのではないかと思われる。

　表2には、ここで述べてきた、獲物に対するネコの行動をつくりあげている七つの構成要素を引き起こすかぎ刺激につ

表2

感覚領域	かぎ刺激	解発される部分行為
聴覚	きしむ音や、引っかく音 ネズミのなき声をまねたおびき声	獲物捕獲への欲求
視覚	あまり大きすぎない物がネコに向かって横から、またはネコから離れるように動く	獲物への接近（忍び歩き、忍び寄り、待ち伏せ、とびかかり、とらえる）
触覚	とらえたものの表面が毛皮状をなす	殺しのかみつき
視覚	対象物の形状が頭ー胴の区切りをもつ	とらえる、殺す、取って運ぶときの獲物の体の部位を決める
嗅覚と推測される	不明	食べはじめる
味覚や触覚と推測される	不明	咀嚼（そしゃく）と飲みこみ
触覚	触毛で感知した、獲物の毛皮の毛流（毛の生える方向）	食べはじめる部位を決める 食べる部位を決める

いて、知られていることがらをまとめた。

このように、獲物のもついくつかの刺激に対しては、ネコはそれに反応するように生まれついていて、それらに応じてとらえたり、獲物の一定の部位に向かったりする。このような生得的な反応を引き起こす刺激のほかに、ネコがそれぞれに経験をつむうちに、反応のしかたを習得するいくつもの刺激がある。殺しのかみつきを獲物のえり首に向けるか、あるいは喉（のど）に向けるかは、ある程度は経験によって決まるものであるし、同じネコでも、獲物の種類によって変えることも多い（一二九頁以下）。じっとしている獲物を獲物だと見分ける方法は、経験をかさねて学習しなければならないし、そもそもどのような動物が獲物になるのかも経験で知るのである。また、どのような動物が同じ種の仲間としてつきあうべき相手なのか、どのような動物が自分より強力な敵であるかも学ばなければならない（一九五頁以下）。おそらくはまた、ネコは自分のくらしている生息空間内にかなりの数で生息する獲物の種については、種ごとに特徴のあるなき声を識別し、その意味を少なくともある程度は理解できるよう学習するのであろう。

これらさまざまな行動において、生得的なものと獲得的なものとは、どのようにたがいに入り組み、かかわりあっているだろうか。ロバーツとベルククイスト（一九六八）は、一頭の子ネコを生後五日目から隔離して育て、この問題を実験的に明らかにしようと試みた。子ネコたちはそれぞれ育児用の狭い檻（おり）に入れられ、知っているものといえば餌（えさ）の小片、餌を入れる小鉢、それに寝床のクッションの布であり、動くものといえば自分の尾だけであった。ごくたまにではあるが、子ネコがこれらのものを相手に遊ぶのが見られた。これらのネコが成長すると、電極を差しこまれ、獲物捕獲行動を刺激された。比較のために、一〇頭の正常に育ったネコでも同じ実験がおこなわれた。残念ながらロバーツとベルククイストは、これら対照実験のネコたちに獲物捕獲の経験があったかどうかを記していない。実験の場面ではこれらのネコたちも、隔離個体と同じく、自分からはラットを攻撃しようとはしなかった。しかし、電気刺激を受けるとすべてのネコがラットを攻撃した。どのネコも例外なく、獲物のえり首にかみついてとらえようとした。一部のラットが抵抗すると、すでに記した「正常な」獲物捕獲行動の場合と同じ方法で対処した（三五頁以下、九三頁）。この実験は映画に撮られている。映画を見たかぎりでは、隔離ネコと対照実験のネコとの間には、**運動様式の形に関するかぎり**、なんら相違がみとめられない。それでも、両グループにはちがいがある。すなわち、

(a)対照実験のネコの獲物攻撃は断固としていて、執拗（しつよう）でもある。とくにラットが抵抗すると隔離ネコとのちがいが目立つ。

(b)対照実験のネコの方が、かみつきのねらいが正確である（二七頁以下、一一〇頁、三四五頁参照）。

(c)対照実験のネコはラットの代用として入れられたスポンジに対してはラットに対するよりも攻撃をためらう時間が長く、またラットに対するほど執拗には攻撃しなかった（ただしこの点に関しては、ここで使われた評価方法では統計的に差を確認できない）。

以上の結果から、隔離ネコは未知の獲物動物に対して対照実験のネコにくらべて臆病だと解釈しても、そう無理な結論ではないだろう。対照実験のネコは少なくとも他のネコを見て知っていたばかりでなく、直接にふれあうことを通じても知っていた（一〇八頁参照）。隔離ネコが電気刺激を受けたときに、自分がすでに知っているものを優先的に攻撃するということもなかった。もし、ネコが自分が攻撃する獲物をもっぱら「条件づけ」によって習得するのだとしたら、すでに知っているものを攻撃するということがあってもよいはずである。だが、そうした兆候はなかった。餌の小片のわきを通るときにいきなりこれにかみついたネコが一頭あり、また食物片に一瞬食いついたネコが三頭あっただけである。本格的な

獲物捕獲は、それまで見たことのないラットとスポンジにだけおこなったのである。

一方では、ネコが未知の、そしてそう危険でもなさそうなものの方をよく知っているものよりも攻撃する、というのは考えにくい——原理的にはまったくありえないことではないが——。ふつう獲物経験の豊富なネコに電気刺激をあたえても、スポンジや獲物に似せた「実物そっくりの」ぬいぐるみを攻撃させることはむずかしい。ということは、この実験では、隔離ネコは対照個体よりももっと厳密に、獲物とそうでないものとを区別しているのである。隔離ネコと対照個体との間に見られた攻撃の激しさや攻撃の持続性のちがいは、ある程度は衝動の強さのちがいからきている可能性もあり、隔離ネコの方が獲物におびえたからだけだ、とはかならずしもいえない（一一五頁以下参照）。

だがいずれにしても、獲物捕獲の衝動にしたがうネコにとってもっとも重要なのは、場所への記憶だということを忘れてはならない。このことについては、すでに他の論文で報告した(ライハウゼン　一九五三)。ネコは他に例がないほどすぐれた場所への記憶の能力をもっており、一度よい経験をしただけで、部屋あるいは地域の中の特定の場所をおどろくほどの正確さでさがし当て、くりかえし訪れて「もっと」獲物はいないかとさがす。そして、たとえ何週間も前に訪れただけの場所でも見つけることができるのである。

第9章

イエネコの獲物となる動物

イエネコはしようと思えば、自分よりも大きくない動物ならなんでもとらえて食べることができる。それでも、ふつうはドブネズミやハトより大きな動物をあえてとらえようとはしない。昆虫はイエバエ以上の大きさなら、熱心にとらえ、たいていは食べるのも好きである。バッタを夢中になってとらえ、たらふく食べるネコもある（二六頁参照。ホッホシュトラッサー　一九七〇）。ただし、コフキコガネは未経験のネコしかとらえようとしない。というのも、コフキコガネがいったん口や手にはりついてしまうと、振り落とすのがたいへんだからである。未経験のネコは何回かひどい目にあったあとやっと、この虫を追うのはやめる。ネコはアマガエルやヒキガエルをふざけてとらえる。カエルはそのあと殺したり、ときには食べてしまうこともある。トカゲやヘビでも同じような行動が見られる。

ホールヌンク（一九四〇）によると、イエネコはリスが地面におりてくると、すぐさま追いかけるという。私が飼っていたネコたちは、夜中にまちがって檻（おり）に入ってきたメガネヤマネを殺し、半分ほどまで食べた。けれども、W5は直前にマウスを一匹とらえて食べたばかりだというのに、メガネヤマネの巣立ち前の子どもには手をつけようとしなかった。田舎にすむイエネコは、野生のアナウサギの子どもをとらえるのが好きである。また、イエネコがヨーロッパケナガイタチやオコジョをとらえて、意気揚々ともってくるのを私は何度も見たことがある。あるネコは、鶏舎（けいしゃ）に侵入したムナジロテンを長い闘いのすえ、殺してしまった。食虫類のトガリネズミやモグラをイエネコはとらえはしても、たいていは一度か

図38　ラットの攻撃をよけようとするM３と、その顔にとびかかるラット。

みついただけですぐに放してしまい、食べるのはたいへんまれである（キルク　一九六七、一九六九）。ヨーロッパヤマネコも、小型食虫類に対してはこれとまったく同じ行動をとる（スラデック　一九七〇）。

あらゆる種類の鳥もイエネコのメニューにのぼる。といっても、お好みの獲物は、やはりネズミである。ロア（一九三〇）とはちがって、シュヴァンガルト（一九三一、一九三三、一九三七）は、イエネコが大型のネズミ（ラット、ドブネズミ）を打ちまかせるかどうかはネコの大きさや力とはあまり関係がないと主張している。どんな弱いネコも、最大級のドブネズミよりは、はるかに力がある。ここで決め手となるのは、むしろ「情熱」や「闘争心」だという。これはたしかに当たっている。獲物捕獲を引き起こすかぎ刺激（七七頁以下）の特殊性や、ネコの攻撃に対するネズミの反応からいってもそうである。ラットがまったく不意打ちに攻撃されたのでなく、また、すばやくえり首をとらえられたのでもなくて、まだ攻撃をまぬがれることができたときには、振り向いて、ネコに向かってキーキーとかん高い威嚇声（アイブル－アイベスフェルト　一九五二）をあげながらとびかかる。それもたいていは、相手の顔に向かっていく（図**38**）。これはネコの生得的解発機構に合わない。つまりネズミのこのような反応は、ネコに攻撃を引き起こさない。だからネコはおめおめと引き下がり、たいていは逃げてしまう。「ラットに目がない」ネコでも、たいていは成長なかばのラットか、幼いラットをとらえるだけである。子どものラットはまだ抵抗から攻撃へと移ることはないからだ。これをするのは、ほぼ成長しきってからである。ラットがとびかかったときには、ネコの攻撃がどの段階まで進んでいるかによっても、その後のなりゆきは変わってくる。まだ待ち伏せや忍び寄りの段階だったり、あちこちにおいを嗅ぎながら慎重に近づいている段階だったら、ラットがとびかかってくれば、ラットにまったく目がないネコですら、退却してしまうことが多い。けれども、ネコがすでにラットをとらえ、殺しはじめていたなら、ラットの反撃がうまくいく見込みはあまりない。

　おとなのドブネズミが攻撃してきたときに、それを受けて立つネコはわずかにしかいない。そして闘争をあえて挑むネコですら、まずは身を守ることからはじめる。いくらか後退し、首をすくめ、耳をねかし、後ろ足を大きく開いてすわり、両前足を交互に動かしてネズミをたたくのである。前足のパンチはあらゆるネコ類で見られる防御行為である。たとえ、これが気分の重なり合い（二二六頁以下）のために、見たところ攻撃として使われているようであっても、実際には身を守る行動なのである。前に説明したように、獲物捕獲で前足を使うときには、パンチではなく、相手をとらえようとして自分の体軸の方向、つまりまっすぐ前に前足を出す。これに対し、パンチでは、前足はかならず側方に振りあげられ、斜め上から打ちつけられる。ネコに力強くたてつづけに前足のパンチをくわえられれば、ネズミも長くはもちこたえられない。疲れはてて身をくずしてしまうか、逃げようとする。そしてその瞬間にネコはもうネズミの上にいて、えり首をとらえてしまう。こうなってしまえば、ネズミが逃れるチャンスはもはやない。けれども、ここでもう一度強調しておくが、私の経験では、おとなのドブネズミをこのようにして打ちまかせるネコはとても少ないのである。

　私の飼っていたジャガーネコ（三五頁以下）は、一度これとはまったくちがった行動をとった。ラットが反撃するたびにそれをかわし、後退し、しばらくしてからあらためて不意打ちをくらわそうとした。そのときにはせかせかと、そして私が見ることができたかぎりでは、ねらいも不正確にかみつき、同時にふたたび後退した。これがくりかえされ、ついにラットは消耗しきって、抵抗もやめてかみ殺されるままになった。ちなみに、これとおなじテクニックを、あるイエネコはイイズナとの闘争で使ったという（ホールヌンク　一九四三二)。もちろんこの方法が成功するのは、ラットが闘争休止中に穴に逃げこんでしまわなければの話である。

あらゆる点から見て、先に述べたような、イエネコがイタチ科の大型種をたおす例は、おそらくとてもまれにしかない例外であるようだ。

イエネコは「役に立つ」動物なのだろうか、それとも「害獣」なのだろうか。イエネコはわが国の小型鳥類の生息数をおびやかすほど危険なのだろうか。小動物猟の狩猟区を夜間うろつくイエネコを見たら、なにがなんでもすぐに撃ち殺してしまわなければならないのだろうか。

この問題については、悲しいかな、たいていは感情と偏見に満ちた論争ばかりがたたかわされ、専門知識や客観性に欠けたままに終始している。ドイツではシュヴァンガルト（一九三七)が、長年にわたってねばり強くネコを擁護してきた。私もこの点ではかれに賛同の意を表明するばかりである。たとえば、一九四七年から一九四八年までにフライブルク市の旧市街地(市の中心部、空襲でほとんどの建物が破壊された、訳注）の廃虚には「廃虚ネコ」がそこらじゅうにいたが、シロビタイジョウビタキ（*Phoenicurus phoenicurus*）は目立って増えていた。だがこの鳥は、よりによってネコがとくに近づきやすいところに巣をつくることが多いのだ。

ネコを擁護する根拠は、これまでどれもが間接的な性格をもっていた。けれども二四頁に報告した狩りの方法は、ネコを弁護するにはとても重要な直接的根拠になるはずである。つまりイエネコが使う狩りの方法は、鳥をとらえるには不利なのである。たしかにネコ類はどれも、齧歯類をとらえるのと同じぐらい熱心に鳥を追い、多くの種があきらかに齧歯類よりも鳥の方を食べるのが好きなようだ。けれども、ネコは鳥をそう簡単に手に入れることはできない。だからたいていのネコは経験をつむにつれて、鳥をとることをあきらめてしまう。ただし、今日の都市にすむイエネコは自分のなわばりに齧歯類がほとんどいないために、鬱積した狩猟欲を発散するために、いわば鳥にすがらざるを得ないことがしばしばある。それでも、たとえこのような状況にあっても、ネコは広い地域の鳴禽類の生息数を**深刻におびやかす**ことなどできない。ネコがとらえるのはほとんどいつも、年老いた鳥か病気の鳥、そしてヒナだけである。だが、そもそもヒナの四分の三は死んでくれなければ困る。一つの種がある地域内に生息できる年間平均個体数はかなり一定しているからである。狂信的な愛鳥家は、自分のかわいい鳥たちが空腹や寒さや雨に苦しみながら死ぬ方を、一瞬でネコに殺されるよりも望むのだろうか。これまで私は野外で、イエネコがネズミをとらえるようすを無数に見てきた。ネコが鳥に忍び寄るのも同じぐらいよく目撃した。けれども、健康で飛ぶことのできる鳥をネコがとらえるのは、一度として見たことがない。たしかにそういうことも起こるだろう。でも、それはごくたまにしかすぎないのだ。もし、平均的なイエネコが鳥だけをとらえて生きていかなければならないとしたら、可哀想としかいいようがない。どれほどしばしば、イエネコが「鳥をとる悪い動物」という汚名を着せられるかを、次の例が証明している。

ボン市のある公園で二頭のノラネコがワナでとらえられた。公園にある鳥の巣箱のそばで鳥をとらえるから、というのが理由であった。これらのネコは研究のために私のところに回され、W6とW7の番号がつけられた。ところが、これら二頭は死んだ鳥も生きた鳥にも手を出そうとはしなかった。W7はすばらしいマウス捕りだった。W6はふだんは獲物動物には関心がまったくなかった。餌をあたえなければならない年頃の子どもをもったときだけ、マウスを巣に運んできて(九九頁以下)、自分も食べた。けれども、その時期ですら、孵化したばかりのヒヨコには手をつけなかったのだ。

だからといって、家の主人がかわいがっている鳥のヒナがネコに殺されるということがまったくないわけではない。それでも、全体としてみれば、そのような出来事が鳥の生息数に深刻な影響をあたえるわけではない。べつの理由で生息数が少なくならないかぎり、翌年には同じ営巣場所にふたたび同じ種類の鳥が巣をつくるのはまちがいない。たまには、狩りの方法が標準からは大きくはずれていて、鳥の狩りになみはずれて成功するイエネコもいるかもしれないが。

このように、情熱的な愛鳥家たちのあげる根拠はきわめてまれな特殊ケースにしか当てはまらないのであって、一般論としては通用しないのである。だから、**鳥を守るためにネコの飼育を禁止したり制限したりしよう、という意見を受け入れることはまったくできない。**

同じことは狩猟地域についてもいえる。ただし、いったんアナウサギやノウサギの味を覚えてしまった若干のネコは、これらの動物を食べるのを好むようになる。ヨーロッパヤマウズラやキジのヒナを襲うネコもある。それでも、これらの被害もことさらおおげさに言い立てられている。リンデマン(一九五三)が撃ち殺されたヨーロッパヤマネコの胃の内容を調べたところ、野ネズミなど、ハツカネズミ大の齧歯類の残骸が全体の重量(獲物の数ではない!)の六五%をなし、小型鳥類の残骸は六%(大半は地上に巣をつくる種類)、その他の猟鳥が八%、猟獣が六%だった。さらにハツカネズミとウサギの中間をなす大きさの齧歯類が一二%だった。残りの三%は、何の残骸であるか確認できなかった。スラデック（一九七〇）は二五七頭のスロヴァキア産ヨーロッパヤマネコの胃を調べ、獲物の重量比でなく獲物の数をくらべた。その結果、獲物全体のうち小型齧歯類が占める割合は八七%であった。ヤマネコがイエネコよりも強く、獲物にとってはイエネコより危険な捕食者であることはまちがいない。ヨーロッパヤマネコと大きさの点でも生息場所の点でも似ているツシマヤマネコも、ヨーロッパヤマネコとたいへんよく似た食性をもつという（朝日　一九六六）。

私は本書の第一版（一九五六）に次のような文を書いた。「撃ち殺された〝野生化した〟イエネコの胃の内容物を一度徹底的に調べてみれば、猟鳥獣がどれほどわずかしかふくまれていないかがわかるはずだ。結果を見ないうちから私はこれを断言する」

ハイデマンとヴァウク（一九七〇）の調査結果は、私の予想をも越えていた。ノラネコの餌食となった小型齧歯類のうち、なんと九三・二%がハタネズミだった。これらの著者たちは、ノラネコがハタネズミ駆除で重要な役割をはたしている、とはっきり述べている。ピーロフスキー（一九七六）がポーランドのハンターがしとめたイエネコ五〇〇頭の胃を調べたところ、その内容の七四%が小型齧歯類の残骸、一九%が生ゴミ、三・四%が鳥や猟獣などの残骸だった。野外を徘徊する、すっかり野生化したイエネコの食性についてのアメリカでの調査結果も、これと全面的に一致している（ブラント　一九四九、フッブズ　一九五一、トーナー　一九五六、デイヴィス　一九五七、ピアソン　一九六四）。たしかにこれらの調査結果をヨーロッパ諸国の状況にそのまま量的に適用することはできないだろうが、もし同じような調査がヨーロッパでもおこなわれるなら、おおよそのところは同じ結果が得られるはずである。ピアソン（一九六四）はカリフォルニアの保護地区で一年間かけて糞の調査をおこない、四七七一四分の獲物の残骸から、たった二二頭分のアナウサギの残骸、八羽の鳥の残骸しか発見しなかった。だから、ヨーロッパの熱心なネコ嫌いもこうした事実に目を向けて、少しは考えなおすべきなのである。

ドイツでは狩猟権をもつ人は、自分の猟区内で見つけたイエネコが人が住む建物から二〇〇メートル以上離れてさえいれば、撃ち殺すことができる。これは悪習というほかないが、それだけでなく、それによる国民経済的な被害の方が、これらのネコが鳴禽や小型猟獣におよぼすかもしれない害よりも、**何倍も大きい**。

このように、イエネコはその狩りの方法からいっても、また好みの獲物の大きさからいっても、(小型の)**ネズミ捕り**であって、それ以外の動物はごくまれにしかとらないから、これらへの被害は実際には問題にするほどのこともないのである。

獲物捕獲行動の発達

a　獲物を殺す行動の個体発生

ネコはほぼ生後三週間で、はじめて獲物をとらえる動きをみせる。一方の前足でさぐってみるのである。これはおとなのネコも、それまで見たことのない小さめの物を調べるときにおこなう（図39）。このとき前足はぴったり閉じられ、いかにもこわごわさぐっているという感じがする。この段階から、爪を出した指を大きく開いて獲物にとびかかるまでの間には、ありとあらゆる中間段階がある。これらは同一の固定的動作パターンがどれだけ強く働くかによって決まっているようである。もしかしたらこの調整機構は、乳児が乳を飲むときに母親の乳首を押す行動から発達するのかもしれない。といっても、このような解釈ができるほど十分な観察結果はまだない。

それから、子ネコは待ち伏せる、すばやくつかむ、忍び寄る、忍び歩く、獲物にとびかかる、といった行動を次々とみせるようになる。最初は動作の調整が未熟で、筋肉も発達していないために、これらの動作はぎこちないが、すぐにめきめきと上達し、子どもが生後六週間になって母親が最初の生きた獲物を運んでくるころには、かなりうまくなっている。

獲物捕獲行動の発達のなかで、殺しのかみつきは、かならず一番最後にあらわれる。あとで述べるように、この動作がおこなわれるには特別の解発機構がいるようである。殺しのかみつきをのぞいては、あらゆる動作が次々につづいておこなわれるし、のちにはこれら以外の動作ともいろいろに組み合わされて、子ネコの遊びに登場する。

子ネコが生後四週間のころに、母ネコは獲物を巣まで運ん

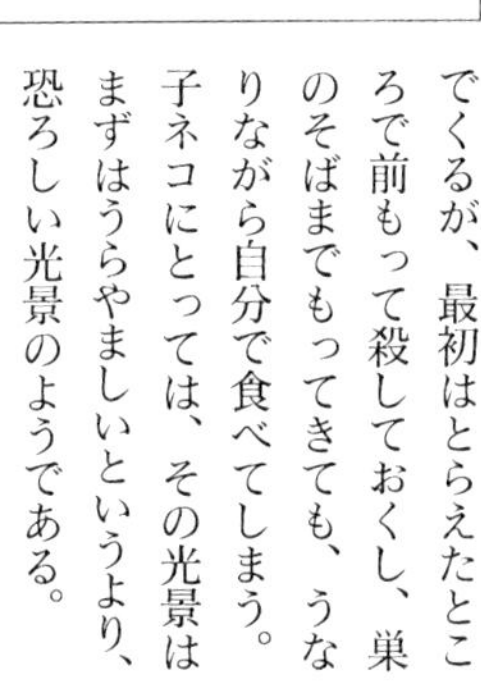

図39　鏡にうつった自分の姿に前足をさわろうとする子ネコ。

でくるが、最初はとらえたところで前もって殺しておくし、巣のそばまでもってきても、うなりながら自分で食べてしまう。子ネコにとっては、その光景はまずはうらやましいというより、恐ろしい光景のようである。

記録

「一九五三年一一月一四日。子どもの年齢三三日。子ネコのいる前でW６に白マウス（ハツカネズミ）をあたえる。W６はちょっとためらったのち、ゆっくりとマウスの方に行き、それからすぐにとらえ、大声でうなりながら、おがくずの入った箱まで運ぶ。そこで長いことうなってから、すでに死んでいるマウスを何回も置きなおしてからやっと食べる。子どもたちを誘い寄せようとはしない。子どもたちもこれらの出来事には気をとめないようだ。

二匹目のマウスもW６はやはりすぐにとらえ、またもおがくず箱まで運び、うなり、殺す。それからマウスをくわえたままとびあがり、うなりながら腰をおろす。W10がその横、約二〇センチ離れたところに立っている。W10は背中を丸め、尾の毛を逆立て、じっと立ちつくす。後脚は前に進みたがっているようだが、前脚は動こうとしない。それでW10はこのような姿勢で立ちつくすことになったのだ。W６の方はマウスを何度もあちこち運び、その合間にしばしばマウスを放して、その前にすわってうなる。それからついにマウスを睡眠用の箱に運ぶ。まだうなっている。二匹の子ネコも母親につづく。母親のうなり声には、ときどき、ブンブンいう誘いの声がまじるようになる。しばらくすると、W６はマウスをそのままおいて、箱から出てくる。子どもたちはマウスにはかまわない。私はマウスをとりだして、W６の前にふたたび投げてやる。W６はすぐにそれをとらえ、うなり、睡眠用の箱に運び入れ、置いて、その前にすわる。ときどきふざけたようにマウスをたたく。私は子ネコの一匹をとって、鼻先でマウスをつつかせる。子ネコはマウスを嗅ぎ、前足でさわり、それからあちこち引っぱりまわしたり、なめまわしたりしはじめる。こうしてかなりの間、この子ネコはマウスにかかりきる。それからネコたちに餌があたえられる。五匹の子ネコは食欲むきだしで、餌の容器のまわりで押し合う。母親は〝もの欲しそうな〟目でそのわきにすわっているが、子どもたちを押しのけることはない。私が母親にマウスをもう一度投げ出してやると、母ネコは、今回はすぐにそれを食べる」

これにつづく数週間に、子ネコの獲物に対する反応はめきめき育ってくる。母親が生きた獲物をはじめて運んでくるころには、子ネコは本能運動ができるようになっているわけである。ただし、これらの動作はまだ、殺しへといたる一連の行為の連鎖へと秩序だてられているわけではない。たしかに遊びでは個々の要素が、あとになっておこなわれるのと同じ順序で組み合わされておこなわれることがある。たとえば待ち伏せと忍び寄り、忍び歩きととびかかり、などといった具合である。それでも、それにつづいてすぐに、これらの動作はまたも分離してばらばらにおこなわれるか、べつの遊び動作と組み合わされる。こうした遊び動作の一部は、獲物捕獲とはちがった機能をもつ行動からきている場合もある（アイブル-アイベスフェルト　一九五一）。

殺しのかみつきがあれほどあとになって、生きた獲物との最初の出会いでとつぜん見られるようになる事実も、これで明らかになる。もしそうでなかったら、きょうだいの子ネコは獲物捕獲遊びで、しょっちゅうおたがいにけがをさせることになるはずだからだ。最初の獲物動物との遊びではだんだんに、待ち伏せ、忍び寄り、とびかかり、つかみが、殺しのかみつきへといたる正しい順序でおこなわれるようになる。ときには、これがまったくとつぜんにはじまることもある。

母ネコによる生きた獲物の巣への運搬と、その放しかたも完璧になる。ここでどれほど外的な原因と内的な原因がかかわっているかはまだ不明である。

記録

「一九五三年一二月一六日(子どもの年齢は六五日)。W6はとなりの部屋で白マウスをもらい、唾を吐きながらすぐにそれをとらえ、背中をくわえて（三四七頁も参照）巣へと運ぶ。巣にくると腰をおろして、低くうなる。ときどきちょっと歩きまわっては、また腰をおろす。子ネコたちはほとんどこうしたことに注意をはらわない。その間じゅう、母ネコはまだ生きているこのネズミを放さない。だんだんに、ゴロゴロうなる声に低い、ぞんざいな調子の誘い声がまじるが、これは子どもたちに目に見えるほどの効果はあたえない。ついにW

9がやってきて、マウスを嗅ごうとする。W6はW9がマウスに近寄るたびに、顔をそむけてマウスを遠ざけ、ついにマウスをくわえたまま睡眠用の箱に入る。W9はそのあとを追うが、箱の入り口のところで体をおこすだけで、入りはしない。数秒後にW6はマウスをくわえた頭を入り口の穴からのぞかせ、それからすっかり出てくる。ふたたびW9は何回もマウスに近づこうとし、そのたびにW6はそっぽを向いて、マウスを相手から遠ざける。それから睡眠用の箱に入るが、今回はW9もそれを追って入る。そしてすぐにマウスをくわえて出てくる。W9はうなり、すでに死んでいるマウスを乱暴にいじって遊ぶ。きょうだいたちはうなり声にはほとんど反応しないが、遊びには誘われてやってくる。W9は大声でうなり、マウスをしっかり押さえる。だがマウスをW9からとってしまおうとするネコはいない。子ネコたちはすぐにまた自分たちの遊びに気を向ける。

W6はこの現場から離れたとなりの部屋で、またもマウスをもらう。そしてすぐにとらえ、やはり巣へと運ぶ。ふたたびちょっと腰をおろし、うなる。だが今回はそのあと、まだ生きているマウスを放して自由に歩かせ、それからマウスが一瞬で逃げてしまわないようにとらえる。これを三回くりかえすと、W9がそれに気がついた。W9は先の死んだマウスを放して、すぐにこの歩いているマウスのえり首をちゃんとくわえてとらえ、これで遊びはじめる。実験に邪魔が入ったために、私はマウスがいつ、どのように殺されたのか見ることができない。実験経過からは、母ネコが巣に運んだ獲物を、最初はいわば、いやいやながら手放すことがわかる。

一九五三年一二月一七日。W6は巣からできるだけ離れた、大きなとなりの部屋でマウスをもらう。子どもたちもみなこのとなりの部屋に殺到してきて、そこであばれまわる。ところが母親はマウスをくわえて、子どもたちのそばを通りすぎ、巣に行く。巣につくと、マウスをくわえたまま腰をおろす。ついにW11がやってくる。W6はマウスを下に置く。W6はマウスをふたたびくわえて、頭をW11からそむけるが、うなりはしない。W11は立ったままである。W6はマウスを放して下に置く。けれどもW11はマウスには気をとめず、母親の顔をなでて、ふたたびとなりの部屋に行ってしまう。W9がやってきて、すぐにマウスを体のやや後ろの部分でとらえ、大声でうなり、遊ぶ。W6が近寄りすぎると、怒って母親になぐりかかる。

この光景をながめている三匹の子ネコの間に、もう一匹のマウスを投げてやる。どのネコも動こうとしない。W6はこのマウスをとらえ、これを持ってまたも巣へと歩く。巣につくと、一瞬腰をおろしてマウスを放す。マウスが歩くのを見守り、それがおがくず箱の下に逃げようとする寸前にとらえる。いまではW9もこのマウスに気がつき、かけつける。それまでもっていた最初のマウスを放すことなく、両方のマウスをいったんとらえる。けれどもこれはうまくはいかない。そこで二番目のマウスは放し、最初のマウスにちゃんとした殺しのかみつきをくわえて、殺す。その間に二番目のマウスはおがくず箱の後ろに逃げこむ。W9は前足でマウスを釣り上げようとするが、結局は最初のマウスで満足し、それで遊びつづける。そしてついに、このマウスを〝ちゃんと〟頭から食べはじめる。

これらの出来事のさいちゅう、W10だけが一回ちょっとマウスに注意をはらっただけで、そのときもW9に断固はねつけられてしまった。そこで私はおがくず箱をそっとどけ、W10を、そこにうずくまっている二番目のマウスの後ろに置いてやる。W10はマウスのにおいを嗅ぐ。マウスはじっとすわっている。W10はそっぽを向くが、そのときにマウスを突いてしまい、そのためにマウスがいくらか動く。すると、W10はマウスに注意をひかれ、爪を引きこめた前足で、おっかなびっくりマウスをたたこうとする。こうして遊びがはじまる。

けれども、まだしばらくは、とても慎重で不安そうに遊ぶ。W10はとうとうそっと歯でマウスの毛皮をくわえ、箱の後ろに運び出す。そこで前よりはやや〝勇敢に〟遊びつづけるが、いまだにマウスを本気でたたくことはなく、傷つけるようなことはまったくしない。こうして遊んでいるときに、まだ最初のマウスを食べている途中のW9の視界にたまたまこの二番目のマウスが入る。W9はすぐに突進してくる。けれどもW10は、今度はマウスをしっかりとえり首のところでくわえ、背中を丸め、W9に打ちかかり、大声でうなりながら顔をそむける。W9は引き下がり、食べかけのマウスにふたたびとりかかる。

ここでW9は実験室から出され、三番目のマウスが放される。W6は今回もすぐにマウスをとらえ、睡眠用の箱近くまで運んできて、そこでマウスを放す。マウスはそばにころがっているボール箱の中に逃げこむ。W6はマウスをとりだそうとするが、できない。W8が興味津々といった感じでやってくる。私はボール箱をゆすって、マウスを出す。W6はこれをとらえるが、すぐにまた放して、睡眠箱の下に逃がしてしまう。私が箱をもちあげると、W6がマウスをとりあげ、ふたたび放す。マウスはすでにひどく衰弱している。残りの子ネコ（M12、W8、W11）はまったくマウスに注意を向けない。私が鼻でマウスにつつかせても、すぐにそっぽを向いて、自分たちの遊びをつづける。

そこでW9がふたたび室内に入れられる。W9はマウスをすぐにとらえ、すばやく殺し、しばらく遊んでから、またもやW10のもっているマウスをとりあげようとする。だが、W10は激しくW9の顔を打つ。W9は引き下がって、やがて三番目のマウスを食べはじめる。最初のマウスのときとまったく同じように、頭から食べはじめる。しばらくして、W10も自分のマウスを食べはじめるが、左の後脚からはじめる。最初はこの方法ではなかなかうまく食べられないが、それでも結局、ネズミの体の後ろから前へと、ふつうとは逆の方向で食べてしまう」

これからちょうど一カ月後の実験では、W9とW10の両子ネコは、室内に入れられたマウスにほとんどまったく興味をしめさなかった。いまだにかならず、まず母親がマウスをとらえた。母親がとらえたマウスをいったん放すとやっと、W11とM12がそれを押さえ、ちょっと遊んだあと殺しのかみつきをして、さらに遊んだあと食べた。W9とW10の行動と、W11とM12の行動が入れ代わったのは、子ネコたちの社会的順位と関係している。現在高い位置についているW11とM12がいるところでは、他のきょうだいはマウスに手を出そうとはしないのである。この状況は何カ月もつづいた。

記録

「一九五四年六月二日。W9、W11、M12は屋外の檻(おり)に入れられる。屋内にはW6、W8、W10がいる。そこに一匹のマウスが入れられる。W6は少しためらったのち、マウスの背中をとらえる。W10がおずおずと近づくが、W6にうなられてしまう。M12がいい加減に閉められていただけの戸を外から開けて、W6がうなるのもかまわずに、マウスを相手の鼻の先からとりあげてしまう。私はM12をマウスもろともふたたび出して、戸を閉める。

二番目のマウスが入れられる。W10がとてもゆっくりと、慎重に近づく。ネコとネズミは鼻をつきあわせて相手のにおいを嗅ぐ。W10がマウスをとらえようとするが、W6がネズミをとりあげてしまう。しばらくすると、W6はマウスを置き去りにする。私がもう一匹のマウスを入れると、W6はそれをとらえる。先ほどのマウスは睡眠用の箱の入り口の前でじっと動かずに横たわっている。しばらくしてW10がゆっくりと箱から出てきて、マウスの方に行き、とても慎重にとらえるが、すぐに放す。それから前よりはいくらか熱心にくわえ、遊びはじめるが、いまだにとてもびくついている。屋外に閉め出されたきょうだいたちが中に入れてもらいたがって、爪で戸をひっかいたり、ミャオミャオなくので、W10はそれがたいへん気になって、落ちつくことができないようだ。こうした音がするたびに、W10はマウスを放し、不安げに入り口を見やる。それでも不安そうな態度はだんだんに消えていき、遊びは荒々しくなる。W6が忍び寄ってくると、W10はフーフー声すら浴びせ、マウスをしっかり押さえる。ほぼ二〇分後にW10はまだ生きているマウスを睡眠用の箱に引っぱっていく。そこで私は屋外からの戸を開ける。W6は前に私があたえたマウスをふたたびとらえていたのだが、M12はすぐにW6がうなるのも気にせずに、W6からマウスをとりあげる。W11の方は睡眠用の箱にとんでいき、W10からマウスをとりあげる。W10はフーフーいうこともなく、うなりもしない」

それぞれの子ネコで個別に実験していくうちに、W9とW10もだんだん不安をなくすようになり、以前にもっていた闘志をとりもどすようになった。べつの同腹の子ネコきょうだいの観察からも明らかになったことだが、順位で高い位置をしめるきょうだいがそばにいる、ということだけが地位の低いネコの捕獲行動を抑制するわけではない。地位の低さは、子ネコの獲物に対する行動にもじかに影響をあたえるのである。また、獲物自体もやはり子ネコに恐れをいだかせる。ネコの勇気がくじけてしまうのだ。ロア（一九三〇）の観察によると、ネコは獲物捕獲とまったく関係のない不安感によってネズミへの闘志を失い、やさしく、はげますようなあつかいを受けると、ふたたび闘志をとりもどすという。

アダメック（一九七五a）は、これが正しいことを確認している。かれがおこなった実験条件では、白マウスがもっともわずかにしかネコをおびえさせなかった。ネコが未知の環境に入れられると、おびえはいくらか高くなった。人間とラットはネコをもっと畏縮させ、もっとも畏縮効果があるのは他のネコの威嚇声だった。アダメックは神経的な基礎として、脳の扁桃核の基部側方の部分の興奮度と活性が高くなることを発見した（アダメック　一九七五b）。だからといって、ここから扁桃核がとくに獲物捕獲行動を抑制する作用をもつと結論することはできない。ネコが畏縮すると、種内の闘争、求愛、交尾、子どもの遊びといった他の行動様式も抑制されたり、まったく抑圧されることもあるからだ。それでも、いま述べたような社会的地位のもつ効果はきょうだいの間だけで働くようだ。おとなのネコをしばらくの間、一つの空間にいっしょにしておくと、たしかにこれらのネコの間にはある種の順位ができてくるが、それが獲物に対する行動に影響をあたえることは、私の観察ではまったくなかった。W5は長い間、私が飼っていたなかでは、一番強いネズミ捕りだった。けれども、W5は同じ檻に飼われている六頭の仲間のなかでは地位がとても低く、一日じゅうじっと、天井のすぐ下を水平に走るストーブの煙突の上にいて、そこを離れておがくず箱に行くことすらしなかったほどだ。食べるためにおりてきたのは、私が室内にいるときだけだった。

先に紹介した六月二日の記録からは、子ネコが生後七カ月半にもなると、母ネコがもはや、たやすく獲物を子どもにわたそうとしないことがわかる。母ネコはしばしば口に獲物をくわえて、子ネコたちから逃げようとする。子ネコたちは母親を追い、横から追いつき、大疾走しながら自分のわき腹を母親のそれにこすりつける。そのために母親は押されて、走っている道すじからそれる(図40a、b)。これは明らかに、プレゼンテーション(三〇六頁の図105)に由来する動作であるが、ここでは、それがものをねだる身振りとして使われているのははっきりしている。ねだる身振りは、生後一年までの子ネコがまれならず使って、成功する身振りである。母親はまだ歩きながらも、獲物を放すか、止まってそれを子ネコの前に置く(図40c)。

図40 「餌をねだる」。解説は本文。

生後三週間以上の子ネコをもつ母ネコは、たいていはふだんよりはるかにたくさんの獲物をとらえる。すでに（九五頁で）述べたように、W6はそもそも子どもがいるときしか獲物をとったり、食べたりはしなかった。したがって、まず考えられるのは、母親の狩りをする気を高める刺激は子ネコ自体から発せれるのではないか、ということである。これは次の実験によってもたしかめられた。W6はかなりの間、W11、W12、W13、W14および年老いた雌のヨーロッパヤマネコといっしょに大きな檻にすんでいた。これら六頭のうち、W6とW14はふだんの時期にはまったく獲物に手を出そうとはしなかった。W11とW12はときたまマウスをとらえたが、それ以上大きな獲物は一度としてとらえなかった。けれどもW13とヤマネコはラットもとらえた。W11とW12がほぼ同時に子どもを生んだとき、私はどちらの母親にも一匹ずつだけ子どもを育てさせた。子ネコたちが十分大きくなると、これら二頭の母親だけでなく、ヤマネコもふくめたすべてのネコたちが最初は死んだ獲物を、のちには生きた獲物を子ネコのところに運んでやった。獲物運びに参加したこれらの雌ネコたちは何回も出産の経験があった。ヤマネコの経歴についてはわかっていない。いずれにしろ、私が飼うようになってからは出産したことはない。

イートン（一九七〇b）によると、チーターの母親は、子どもが生後約六カ月になってはじめて真剣に獲物をとらえようとするころには、自分で獲物を殺してしまわないようにする。イートンは、これはこの特殊な状況への生得的な反応であるか、あるいは出産後しばらくしておこるホルモンの変化によるのかもしれない、としている。このような雌チーター、そして似たような状況での雌のトラ（シャラー　一九六七）の行動は、ここで紹介した雌のイエネコのそれに匹敵するだろう。ただし、イエネコでは「殺さないようにする」行動がホルモンの変化によるという可能性は、とても小さい。ネコ類はべつの理由からも獲物を殺さないことが多い（一四八頁も参照）だけに、なおさらである。小型ネコ類の一部の種では、雄が雌や子どものいる巣に餌を運んでくる。こうしたケースも、子どもつまり「巣やすみかにいる同種仲間」からじかに発する刺激への反応ということで、説明がつけられるかもしれない（三四〇頁以下）。出産や授乳のために雌に起こるホルモンの変調が獲物捕獲への欲求のバランスをくずす、というのは雄ではないわけだから。

それでもなお、状況はそう単純ではないようだ。W6はつづけて二度出産したが、毎回、子どもが離乳する時期に獲物への関心を失った。その前の何週間かの間も関心はだんだん弱まってきていた。けれども、W6は三回目の出産と子育てのあとは、子どもの年齢が一五カ月になっても、そのままひきつづきマウスをとらえ、食べた。それに対し、四回目の出産と子育てのあとは、またも状況は以前と同じになり、子どもが生後六カ月のころに獲物捕獲への興味を失った。これはW6が老衰で死ぬまでに、うまくいった最後の子育てだった。そして、この子育てのあとW6の獲物捕獲が「目覚めた」のは一回きりであった。先に書いたように、W11とW12が同時に子どもを生んだときに、これらの子どもにネズミを運んでやったのである。

イエネコではわりあいひんぱんに、そしてときには去勢された雄ネコでも、何年もの間つづくこのような「運搬の過剰」が見られる。ネコはうろつきまわっている間にとらえたハツカネズミやドブネズミの大半を家にもって帰り、きれいにならべる。そして世話をすべき子どもがいないために、代わりに、もっとも親しんだ人間に「マウスに誘う声」(三三九頁以下)で「話しかける」。そのようなネコの飼い主は、ネコが自分がどんなに勤勉かを飼い主に自慢したいのだ、と解釈するのがふつうだ。飼い主が「しとめられた獲物」を実際によく調べて、ネコをやさしくなでながらほめるまでは、ネコはあとに引かないことが多いだけに、そう解釈するのももっともである。ところが、ネコにとってここでもっとも重要なのは、実は「ほめられること」ではなく、もってきた獲物のところに「子ネコの代用」をしている人間が実際に行くことなのである。本物の子ネコなら、母親に誘われたときにそうするからである。

いまあげた二つの例は、子ネコから発する刺激だけが周期的に増大する獲物捕獲と巣への運搬の原因ではないことをしめしている。このことは、何年以上にもわたって「雄のいなかった」雌ネコでの観察(トンキン 未発表)によって、さらに確認することができる。こうした雌ネコは周期的に交尾をしたい気分におちいり、しばしばこれとむすびついた子育ての気分にもなる。これが訪れるのは、交尾への準備が完全にととのう前かこれが弱まってからしばらくのちである。つまり、生殖行動の各段階の時間的順序がくるうのである。といっても、気分の変調をきたすのがまったく体内的な原因によるのであるのはまちがいない。このような「母性の発作」を起こしたネコは、他のおとなのネコの首をくわえて、どこかの「巣」に引っぱっていこうとしたり、他のネコを誘いながら獲物を食事場に運んで、そこで放したりする。たとえ居合わせたネコが関心をしめさなくても、かまわずにこれをする。ふつうはこの段階は数日しかつづかない。

インゼルマンとフリン（一九七三）は、フォリクリン（卵巣ホルモンの一種）が雌ネコの獲物捕獲への意欲を高めるのに対し、他の生殖ホルモンはこれを抑制する（一一九頁以下）ことを発見した。これはいま述べた事実とよく合う。出産のあと黄体ホルモンの効果が消えるとすぐに、母ネコの内分泌システムはふたたびフォリクリンの影響をますます受けるようになる。だから母親の獲物をとらえる活動は活発になる。これは育ち盛りの子ネコを食べさせるには欠くことができないのである。

こうした事実からは、おとなのネコでも獲物に対する行動が外的な刺激や経験だけで決まるのではなく、純粋に内因的な、そして部分的にはホルモンによって調節されるプロセスも大きな働きをしていることがわかる。子どもの成長では、内因的な成熟のプロセスがさらにもっと強い影響をもつ。どちらかというと環境論的な立場をとる読者の方々にも、これまでの説明からこのことはわかっていただけるだろう。一方、経験の影響はとくに獲物捕獲行動の発達の第一段階では後退するが、第二段階ではますます重要になってくる（ライハウゼン　一九六五b）。

ある母ネコは自分の七匹の子ネコに、相応の時期にまったく獲物を運んでやることができなかった。その代わりに、それぞれの子ネコたちには獲物が個別実験であたえられていた。これらの子ネコは例外なく、これまで記載した捕獲行動を完璧におこなった。ただ、殺しのかみつきだけはどの子ネコでも見られなかった。また、死んだ状態であたえられた獲物を食べようとした子ネコもなかった。雄のM11はのちにべつの人の手にわたり、一歳半でマウスを殺した。そのときに獲物をかみついて殺したのか、もて遊んでいる間に殺してしまったのかはわからないし、マウスをそのあと食べたかどうかもわからない。

トーマスとシャラー（一九五四）はイエネコの子どもをそれぞれ隔離して育て、目が開いた日から生後一一週間でおこなわれたテストまで、くもったプレキシガラス製の眼鏡をかけさせた。このガラスは散乱光しか通さない。ただし、実験では生きた獲物は使われず、紙のボールが使われた。それでも、子ネコたちはすぐに待ち伏せ、忍び寄り、さっと手を出す、とらえる、もち上げる、あちこち運ぶといった獲物捕獲行為をすぐにおこない、正常に育てられた対照実験の子ネコとのちがいは見られなかった。したがって、これらの行動様式は子ネコが特別な経験をしなくても発達するのである。だからといって、特別な経験が作用する機会がたとえあっても、なにも効果をおよぼさないというわけではない。ただし、こうした作用はここで話している事例でいえば、発達のプロセスをはやめる効果をもつだけであって、結果を質的に変えるわけではない。

　ネコが生まれてはじめて獲物にかみついて殺すには、そのときに激しく興奮していなければならない。つまり「付加的な興奮」が必要なのだ。この興奮はたいていは獲物自体によってではなく、母親やきょうだい、そしてこれらのネコによる抵抗によってもたらされる。母ネコがまだ生きている獲物を放し、それからすぐにまたとらえるとしたら、これは「やって見せている」のではないし、子ネコも母親から「どうやってするのか」を「習う」わけでもない。むしろ、放された獲物が逃げるのを見て、子ネコの獲物捕獲が引き起こされるのである。また、母ネコがすばやくまたも獲物をとらえるために、子ネコはそれより前に自分が獲物を手に入れたければ、母親よりもっとはやく手を出さなければならなくなる。このような「競争」が殺しのかみつきを引き起こすのに必要な「付加的な興奮」をもたらすのだ。ネコは、他のネコが獲物をとらえてそれを一瞬放すと(三九頁参照)、その鼻先から獲物をかっさらうのが大好きであるが、なぜそうなのかもこれで理解できる。「食物へのねたみ」に対応する「獲物へのねたみ」といえるかもしれない。これとは逆に、優位のネコですら、他のネコが歯の間にはさんでいる獲物をもぎとろうとは絶対にしない。ジェネットはしばしばこれをする(**図41**)。

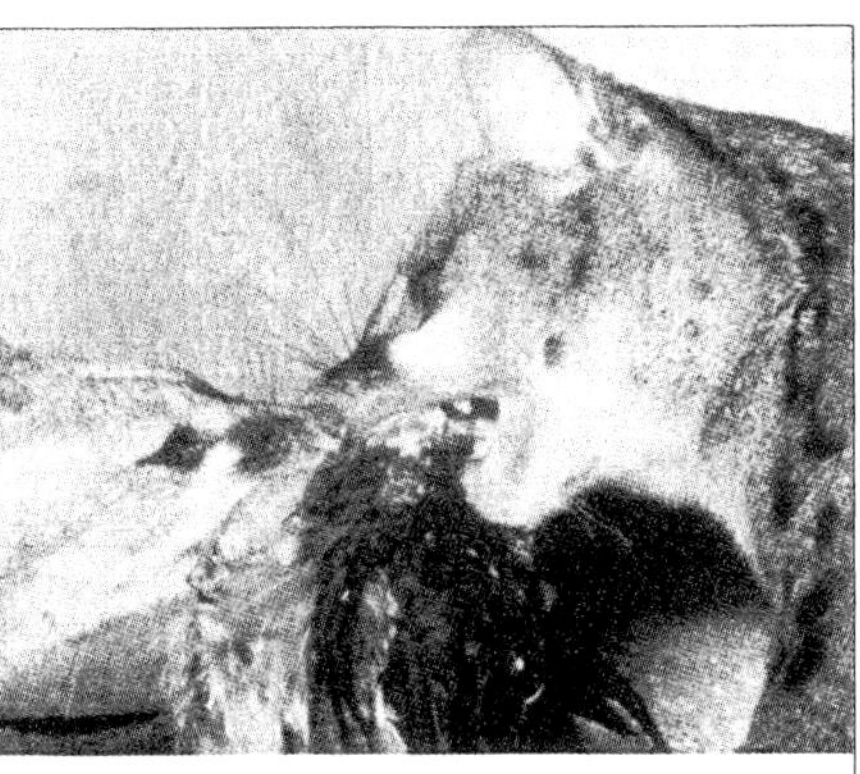

図41　死んだニワトリをめぐって「綱引き」をするジェネット。

　獲物へのねたみのほかにも、子ネコは最初の殺しに必要な興奮にかりたてられることがある。たとえば、獲物が逃げそうになったとき、べつの獲物が視界に入ったとき、あるいはとつぜん大きな雑音がしてネコがおどろいたとき、などである。これらはどれも重要なようだ。というのもここから(私の知るかぎりはじめて)、ある固定的動作パターン、この場合

「完了行為」は、もしそれが**一定の成長時期内になんらかの付加的な興奮によってはじめて閾値よりも高く引き上げられないと、まったく完成しないか、あるいは完成がきわめておくれる**、ということがわかるからだ。

けれども、獲物のえり首を正確にねらった力強いかみつきから、毛皮のどこかをちょっとくわえるまでの間には、あらゆる中間型がある。それどころか、獲物のすぐ上で口をぱくぱくさせる意図的動作で終わることも多い。これらすべては明らかに、実は同一の本能運動がさまざまに異なる強さをもってあらわれたにすぎない。そして、この本能運動と組み合わされる走性（この場合は獲物の体のどの部位にかみつくかという定位）も、やはり強さの程度によって変化する。そして最高の強さの段階がはじめて引き起こされるためにだけ、付加的な興奮が必要なのである。それ以外の段階は、生後二カ月以上の子ネコがはじめて生きた獲物に出会ったときにおこなう獲物捕獲活動でも登場するし、獲物捕獲ごっこでもあらわれる。殺しのかみつきの強さの程度がほんのわずかで、かみつく部位も不正確であると、それはそのための欲求が弱いからだ、とまずは解釈できる。こうした激しくないかみつきや、それどころか、かみつこうとする意図的動作は獲物捕獲に熟練したおとなのネコもおこなう。それは殺すための「現実のエネルギーレベル」が低いからかもしれないし、獲物が抵抗したり、あるいはべつの状況のために、ネコが気おくれしていたからかもしれない。

刺激電極を使って殺しを活性化すると（一二〇頁以下参照）、刺激電流の電圧を下げることで、かみつきをも、ほとんど目に見えないほどの意図的動作にまで弱めることができるし、かみつく部位も、ますます不正確にすることができる。欲求の強さによって、そこでおこなわれようとしている本能運動を制御する走性が正確にも、不正確にもなるという解釈は、この発見を強力なよりどころとしている。だから、子ネコが未成熟のために欲求が弱いと、見たところ同じ現象が起こるのも理解できる。ここで確認されたように、かみつく部位の不正確さがかみつくための欲求の強さに関係しているからといって、かみつきと定位とが動作パターンの一つの単位をなすと解釈してはならない。これら二つは「組み合わされて」いるのであって（ローレンツ　一九三九）、殺しのかみつきを相手の体のどこにくわえるかは、系統発生的にもかみつき自体とはべつに独自に発展してきたし、個体の成長においても独自に発達するのである（一二九頁以下および、ライハウゼン　一九六五b）。

さて、私たちは強さの程度によって変わる行動様式をどれも平均値でしか測ることができない。だから、いま述べた法則に反するように見える例外は、事の性格上しかたがない。さらに、個々の測定値はイエネコの行動においても、野生ネコ類よりははるかにばらつきがある。イエネコは家畜では唯一、野生動物の特性を失わなかったとよくいわれるが、これはおとぎ話である。捕獲への欲求がたまりにたまった、もっとも強いイエネコでも、たとえばリンデマンとリーック（一九五三）が観察した雄のヨーロッパヤマネコの子どもほど欲望丸出しに、荒々しく、しかも「断固として」獲物を攻撃することは一度としてない。私が調べた小型野生ネコ類（ライハウゼン　一九六五b）とも比較にならない。のちの章であつかう行動様式も、やはりイエネコでは野生ネコ類よりも個体ごとのちがいが大きく、しばしばその強さの程度も低い。私の飼っていたW1のように、母ネコの手で正常に育てられたのに、まったく獲物をとらないイエネコもいる。一方、M11はかなり大きくなってから、ということは感受性の高い時期に付加的な興奮を経験したわけではないのに、完璧に獲物を殺すようになった。W6（九九頁）は付加的な興奮を毎回周期的に、べつの欲求システムから受け取った。つまり、外的な刺激から興奮を得るかわりに、少なくともある程度は、「中枢（ちゅうすう）の内部で」受け取った。

さて、さらに調べてわかったのは、殺しの個体発生でも、先に述べたような興奮を高める外的な付加刺激のほかに、内的な成熟の過程がともに作用している、ということである。この過程のおかげで、殺しへの意欲が、生後四週間目以後は高まりつづけるのである。生後九週間ではじめて生きた獲物に出会った子ネコは、しばしば突発的に、つまり少なくとも観察者の目に見えるほどの付加刺激がなくても、獲物を殺すことがよくある（ライハウゼン　一九六五b）。エヴァー（一九六三および私信）もスリカータで同じような観察をした。スリカータの子どもも、生まれてはじめて大きめの獲物を殺すには、付加的な刺激が必要なようだ。それでものちには、生後九カ月の子どもがはじめて出会ったマウスを電撃的に殺した。スリカータでこのようにおそくなってから殺しが発達するというのは、まずはおどろくべきことに思える。原始的な食肉動物は、高度に進化したネコ類よりもはやく、そして環境とは無関係に成熟する、と予測されるからだ。だが、大きな獲物はスリカータにとっては、ネコにとってほど生きていくのに重要ではない。野生状態ではスリカータの食物の大半は昆虫その他の小動物で、これらをスリカータは地面をかき出したり、掘り出して食べる。これらの例がしめすように、付加的な刺激の役目は獲物を殺そうという意欲の発達を早め、促進することであるが、そのための「前提」ではないし、ましてやそれを「生み出す」ことではない。

生後九週間から一〇週間で、生まれてはじめての獲物殺しへの意欲がピークに達するが、このピークは長続きはしない。そのあとこの意欲はふたたび弱まる。だから、生後六週間目から二〇週間目の決定的な時期に母ネコに生きた獲物を運んでもらえなかった子ネコは、その後は獲物を殺すようにはならないか、たとえ殺すようにはなっても、いかにものろのろと苦労して学習したかのようなやり方でおこなう。

大型ネコ類の母親は子どもに生きた獲物を運んでこない（シャラー［一九七二］が雌ライオンが小さなガゼルを子どもに運ぶのを一回見たきりである）し、狩りに子どもたちがついてくるのも許さない（二一八頁も参照）。唯一の、しかもおそらくはたまにだけ、例外を見せるのはチーターである。クルークとターナー（一九六七）およびシャラー（一九七〇）はそれぞれ一回、チーターの母親が子どもにまだ生きているガゼルの子どもを運んでくるのを目撃した。

ライオン、トラ、ヒョウの子どもは歯が生えかわってから、はじめて獲物を真剣にとらえようとする。ということは、年齢はふつう一二カ月から一五カ月である。最初の試み（グッギズベルク　一九六〇、シャラー　一九六七、一九七二）は、まだいかにもとても不器用そうで、完成するまでには時間がかかる。それでもシュナイダー（一九四〇／四一）は、トラやライオンの子どもが生後五～六カ月で、すでにちゃんと殺すことができると指摘した。イートン（一九七二b）も、これをやはり一頭の子ライオンで観察したが、これを例外ではないかとしている。シュナイダーの観察、そして大型ネコ類の子どもをペットとして育てた人々の経験によると、大型ネコ類は生後ほぼ半年で、イエネコが九週間で見せる獲物捕獲や殺しへの意欲のピークと同じような成熟のピークをしめすという。けれども、大型ネコ類は大型動物の狩りに適応しているので、ふつうはこの大切な時期に、小型ネコ類がするように子どもに生きた獲物をもってきてやることができない。それなのに、子どもが獲物殺しをするようになる成熟の速度は、こうした状況に順応していないのだ。言いかえればこうなる。大型ネコ類の子どもが生まれてはじめて真剣に獲物をとらえ、殺そうとするのはふつう、その心構えが最高潮に達した時期をとうにすぎてからなのだと。この状況はふつうは「ナタリー」と「フレダ」（二一五頁以下）で私たちが実験したのとまったく似ている。大型ネコ類の子どもは、生後一八カ月あるいはそれ以上になるまで母親のもとにいるので、生きのびるのには支障なくこれをする「ゆとりがある」のだ。

ここまでのところですでに明らかなように、獲物捕獲の発達はあらゆるネコ類で、歯の生えかわりの時間的経過との関係でみる必要がある。食物の摂取そのものは、犬歯の発達とは関係がない。肉を食べるのに必要な裂肉歯（れつにくし）は乳歯のＰ３／Ｐ４であり、永久歯のＰ４／Ｍ１である。つまり後者は乳歯がぐらぐらしてくる前に生えてくることができるし、ちゃんと使える。だから、食物の摂取で困ることはまれにしかない。

これに対し、獲物をとらえ、殺すのにたいへん重要なのは犬歯である。ところが犬歯は生えかわるから、生えかわりの時期には機能はいったん停止しなければならない。ネコ類では永久歯は、私たちが自分の歯の生えかわりで知っているように乳歯の下から生えてくるのではなく、乳歯とならんでその内側に生えてくる。したがって乳歯は、もしそうでなかった場合に考えられるよりはまだ長いこと使うことができる。乳歯が抜けるときには、その歯根はだんだんに再吸収されていく。それにつづく時期には、永久歯はまだ十分に生えきっていないのに、そのとなりにまだ立っている乳歯にはもうほとんど根がないので、しっかりかみつくことができない。こうしてネコはとても小さな獲物すら殺すことはできなくなり、依然として、あるいはふたたび獲物に関しては母親にすっかりたよることになる。小型ネコ類はこの時期（生後六カ月）には、母親にまたも激しく餌をねだるようになる（一〇五頁の**図40**を参考）。それでもいま説明したような換歯（かんし）形式のおかげで、獲物を殺せない期間は一週間か二週間ですむ。その直後に家族は離ればなれになる。子どもは永久犬歯が十分大きく、がんじょうになれば、すぐに自分で餌を調達することができるからである。大型ネコ類では、犬歯の生えかわりは、それぞれの種の体の大きさに応じて生後九カ月から一二カ月ではじまり、生後一一カ月から一五カ月で終わる。こうした発達は雌の方が雄よりもはやい時期に起こる。

犬歯の生えかわりが実際に獲物捕獲にどれほど支障をきたすかは、次の例が如実にしめしている。私がインドのウッタール・プラデシュにあるデュドゥワ保護地区（現在では国立公園）に滞在しているあいだ、一頭のトラが何日もつづけて夜間にある村に侵入し、家畜を襲った。女性がひとり襲われたという噂（うわさ）もあった。けれども、このトラは獲物を殺すこともできなければ、重傷すら負わせることができなかった。トラは追いはらわれるまえ、一頭の小型品種のコブウシを何分間もえり首のところでくわえていたが（つまりトラは十分とらえかたを知っていたのだ）、えり首に犬歯の跡はまったく見られなかった。そこで私は、これは歯が生えかわっている子どものトラにちがいない、と言った。数日後このトラは撃ち殺された。そして私の言ったことは当たっていた。このトラはほぼ一歳で、上下の犬歯は「倍」だった。右の肩の関節が脱臼しており、ひじ関節はまったく動かなかった。おそらくこの子トラは母親について歩くことができなくなったので、母親に置いていかれたのだが、自分で餌をとることはできなかったのだろう。

ゴッソウ（一九七〇）は同様のことをテン類で発見しており、このような成熟の過程に配慮することが、特定の経験をできないようにして動物を育てる実験（「カスパー・ハウザー実験」）を実践するうえで重要であることを指摘している。多くの研究者は、環境に影響されない機能構造はいったん成熟したら、それ以後はずっと機能することができ、また機能をはたす準備がいつもととのっていると暗黙に仮定しているようである。だからかれらは、さまざまな種の動物の子育てに成功したあとも、特定の経験の剝奪をずっとしつづけ、それからやっと決定実験をした。それはただ、実験の時期が**早すぎないように**するためにである。ところが、環境の影響を受けないでも成熟する機能構造がその後ずっと機能しつづけるためには、おそくともその機能をはたすことへの意欲が最高に高まった瞬間にひんぱんに、そして集中的におこなわれる必要がある。このことは多くの事例で明らかになっている（ライハウゼン　一九六五bも参照）。さまざまな行動様式が環境の影響をうけないで成熟することを、この種の経験剝奪実験で証明できないのだとしたら、それは決定実験をするのが**おそすぎた**からなのである。ローレンツも、特定の経験をできないようにして動物を育てる剝奪実験についての批判的な概論のなかで（一九六一）、このような誤りの原因については述べていない。

同じ誤りの原因は、もちろん生得的な運動様式や欲求の研究だけでなく、生得的解発機構や走性の研究でも配慮しなければならない。アイブル-アイベスフェルト（一九五五、一九五六、一九五八b、一九六三）とヴュステフーベ（一九六〇）は、ヨーロッパケナガイタチの殺しのかみつきとえり首への定位が生得的かどうかについて論争した。私（一九六五b）もこれについてくわしく論じた。ゴッソウ（上記引用箇所）は、この論争をいま述べた観点から見て、アイブル-アイベスフェルトが決定実験を開始したのがおそすぎ、そのために、ケナガイタチの子どもがえり首にかみつくことの利点を学習するにちがいない、という見解に立つようになったのではないか、と述べている。これはある程度は正しいだろう。けれども、ゴッソウは、殺しのかみつきのえり首への定位の発達について私がおこなった新しい研究に配慮していない（一二九頁以下および一九六五b)。しかし、このようにやや欠けている点があったからといって、ゴッソウの功績がそこなわれるわけではない。「カスパー・ハウザー実験」の成功と失敗の分かれ道が、決定実験を発達段階の正しい時期におこなうかどうかにかかっていることを、ゴッソウははじめて見抜き、それを強調したのである。

これからすべきことははっきりしている。これまでおこなわれてきた、特定の経験を剝奪して動物を育てる実験はすべて、とりわけ失敗に終わった実験（つまりはたいていのケース）は例外なく、もう一度子どもの発達に合わせた実験をして、検討しなおすべきなのである。手間は以前よりはるかにかかるが。

本書の第一版と第二版では、イエネコの子どもだけが家畜化のせいで欲求が弱く、そのため、殺しのかみつきを完璧に発達させるには付加的な興奮が必要なのではないか、と述べた。これはその後、正しくないことがわかった。とくにクロアシネコの子ども、およびクロアシネコの雑種の子どもでの観察からそれが明らかになった(ライハウゼン　一九六五b)。

付加的な刺激が作用して起こる完璧な殺しのかみつきは、たいていは突如として「ぴたっとはまり」（エヴァー　一九六三のスリカータと比較)、いったんかみついて殺すことのできたネコは、それ以後も獲物をとるときにこの方法を使いつづける。だから私は、ここには一種の「運動の刷り込み」があるのではないか、そして刷り込みがおこる「感受期」を逃してしまったあとでは殺しのかみつきの動作が発達することはできないか、できたとしてもたいへんな困難がともなうのではないかと考えた(本書の第一版と第二版)。ただしこの感受期はその開始だけがはっきりしていて、終わりはおおまかに推測できるだけだった。クナッペ（一九五九／六六〇）はこの解釈に反対した。獲物の経験がまったくなく育った子ネコでも、のちに相応の付加刺激をあたえられれば殺しのかみつきを引き起こすことができ、それはたとえ完全におとなになってしまったネコでも可能だ、というのである。

この疑問を明らかにするために、ベンガルヤマネコ、ベンガルヤマネコとイエネコの雑種、マーゲイ、サーバルで実験がおこなわれた。隔離して育てられた「ナタリー」（ベンガルヤマネコとイエネコの雑種）は先に述べたとおりの、いかにも苦労して学習しているという印象をあたえた。雌ライオンの「エルザ」（アダムソン　一九六〇）もこの古典的な例である。イートン（一九七二b）はアメリカのサファリパークのライオンの群れで、これと同じような観察と実験をした。

ナタリーは、マウスを殺すまでにもっとも時間が長くかかった。多くのマウスとは遊んでしまって、その結果マウスは死んでしまった。ラットではもっとはやく殺すことを「学んだ」。一番すばやく殺したのはモルモットだった。マウスを先に経験したことが、そのあとのラットやモルモットとの出会いに影響したのかもしれない。それでも、獲物が大きいためにより大きな興奮が引き起こされたことが、ここで主要な役割をはたしているのはたしかである。とくに最初のモルモットを殺すときに、そのえり首に何度もかみついた事実からも、それがわかる。獲物が大きければ大きいほど、刺激値も高くなる（ただし、獲物がはげしく抵抗したり、ネコを恐れさせないかぎりにおいて）ということは、マーゲイでの実験経過からも証明できる。「ブエノ」は、わりあい大きなニワトリをほとんどすぐにたおしたが、そのあとモルモットをあたえられたときには、態度はひかえ目だった。「ボニータ」もモルモットを殺すのにニワトリよりもずっと時間がかかった。

ナタリーのきょうだい三頭は、一つの檻でいっしょに飼われていた。この檻の中で、三頭は生まれてはじめての獲物をあたえられた。このうちラニはすぐに獲物を完璧に殺すことができた。キムはこれが「できるようになる」までに数日かかった。リーではもっと長くかかった。けれどもこれら三頭がそれぞれの獲物をはじめて殺すまでには、個別実験でのナタリーほどは時間がかからなかった。

死んだラットや生きているラットを実験者が手にもったまま、ネコたちに差し出す実験がおこなわれた。これら四頭とも、ラットがまだ生きていることを「知らない」ときには、いとも簡単に殺すことができた。この実験に先立つ何週間かには、毎晩、これら四頭すべてに、殺したてのラットが一匹ずつあたえられた。実験者は、同時に四匹のラットの尾をもって高くかかげた。ナタリー、リー、キム、ラニの順につぎつぎにやってきて、かならず正確にえり首にかみついてラットをくわえ、食事場所まで運んでいった。この順番はこれらのネコの間にある順位ではなく、人馴れしている程度のちがいからくる。こうした晩ごはんが数週間つづいたあと、私は死んだラットの代わりに、まだ生きているラット四匹をかかげて見せた。ネコたちはそのちがいに気がつかず、すぐにラットをとって、少し離れたところまで運び、一回か二回すばやくかみついて殺した。次の晩には私はラットの尾をもってかかげるのはやめ、檻の床に一匹ずつ目の前に置いた。ネコたちはいつもどおりの順番でやってきて、すぐにラットをえり首へのかみつきで殺した。一週間たつと、まずナタリーの勢いがおとろえはじめた。ためらいがちに近づき、殺し方も以前ほどすばやくもなければ、激しくもなかった。次の日にはリーが、力強く抵抗するラットに手こずり、しばらくラットともみあってやっと殺すことができた。それ以後ナタリーとリーは私の手からラットを以前ほどさっと当然のことのように受け取ることはなくなったし、殺し方も以前ほどすばやく確実ではなくなった。未経験のネコが殺しのかみつきになかなか踏み切れない原因の一つが、生きた獲物への恐れであるのはたしかである。これはためらいがちにおこなわれる遊びを分析してみてもわかる（一四七頁以下）。

純血のベンガルヤマネコでの実験からも、似たような結果が得られた。雌のカリ、ドルガ、ビッガーの三頭はすでに生きた獲物に出会ったことがあるらしかった。雌のスモールははじめて殺すまでにもっと時間がかかった。けれどもこれは、同じ檻にすむビッガーよりも、順位で低い地位にいたからであろう（一〇三頁以下参照）。先に紹介したリーも仲間のなかで劣位にあったために、獲物殺しの発達がおくれた。リーも、生きたラットを人間の手からとったときには、他のネコにまったく劣らず殺すことができたのである。

雌のベンガルヤマネコたちとはちがって、雄のシヴァに獲物捕獲の経験がなかったのはたしかである。個別実験では、一般的な付加的興奮は役に立たなかった。つまり、シヴァは生まれてはじめて出会ったラットと長いこと遊び、闘って、必要な興奮を自分でかきたてなければならなかったのだ。シヴァのほかにもう一頭、やはり生きた獲物の経験がまったくないと思われる雌サーバルがいた。このサーバルはバーゼル動物園で生まれ、実験のころは生後一歳半ぐらいだった。このサーバルでは、きめのこまかい実験がおこなわれ、実験のなりゆきはすべて撮影された（ライハウゼン　一九六五b）。クナッペ（一一五頁も参照）は、おとなな個体でも付加的な刺激が効果をおよぼすと述べているが、私のサーバルでの実験からも、それはすべて確認できた。ただ、同じ効果を達成するのに、おとなでは子ネコよりもはるかに強い付加的な刺激が必要だった。競争相手である同種仲間を金網ごしに見せたり、私の女性助手がまさに獲物をとってしまおうというそぶりを見せたり（これは何回もくりかえされ、かなりおおげさにおこなわれた）したが、これらの刺激では役に立たなかったのだ。このサーバルよりも高い地位にある雌サーバルが、かなり残忍な競争相手としてそばに来てやっと、モルモットをはじめて集中的にかみ殺したのである。

このように、殺しのかみつきがどのようにして生まれてはじめておこなわれるかは、子ネコと獲物の経験がなかったおとなのネコとの間で基本的なちがいはないのである。とはいっても、殺しのかみつきがはじめて引き起こされるためには、年長のネコやおとなになりきったネコの方が、先に述べたような成長期にある子ネコよりもはるかに高い刺激（閾値）を必要とする。それでも、これを逃したからといって取り返しがまったくつかない、というわけではない。私が観察したネコたちのなかには、一生獲物を殺したことのないネコもいたが、これらだとて、もし先の雌サーバルが受けたような「刺激療法」を受けたなら、獲物を殺したかもしれないのである。

　ここで報告した研究結果が、ローレンツ（一九三五）が感覚—知覚の分野で「刷り込み」と名づけたことと似ていることは、はっきりする。どちらの場合にもある感受期があって、その期間内では機能はひとりでに発達するか、あるいはたいへん容易に発達する。そして両方の場合とも、効果はとてもはやく、しばしば一回なしとげられたあとにもうはじまる。だから、ローレンツはこれをパタンと閉じるワナにたとえた。

　それでは、さきほど示唆（しさ）したように、運動の領域にも刷り込みに似たようなことがあると考えてよいのだろうか。たとえば、英語圏の研究者がカモのヒナなどについて「あとについて歩く反応の刷り込み」というなら、これは言語的には不正確である。こうした事例ではすべて、動物たちがかならずついて歩くようになる対象物への刷り込みが問題になっているのであって、歩くという行動の運動的な面がおよぼすなんらかの影響が問題になっているのではない。ここで論じている殺しのかみつきでは、たしかにある運動が一回ちゃんとなしとげられることで変わるかのように見える。けれども、すでに指摘したように、この変化はまったく量的なものであって、質的な変化ではない。かみつくという動作はすでに前からおこなわれているのであって、ただ、それが襲った獲物を殺せるほど十分力強くはなかっただけなのだ。だから、この行動を制御している神経系統の運動的な部分にじかに働きかければ、達成できるのかもしれない。だが、そもそも、刷り込みはそこで関与している自己受容に起こるのではないか、つまり自己受容器にこそ「生得的な師匠」がいて「それでよろしい！」といっているのではないか、という疑問をもつべきなのではないだろうか。この疑問の答えを出すことはまだできない。

　ところでまれではあるが、感受期を逃したために獲物を殺せないのではなくて、遺伝的な原因で殺せないイエネコもいるようだ。遺伝的な原因で、一定のコリン物質をわずかにしか自分でつくれないことからくるのかもしれない。ムスカリンをネコの腹膜内に注射すると、この物質は**特異的**に獲物殺しへの意欲を高める。しかも、その効果は接種量に応じて高くなる。事前に硫酸アトロピン（抗コリン作用薬）やスコポラミンを投与しておくと、この効果は阻止される（ベルントソンとライボヴィッツ　一九七三）。このように拮抗的に働く作用物質のシステムが遺伝的にも、また成長の途上でも障害を受けることは考えられる。ただし、いま引用した著者たちが用いた合成ムスカリンは末梢の副作用をもつ。これが自然におこる場合には、こうした副作用はない。つまりこれらの著者たちの研究結果は、自然の作用物質システムに似たモデルとしてしか有効ではない。

ここで神経作用とならんで体液的な作用も働いていることは、インゼルマンとフリン（一九七二、一九七三）の研究結果からも間接的にたしかめられる。一二〇頁に報告するように、ネコの視床下部の一定の領域を電気的に刺激すると、獲物捕獲活動を引き起こすことができる。けれども、同時に脳室周囲の視索前野を刺激すると、視床下部への刺激の効果をおさえることができる。ただし、このような抑制効果は視索前野への刺激が終わってからも少なくとも三分つづき、その後も低下しながら最高一時間はつづくものと思われる。これにくわえ、このシステム全体はホルモンの影響も受ける。さまざまな性ホルモンが雌雄で異なった効果をはたしているのである。フォリクリンは雌では獲物捕獲への意欲を高め、雄では低下させる。エストラジオール、黄体ホルモン、テストステロンは逆の効果をあたえる。これを見るとまずは、このような効果の意味はどこにあるのか、という疑問が出てくる。個々のネコの食物要求は雄だろうが雌だろうが、それぞれのホルモンのバランスにはさして左右されないからだ。それでも、この効果の意味があることはまちがいないはずだ（一〇八頁と二一九頁参照）。

殺しのかみつきの本質について先に述べた見解は、行動を純粋に質的に観察し分析した結果にもとづいているが、これはランドール（一九六四）の研究結果によって間接的に確認された。イエネコの中脳のさまざまな領域を遮断すると、殺しのかみつきと「のみとり」（毛をかじる）への意欲に、処置をする領域に応じて異なった効果をあたえる。ただし、これら二つの行動では、同一の筋肉グループが活性化される。中脳被蓋と中脳蓋で遮断すると、ネコは自発的に獲物を殺さなくなるが、唇のふちにふれてやると、とても簡単に殺しのかみつきを引き起こすことができる（八七頁と比較）。この処置をされたネコは毛づくろいをまったくしなくなる。のみとりはまったく引き起こされないのだ。一方、中脳の腹側側方を遮断しても、殺しのかみつきをふくむ正常な獲物捕獲にまったく影響はない。そして、正常なネコならのみとりを引き起こせないような体の部位に軽くふれてやるだけで、ネコは空

図42　電気刺激によって殺しのかみつきの反応を引き起こされたネコは、目の前に出された棒にかみつく。W.R.ヘス、事例228、映像F4(6)1。解説は本文。

中に向かって**あてのない**のみとり動作をする。

ブリュッガー（一九四三）とヘス（一九五四）は、ネコの視床下部の中心脳腔灰白質に電気刺激をあたえ、「食事とかみつきへの欲求」を引き起こした。実験で撮影された映画を分析すると、電気刺激の一部では殺しのかみつきだけが引き起こされたのがわかる。典型的なえり首へのかみつきが何回もくりかえされる形でおこなわれた場合も数例みられる（**図42**、三四六頁の**図119**a、およびヘス　一九五四の八一頁の図35c参照）。この場合、脳への電気刺激の効果が多くの実験ではっきりしないように見えることがある。相応の食べ物をあたえているのにかみつきがしばしば咀嚼、食事、それどころかミルクをなめる動作へと移行したり、べつの場合では、ヘスとブリュッガー（一九四三）が情緒的な防御行動と呼ぶようなそぶりが同時に見られることがある。そのような現象はネコの本性から来るというよりもむしろ、電気刺激を使った実験のもつ性質が原因である。これについては、べつのところでくわしく述べる（二三三頁以下）。

ヴァスマンとフリン（一九六二）は、ネコの視床下部の前外側に電気刺激をあたえて、殺しのかみつきとこれにともなう欲求行動を引き起こすことができた。ロバーツとキース（一九六四）は同じ部位に電気刺激をあたえて、刺激を受けない状態では獲物をまったく攻撃しないネコを、Y字迷路の中で獲物をさがして、かみ殺すように訓練した。電気刺激は「付加的な刺激」の役目をはたしたのである。刺激の効果はとても強く、ネコは四八時間なにも食べなかったあとにちょうど餌をあたえられていたのだが、この刺激を受けると、その食事を中断してまで獲物のところに行ったほどだった。おもしろいことに、刺激は何度もくりかえされたにもかかわらず、その効果が刺激を受けない状態のときまで波及することは、どのネコでもなかった。刺激を受けないと、ネコは獲物に対して友好的な態度をとりつづけた。

これらの実験から、獲物をとらえて殺す動作パターンは完成した形で中枢神経系に準備されており、たとえそれをネコがふつうは使わない場合でも存在はしている、ということがはっきりわかる。獲物がそばにいると、ネコは電気刺激を受けたときにはそれに対応する運動様式をみごとに完璧におこなうのである。ネコがこのためになにかを学習しなければならないことをしめすものはなにもない。一方、電気刺激によって引き起こされた殺しへの衝動の影響を受けて、ネコは迷路にいて見えない獲物をさがすことは学ぶのであろう。つまり、実験状況に見合った欲求行動は学習する。そしてその欲求行動を「動機づける」のは、活性化された殺しへの衝動である。

私がおこなった実験では、はじめて殺しが引き起こされたあと、ネコはなおも獲物を殺しつづけたのに、電気刺激を受けたネコが刺激なしではそれをしなかったのはなぜだろう。ここではどうやら、直後におこる事後効果と、もっとあとまで残る事後効果とを区別しなければならないようだ。ブリュッガーとヘス（前記）の実験でも、また私が観察した、フリンの実験室でおこなわれた実験でも、刺激電流を切ったあともネコが棒（ブリュッガー、ヘス）やラットを「かみなおし」、ときには、そのときになってやっとかみつくことすらあった。こうした事後効果はいつも数秒しかつづかなかった。したがって、これまでの電気刺激を使った実験では「殺しのかみつき」という本能運動の運動面だけが活性化されているようである（「固定的動作パターン」：ローレンツ　一九三七a、「運動パターン」：クレッチマー　一九五三）。だが、殺しのかみつきの衝動面は、活性化されないのである。べつの言い方をすれば、脳への刺激は内因的な衝動の代わりはするが、それを自立的な活動にまで活気づけはしないのだ。それでも子ネコではすでに述べたような成熟の過程によって、衝動は持続的に活発になるから、「付加的な刺激」は加速・促進する効果だけをはたす（一一一頁）。だからといって、電気刺激が萎縮（いしゅく）していた衝動メカニズムにはずみをつけて、それ以後は自立的に再機能するようには決してできない、というわけではない。デルガードとアナンド（一九五三）は、ラットの「食事中枢」に短い間隔で長期間にわたって、外的には目に見える反応がなにも起こらないほどの弱い刺激をあたえた。刺激をあたえるのをやめたあと一〜九日間、これらのラットは過食症だった。少なくとも理論的には、べつの刺激箇所や刺激値をえらべば、それまで「獲物に忠実だった」ネコに獲物を殺すようにし、しかもそれが持続するようにすることは可能なのかもしれない。

長期間にわたって「殺し」のための衝動をひとりでに起こさせる要因は、もう一つある。生まれてはじめて獲物を殺すまで、死んだ獲物を食べることに慣れていなかったネコも、固形食としては死んだ動物だけをあたえられていた対照実験のネコと同じようにはやく、あるいはゆっくりと殺す。けれども対照実験のネコは、はじめて殺した獲物をたいていは長くためらうこともなく食べてしまうが、死んだ獲物を食べることを知らなかったネコは、殺した獲物をどうあつかってよいかわからない。殺した獲物が食べられるものであるということがわからないのだ。だから、死んだ動物を引き裂き、生肉の匂いと味を感じられるようにして、これを食べることを教えてやらなければならない。イートン（一九七二b）は、これをライオンで確認している。ネコがすでにある程度は歳をとっていて、生肉にも慣れていないと、自然が定めた獲物を食べさせることがまったくできない場合も多い。それでも、熱心に獲物を殺しつづけるネコもあるが、たいていは殺さない。言いかえればこうなる。ネコが殺すことと食物の調達との関係をいったん理解してしまえば、これが殺しをつづけさせるのに役に立つ。だが獲物殺しは空腹の満足という形でくりかえし強化されないと、いつもとはかぎらないが、多少とも萎縮してしまうことがある。少なくとも一部の本能的運動を遂行する意欲は、骨格筋への神経供給と似て、使われるか使われないかによって決まる（ハイリゲンベルク　一九六三、一九六四）。

これらすべては、ネコの殺しのかみつきがそうした本能運動の一つであることを指している（ライハウゼン　一九六五b）。マウスの捕獲に慣れている子ネコでも、獲物捕獲行動全体のなかで「殺し」の部分は他の部分にくらべるとはるかに「鬱積（うっせき）」しにくい（一四八頁、一五四頁以下参照）。だが、ロバーツとキースが実験で使った、殺しのかみつきをしない点で選ばれたネコたちは、のちになっても刺激実験で自分が殺した獲物を食べることに慣れはしなかった。殺しのかみつきの発達は、たんなる条件反射の形成などではないのだ。先に述べた「空腹の満足という形での強化」は一種の生理学的な「成長刺激」であると理解すべきである。だから、空腹や食欲だけでは、はじめての殺しのかみつきを引き起こすには足りないのである（一五四頁参照）。八九頁以下に述べたロバーツとベルククイスト（一九六八）の実験では、対照実験個体（たとえこれらがそれ以前に獲物捕獲の経験がなかったとしても）は、それまでにきょうだいとの遊びのなかで、獲物捕獲行動を構成する本能運動をしょっちゅう、持続的におこなっていたはずである。一方、隔離個体は檻の中でなにか物体を相手

表3

	隔離されて育つ	母親に育てられる	獲物動物といっしょに育つ	合計
純粋な菜食	10	10	9	29(20)
肉を豊富に与えられる	10	11	9	30(20)
合計	20(9)	21(18)	18(3)	

に遊んでいたにしろ、対照個体ほどしばしば遊びはしなかったであろうし、そうした物体はきょうだいにくらべれば刺激にとぼしく、獲物遊びには適していない。このようなちがいが実験結果に作用したとも考えられる。だから、対照実験個体のそれぞれの衝動は隔離個体よりも、より高いレベルに訓練されていて、刺激電流に対して「答えやすい」状態にあったのかもしれない。これはいまのところ判断がつかない。それでも、ある気分の現実レベルが脳への電気刺激の成功への決め手の一つであることは知られている(ヘス 一九四三、フォン・ホルストとフォン・セント-ポール 一九六〇)。

クオ(一九三〇)は、獲物捕獲の発達を六つの実験グループ、合計五九頭の子ネコで調べた(**表3**)。

それぞれの実験グループのネコの半数は、餌をあたえられてすぐに実験につれてこられた。残り半数は餌をあたえられてから一二時間後に実験がおこなわれた。「隔離して育てられた」とされるネコたちは生後八~一〇日で母親から離され、以後はまったくおたがいから隔離されて哺乳(ほにゅう)ビンで育てられ、実験以外では獲物を見る機会はまったくあたえられなかった。表の二番目の項のネコたちは、全期間中母親のそばにとどまった。生後八日目以後は四日に一回、母親が檻の外で獲物を殺すのを見ることができたが、食べるのは許されなかった。三番目の項のネコたちはどれも生後六~八日目までは毎日数時間、ひとりで一定の獲物動物一匹といっしょに閉じこめられ、母親から離されたあとは獲物とずっといっしょに飼われた。

実験に使われた獲物はマイネズミ(コマネズミ)、ハツカネズミと白ラットである。どのネコにもこれら三種類が、規則的にかわるがわるあたえられた。すべての実験はそれぞれのネコが飼われている檻(九一×六一×六一センチメートル)でおこなわれた。母親から離される前は、実験のときには、母親ときょうだいは檻から出された。完全に集中した殺しのかみつきがはじめて引き起こされるときに、きょうだいの存在が重要な意味をもつことをクオは知らなかったので、発達にとってこれほど重要な要因をとり除いてしまったのである。実験として、生後六~八日目から四日に一度、毎回三〇分間、獲物一匹がネコの檻に入れられた。もし子ネコが獲物を殺したら、その獲物の種はそれ以後の実験からははずされた。こうして子ネコが三種類の獲物すべてを殺すようになるまで、あるいは生後四カ月になるまで、実験はつづけられた。

それぞれのグループの結果は、**表3**のかっこ内の数字でしめされている。隔離されて育てられたネコのうち九頭、母親に育てられたネコの一八頭が獲物を殺した。「獲物—仲間」といっしょに育てられたネコでは三頭だけが獲物を殺し、しかもこの場合も、自分がいっしょに育った動物と同じ種の獲物は殺さなかった。餌のあたえ方、つまり菜食か肉食かは殺しの発達にまったく影響をあたえなかった。それでも殺したあとに獲物を食べるかどうかには影響をあたえたようで、「菜食主義」子ネコのうち四頭しか殺した獲物を食べなかった。これに対し「肉食」子ネコでは、一七頭が獲物を食べた。空腹の程度も実験結果に影響しなかった。

ここで「殺し屋」と名づけられた実験動物のすべてが、三種類すべての獲物を殺したわけではない。ただし、白ラットを殺したネコはかならず他の二種類の獲物も殺した。おもしろいことに、三種類すべてを殺したネコが最初に殺しを遂行したのは、つねに白ラットだった。「母親による子育て」グループの「殺し屋」はどれも、以前に母親が殺しているのを見たことのある獲物と同じ種類をいずれにせよ殺した（母親は毎回同じ種類の獲物をあたえられていた）。ただし、このうちの三頭が最初に殺した獲物の種類は、母親が殺していた獲物ではなかった。

クオは、「ラット殺しの本能」はネコには存在しなくて、行動の発達全体が条件反射の形成によって決定される、と結論している。けれども、かれの論拠は確固たるものではない。それは、かれが誤った前提から出発しており、それゆえ実験方法でも重要な条件を見逃しているからである。

1　クオは「母親による子育て」グループでは母親たちがすぐれたネズミ捕りであることをはっきり述べているが、それ以外のグループに属する子ネコの母親たちがどうなのか、という点についてはなにも述べていない。クオは行動様式の遺伝については率直に否定しているので、母親ネコをえらぶときにもこの問題にはまったく配慮せず、それに相応した対照実験もおこなわなかったようだ。

2　実験がおこなわれた檻はあまりに狭すぎる。そこでは檻に慣れていない獲物はゆっくりと、あたりを嗅ぎまわりながら動いたのかもしれない。けれども、獲物がすばやく動くことは、まさに未経験のネコにとっては、獲物捕獲を引き起こすのに重要なかぎ刺激である(七七頁以下)。この重要なかぎ刺激が、ここでは欠けていたのだ。さらに、小さな檻はネコにとってはもちろんもっとも親密な家であり、「自分の家にいる獲物」は、もしネコが自分でそれを持ちこまなかった場合には、ネコにとってはつねになにやら不快な感じがするのである。

3　クオはエソロジーの分析結果は用意していない。中枢によって調整され、外的な刺激とは無関係な起こり方をする本能運動は、それを引き起こす神経機構や、これを確認する刺激といっしょに一つの遺伝的な単位を構成しているわけではない。それは系統発生の点でも、個体発生の点でも、かつまた「現時点での発生」の点でもそうである。このことをクオはまだはっきり理解できなかった。だから、「ラットを殺す本能」という複合的な概念にこだわって、そのようなものを仮定するなら「ラットを愛する本能」まで信じなければならないはずだ、という結論にもっていってしまうのだ。獲物といっしょに育てられたネコが実験でしめしたように、ネコがラットを愛するようにしむけることはできるからだ。けれどもゴールデンキャットの「ティリー」(ライハウゼン　一九六五b)での例からもわかるように、獲物を自分で殺し、それだけを食べて生きているおとなの野生ネコでも、場合によっては獲物動物がそばにいるのを許し、それどころか友好関係をむすぶことすらある。だからといって、この友好関係のために、それと同種の他の獲物個体への捕獲行動がいくらかでも抑制させられるわけではない。クオはのちの本(一九六七)でも、状況に対する以前の誤った評価を捨てず、そのために行動学的な把握のしかたを理解できないでいる。

4　したがって、クオは実験動物が獲物をどのように殺したのか、殺しのかみつきを本格的にしたのか、それとも獲物で遊びつづけた結果、殺してしまったのか(三〇分もの時間があればこれも起こり得る)も記載していない。つまり、クオは運動様式をくらべたのではなく、その結果をくらべたのである。

5　クオは「成熟」という要因をまったく見過ごしている。実験の子ネコがはじめて殺した年齢は生後四〇日から一二一日目までと、ばらつきがあるのに、かれはネコが生後四カ月になると、実験を意識的にやめてしまった。さらに、「殺し屋」がはじめて獲物を殺した正確な年齢もわからない。ただし、クオは「隔離されて育った」グループと「獲物―仲間と育った」グループの「非殺し屋」はさらに二カ月、「母親による子育て」グループのネコのようにあつかった。それで隔離グループの一一頭の「非殺し屋」のうち、九頭は殺すようになった。獲物–仲間グループの非殺し屋の一五頭では、一頭が殺すようになっただけである。ここでも対照実験が欠けている（二一四頁以下参照）。

要約すれば、この実験方法全体がネコの観点から見ても、獲物から見てもかぎりなく「非生物学的」なのである。これには理由がある。まず、この正統的な行動学者は、まちがって解釈された物理学から借用した理想実験をおこなおうとした。そして、研究対象である行動には内的要因や外的要因が多数関与することを過小評価した。そして最後に、偏見のない観察、すぐに実験へと走るのでなく、日頃からじっくりと観察することを重要視しなかったのである。

こうした批判はあっても、「母親による子育て」グループの子ネコがほとんどすべて、四カ月以内で「殺し屋」になり、一方「隔離されて育った」グループでは半分ぎりぎりのネコしかそうならなかった、という事実はのこる。この場合、「母親による子育て」グループのネコたちは、母親が獲物を殺しているのを見ても、それをすぐに取ってしまうことはできなかった。だから、母親の獲物捕獲を見るだけで、それがどれほど子どもに影響するのだろうという疑問がわく。それには五つの可能性がある。

1　母親によって育てられること、あるいは隔離されて育つことが、特別の影響をもつわけではない。隔離されて育ったネコは、たんに母親やきょうだいと育ったネコよりも自信がなく、臆病なだけである。スコットとフュラー（一九六五）は、同様のことを隔離されて育ったイヌの子どもで発見した。けれども不安や自信のなさが一定の行動様式を抑圧するからといって、これらの行動様式をその動物がもっていない、というわけではない（一〇三頁以下も参照）。この点でクオの研究には、正確な行動の記載がとくに欠けている。

2　母ネコの態度とくにうなり声は、正常な場合、つまり母親が獲物を支障なく子どもにわたせる場合には、子どもの興奮を高め、それによって獲物を殺す活動を最高に活発にする。クオの実験では子ネコはかならず、母親による獲物捕獲の「実演」のすぐあとで、実験用に獲物を受け取った。だから、母親の実演によって子ネコに引き起こされた興奮が、すぐにそのあとの行動に影響をあたえたのかもしれない。そうでなくても、ネコではいったん活性化された興奮はゆっくりと消失する（三三一頁）。

3　一定の獲物の種への刷り込みも考えられないことはないが、あまりありそうだとはいえない。というのも、母親がつねに一定の種の獲物を巣に運んできた場合でも、子ネコはのちにありとあらゆるさまざまな獲物を襲うようになるからである。W6は子ネコたちW8、W9、W10、W11およびM12にいつもマウスだけをもってくるのが許されていた。子ネコたちが生後七カ月のときに、最初は個別実験でW11とM12に、つづいて六頭すべての子ネコの前に孵化したてのヒヨコを出した。W11とM12は何回か前足でヒヨコをつつき、どのネコも興味深そうにながめたが、真剣に攻撃するネコはなかった。W6もそうだった。だが、八日後にはM12がヒヨコをすぐに襲って食べた。それ以外の多くの実験からも、一定の獲物への刷り込みがあるとは考えられないような結果が得られた。

クオ（一九六七）はいくつかの実験で、ネコがのちになって子どものころに食べて育った餌ばかりを食べる結果が出たことを報告している。私自身の経験では、子ネコが最初に受け取った固形の食物がそのような絶対的な影響をもつことはない。それぞれの子ネコがいくつかの獲物の種類を他の獲物よりも好むようになるのには、どのような要因が働いているのか、そして獲物の種類ごとの大きさのちがいはどれほどそこで重要なのか、についてはまだ結論をくだすことはできない。私のこれまでの経験からは、母親がマウスばかりをとるためにラットを運んできてもらえなかった子ネコは、成長してからラットをとるネコにはならない。それでもこの事実を一般化するほどのデータはないので、その原因について推論することはできない。

4　ネコはどのような動物が獲物となるのかを学習する。すでに七七頁以下で述べたように、まったく経験のないネコだけが、捕獲活動を引き起こすのに獲物の動きという刺激を必要とする。経験のあるネコは、獲物が動かなくてもすぐにとらえる。つまり、ネコは一定の種類の動物を獲物として見分ける知識は経験によって習得するのである。

5　ネコは目で見て学習することが実際にできる。テイロフスキー（一九二四）、マーヴィンとハーシュ（一九四四）はこれを証明した。これらの研究者はそれぞれネコが入った金網の小型ケージを半円状にならべ、まんなかにガラスの箱をおいた。そのなかにも一頭のネコがいて、そのネコはある新しい問題を試行錯誤（さくご）でマスターさせられた。つづいて「観衆」ネコたちはこれと同じ問題を、対照実験の個体、つまり他のネコがそのトリックを学習するところを見なかったネコよりもはるかにはやく、目的にかなったやり方で解決した。

ローゼンブラットとシュナイルラ（一九六二）、シュナイルラとローゼンブラットとトーバッハ（一九六三）は、私のクオへの批判を根拠のあるものとはみなしていない。後者（一九六三の一四八頁）は次のように解説している。「しばしば示唆されているように、母親の影響が特別教育的な効果をあたえるということはしめされていないが、それでも、それが子ネコの獲物捕獲行動の開始ととのえ方にとって、重要であるのは疑いもない」。これは九八頁以下で述べたような意味での、獲物捕獲行動の開始については完全に当てはまる。けれども、行動のととのえ方についてはまったく当たっていない。私の研究結果だけでなく、トーマスとシャラー（一九五四）のそれ、そしてロバーツとキース（一九六四）の刺激実験も証明している（一〇八頁、一二〇頁、一三四頁）。

ローゼンブラットとシュナイルラ（一九六三の四五八頁）はこう述べている。「正常な場合、子ネコは小哺乳類を殺すことを段階的に覚える。まず、すでに殺されてから巣へ運ばれた獲物を食べることにはじまり、子ネコが母親の狩りについて行くにつれて進歩する。こうして、子ネコは母親が狩りをして獲物を殺すようすを見て、次には母親の行動の影響を受けて、自分もするようになる」。

たしかにライオン、トラ、チーターなど一部の大型ネコ類の子どもは、ある程度大きくなると、自分で狩りをするようになる前に、すでに母親の狩りについていく。だが、小型ネコ類の子は決してそのようなことをしない。いずれにせよ、これまで観察された種では一度もそうした例はなかった（三三四頁以下も参照）。小型ネコ類の子は、自分で獲物を殺すようになる前に、一度も母親が獲物を殺すところを見たことがないという場合がよくある。それは、母親が生きたマウスを子のところに初めて連れてくると、往々にして子ネコのうちの一頭がすぐにそれを殺してしまうからである。つまり母親は生きた獲物を連れてきたあとは、子ネコのいるところではもうそれをする必要がなくなるのである。その極端な例がクロアシネコである。クロアシネコの母親はイエネコとちがって、獲物が子ネコから逃げてもその首をつかまえて子ネコのもとに連れもどすようなことはせず、ただ前足で行く手をさえぎり、子ネコのいる方へと追いやるだけである（ライハウゼン　一九六五b、ライハウゼンとトンキン　一九六六）。

このように、前提となる事実は、さきにあげた三人の著者らが考えているのとは異なるのである。とくにかれらがクオとおなじく見逃しているのは、かれら自身の研究結果そのものが、獲物捕獲行動は習得されなければならないという解釈とひどい矛盾を起こしている、ということである。もしかれらの言うとおりなら、隔離グループの九頭（**表3**）は、どうして獲物を殺すようになったのだろう。それどころか、獲物動物を仲間として育ったグループの四頭が自発的に獲物を殺すようになったのはなぜなのか（ただし、そのうちの一頭は殺すようになるまでにかなり時間がかかったが）。統計的にはここでなにも出すことはできない。獲物を殺すことを習得するのに、一定の経験が欠くべからざるものだというなら、ネコがまったくそうした経験なしでこれに成功することは一度としてないはずである。だが、実際にはそうした例がある。ということは、経験は必要不可欠というわけではないことになる。つまりこうした経験はこの行動様式をおこなわれやすくし、早めはするが、この行動様式に欠くことができないというわけではない。だから、経験がこの行動の特別な形の原因となったり、発達の途上で決定的な効果をもつこともないはずだ。ローレンツ（一九六一）が証明したように、クオの主張はそれ自身のなかでくつがえるのである。

　これまでのことを要約すると、獲物捕獲と獲物殺しをなす個々の行為のすべては環境の影響を受けず、外的な刺激とは無関係に個体ごとにたいへん異なった速さで成熟する。殺しだけは、それが的確な時期に完全な強さにまで成熟するために、なんらかの付加的な興奮を必要とする。これは野生ネコ類にも当てはまる。

b　殺しのかみつきの定位

私は本書のドイツ語第一版（一九五六）で、ネコが獲物のえり首をねらってかみついて殺すのは、生得的にそなわったものだと書いた。この私の主張は完璧に正しかったとはいえないが、誤りでもなかった。本当は次のように言うべきだった。子ネコは環境の影響を受けない生得的解発機構（ＩＲＭ）、走性、それに本能運動をそなえているが、それらは正常な場合、子ネコがはじめて獲物を真剣に殺すときにそのかみつきを獲物のえり首に向けるように発達する、と。

　ここではこの問題を少しくわしくあつかってみたい。というのは、この問題は動物の（それに人間の！）行動の研究者が、実験し、観察し、分析し、結論づけるときに、行動の個体発達の過程あるいはそれぞれの行動様式の実際の起こり方と、それらの結果とを混同しないよう注意すべきであることをしめす、とてもよい例だからである。この場合「生得的」なのはえり首への殺しのかみつきではない。ふつうならえり首への殺しのかみつきを生みだすものの、場合によっては他の多種多様な行動を生みだすかもしれない一連の行動様式が生得的なのである。これとは逆に、さまざまな結果が生じるからといって、それを起こすいくつかの基本的な行動様式が、実は環境から影響を受けないという事実を見過ごしたり、否定してはならない——それは人間の文化についてもいえることである。

行動の方向を定めるための刺激、つまりネコが獲物の体の部位のうちのどこに殺しのかみつきをくわえるべきかを知るための刺激は、——ツグミのヒナがどこに向けて口を開くべきかを知るのに使う刺激（ティンバーゲンとクエネン　一九三九）と似て——獲物の体の輪郭のうちの、頭と胴との切れ目の部分である。経験のないネコは獲物の体の上と下の面、つまりえり首と喉とを区別しないし、首の側面とも区別しない。それなのに、ネコは最初の試みでほとんどかならず獲物のえり首への殺しのかみつきに成功する。というのは、獲物が消極的なために抵抗することもないか、あるいは急を襲われたために一瞬で遠くまで逃げてしまうすきがなければ、ネコはもともと自分にそなわった定位の機構に導かれてふつうは獲物の後方、斜め上から襲うことになるからである。もし獲物が抵抗してきた場合には、未経験のネコはふつう攻撃を中止してしまう。それに、母親は最初はごく弱々しい獲物や、前もって自分がいくらか傷つけた獲物だけしか子ネコにまかせないので、子ネコが最初の獲物のえり首への殺しのかみつきに成功するのは保障されているのである。

これをべつの形で表現すると、つぎのようになる。獲物の動物の側からいえば、近づいてくる捕食者に対する典型的な反応は捕食者から逃れる、つまり遠ざかる方向に動くことである。一方、捕食者の（ネコの）前足と頭部は、中枢神経と自己受容器によってだけ制御されて、たがいに協調するように動く（二七頁、八二頁）。そして、やはりもともとそなわった走性は、ねらいを獲物の首のくびれに導く（八〇頁の図36参照）。このようなネコの前足と頭の動きと獲物の首のくびれへの走性が、ネコから離れていく獲物の動きといっしょになって、かみつきが、たんに獲物の首のくびれではなく、背中側、つまりえり首にあたるのである。たんに方向を定めるだけの走性と解発機構だけであれば、かみつきは首の任意の部位にあたるはずだが、獲物の逃走反応によって、かみつきの部位はもっと特定され、獲物のえり首への殺しのかみつきが現実のものとなるのである。

ネコははじめの何回か連続して獲物をらくにとらえることに成功すると、急速に自信をつける。やがて無鉄砲に「やみくもに」突進し、獲物がたとえ攻撃をかわしたとしても、とどまりはせず、問題にもしなくなる。こうなると、ネコはしばしば、獲物の首の側面や下の面の喉にかみつく（図43a、b）。するとネコの顔は、獲物が抵抗してひっかく範囲に入ってしまう。ネコがかみつくのが獲物の体のはるか後部だと、

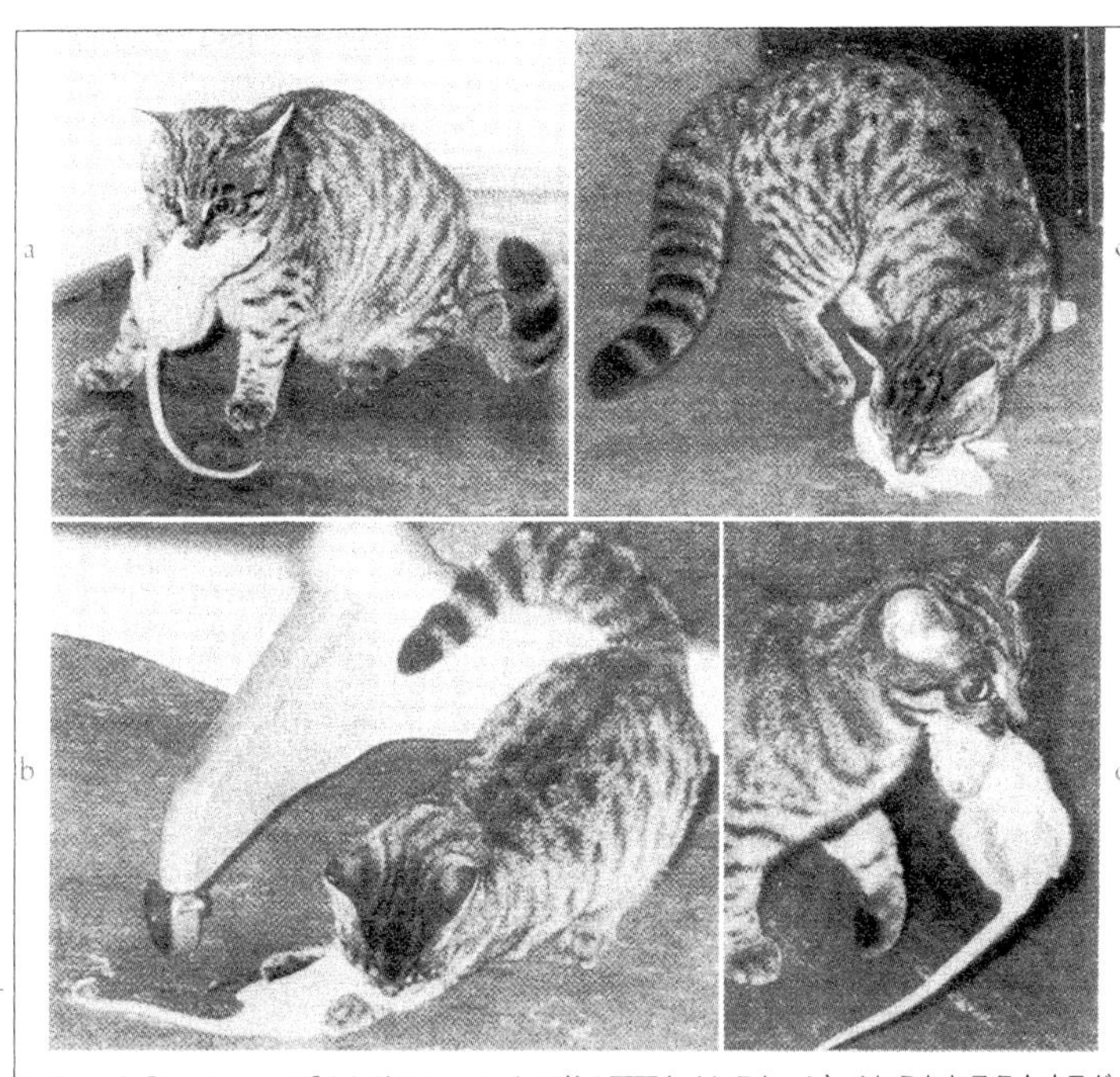

図43　a）「パッジェ」は「まちがえて」ラットの首の下面をくわえた。b）くわえなおそうとするが、うまくいかない。ラットはふたたび仰向けに身を投げ出すことができた。c）今回はうまくかみつく。d）ラットのとびだした目、痙攣（けいれん）するように交互に収縮したり伸びたりする胴体と四肢（写真は体が縮んだ瞬間）、伸びたまま硬直した尾から、首の脊髄へのかみつきが致命的な効果をあたえたことがわかる。

獲物は自由に体をもがかせて、ネコにかみつきかえすことすらある。こうしてネコはまれならず目のふち、鼻、唇に傷を負うのである。こうした経験をしてはじめてネコは、獲物の首の背中側、つまりえり首にかみつくことだけが獲物を迅速（じんそく）にしとめる確実な方法であることを**学ぶ**。このような獲物捕獲の発達の過程は、子ネコばかりでなく、獲物捕獲の経験のないおとなネコでも、何度も観察された。

ネコが同じ種の仲間といっしょに育つか、あるいは隔離されて単独で育つかのちがいは、そこではなんら関係しない。クロアシネコの「ひとりっ子」バスターがたどった獲物捕獲技術の発達の過程は、一歳年下で二頭いっしょに育ったきょうだいのグリフとジェイクと少しも変わらなかった（ライハウゼン　一九六五b）。母親のブラウトは、どっちみち子ネコたちが「マウスをとらえる年齢」になってから、はじめて子ネコたちと遊んだ。だからバスターは獲物のえり首をとらえることの長所について、母親からなにも重要なことは教わらなかったのである。もちろん、だからといって、子ネコがきょうだいとのつきあいからなにも学ばないというわけではない。子ネコはきょうだいといっしょに育つことで運動の経験を積む。自信をつける。もっとも、子ネコの自信はきょうだい間の順位でどこにいるかによって変わってくる。高い位置にいる、つまり優位の子ネコは完璧な殺し屋へと成長するのがひとりっ子よりもはやく、劣位の子ネコや発達がいくらかおくれている子ネコは、ひとりっ子よりもおそい（ライハウゼン　一九六五b）。子ネコが社会的順位で失墜（しっつい）すると、いったんは十分に身につけた殺しの能力が一時的に抑圧されることがある。それ以外でも、さまざまな障害の中には子ネコとおとなのネコの双方に対して、同じ抑圧効果をもつものがある（一〇三頁以下参照）。

ネコの殺しのかみつきを獲物のえり首に導く定位は、ここで述べてきたとおり、ほとんど例外なく二つの段階を踏んで発達する。第一の段階、すなわち単一の特徴――首のくびれ――に向かう走性は、純粋に生得的なものだと考えるのが自然だろう。これは、マーゲイのブエノでの観察からも明らかである（八〇頁と**図36**参照）。首のくびれに向けて殺しのかみつきをくわえることが、一腹子のきょうだいや母ネコとの遊びの経験によるのだとしたら、ブエノは仲間のネコとは似ても似つかないガラスビンのくびれに対して、あれほど反射的に断固として反応しなかったはずである。

すでに何回か述べたとおり、ネコの獲物捕獲行動と殺しのかみつきは、脳に差しこんだ電極からの刺激によって引き起こすことができる。電気刺激が十分強いと、それによって引き起こされるかみつきは融通性にとても欠けることに私は気がついた（一一〇頁参照）。フリン教授はこの点に留意して、一連の実験を準備してくれた。当時、フリン教授の研究グループでは、ネコが獲物にかみついた瞬間に刺激電流を切るのをならわしにしていた。というのは、若干の例外をのぞいて（一二一頁参照）、電流を切られると、ネコはすぐに獲物のラットを放すから、ラットは死なないばかりか傷つけられないこともあり、それ以後の実験にも使えたからである。また、ラットは実験の前に麻酔された。ネコの行動のどの部分が電気刺激によるもので、どれがラット自体の行動への反応によるものであるかを判断するためである。私自身の実験では、二〇匹のラットはやはり麻酔され、五匹は麻酔なしでネコにあたえられた。ネコの脳への電気刺激はかならず、ネコがラットを殺すまでつづけられた。それからすぐに私は殺されたラットを入念に解剖（かいぼう）した。実験の記録と解剖結果から次のよう

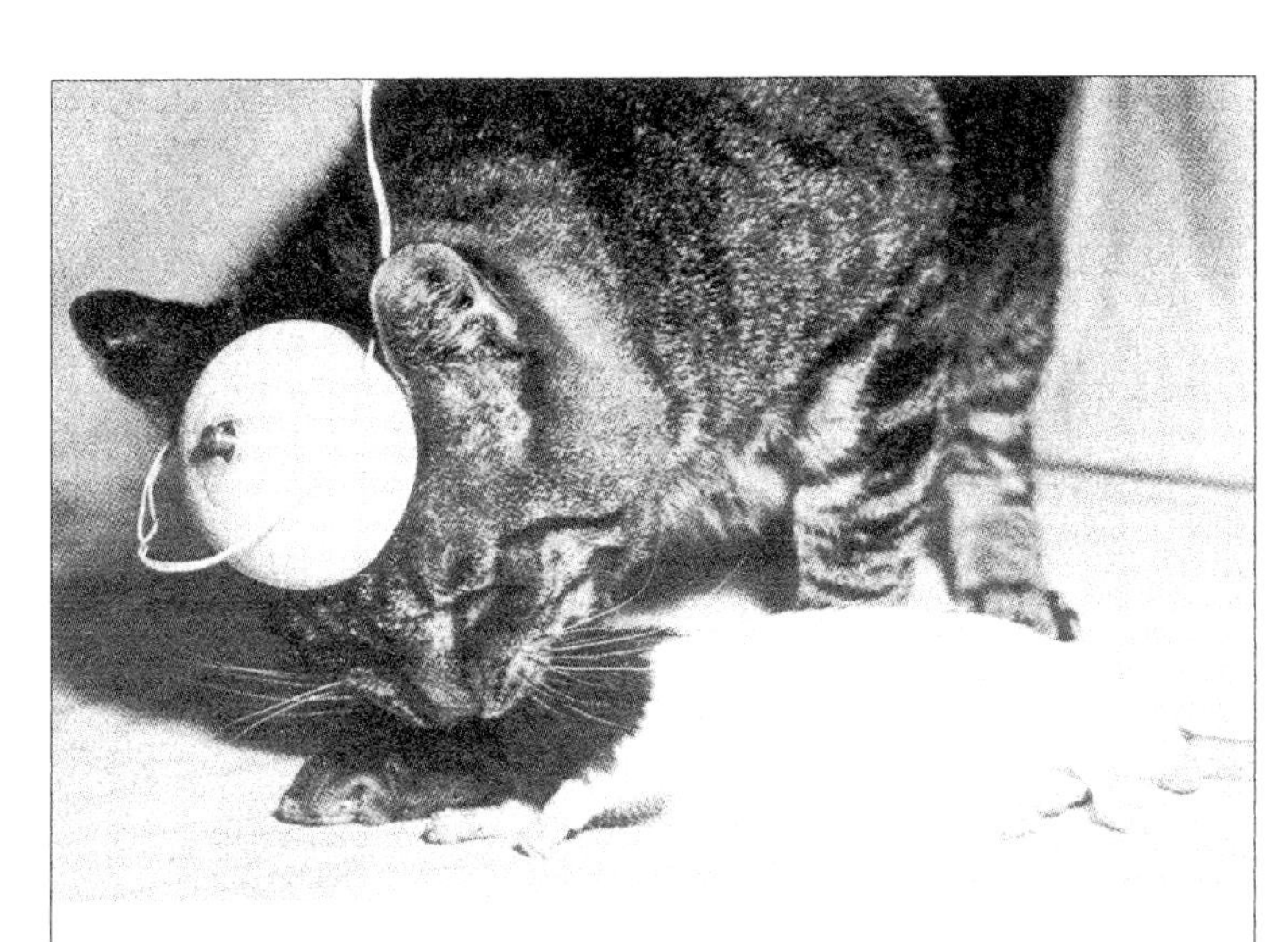

図44　ふだんは「獲物にやさしい」ネコで、電気刺激によって引き起こされた獲物捕獲反応。麻酔で動かなくされた獲物がどのような姿勢で横たわっているかによって、ネコがかみつく部位が決まる。ここでは首の側面にかみついている。解説は本文。写真J.P.フリン。

なことがわかった。

どの実験でも、電気刺激を受けたネコは「例外なくラットの首に向けて」攻撃した。まず、一方の前足を獲物の肩―胸の上にのせるか、あるいはその近くの床におき、二七頁、八二頁に記したのと同じ方法で獲物にかみついた。つまり、かみつきの定位に関するかぎり、典型行動をおこなったといえる。これは、獲物をとらえた経験のないネコでも、同じである（図44）。だが、現実にネコが獲物の首から肩にかけての部分のどこにかみつくかは――ラットの体の部位のどこに傷がつけられるかは――、刺激電流が入った瞬間にラットがネコに対してどのような位置をとっているかで決まってしまう。麻酔を受けなかったラットがネコから逃げようとした（ネコから遠ざかった）場合には、えり首にかみつかれていた。麻酔されたラットが腹ばいに置かれていて、ネコがラットの後方、あるいは側方から近づいた瞬間に電気刺激がおこなわれた場合にも同様であった。麻酔されたラットが仰向けになっていたり、横向けになっていたりした場合にも、ネコはなんら「ねらいの修正」をしようとせず、決まり切った形で、ただ首のある部位に向けて攻撃したから、たまたまいきあたった体の部位にかみつくことになった。その結果、ラットの肩、胸、喉にかみ傷がついた。麻酔を受けなかったラットが、ネコから遠ざかるように逃げなかった場合、つまりネコに背中を向けなかった場合も、同じことが起こった。

この実験に使われたネコたちは、ロバーツとキース（一九六四）の実験のような、まったく獲物経験のないネコたちではなかった。この意味でも、先の実験結果はおもしろい。というのも、電気刺激がそれまでの経験を「圧倒する」効果があることが、ここからわかるからだ。ただし、かならずいつもそうなるという意味ではない。これらの問題については、子ネコの生まれてはじめての獲物捕獲についての箇所でふれるつもりである（一六八頁）。

獲物の部位への定位の発達の第二段階が終了すると、ネコは殺しのかみつきに入る前に、獲物のえり首に歯をもっていこうと、さまざまなさぐりの動きをくりかえすようになる。ときにはこれがかなり長い時間つづけられて、結局失敗に終わることもある。獲物の動きや姿勢によっては、ネコが頭を無理な姿勢にもっていくこともしばしばある。つまりこの段階に入ったネコは、明らかに獲物の首の腹側とえり首を区別でき、えり首だけに殺しのかみつきをくわえようとする。この**狭い意味での獲物のえり首をねらった動作**は、――既知あるいは未知の獲物の体のどこにえり首があるかについての知識もふくめて――明らかに経験によって習得される。邪魔が入ったり、興奮が高すぎたりすると、ネコはまずこの「狭義のえり首をねらった動作」を省略する。そして、つぎに「首のくびれへの走性」を省略する（ライハウゼン　一九六五b）。

このように、獲物のえり首への殺しのかみつきは、厳密な意味では生得的ではない。だから、ネコ類は殺しのかみつきを獲物の体の他の部位にあたえることを学習することもある。すでに記したとおり、野生ウシ類の太いえり首の筋肉は、ライオンやトラさえ手こずらせる（三五頁）。一部の有蹄類は首が長い洞角や枝角で守られているから、ネコ類がえり首にこだわりすぎるのは危険だし、不利でもある。そこで大型ネコ類は、このような手ごわい獲物を相手にするときには、首の側面や喉をせめたり、ときには鼻にかみついて殺す方法をとって、身を守る。私が飼っているスナドリネコの雄は体の大きな飼いウサギを鼻へのかみつきで殺した。ゲーテ（一九四〇）とレーバー（一九四四）は、ヨーロッパケナガイタチが同じ方法をとるのを観察している。

獲物の首の側面あるいは喉へのかみつきは、「自動的に」身につくことも多い。ライオンやトラは大きな獲物を投げたおしたり、引きずりたおす（三一頁の図20）。このときに捕食者がすぐにえり首にかみつくことはまれで、たいていは臀部の上面、背中、あるいは肩にかみつく（三一頁の図19k、三三頁の図21 l、x、B、C)。力つきた獲物はついに体側を下にしてたおれ、さらにはそのままころがり、なかば仰向けになることがある。獲物がまったく抵抗できなくなったこのチャンスを捕食者はたくみに利用する。それまでかみついていた部位を離れて、首のくびれをめざして前方へと進み、今度は斜め上方から(一三〇頁、一三四頁)、獲物の首の側面か喉に牙を命中させる。この方法は、原則としては、図43とそれに関する本文の説明と同じである。大型ネコ類にとっては、このような方法は体の大きな獲物をせめるのに有効である。だから、小型のネコ類がこの方法を避けるのを学習するのとはちょうど逆に、大型ネコ類はこの方法を使うことを学習する。そしてこれを身につけたあとは、はっきり獲物の喉にねらいを定めて殺しのかみつきをくわえるようになるのである。次に具体例をあげておこう。

大型ネコ類の殺しのかみつきについての記録

インド、ギル保護区。一九六九年一一月六日。

「二頭のインドライオンの雌(一方は生後約四カ月の子ども二頭を育児中)が、生後一年のスイギュウを襲おうと待ち伏せている。スイギュウを連れてきたインド人のハンターが離れると、育児中の雌ライオンがすぐにスイギュウにとびかかる。両前足をスイギュウの背中にかけ、背中にかみついてスイギュウを横向きにたおそうとする。スイギュウは自分を押さえるライオンの体重をささえきれずに、脚をおり曲げてかがみこむ。こうなるとライオンは上方から楽々とえり首にかみつけるはずなのだが、そうはせず、スイギュウの後ろに立ったまま、スイギュウの首をかかえこむようにその前側まで頭を伸ばして、喉にかみつこうとする。ライオンはいかにも〝意図的〟にそうしているように見える(一四二頁の図47 a)」

次のヒョウの行動からは、大型ネコ類の殺しのかみつきの性格がいっそうはっきりする。

インド、ギル保護区。一九六八年九月一二日。

「夕暮れ時にサザン・ギルにつく。ただちに、おとなの黒ヤギ一頭を、旗マストを囲う柵に長さ二メートルのロープでつなぐ。あたりは、近くのバンガローの入り口にある白熱灯の光でほのかに照らされている。そのため夜間用双眼鏡を使えば、三〇メートル離れたところからも、行動のあらゆる細部が観察できる。待機すること三〇分。ヤギの向こう側、左手の暗やみから一頭のヒョウが忽然と姿をあらわす。ヒョウはわずか二回のジャンプでヤギにせまったが、それ以上見ることはできなかった。というのは、この瞬間に、私たちといっしょに見ていたインド人旅行者の一群が懐中電灯をつけて、ヒョウに向けて走ったからだ。ヒョウは側方からヤギにちょっとかみついただけで、たけり狂ったように闇に消えた。ヤギは首の下面の両側にかみつき傷を負い、黒ずんだ血を右の耳からどくどくと流している。まもなく死ぬ。くわしく調べてみると、ヤギは下顎の両後端部をヒョウにかまれていた。そのため、顎の接合部（前端部）が破損してしまい、顎全体が顎関節からはずれていた。耳の出血は頭蓋の底の部分の後方が破損したためであろう」

チーターを観察しているイートン（一九七二a）によると、チーターもいま紹介した雌ライオンと同じように獲物の喉をねらい、前足で獲物の喉を上向きにねじあげることがある（**図47**cと比較）。チーターは前足の四本の指のかぎ爪を完全には引きこむことができないために、爪の先がかなり磨滅している。だから獲物を爪にかけてつかむ力は弱い。一方、親指のかぎ爪はとくに発達していて力強いので、チーターは他のネコ類よりも、この点で親指の爪にたよる部分が大きい（一三一頁の**図43**b、一八〇頁と比較）。それで、チーターは親指のかぎ爪を獲物の頭にかけて手前に引き寄せ、喉にかみつきやすいようにねじ曲げる。喉にかみつくと、今度は歯で引いて、獲物の首をさらにひねる。小さな獲物の場合には、これで頸椎がはずれることもある。つまりチーターにおいても、喉へのかみつきは、たんなる「絞殺」ばかりではないのである。

インド、ギル保護区。一九六八年九月一五日。

「暗くなってからヤギをつなぐ。今回はこの場にいる人たちに、観察の邪魔をしないように厳重に注意してある。とくに、懐中電灯の使用は厳禁する。かなりの時間がたったのち、ヒョウは一二日にあらわれた左手ではなく、右手、バンガローへの車の乗り入れ口の方向からあらわれる。ヤギとの間には、身を隠す物陰のない、平坦な空き地がある。ヒョウは体を低くした敏速なギャロップで空き地を横切ったと見る間に、私が双眼鏡に目をあてる間もなく、もうヤギをとらえている。ヤギの喉にかみついたまま、両前足を交差させるようにしてえり首に打ちつけ、自分の胸へと引き寄せながら、同時にかみついた牙で首を押しもどす（**図45**a）。このままの姿勢でヒョウは息づまるような長い時間（実際には三〇〜四〇秒程度のはずであるが）、獲物を押さえつづける。ヤギはいくらかもがき、苦しそうに息をする。本当にヒョウが獲物の首を絞めているように見える。だが、のちにヤギを解剖してみると、

図45　a）と b）ヤギを殺すヒョウ（ギル保護区にて）。解説は本文（この図の下書きは観察直後にスケッチされ、もう一人の目撃者であるP.ヨスリンにも厳しく鑑定してもらって、正しいという証言を得ている）。c）家畜のスイギュウを襲うトラ。明らかに獲物のえり首をねらっている。d）cからもわかるように、スイギュウは横向きにたおれる。トラはヒョウがヤギにするのと同じようにして獲物を押さえる。e）不自然にねじ曲がったスイギュウの頭から、この場合も死因は首の脊柱の破壊であることがわかる。写真cからeまではK.S.サンカラ（オカピア提供）。

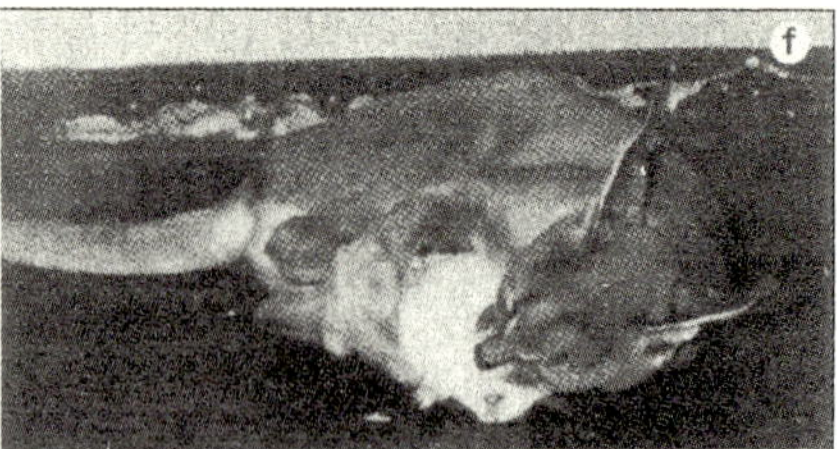
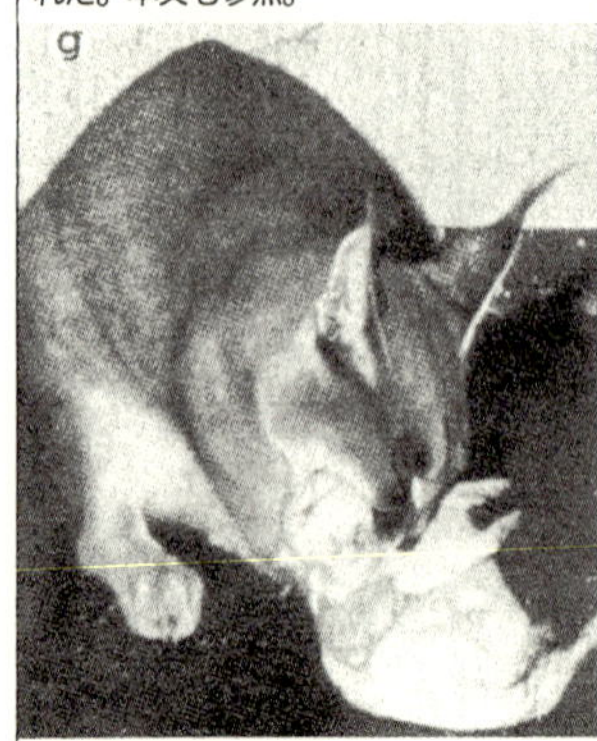
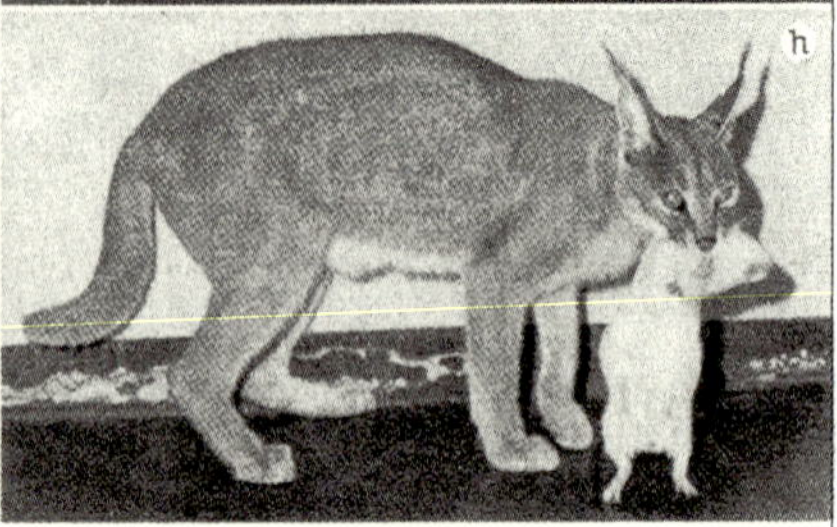

図45の続き　f)モルモットを絞殺するカラカル。g）首の脊柱が折れ曲がる。h）首の脊柱が破壊される。ひきつづいておこなわれた解剖によって、これは確認された。本文も参照。

図46　左)トムソンガゼルを絞殺するチーター。右)チーターが立ち上がると、かみついた部位がとくによくわかる。(G.シャラーのカラー写真をもとに作図)。

犬歯の四つの刺し傷はすべて明瞭についていた。四つの刺し傷のうち、後方についていた二つはわりあい浅く、筋を貫通していない。前方の二つは顎関節のすぐ後ろから頭蓋底の両側に達していた。私はこれらの刺し傷をすべて、小枝と小さなピンセットを探り針にしてたどり、先の鈍いメスでできるかぎりの解剖をして、結果を写真撮影した」

インド、ギル保護区。一九六八年九月一九日。

「ヒョウはもう人への恐れをほとんどなくしていた。そこで私たちの滞在しているロッジのベランダの真向かい、一〇メートルほど離れたところにある生垣にヤギをつなぐ。ロッジの電灯の光であたりは明るく、観察は容易である。ヒョウは待つ間もなく姿を見せる。体を起こし、落ちついた足取りで進んで、生垣の下手のすみまで行く。だが、ここまで来ると、暗い陰の中に入りこんだまま出てこない。
しばらくして、ヒョウは用心深く頭を暗い陰からのぞかせる。そうこうしているうちにヤギは、頭をヒョウのいる方に向けて横たわった。ヒョウは頭をいったん引っこめ、次にはかがんだ姿勢で頭をのぞかせる。だが、またも頭を引っこめる。これを何度かくりかえしたあと、ついにヤギに突進する。はじめは**図45**aと同じような方法でヤギを押さえにかかるが、まもなく左の前足を地面におろして体をささえる（**図45**b）。四〇～五〇秒ほどたったとき、ヤギはもがき、前半身を起こそうとする。ヒョウはヤギを引きずろうとする。が、ヤギが少し動くと、またもとの姿勢にもどる。このとき、私たちにはわからなかったが、なにか邪魔が入ったらしく、ヒョウはヤギを放して、もと来た方にすばやく姿を消す。私はヨスリンといっしょにヤギの傷を調べる。ヒョウの上顎左の犬歯がヤギの首の下面の正中線よりやや右よりに穴を開けていた。血管が破れ、首は皮下出血しており、傷口からもいくらか血がでていた。ヒョウの上顎右の犬歯はヤギの喉頭の背側から首の側面に深く刺さった跡があるが、脊柱には達していない。下顎左の犬歯はもっと背側よりの首の側面に深い穴をあけ、下顎右の犬歯は耳の付け根のあたりから入って頭蓋骨と第一頸椎の間をこじあけていた。このため頭部はぐらぐらと動く。また、第三頸椎が押し出され、第二頸椎と第四頸椎との関節面からずれていて、手で触れるとそれとわかる」

このようなヒョウの殺しの方法は、ヒョウだけの固有の方法ではないし、ヒョウ属の種だけにかぎられるわけでもない。私たちの飼っていた雌のカラカルは、獲物がラットの場合には殺しのかみつきをかならずえり首に向けたが、モルモットを殺すときには、ヒョウがヤギを殺すのとまったく同じ方法を使った。モルモットといっしょに横向きにたおれ、両前足でモルモットの体を抱きすくめ、上顎がモルモットの喉、下顎がえり首にあたるように首をくわえるのだ。こうしてモルモットの頭と首を後ろ向きに強く曲げて折ってしまうのである。殺された一頭のモルモットを解剖したところ、カラカルの犬歯は、モルモットの首の皮膚を刺し貫いてはおらず、首の脊柱が胸郭のところで折れていた。肺と大頸動脈の血の色は濃紺だった。カラカルはモルモットを最初にとらえたときに、胸から肩の部分をくわえたらしく、このときに犬歯の一本が胸郭から心臓に達して穴を開けていた。もし、これを知らずに濃紺の血の色だけを見たら、モルモットが窒息死したものと考えてしまったろう。だが、胸腔はすでに血でいっぱいで、凝固していた（**図45**のfからh）。

ゴッソウ（一九七〇）の飼っていたオコジョは何回か、いまカラカルについて紹介したのとまったく同じ方法で獲物を殺している。犬歯は獲物の皮膚にまったく傷をつけないか、あるいは少なくとも深い傷はつけず、獲物の脊柱を首から胸にかけての部分で破壊したのだ。ゴッソウは、オコジョがこの方法をとるのは、獲物のえり首あるいは頭蓋骨の後部への殺しのかみつきの代用なのではないか、と述べている。とくに、犬歯がすりへったり、欠けたりした老齢の個体もこの方法でなら、体が大きくて戦闘力のある獲物をまだ殺すことができるという。

ちなみに私のカラカルの犬歯は、四本ともすべて申し分ない。カラカルの犬歯がモルモットの皮膚に傷をつけなかったのは、犬歯に問題があるわけではない。獲物をとらえる特別な方法のためである。シャラー（口述による報告）によると、ライオンに殺されたヌーを調べたところ、たしかに喉の皮膚に犬歯の跡を認めることができたが、犬歯は皮膚を貫いてはいなかったという。シャラーはこれがヌーの皮膚が厚く強靱（きょうじん）であるためだと見ている。

殺しのかみつきについてここで検討してきたことから、首のくびれへの走性だけが生得的なのであって、個々の経験にもとづいて、もっと正確な部位にねらいを定めるように調整されるのだと結論するのだとしたら、それはあまりに単純にすぎる見方である。この行動についてのどの経験も最初は同じ価値があり、動物がどの経験も同じように簡単に学習すると仮定するのは――疑問の余地がないように見える場合ですら――危険である。

インメルマン（一九六七）はキンカチョウの卵を近縁のジュウシマツに抱卵させ、孵化（ふか）したヒナを育てさせた。するとキンカチョウの雄のヒナは、となりの鳥小屋で自分と同じ種の雄がさえずっているのを聞いても、おとなになってから養父のジュウシマツそっくりにさえずった。自分に餌（えさ）を運んでくる養父のさえずりを細部にいたるまで学んだのである。学習過程は、自分が実際にさえずりをはじめるずっと以前に終了していたのだ。ジュウシマツのさえずりをするキンカチョウの雄は、「正常にさえずる」同じ種の雄といっしょに生活するようになっても、なき方を変えずに何年間もさえずりつづけたのだった。しかし、これにくわえてもう一つの事例がある。ジュウシマツの雄とキンカチョウの雄の両方の養父から同じように餌をもらって育ったキンカチョウのあるヒナは、キンカチョウのさえずりだけを学習し、ジュウシマツの養父からはなにも受け継がなかった。つまり他のすべての条件が同じであれば、なんらかの仕組みによって、自分と同じ種のさえずりが優先的に学習されるのである。

ネコ類その他の食肉類の殺しのかみつきでも、同様のことがいえる。獲物のえり首に向けた殺しのかみつきが優先的に学習されることを示唆(しさ)する事実はたくさんある。ただ、このような傾向の原因となる「生得的な師匠」についての分析が、これまでのところないだけなのである。

獲物の喉にかみつく傾向のある種はどれも、えり首へのかみつきで殺すことも同じようにマスターする。どの攻撃方法を使うかは獲物の大きさで決まることが多い。ここでとりあげた二頭のヒョウは（記録、一三五頁と一八一頁以下参照）、小さな子ヤギを後頭部とえり首へのかみつきで殺した。チーターは、他の大型ネコ類よりも喉へのかみつきばかりに特殊化しているように見えるが（イートン　一九七〇b、一九七二a、シャラー　一九六八、それに**図46**）、総体的に小さな獲物はやはりえり首へのかみつきで殺す（二一八頁）。私は小さなスイギュウをえり首にかみついて殺したライオンが、大きなスイギュウには喉にかみついて殺すのを見ている（**図47**）。ネコ類は獲物と自分との大きさの比率に応じて、ある比率ではこの方法、べつの比率ではこちらの方法、というように決めることができるのだろう。スイギュウの子に対してあれほど「意図的に」喉にかみついた雌ライオン（記録、一三五頁参照）が、その一年ほど前には、同じ大きさのスイギュウに対して、まさに「古典的な」えり首へのかみつきを使ったのを私は見ている（**図47**b）。トラも成長するにしたがって、同じように方法を変えるのをシャラー（一九六七の二八九頁以下）は確認している。だが、トラは大きな獲物も正攻法のえり首への殺しのかみつきで殺すこともある。シャラー自身の経験と聞き込みから考えて、広大なトラの分布域の中でも、地域ごとにちがった殺し方が伝統的に好まれている可能性がある。ある地域では喉へのかみつきが好まれ、ある地域ではえり首へのかみつきが、といったように、同じ大きさの獲物に対しても、使われる方法が地域によってちがうのである。いずれにせよ、大型ネコ類の子どもは獲物を生まれてはじめてとらえようとするときには、喉よりもえり首をえらぶ傾向があるようだ。シャラー（上記）は一頭のトラの子がそうするのを見ているし、イートン（一九七〇b）はチーターの子（複数）でそれを確認している。

大型ネコ類は、獲物の喉よりもえり首に殺しのかみつきを向ける学習傾向を生得的にもつのではないか。このことを、次の観察も間接的にではあるが、きわめて重要な点で示唆しているように思える。ネコは獲物をえり首への殺しのかみつきによらずに――たとえば前足で打ったり、振り回して――

図47　a）スイギュウの子を殺す雌のインドライオン。本文141頁参照（映画をもとにスケッチ）。b）同じ雌ライオンが、体の大きさがほぼ自分と同じスイギュウの子を、えり首へのかみつきで殺している様子（カラー写真をもとに作図）。c）大きな家畜のスイギュウを喉へのかみつきで殺す雄ライオン。そのとき、前足でスイギュウの下顎を押さえつけて、歯が喉に当たりやすいようにしている。d）ライオンが後退したあとのスイギュウの姿勢。もう一頭の雄ライオンは、まだスイギュウが生きているときから、食べはじめていた（cとdはギル保護区で撮影された映画をもとに作図）。e）～r）上と同じ二頭の雄ライオンが、スイギュウの子を殺している様子。獲物の体のどこにかみつくかは、攻撃のなりゆきしだいで決まることがよくわかる。前方のスイギュウがたおれると、ライオンはその喉にかみつく（m、n）。見物人のために、ライオンは一瞬気を散らされ、スイギュウはふたたび立ち上がる（o）。そこで最初のライオンが、それを片方の前足で押さえつけようとするが、うまくいかない。だが、スイギュウは抵抗した拍子に、それまで背後にいたもう一方のライオンに、まさにかみついて下さいとでも言うように、えり首をその前に差し出してしまう。このライオンは、すぐにスイギュウにかみついて殺す（ギル保護区で撮影された映画をもとに作図）。s）えり首へのかみつきでシマウマを殺す雌ライオン（シャラーのカラー写真をもとに作図）。t）体が大きめのスイギュウを攻撃するトラ（スタン・ウェイマン［ライフ社］のカラー写真をもとに作図）。sとtからは、ライオンとトラが、大きな獲物も、えり首へのかみつきで殺せることがわかる。

e
f
g
h
i
j
k
l
m
n
o
p
q
r

殺した場合でも、あらためてえり首にわざわざかみつきなおすのである(ライハウゼン 一九六五b)。ときにはすでに獲物を食べはじめているのに、それを中断してえり首をかむことさえある。そのようすを見た人は、なにか重要なことをし忘れたネコが急にそれを思いだし、なにがなんでもしておかなければ気がすまない、といった気分でいるような印象を受ける。

同じことは、大型ネコ類にもあるようだ。一九六八年九月一四日、私はインドのギル保護区で、ライオンに襲われたばかりのコブウシの子を見つけた。首の右の側面と喉に、それぞれ二つの犬歯の刺し穴があった。ところが九月一九日に、同じコブウシの子をもう一度調べてみると、これらの傷跡のほかに、典型的なえり首へのかみつきの跡もあるのに気がついた。私はこれと同じ例を、他にも複数のライオンと一頭のトラで見ている。このようなえり首への「追加」のかみつきは、たとえ獲物がえり首へのかみつきで殺された場合でも、他の場合よりはまれではあるが、おこなわれることがある。けれども、えり首へのかみつきで殺された獲物に、あとからわざわざ喉へのかみつきが「追加」されたという例は知らない。えり首への「自然な」好み、と考える以外に、このような事実に説明をつけることはできない。

C 獲物との遊び

バリー(一九四五)につづいて、アイブル-アイベスフェルト(一九五〇a、一九六七)、エヴァー(一九六八)、インヘルダー(一九五五b)、クルュイット(一九六四)、それにマイヤー-ホルツアプフェル(一九五六a、b)は、ネコの獲物の遊びを研究し、理論的な検討をくわえた。私は、ネコの獲物の遊びの理論的な意味については、すでにべつの論文で詳細に論じた(ライハウゼン 一九六五b)。私の研究の結論だけをいえば、ネコの獲物捕獲遊びは——子どもの遊びも、おとなの遊びも——特別な「遊びの衝動」によって起こるのではない。獲物捕獲行動を構成する個々の行為を引き起こす衝動は、内因的なリズムと活力をそれぞれ固有にもつ。こうした内因的なリズムと活力が自然に表出した結果、獲物捕獲遊びは起こるのである。この問題については、次の節であつかう。ここでは遊びの理論について論じるのではなく、私たちが見ることのできるネコの獲物遊び行動にはどのようなものがあるかを簡単に記述するだけにする。ただその前に、遊び一般について、いくらか述べておこう。

ネコの獲物捕獲遊びは、相手が生きた獲物であろうと、死んだ獲物であろうと、あるいは同じ種の仲間であろうと、また動物のモデルであろうと変わりなく、完全に同じである。

ところで、鬱積した獲物捕獲気分が対象がないままに「真剣に」発散される真空活動、あるいはそれが代用物に向けられた行動と、「本物の」獲物捕獲遊びとは区別しておく必要がある。「本物」の獲物捕獲遊びには次のような特徴がある。

1　遊びでは、忍び歩き、待ち伏せ、忍び寄り、とびかかり、捕獲、運搬、羽むしり、振りとばし、といった獲物捕獲行動を構成するさまざまな行為が、おたがいに関連なく、まったく無秩序におこなわれる。これらの部分行為はどれも、完了されずに途中で放棄されたり、同じ行動にふくまれるべつの動作や、**まったくべつの機能をもつ行動**にふくまれる動作へと、多かれ少なかれ円滑に移行することがある。本来は一つのまとまりをもっておこなわれるはずの本能行為の連鎖から、個々の環、あるいはもっと小さくは環のそのまた一部だけが解き放され、同じ鎖あるいはべつの鎖のべつの環と「勝手に」組み合わされるのである。この能力は哺乳類の行動の発達ではとくに目立ち、これこそが「真の」遊びの重要な前提条件となっている(ライハウゼン　一九五二a、一九五四b)。このために真の遊びは哺乳類、とりわけ高等哺乳類でとくに多彩であり、小さな遊びから大きなそれへと拡大されることもできるのである。

2　遊んでいるネコは、さまざまな動作をことさらにおおげさに「勢いよく」おこなう。このような動きの誇張は「通常の」目的には必要ではないし、有害ですらある。遊びではまさに余計なエネルギーが費やされているわけである。それぞれの動きの方向を決める走性は、このように過剰な動作をいつも十分に制御しきれるとはかぎらない。「真剣な行動」——あるいは「真空活動」その他の鬱積にかかわる行動——では、目的に見合うだけの最小限の動作しかおこなわれないが、遊びでは動作はしばしばその目的をはずれてしまう。しかも、遊んでいる動物がそれで困るわけではないし、気に障るわけでもない。

遊びのこのような特徴は、生理学的にはフォン・ホルスト(一九三六、ライハウゼン　一九五四b)によって発見された脊髄の運動性神経細胞群と自律性神経細胞群との「二元説」で説明がつく。すなわち動作の振幅は部分的には、そのつど働いている「中枢神経の自律能」にかかわる自律性神経細胞の数によって規定されるが、主要な決定をおこなうのは、運動性神経細胞群の反応度(興奮度)である。この反応度の変化に応じて、動作の振幅も上下するのである。だから、先に述べた遊びのおおげさな勢いは、正確には動作の頻度が高まるのではなく、動作の振幅が「過剰に高まっている」ことのし

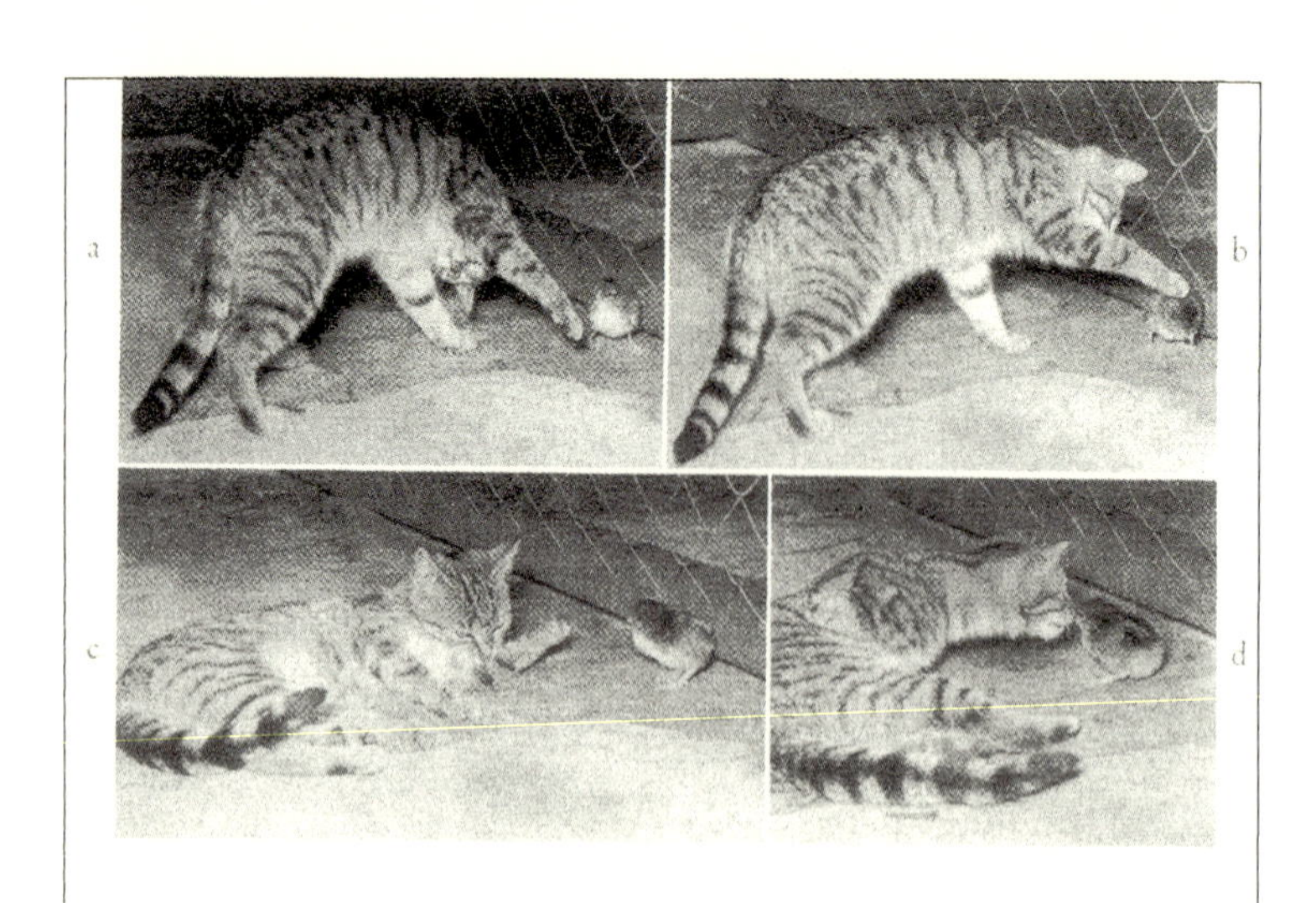

図48　ヒヨコで「抑制された」遊びをするW11。a）と b）「軽くふれる」。c）転位活動として横たわり、体をなめる。d）「鼻を調べる」。

るしなのである。ただし、このような動作の振幅の増幅はある動作を構成するすべての要素に起こるわけでもないし、どの要素にも均等に起こるわけでもない。まさに、このように動作の増幅の比率がひずんでいるために、人が見て「遊んでいる」という印象を受けるのである。振幅を制御するのが運動性神経細胞群によっていると考えると、ひずみも説明がつく。一方、本能運動が遊びでおこなわれるときの「自律性」、つまり、自律性神経細胞に制御される動作の頻度は「真剣な行動」と変わりがないようである。

3　遊びでは、殺しのかみつきは相手が同じ種の仲間であれ、「本物の」獲物であれ、生きている動物に対しては、その最高の強さではおこなわれない。しかし、生命のないものとの遊びでは、まれに最強度の殺しのかみつきがおこなわれることがある。

当然のことながら、遊びと「真剣な行動」との間には、さまざまな中間段階がある。遊びには、次に述べる三つの異なったタイプがある。けれども、とくに子ネコの遊びでは、これらが不規則に混じり合ってあらわれるから、正確な区別はむずかしい。それでも一定の条件のもとでは、それぞれが純粋な形で見られるので、基本的なちがいははっきりする。

私が「抑制された遊び」と呼んでいるのは、捕獲行為の強度が大幅に弱められる一方で、遊びとして修正されたタイプである。獲物あるいはその代用物にためらいがちに近づき、たいていはいくらか離れたところでうずくまるか、すわり、爪を引きこめたまま前足を出して、とてつもなく用心深くそっとふれる(図48a、b)。その後、しばしば獲物の前で肩を床につけて横たわり、前足の内側をなめる(「転位活動としての横たわり」「転位活動としてのなめる行為」、図48cと一五一頁の図51b参照)。前足で獲物にふれる行為は、しだいに本格的な打つ行為へと発展して、次の遊びの型に移行することもある。多くは前足で獲物に軽くふれたあと——とくに獲物が動くと——、ネコはびっくりしたように後退する。それどころか、四肢を硬直させてぎこちなく後方に跳びのく(「不安の遊び」)。

成長途上にある子ネコの場合には、たんに本能システムの全体が未熟なために、このような臆病さを感じさせるような意図的動作が起こるのだろう(九八頁以下)。もっと年長のネコでは、その時点での獲物捕獲行動の衝動が低いためか、あるいは消耗(一五八頁)のためにこうなるのだろう。

また、抑制の外的な要因としては、不慣れな環境、気をそらされる状況、近辺でのものの動きや騒音などによる不安、それにすでに述べたとおり、社会的な地位の低さをあげることができる。私の飼っていた雌サーバルは、きらいな獲物を出されると決まってこの「抑制された遊び」を見せた。このサーバルは白ラットをきらっていた。食べるのはひどく腹がすいたときだけで、そのときにも、いかにもいやそうに食べた。そしてラットを殺す前に、かならずしばらくの間、いま述べたように遊ぶのであった。

「抑制された遊び」のもっとも重要な要因は、獲物に対する恐れである。とくに獲物が大きかったり未知の動物であると、このタイプの遊びがおこなわれる。前足で「軽くふれた」あとの後退や後方への跳びのきも、そこに恐れがふくまれていることをしめしている。先にあげた抑制のいくつかの要因はたがいに排除しあうものではなく、また実際の事例の中でそれぞれがどのような割合で働いているのかを正しく推し量ることはむずかしい。「抑制された遊び」の運動様式をここであげたのは、このタイプの遊びが、他の二つのタイプの遊びがおこなわれている最中に、くりかえしあらわれるという理由からだけである。ネコが遊んでいるあいだも、遊びの強度は一定の間隔で振れがあり、遊びの強度がもっとも弱くなるたびに「抑制された遊び」があらわれる、という印象を受ける。ちなみにザイツ(一九五〇)は、キツネがやはり前足で慎重突進して両前足でとらえ、口でくわえて少し運び、ふたたび置いて、またも前足で追い立ててはとらえる(「鬼ごっこ」、**図49**)。獲物を運搬するときには、獲物の体の任意の部位をゆるくくわえ、体を傷つけることはまずない(殺しのかみつきのごく低い強度での適用、一一〇頁以下)。

この遊びは、たいていは次の段階に発展する。そうなると、ネコは獲物を両前足でたたいて追い立てるかわりに、引き寄せる。そのまま両前足、あるいは一方の前足で獲物をもち上げて口にもっていき、歯でくわえ、わきか上にほうり投げる。落ちてきた獲物を前足でとらえて、ふたたびほうり投げる(「キャッチボール」、**図50**)こともよくある。

私はこれらすべての行動を「鬱積の遊び」と解釈しているが、その理由は、しばらくの間、獲物をあたえられないでいると(一五六頁以下)、ほとんどすべてのネコが、たとえどんなに空腹であっても、これをするからである。また、獲物の「代用物」でのネコの遊びがほとんどこのタイプの遊びであるのも、その理由の一つである。ただし、かならず他の二つのタイプが多少とも混じりはする。

「鬱積の遊び」で注目されるのは、獲物捕獲行動をなすすべての行為が一四五頁に記したとおりに誇張されておこなわれるのに対して、殺しのかみつきは、逆に明らかに抑制されて

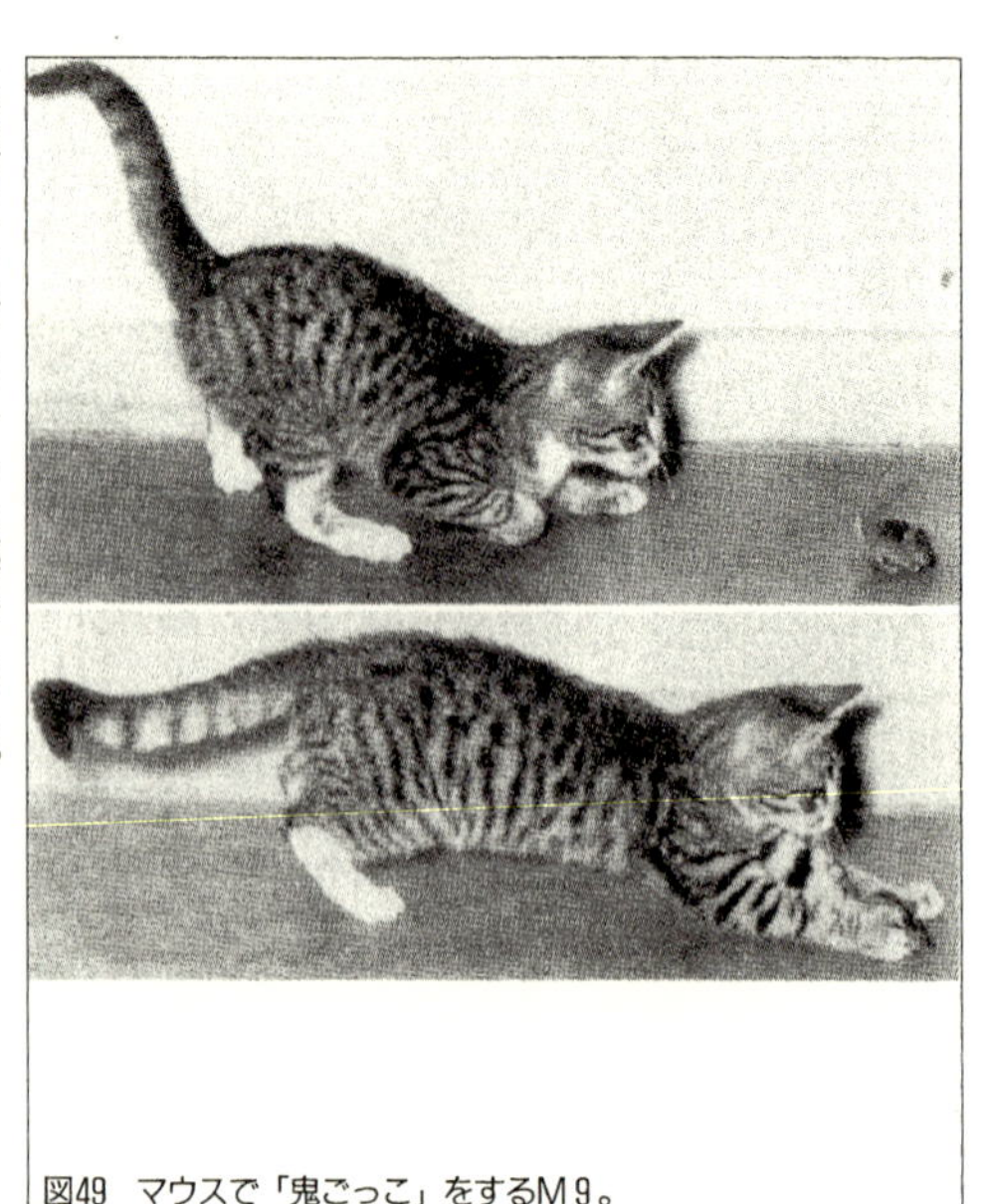
図49　マウスで「鬼ごっこ」をするM9。

に獲物にふれてさぐると述べている。

ネコの獲物捕獲遊びでもっともよく見られるのは「鬱積の遊び」である。この行動は、その変形である「鬼ごっこ」や「キャッチボール」をふくめて、小さめの獲物、とりわけマウスを対象としてだけおこなわれる。両方の前足を(指は閉じていることも開いていることもある)交互に、あるいは横向きに打って、マウスなどの遊び相手を走らせては、すばやく

図50　白マウスで「キャッチボール」をするW11。

いる点である。つまり、獲物をとらえるときの諸動作は殺しのかみつきの本能運動から独立しており、中枢(ちゅうすう)に独自の興奮機構をそなえている（ライハウゼン　一九六五b）のだ。ネコが長い間、獲物をとらえることができないでいると、獲物をとらえるときの諸動作は突発的にあらわれるが、そのときには、まずは殺しのかみつきが抑制されるのである（一五七頁）。「キャッチボール」は次に「安堵(あんど)の遊び」の段階に移行するか、これと組み合わされる。

「安堵の遊び」は、リンデマン（一九五〇）とザイツ（一九五〇）がそれぞれオオヤマネコとキツネについて記録している「獲物のまわりで踊る」行動に相当する。殺した獲物の周囲を高く弧を描いて跳んでまわったり、とびこえるのである（三〇頁の**図18**gとh、三七頁の**図22**、五二頁の**図25**g）。これらの行動は、先の「抑制された遊び」でおこなわれるとびすさりが「身振りで誇張」されたものなのかもしれない。跳んでまわりながら、合間に前足で獲物に打ちかかることもある。この遊びが純粋な形で見られるのは、たいていは大きな獲物や危険な獲物を殺したあと、とくに獲物との闘いが長引いたときである。このようなとき、ネコは、獲物への恐れに打ち勝たなければならないから、獲物捕獲の気分が相当に高い緊張度に達していたはずである（記録、三六頁以下参照）。だから、ネコは獲物を殺したとたんに突如、この圧力から解放される。それで張りつめていた緊張と獲物捕獲の興奮が一挙に解き放たれ、それらが文字どおり「転位」して、ひと息つくのである。

私はかって、イエネコが生きた獲物とひんぱんに遊ぶのは、家畜化の結果だと考えていた。それに対し野生のネコ類は、私自身が観察したジャガーネコ、リンデマンによるオオヤマネコとヨーロッパヤマネコの記録などからみて、死んだ獲物としか遊ばないと書いた(ライハウゼン　一九五二b)。これをここで一部補足し、一部を訂正しなければならない。まず第一に、ここで述べた遊びのタイプを区別してあつかう必要がある。生きた獲物との「抑制された遊び」は、状況さえ合えば、私が観察したすべてのネコ類がおこなう(**図51**)。生きた獲物との「鬱積の遊び」は、私の経験ではイエネコにくらべて、野生ネコ類のおとなでは、どの種でもはるかに少ない。それに野生ネコ類は「鬱積の遊び」を生きた獲物でよりも獲物の代用物を相手にして演じることが多い。それでも私は、本物の獲物を相手にした「鬱積の遊び」を、サーバル（雌）がマウス、ラット、ヒヨコで、オオヤマネコがウサギとニワトリで、ジョフロワネコ（雌）がマウスで演じるのを見ている。あるサーカスでショーのために一頭のおとなのトラに生きた獲物（ヤギの子）をあたえたところ、トラは獲物と「鬱積の遊び」をはじめ、とくに「キャッチボール」をひんぱんに演じた（ケスリ・シン　一九六一）という。セレンゲティのあるおとなの雌ライオンは、二頭のイボイノシシを相手に同じ遊びをした。私は一頭の年老いた雄ライオンが、殺したばかりのスイギュウの子どものとなりに体を投げだして横になり、打ったり、かみついたりして遊ぶのを見ている（ギルル保護区、一九六九年一一月八日）。これは次に記す「抱きかかえ遊び」(**図52**)をしたいという意志をはっきり表現している。

イエネコは生きた獲物と「鬱積の遊び」をあまりにしょっちゅうおこなうので、「残酷」な印象すらあたえる。この遊びを引き起こす要因の一つが、イエネコがおとなになっても子どもらしい行動をもちつづけることと関係しているのは疑いない。すでに見てきたように、子ネコの殺しのかみつきが十分な強さに発達するのはかなりあとになってからである。だから、おとなのイエネコで成熟の「遅延現象」が起こった場合、獲物をとらえる行為の方が、殺しのかみつきよりも先に十分な強さをもつようになるらしい。「安堵の遊び」もネコ類のすべての種に見られるようで、しかもこれはもっぱら死んだ獲物を相手におこなわれる。

以上のとおり、私はネコ類の遊びを三つのタイプにわけ、

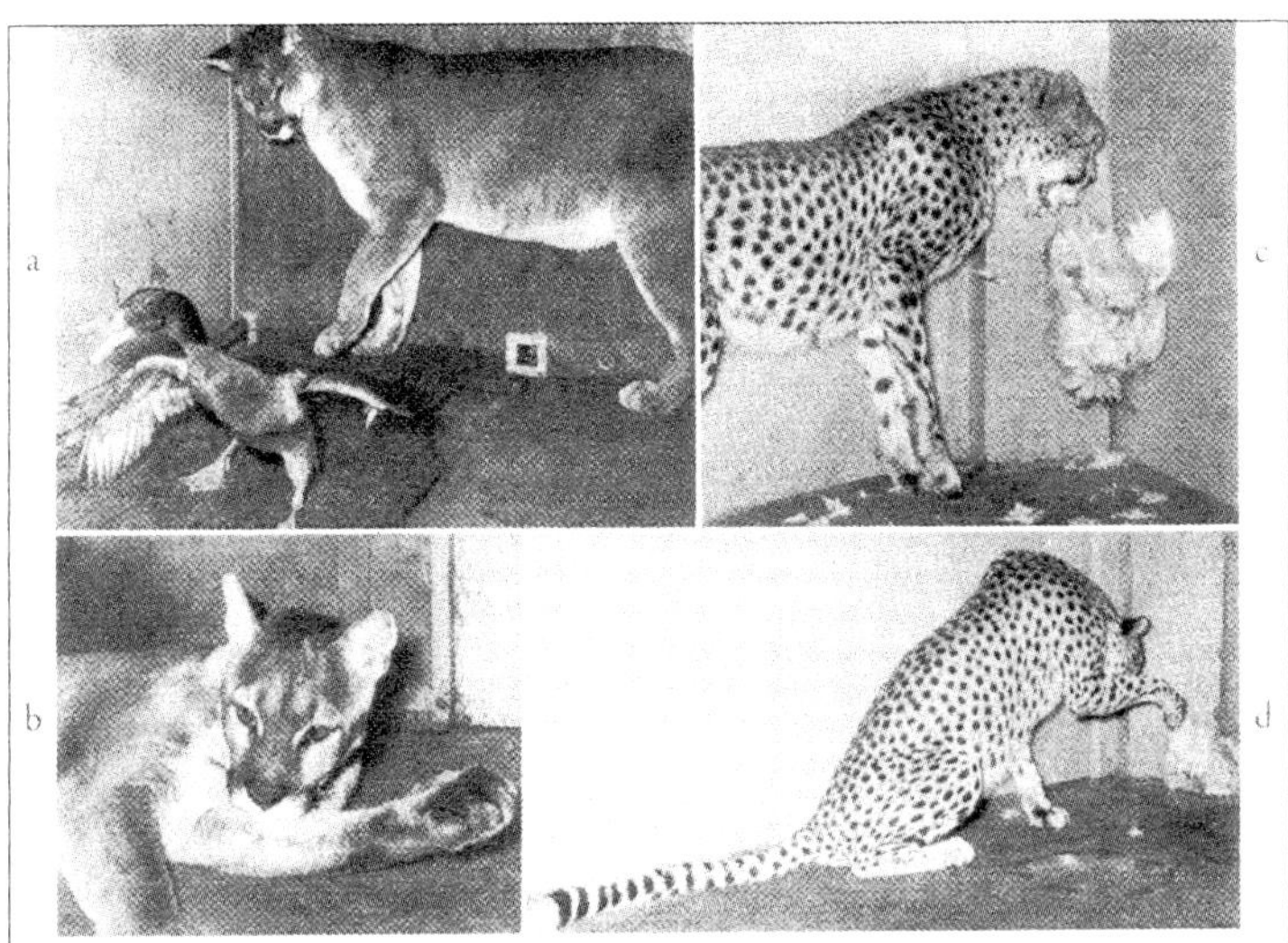

図51 「抑制された遊び」。a) 雌のピューマがカモと。b) 同じピューマが転位活動として横たわり、体をなめる（146頁の図48cと比較)。c) と d) チーターの「アリ」がニワトリと。(aとbはヴッパータール動物園、cとdはフランクフルト動物園にて)

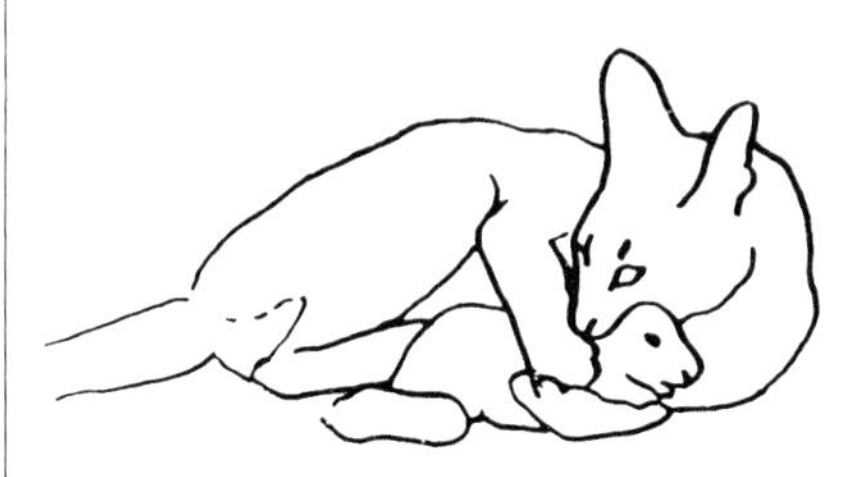

図52 モルモットと遊ぶサーバル。たいていのネコ類は、わりあい小さめの獲物に対しては、横向きにねて獲物を抱きかかえるという、本来は大型の獲物のために「つくられた」攻撃方法を、遊びのときにだけ使う。138頁の図45fと比較。(映画をもとに作図)

図53 投げとばし遊び。解説は本文。

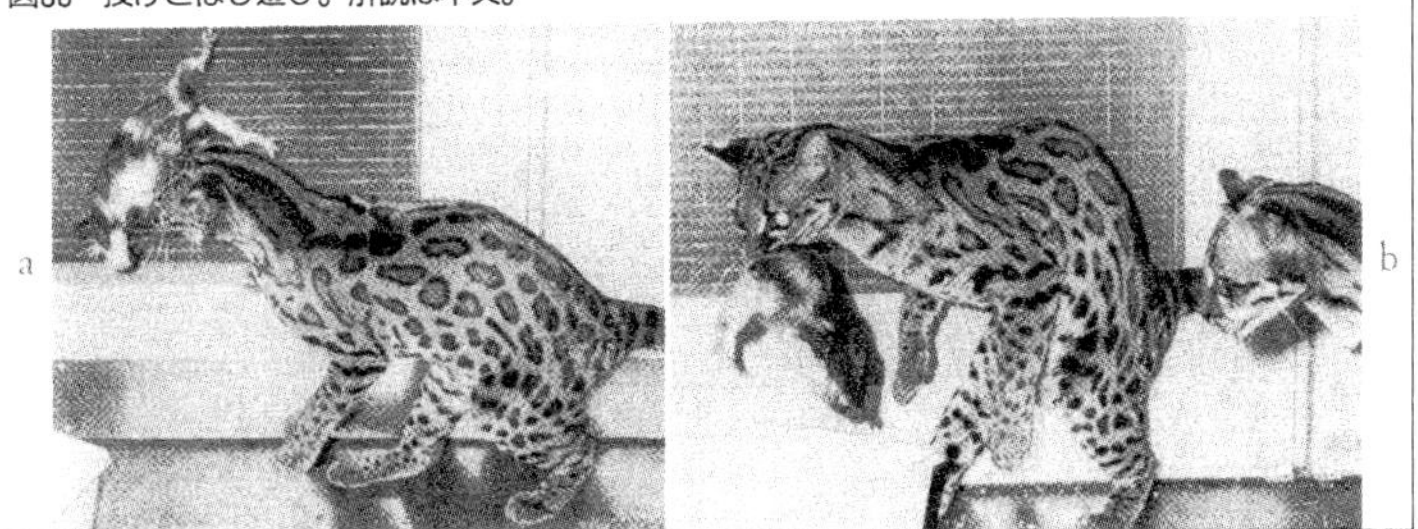

これらに「抑制された遊び」、「鬱積の遊び」、「安堵の遊び」という名称をつけた。そのため、私がこれらの遊びのタイプをそれぞれの名称がしめす気分や衝動の状態とだけむすびつけようとしているかのように受けとめられることがあった。けれども、たいていの遊びがこれら三つのタイプが混じり合って形でおこなわれる、と述べたことでわかっていただけるように、そのような受けとめ方は私の意図とはちがっている。遊びのタイプの名称は、たんに、それぞれのタイプがもっとも純粋な形で、またもっとも確実に観察される条件に応じて選んだだけである。

ここでくわしく説明した動作のほかにも、獲物捕獲に関連するあらゆる運動様式が遊びとして変形して登場する。獲物といっしょに地面にころがる、獲物を抱きかかえる、後ろ足とその爪で獲物の胴を突く、などがそれである。これらは、遊びとしてでない場合には、獲物の体が大きくて、激しく抵抗し、よく動くときにだけおこなわれる。だが、遊びでは、小さな獲物や生き物ではない代用物にもこれがおこなわれる(**図52**)。サーバルの「釣り遊び」については、一七〇頁で述べることにしたい。

この節の冒頭2(一四五頁)で、遊びとしておこなわれる動作の生理学的な基礎を説明した。ここから、一部の種では遊びでしか見られない「動作の増幅の比率のひずみ」が、なぜべつの種では真剣におこなわれる獲物捕獲行動でふつうに見られる現象なのかも、理解できる。たとえば、多くの種のネコは、自分の知らない種類の獲物をとても用心深くあつかい、「抑制された遊び」と「キャッチボール」をあわせたような遊びをする。長い時間ためらい、意図的動作をくりかえしてからやっと、歯で獲物の毛皮、たいていは背中の後方をくわえてつまみ上げ、側方か上方にほうり投げる(**図53**)。私が観察したいくつかの種のネコ、とくにサーバルとアジアゴールデンキャットは、この「ほうり投げ遊び」を大幅に増幅して、つまりたいへん激しい力でおこなった。そのため獲物は石、木、壁、地面などに強く打ちつけられ、その衝撃だけで死ぬほどであった。だが、これらのネコ類も、獲物に慣れるとすぐに通常の方法で獲物をとらえ、かつ殺すようになる。

もう一つの例として、「前足によるパンチ」をあげることができる。獲物がネコの攻撃から身を守るために抵抗したり、隅に逃げこんでしまってネコが歯ではとらえられなくなると(**図51d**)、あらゆるネコが獲物を打つ。こうしたときにネコは、しばしば前足をなかば上げたまま、獲物がすきを見せる瞬間を待つ。水中の魚をとらえようとするときも、岸辺で同じように身構えて待つ。だから、まさに魚を獲物にするスナドリ

図54　ハムスターを前足で打つサーバル。(a)サーバルは前足を振り上げたまま、待ちかまえる。(b)打つ直前にさらに前足を上げる。(c—e)ハムスターを二回ほど打つ。(f)すぐに前足をふたたび振り上げる。(g—h)意図的動作をするが、打ちはしない。(i)その代わりに、とつぜんもう一方の前足と口でハムスターのえり首をとらえる。(映画をもとに作図)

ネコで、この行動が他のネコ類よりもはっきり目立つ形でおこなわれるとしても、おどろくにはあたらない。スナドリネコは他のネコ類よりも前足を高く、ときには耳の高さより上まであげる。このまま、獲物を打つチャンスがくるまで辛抱強く、他のネコ類よりははるかに長い間、待つのである。マンロー（口述）によると、アッサムでは小川の流れから突き出た石の上で、スナドリネコがこの姿勢をとったまま長い間じっと動かないでいる姿がしばしば見られたという。

サーバルでは打つ動作がもっと極端な形になった。サーバルは前足を高く振り上げて伸ばし、棍棒（こんぼう）のように硬直させて、防御の姿勢をとって立ち上がる獲物めがけて打ちおろす（**図54**）。このパンチによって、かならずというわけではないが、体の大きなゴールデンハムスターやラットを殺すことすらある（ライハウゼン　一九六五b）。ブレイン（エヴァー　一九六八による引用）は、野外で生息するサーバルがこれと同じ「棍棒打ち」を使ってヘビをたおすのを見ている。そのときサーバルは、前足を捻挫（ねんざ）したり負傷したりするのが珍しくないほど強く打つのだという。

最後にサーバル独特の「カプリオール」（跳躍の意、訳注）について触れておくことにしよう。すべてのネコ類が四つ足全部で地面を同時にけって、空中にとび上がることがある。

遊びのときにはこの運動で他のネコをとび越したり、横向きに木の枝にとびのったりもする。けれども、多くのアンテロープ類が疾走して逃げるときに見せるような、全力疾走での四足の跳躍をネコ類がするのは、サーバル以外では見たことがない。サーバルはこの跳躍で空中にとび上がり、飛ぶ鳥を両前足でとらえながら、後ろ足を前方に引き、後ろ足だけで着地する（二一一頁の**図11 o－u**と比較）。獲物はその間も両前足の間にはさんだままで、着地してからかみつく。私の飼っていたサーバルの一頭はこの方法で、高さ一メートルまでなら、空中を飛ぶガを確実にとらえることができた。

これらの変わった行動はいずれもはじめて目にすると、他のネコ類にはそれぞれに相当する運動様式がないような、なにか質的に独特のもののように見える。けれども詳細に分析してみると、実はこれらの変わった行動は、他のネコ類でもごく「日常的」に演じられている運動様式から発展してきたものであることがわかる。しかも運動の振幅や時間的な経過のしかたの変化は、実はそれほど大きくないことがわかって、逆におどろかされるのである。

d 空腹と獲物捕獲

シュナイダー（一九四〇／四一）の観察によると、大型ネコ類では獲物捕獲をしたいという気分と食事への気分は、おたがいにかなり無関係であるようだ。ゲーテ（一九四〇）は同じことをイタチ科の動物で確認し、レーバー（一九四九）はムナジロテンとフクロウで詳細な実験をおこなって確認している。私が飼っていたジャガーネコでの観察からも、状況は同じようだった。たとえば、このジャガーネコは大きなニワトリを半分食べたすぐあとでスズメを殺し、食べずにその場に放置した。私は二日間、食物をあたえずにおいてから、一匹の大きなドブネズミをあたえた。ジャガーネコは即座にドブネズミを襲い、一瞬だが激しい闘争でこれを殺した。私はジャガーネコがまさに獲物を食べようとした瞬間に、次のドブネズミをあたえた。それを見たジャガーネコはただちに、食べようとしていたネズミを放し、二匹目のネズミをたおした。つまり、食事の気分がとても強く存在し、しかも活性化されていたにもかかわらず、獲物捕獲の気分が無条件に優先されたのである。一二〇頁で紹介したロバーツとキース（一九六四）の電気刺激実験も、これらの観察を支持する結果を生んでいる。

私はこのジャガーネコに、つづけて六匹のマウスをあたえたことがある。ジャガーネコはあたえられたマウスを次々に殺し、殺すごとに期待に満ちた目で私を見上げた。六匹目のマウスを殺したあともジャガーネコはしばらく待っていたが、もうそれ以上マウスがもらえないとわかると、ようやくマウスを食べはじめた。あるクロアシネコの雄は、連続して一三匹か、それ以上のモルモットを殺した。このクロアシネコは殺した獲物を「形式的に」食事場所まで運び、そのあとでたいていはふたたびモルモットを運んでもどり、私たちの前に置いて、次のモルモットをあたえられるのを待った。それ以上もらえなくなってはじめて、最後に殺した獲物を食事場所に運んで食事をはじめた(ライハウゼン　一九六五b)。つまりクロアシネコでも、殺しの衝動が無条件に空腹に打ち勝ったのである。しかもモルモットはこのクロアシネコの好みの食物だった。

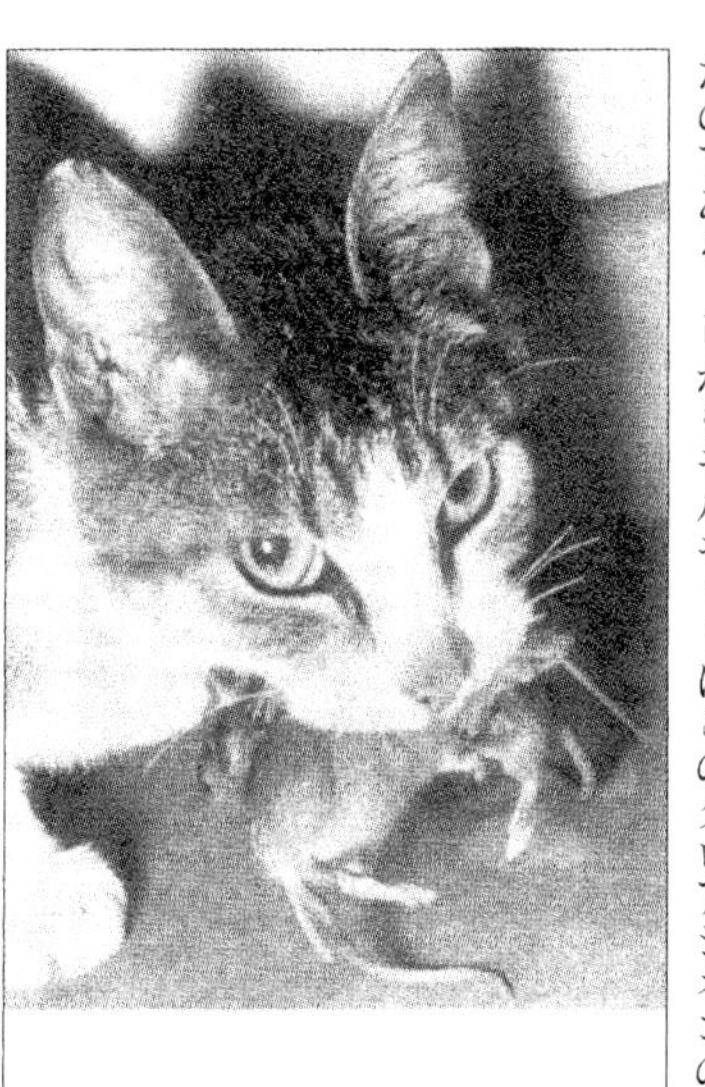
図55　6匹のマウスをくわえたW5。ただし、写真では4匹しか見えない。本文参照。

イエネコのW5も同じように六匹のマウスを次々にとらえたが、ジャガーネコの場合とちがって、一匹ずつ殺しては置き去りにするのではなく、とらえた順にマウスを口の中にくわえたままでいた。だから、きちんと殺せたのは最初の二匹のマウスだけだった。そして、六匹のマウスを口にくわえた空腹のネコは、とほうにくれたようにその場にすわりこんだのである(**図55**)。食べるためには、余分のマウス五匹を口から放さなければならない。W5は最初のマウスをすばやくむさぼり食うあいだ、放したマウスから目を離そうとしなかった。食べ終わると残りのマウスすべてをまたも口に集め、ふたたび苦難がはじまった。そうこうしながらW5は、結局はすべてのマウスを食べつくしたのだった。ちなみにW5はふだんは獲物を即座に殺し、殺した獲物とも死んだ獲物とも遊ばない、数少ないイエネコの一頭だった。W5が獲物をすぐに殺さなかったのはこの場合だけである。マウスが「目の前に豊富に出されると」、イエネコがマウスをこうして「口にたばねる」のを私はその後もくりかえし見た。

空腹と獲物捕獲行動との関係を解き明かすために、私はたくさんのネコで、ネコが殺しつづけるかぎりマウスを次々とあたえる実験をしてみた。どのネコについても、ふつう第一回目の実験では十分に餌をあたえた直後にマウスを連続してあたえ、二回目の実験は、その数日後に二、三日絶食させたあとおこなった。

記録（一九五四年六月三〇日）

「M12に一五時ごろから満腹するまで餌をあたえた。実験開始は一九時二〇分。実験に使われた屋外の檻は三×五メートルで、地面の一部は草むらと茂みでおおわれている。M12は最初のマウスをただちにとらえるが、〝鬱積の遊び〟を活発にくりかえすばかりで、殺さない。二匹目のマウスを入れる。M12はとほうにくれたように、二匹のマウスの間をうろうろする。結局二匹のマウスと交互に遊ぶ。そこで三匹目のマウスを入れる。M12は前よりもいっそうとほうにくれたようだ（実験助手が「完璧なノイローゼだ」という）。五匹目のマウスまでくると、M12の遊びの衝動は弱まり、六匹目があたえられるとM12はそれを殺し、さらに二匹のマウスをすばやくつづけて殺す。ここで最初に殺したマウスを食べはじめる。食事の最中も、まだ生きているマウスのうちのもっともよく動くマウスから目を離さない。食べているマウスを口からぶらさげたまま、このマウスを少し追いかける。八匹目のマウスがあたえられたときには、すでに、すべてのマウスを殺しおわっており、そのうちの三匹を食べてしまっていた。九匹目のマウスは、とらえはしたが殺さない。一〇匹目のマウスでははっきりした「抑制された遊び」がおこなわれる（一九時五五分）。ここでM12は、一時的ではあるにせよマウスへの興味を失い、私のところに来て頭を差し出す。約二〇分後、M12はようやくまたマウスのところに行くが、少しにおいを嗅いだだけでそっぽを向く。五分後、平らな石の下に隠れて生きていた二匹のマウスのうちの一匹を拾い上げ、最初は「抑制された」遊びをおこない、やがて徐々に活発に遊ぶようになるが、一〇分後には、新たにケージに入れられたW9がマウスを奪うのにまかせる」

のちにおこなわれた実験では、M12はたっぷり肉を食べた二時間後に次々とつづけて一七匹のマウスを殺し、一八匹目でようやくマウスをとらなくなった。実際に食べたのは一匹だけである。

記録（一九五四年一〇月九日）

「M12には一〇月六日の昼から餌をあたえていない。実験開始は一五時。間をおかずにつづけて入れた三匹のマウスとM12は活発な〝鬱積の遊び〟をはじめる。私は最初のマウスを見失い、一歩後退したときにそれをうっかり踏んで殺してしまった。M12はそのマウスにかぶりつく。二匹目のマウスは実験室の外に逃げる。M12は三匹目のマウスにはもはや関心をしめさず、その間に入れられた四匹目のマウスをすぐに襲って殺し、引きつづいて一一匹目までのマウスを同様に殺す。その合間に何匹かのマウスを食べかける。一一匹目のマウスが入れられたときには、M12はべつのマウスを食べているとちゅうだった。M12はそのまま少しだけ食べつづけ、それから食事を中断して大急ぎで一一匹目のマウスを殺し、それからまたすぐに先ほどのマウスを食べつづける。一二匹目のマウスはすぐには殺さず、しばらくためらってから殺す。一三匹目から一七匹目までのマウスに対しては、回を追うごとにマウスに注意を向けるまでの時間、そして殺すまでの時間が長くなった。一八匹目からは生きていて動いているマウスにまったく注意を向けない。M12は結局、実験の間に合計一二匹のマウスを食べた。実験終了は一六時四五分」

すべての実験で結果は同じだった。最初にあたえられたマウスに対してはネコはかならず活発な「鬱積の遊び」をおこなった。四～六匹目以後のマウスは、遊ぶことなく手ばやくとらえ、殺した。そのときにはすでに檻に前に入れられていたマウスも同じように殺した。九～一三匹目のマウスがあたえられる頃から、テンポがのろくなりはじめ、「安堵の遊び」がはじまる兆候が多少ともはっきり見られる。それ以後のマウスからは次第に強く「抑制された遊び」が引き起こされる。一〇～一九匹目のマウスのあたりでまったくの無関心がはじまり、この獲物への無関心はふつう三〇分程度つづいた。そのあと獲物捕獲への気分はごくゆっくりと回復した。

遊び、捕獲、殺しのあらわれ方は、空腹のネコでも満腹のネコでも同じであるが、空腹のネコは「鬱積の遊び」を多くの場合、満腹のネコよりもはるかに短時間しかおこなわない。まったくおこなわないこともよくある。実験の間に空腹のネコは八～一〇匹のマウスを食べたが、満腹のネコは一～三匹しか食べなかった。クオも空腹が獲物の殺しに影響しないことを報告している（一二四頁）。すでに述べた（一二二頁）とおり、「殺し」は長い間おこなわれないでいると、萎縮する傾向がある。この傾向は、ネコが殺した獲物を食物としない場合にとくに見られる。このかぎりでは、「殺し」は「必要に依存する行動」（プレヒト　一九五八）だといえる。それでも、食欲だけでは殺しのかみつきを引き起こすことはできない。そのようなネコは、生きているマウスをそのまま食べはじめようとするが、うまくいかないのがふつうである（ライハウ

図56 「抑制された」遊び。M９の前で防御姿勢をとるマウス。

ゼン 一九六五b）。

殺しの内因的なリズムがいったん刺激され、しばらくのあいだ独自の活動を持続していれば、空腹と満腹の短期的なリズムとの連携はないし、空腹と満腹に殺しの内因的リズムが同調する必要もない。病気のために食欲を失ったネコもたいていは、熱心に獲物を殺すし、ときには自分が死ぬ直前まで獲物を殺すネコもある。こうした前提の上で、経験を重ねたネコでは空腹が殺しへの閾値（いきち）を下げる、つまり空腹だとより容易に殺しが引き起こされる、とはいえるのである。

興味深いのは、先に述べた遊びの三つのタイプが、この実験の中でははっきりとわかれた形でおこなわれた点である。実験の終わり近くでの「抑制された遊び」で獲物捕獲行為が消えたのは、なんらかの内的・外的な原因のためにネコの獲物捕獲への気分が抑制されたためではなく、たんにこの気分自体が消耗した結果である。もっとも、ネコはマウスのような無力な獲物に対しても、どこかに恐れのなごりはもっている。だから、獲物捕獲への気分が消失するにしたがってはじめて、それまで隠れていた恐れが表面に出て、「抑制」としてあらわれたということもありうる。遊びが抑制されればされるほど、マウスの方はときにネコに抵抗姿勢をとりやすくなる（図56）。それで、マウスはときにネコの前足にかみつくことさえあり、ネコは驚愕（きょうがく）して悲鳴をあげ、あとにとびすさる。このような場合、ネコはなにか「手短にすます方法」をとろうとは決してしないのである。それでも、このような状況での獲物捕獲気分はマウス程度の獲物への恐れにくらべればかなり高い。だから、恐れは「言外の響き」としてはあるにしても、それとわかるほど表面に出ることはないのがふつうである。これに対して、子ネコが生まれてはじめて獲物に近づくときには、恐れの成分は、はっきりそれとわかる形で表面にあらわれる。そもそも目新しいものすべてが子ネコにとっては恐怖の対象である。マウスを恐れる必要がないことを子ネコは学習しなければならないのだ。ただし、いま述べたように、恐れのなごりはいつまでもネコの心にとどまるのである。

ラットでは空腹と獲物捕獲との間にきわめて興味深い関係が存在することを、パウルと共同研究者たちがつきとめた（パウル　一九七一、パウル、ミライ、ベンニガー　一九七二、七三、パウルとポスナー　一九七三）。この関係はこれらの研究者たちがネコで調べた結果とはちがっていた。しかし、パウルらはラットでの発見が哺乳類一般の獲物捕獲行動にあてはまるとしている。だから、ここでラットの獲物捕獲行動について、いくらかくわしく検討しておきたい。

パウルらによると、ネコとちがってラットでは、生まれてはじめての獲物捕獲（マウスを殺す）は空腹によって引き起こされるという。ただし、獲物に出会った時点で空腹である必要はない。空腹の経験は、その時点よりもいくらか前でもよく、空腹経験のあと食物を手に入れる機会があったとしてもかまわない。ちなみに、のどの渇きは獲物捕獲にはなんの影響もおよぼさない。ラットが空腹を経験する以前にマウスといっしょにされたり、あるいは空腹時にマウスといっしょにされたのにマウスを殺さなかった場合には、あとに機会があっても、マウスをすでに知っているという事実が殺しを抑制する。つまり、獲物として出された動物とラットがそれ以前に慣れ親しんでいなかった場合にだけ、空腹の経験が獲物捕殺を引き起こすのである。パウルらの実験では、ラットはいったん「殺し屋」になると、たとえ満腹していても、以後は二週間あるいはそれ以上にわたって、マウスを殺しつづけた。また「殺し屋」ラットはほとんどかならず、殺した獲物の一部を食べる。そして、「殺し屋でない」ラットよりも、死んでいるマウスを餌として受け入れる傾向も強い。

パウルらはラットを二種類の獲物（マウスとラットの子ども）のどちらかだけを区別して殺すか、どちらも殺すか、あるいはまったく殺さないか、いずれにも操作できた。獲物のどちらか一方を区別して殺すようにするには、空腹経験の前に、もう一方の種と慣れ親しむ機会をあたえればよかった。両方の種と慣れ親しませれば、どちらも殺さないようになった。すでに一方の種を殺したことのあるラットにも、もう一方の種を殺さないよう抑制を働かせることもできた。ラットがちょうど満腹しているときに、殺さないようにさせる種と慣れ親しませればよいのだ。だが、ラットが一方の種に慣れ親しんでいると、もう一方の種を殺すのにも抑制が働くことがあった。この場合、ラットの子どもによる抑制効果の方が、マウスによる抑制よりよく働いた。離乳前のラットの子どもは、離乳後の子どもより殺されることが多く、また食べられることも多かった。

パウルと共同研究者たちの結論によると、空腹はラットの生まれてはじめての殺しを引き起こすのに必要ではあるが、それ以後は影響をあたえないという。また、殺しをたんなる食物を得るための手段とみなすことはできないという。なぜなら、満腹のラットも獲物を殺すし、視床下部の側方を傷つけると、まずは殺しと食事の双方がおこなわれなくなるものの、殺しの方がはるかに早く回復する。だから、殺す行動が無条件に食事と連携しているわけではないと考えられるのである。

パウルらはまた、「獲物捕獲」を「異なる種に属する、食べられる動物への攻撃」と定義することはできないのではないか、としている。なぜならラットは自分と同じ種の子どもをマウスと同じくらい好んで食べるからだという。だが、パウルらが、かれらの実験と観察の結果を「哺乳類の獲物捕獲行動」一般に適用しようというのなら、哺乳類の分類群ごとに(系統ごとに)獲物捕獲行動がいかに大きく異なっているものであるかを見落としているといわなければならない。たしかに哺乳類のさまざまな獲物捕獲の方法が進化してくるときに(一部はおたがいに似たような形に、つまり収斂的に、一部は異なった形に、つまり分散的に)、進化の「素材」として寄与した可能性のあるいくつかの基本的な行動様式が、哺乳類一般にそなわっていることは確認できる(アイゼンベルクとライハウゼン　一九七二)。だからといって、肉食性有袋類、食虫類、齧歯類、イヌ科、ネコ科、それに霊長類がそれぞれもちいる獲物捕獲行動が相同であるとみなすことはできない。ラットとネコを比較する場合、獲物の殺し方がこれら二つで相同であることは、ほとんどありえない(四三頁以下参照)。殺し以外で獲物捕獲にかかわる行動がラットとネコの間で相同でないのは確実である。

ラットについての実験と観察の結果を考察するには、次の二点に配慮する必要がある。この齧歯類のメンバーは(a)雑食性であり、(b)余分の食物を貯蔵する。つまりラットが空腹経験に刺激されて、通常の食物源ではないものにも目を向け、それが食べられるものであるかどうかを調べようとするのは、理論的にはむしろ当然のことなのだ。ラットとネコとのちがいはまさにここにあって、だからラットははじめて殺した獲物をほとんどかならず食べたのである。

これに対して、ネコは自分が殺した獲物を、以前の経験からそれが食べられるものであることを知っている場合にのみ食べる(一一三頁参照)。私の観察では、空腹はネコが生まれてはじめて殺しのかみつきをするのにはなんの影響もあたえない。ふつうネコは、まだおもな栄養源をミルクに依存しているあいだに、はじめての獲物捕獲の経験をする。それに子ネコの離乳は、まだ母ネコの乳がとぼしくなる前にはじまる。子ネコははじめのうちはどちらかというと、すべてのものに好奇心からかみついてみるのであり、母ネコが巣に持ちこんでくる死んだ獲物もやはり好奇心の対象なのである。

ラットが満腹してからも、いったんその獲物が食べられるものだとわかったあとは、それを殺しつづけるという事実も当然のことである。パウルがラットを自然に近い環境で飼育していたなら、ラットがこれら殺した獲物を貯蔵するのが観察できたはずである。

このように、殺しは満腹のラットと満腹のネコとでは、まったくちがった根拠からおこなわれるのだ。だから、ラットの獲物殺しは、その後獲物を殺す機会がなければ、ネコの場合とは比較にならないくらいはやく、二週間後には衰えてしまうのである（一二二頁、三〇〇頁参照）。

最後に、陸にすむ食肉類でも共食いはたしかに存在するが、きわめてまれな例外的な出来事である。少なくともネコ類では、共食いは食物入手の手段としては決しておこなわれず、もしあるとすればストレスの影響からである。一方（実験室で飼われている）ラットでは、死んだ同じ種の仲間を食べるのはまったく通常のことで、私たちのネコが食べ残したラットも、ネコの餌用に飼っているラットにあたえている。この「残飯」をいやがるラットのグループは一つもない。グループ内で死んだラットも、すぐに掃除をしない場合には仲間が食べてしまう。

パウルが「哺乳類の獲物捕獲行動」について一般化した結論は、「攻撃」についてのかれの結論と同じく、適切だとはいいがたい。獲物動物への「攻撃」と同種の仲間との「闘争」はたしかに共通した本能運動をふくんではいる。ただし、共通している部分がどれほど大きいかは動物の分類群ごとに異なる。けれども一方で、もっぱら獲物への攻撃だけに使われる動作、同じ種の仲間どうしの攻撃、あるいは防御で使われる動作、異なる種の敵に対して使われる動作など、共通しない本能的動作もある（二五一頁の**表6**）。前者、つまり、これらのどの攻撃にも共通して見られる本能運動をある画一的な「攻撃行動」をつくる核とみなし、後者、つまり攻撃の相手ごとに異なる本能運動をたんなる付加的なものと見るのは誤りのもとである。獲物捕獲、攻撃、積極的な抵抗、それに防御行動で重要なのは、それらにかかわる行動の要素そのものではなく、それぞれの状況に応じた、行動の要素の組み合わせられ方であり、経過のしかたである。簡単にたとえれば、ハンマーでは釘（くぎ）を打つこともできれば、窓もこわせる。人を殺すことさえできる。これらすべてを「ハンマーの使用」という概念でひとくくりにしてしまうのが無意味であるのと同じように、さまざまな争いの形を「攻撃」のもとにくくってしまうのも無意味なのだ。

いわゆる「血に酔う」という状態は、イタチ類のほか、ネコ科のいくつかの種でも起こることとされている。たとえば動物学の本のなかには、ピューマとヒョウが「血に酔う」と書かれているものがある。レーバー（一九四四）によるムナジロテンの描写からもわかるように、これは正しくは「殺しの陶酔（とうすい）」と呼ぶべきものである。そもそも一般に、殺しのかみつきは出血をおこさないか、あってもほんのわずかであるから、食肉類は血を吸うことはできないはずだ。ミューラー（一九七〇）はオコジョとイイズナについて、これを確認している。

ネコ類は、飼育されて特別に血に慣らされていないかぎり、たとえ体温程度にあたためた血を皿に入れてあたえても、決して飲もうとしない。獲物の傷から出た血を直接なめることはあっても、地面にしたたり落ちたり、流れ落ちた血には注意をはらわないのがふつうである。ところでレーバーは、ムナジロテンが、はじめに殺した獲物のにおいと味によって殺しの気分を高められ、たまたま、たとえばハト小屋やニワトリ小屋のように、近くにほかにも獲物になるような動物が居合わせると、その動きとにおいがさらなる殺しを「自動的に」引き起こす、としている。けれども、ネコではテンにくらべて殺しの気分が容易に消耗するようで、私の飼っていたネコ類で陶酔に似た興奮の高まりが実験中に見られたことはない。おそらくこのちがいは、ネコ類では獲物捕獲と殺しとが相対的に独立していることに関係しているのだろう。アイブル－アイベスフェルトも同意しているとおり（口述）、このような独立性はイタチ科ではないようである。獲物捕獲と殺しとが相対的に独立していると、それぞれの行動を構成する行為がたがいに葛藤（かっとう）しながらあらわれ――これは実際に実験中にははっきりと見られた――、効果をおたがいにやわらげるのである。

e 経験と学習

これまでは、経験と学習の影響を殺しのかみつきの定位との関連においてだけ検討してきた。ネコ類の獲物捕獲行動を構成する運動様式はもっぱら本能運動、つまり一〇頁で定義した意味での「典型行動」である。私がこの行動を最初に分析したときには（本書の第一版、一九五六）、ネコ類はこの行動を生得的にまったく不足するところなくそなえていて、いろいろに異なった条件のもとでも獲物捕獲に成功できるように見えた。したがってそれぞれの個体ごとの経験によって、この行動システムあるいはその機能の範囲をさらに構築・強化する必要はないように思われたのだった。さらに獲物捕獲の経験の豊かなネコの行動を撮影した映画フィルムを分析してみても（これらのネコが野外で生活しているか、飼育されているかには変わりなく）、生得的な運動様式を、生理学的・運動的に順調に成長した子ネコと同じように遂行してはいることがわかる。

それにもかかわらず、空腹が獲物捕獲にどのような影響をおよぼすかを明らかにしようと、前節で述べた研究をしているうちに、予期しなかった、おどろくべき結果がほかにも出てきた。私はそれを契機に、獲物捕獲の機能全体が子ネコでどのように発達するか、そこでは遊びがどのような役割をはたすのかについて、綿密な研究をおこなった。その結果、問題の全体が新たな形で浮かび上がることになった。空腹実験を契機に明らかにされた衝撃的な成果とは、次のようなものである。

ネコは「鬱積（うっせき）の遊び」の段階からとつぜん、複数のマウスを次々にすばやくとらえて殺す段階に移ることがある。この事実は、先に述べた推測（一四八頁以下と一五七頁）、すなわち殺しのかみつきは、獲物捕獲行為の他の部分とは分離される、独自の形の本能運動ではないかという推測を裏づけている。だから、鬱積していた獲物捕獲行為が遊びの中で爆発的におこなわれると、最初のうち殺しのかみつきは抑制されて出てこないのである。そして、それまでたまっていた獲物捕獲気分のありあまる興奮が発散されたあとやっと、抑制が解かれ、殺しのかみつきがおこなわれる。一方、殺しのかみつきを起こすエネルギーは、獲物捕獲行為のエネルギーにくらべて、それほど大量には鬱積しないかわりに、急速に消耗することもない。そのため実験が経過するにしたがって、やがて殺しのかみつきのエネルギーの方が大きくなる。そうなってはじめて、それまでは強力な欲求の対象そのものであった獲物捕獲が、こんどは殺しのかみつきを導く欲求行動になるのである。

「殺しのかみつき」が、これ以外の獲物捕獲行為とは別個の独立した位置にあると考えることで、その発達の過程も理解しやすくなる（九八頁以下と一一〇頁以下参照）。こう考えることによってまた、本能運動としての「殺しのかみつき」が、三つの基本的な行動分野（機能分野）にふくまれていることも理解できるし、それぞれに相当する本能システムに組みこまれていることもわかるのである（三四五頁以下）。

殺しにいたるまでの他の本能運動——忍び寄り、待ち伏せなど――も、たとえばアスタトティラピア（*Astatotilapia*）の闘争行動（ザイツ　一九四〇）のような動作パターンとは異なる。後者はある特異的な同一の刺激を受けたときに起こり、それらの刺激が段階的に高くなるのに応じて進行していく。けれども、ネコでの殺しを導く動作はどれもが、それぞれに固有の内因的なリズムをもち、それぞれの現時点での興奮のレベルと、それに対応する刺激の閾値（いきち）は、動作ごとにかなり独立して変化する。たとえば、「鬼ごっこ」のある時点での興奮のレベルは、この行動がしばらくの間、引き起こされなかった場合には、殺しや待ち伏せの興奮のレベルよりも急速に上昇するのである。

　このように、個々の獲物捕獲行為は、ある統一的な「獲物捕獲気分」の強度が高まるのに応じて段階的に起こるのではなく、それぞれの行為だけを目ざした欲求によって起こる。つまり「欲求」とは、理論的なモデルとしてだけ仮定できる「気分」が現実に観察できる形で表にあらわれてきているもので、その時点での特異的なエネルギーが「潜在水準」をこえた証拠である。この場合、その時点でもっとも強力な「気分」は、全体をおおいつくすか、あるいは部分的に表出される（重なり合いと葛藤（かっとう））。

　このもっとも強力な「気分」が望む本能行為をただちに実行できる条件がない場合には、欲求は「望ましい」条件が得られるような行動様式をとるようにさせるか、あるいは条件を変えるような行動様式をとるように働く。つまり、獲物捕獲行動を構成する行為のどれもが、それを起こすエネルギーがある時点で他の行為のそれよりも高ければ、その時点では、そこで目ざされる完了行為となることがある。ということは、どの行為もこのような「まわり道」をしてしか完了行為としては遂行されない場合には、ある限度内で他の行為に「奉仕させる」、つまり他の行為を抑制するばかりでなく、逆に「欲求行為」として活性化して使うのである。この現象をわたしは「相対的な気分の順位」と名づけた（一九六五b）。

　この順位は、ベーレンズ（一九四一）とティンバーゲン（一九五一）のいうような、さまざまな気分の「等級的・直線的な序列」とはまったく性格がちがっている。気分の「等級的・直線的な序列」においては、完了行為は行為の連鎖の最後の環となっているのに対して、「相対的な気分の順位」では、それぞれの時点で完了行為となるよう望まれている本能行為への欲求が、順位を決める支配的な要因となる。この欲求は運動のシステムだけでなく、求心性のシステムをも支配し、プログラムするのである。このために同じマウスがときには待ち伏せの対象になり、べつのときには追跡の対象にされ、あるいは殺し、食べ、釣り出し、さらには投げとばす対象にされるのである。つまりマウスの刺激の質は、ネコの欲求の順位に応じて変化することになる。とはいえ、これをコルトラント（一九五五）のいう意味での「目的の順位」と混同するのは誤りである（ライハウゼン　一九六五ｂ）。

ベルントソン、ヒューズ、それにビーティ（一九七六）は、電気刺激によって引き起こされたネコの獲物捕獲行動を「自然な」獲物捕獲行動と比較する研究をおこない、電気刺激をあたえられたネコで同じ現象を発見した。ネコがすばやく獲物を殺した場合には「強い攻撃」と名づけられた。獲物と遊んだり、前足は出すものの、とらえなかったり、とらえたとしてもゆるくつかむだけで、殺さなかったり、あるいはしばらく時間をおいてからやっと殺した場合には、「弱い攻撃」と名づけられた。だが、これらのちがいは刺激電流の強度によるのではなく、刺激部位によったのである！　だがここでいわれている「強い」、「弱い」は殺しの欲求についてのみ当てはまることであって、ここでの「弱い」攻撃とは、内実は、強力で持続的な獲物捕獲行為を意味している。ベルントソンらの電気刺激の実験テクニックは、ネコの獲物捕獲にかかわる気分の順位の構成組織に干渉して、知らず知らずにその存在を明るみにだしたといえる。

さて、殺しの行為はネコがとても空腹なときには、欲求行為（食べるという完了行為をみちびくための行為、訳注）に変化する。先にも述べたように、消耗実験では、空腹なネコは満腹のネコにくらべてはるかに多くのマウスを食べた。新しい獲物を見ると、満腹のネコそしてかなり空腹なネコでさえもが食事を中断し、食べかけのマウスはそのまま置いて、新しい獲物に向かう。けれどもネコが本格的に飢えていると、新しいマウスを目で追いながらも、食事をつづける。ときには食べながら次のマウスをいくらか追うが、新しいマウスを実際にとらえるのは、食べかけのマウスを食べてしまってからである。そして新しくとらえたマウスは、さらにほかにもいく匹かのマウスが目の前を走っても、まずは食べる。これに対して、それほど空腹ではないネコにとっては、殺しは食事よりも無条件に優先される。

これら二つの状況の移行段階、つまり一方では殺しが「食事への欲求」のために働きながら、もう一方では依然として「殺しへの欲求」がとても高く、食事を完全に抑制はしないままでも、食事をはやめるといった段階がある。つまり、いま描写したように、たしかにネコは最初のマウスを完全に食べ終わってから次のマウスに取りかかりはするが、食べながらもすでに次のマウスを目で追い、それに向かってわずかに意図的動作をしかけ、餓死しかかったネコでもしないほどせかせかと食べるのだ。ある意味では、すでにこの段階で殺しと食事の行為の順序が逆転しているのである。「急いで食べる」行為が「ビジネスライクな」殺しの段階内で欲求行為になっているといえる。

大部分の小型ネコ類は、体にくらべてとても小さな獲物を捕食して生活しているから、満腹するには毎日何回も狩りをする必要がある。したがって、以上のような獲物捕獲行動の仕組みは自然淘汰では有利であり、目的にかなったものだといえる。狩りは失敗に終わることが多く、ネコは待ち伏せ、忍び寄り、前足をさっと出す、といった獲物捕獲行為を、完了行為である殺しのかみつきと食事よりも、ひんぱんにくりかえさなければならない。それでも、獲物捕獲行為の内的な衝動を殺しのそれよりも急速に「高いレベル」に蓄積する必要があるのは、これらの行為を殺しよりもひんぱんにくりかえし、容易に反応するように準備するというだけの理由からではない。ネコは獲物をとらえるのにいくら失敗しても、そのためにとらえるのをやめてしまうわけにはいかない。だから、獲物捕獲行為には、固有の強力な欲求を発達させる必要があるのである。

シャラー（一九六七）の観察によると、トラは一回の狩りを成功させる前に、ほぼ二〇回も狩りの試みをして失敗するという。もっともこの数値には狩りの意図的動作、つまり身をかがめるとか、待ち伏せに入るといった行為もふくまれているし、どれほどしばしばトラが最初から、狩りを開始しても成功の見込みがないことを「自覚しているか」もわからない。動物園のトラやライオンは、檻の外をウマなどの動物が通るたびに待ち伏せし、とびかかる。ところが、このとびかかりは檻の格子の限界を正確に計算に入れたものである。

これらの観察は次のように解釈できる。獲物捕獲行動を構成する個々の行為への衝動の「余剰」は、たとえ成功の見込みがなくても「発散させる」必要がある。だから、客観的には失敗であっても、当の動物にはまったくの不満足ではない。けれども、たとえ獲物捕獲が遊びと真剣の間の広い、不定な領域でおこなわれないような状況のもとでも、獲物捕獲がいつもうまくいくとはかぎらない。私の観察では、「野外で餌をあさる」イエネコは、一匹のネズミをとらえるのに最低三匹はとり逃がしている。ライオンの狩りの成功率をしめすシャラーの表（一九七二）からも、ほぼ同様の成功率が見られる。

このような理由から、獲物捕獲行為は究極的に成功するかどうかよりも、それがおこなわれること自体に満足感を見いだすよう仕組まれているのだと思われる。だからこそ、あまり適当ではない代用物でも獲物捕獲を引き起こし、持続させられるのである。もちろん、だからといって、日々の生活の中ですでに何千という獲物を殺して食べているネコがマウスと紙の玉とを区別できないと考えるのは、ばかげている。ネコは知っている獲物と未知の獲物、あるいは害のない獲物と危険な獲物とのちがいを知っているのと同じように、紙の玉がマウスとはちがうことはすぐに正確に見分ける。

　それにもかかわらず、「代用物」が獲物捕獲行動の超正常な対象にされることもある。満腹したネコは、「ちゃんとした」マウスが鼻先を走り回っているのに、代用物を相手に熱心に獲物捕獲遊びをくりひろげることがあるのだ！　同じ理由から、ネコが適切な獲物を相手にしながら、獲物捕獲の最後のステップを機能させないことがある。ネコはマウスを追跡してとらえた場合には、急いで殺す「べき」であるのに、そうするとはかぎらない。一四四頁以下、一五四頁以下、一七〇頁からもわかるように、マウスを放し、それから新たにまたとらえる、といったことを何回もつづけてくりかえす。その合間に、とらえたマウスを口にくわえてあちこちと運ぶこともあるが、そのときにはマウスを傷つけないように注意している。つまり、このときネコは獲物を殺したくないのである（ライハウゼン　一九六五ｂ）。

　忍び寄り、待ち伏せ、前足による釣り上げ、とらえようと前足を出す、打つ、といった個々の獲物捕獲行為は、殺しのかみつきや食事への欲求に支配されている場合でも、かならずしも毎回決まりきった行為の連鎖として働くとはかぎらない。状況によって一部の行為がぬけ落ちたり、あるいは部分的に入れ替えられたりする。さらに年齢が進むと、新しく学習された欲求行為と一部が交換されたり、そうした学習された行為によって補強されたり、行為の連鎖が正しい開始位置に導かれたりする。たとえば、経験をつんだネコは一三四頁で記したとおり、犬歯を獲物のえり首に的確にあてるために、あらかじめ獲物の動きを慎重に目で追う。こうして学習された殺しのかみつきの新しい定位のしかたが、それまでの首のくびれへ向かう生得的な走性（そうせい）と獲物の「斜め上―後方からの襲撃」との組み合わせに代わって、使われるようになる。一方では、ネコは歯と前足で獲物を正しい位置にととのえて、走性と斜め後方からの襲撃という、いつもの組み合わせを理想的な条件の下で使うこともできる。興味深いことに、ネコにとって後者を完全に身につけることの方が、前者を習得するのよりむずかしいようである。それがくわしくはどこからくるのかについては、現在ある資料だけでは正確に答えることができない。

一つの行動を構成する個々の行為は、特定の目的のために一時的にたがいにしっかりむすびつけられるにしても、そのために独立性を失いはしないし、また遊びとしておおげさに展開する能力がそこなわれるわけでもない。はじめて殺しを体験したあとでも、きょうだいやおもちゃを相手にする遊びは変わらない。遊ぶときにもふるまいが目立って的確になり、荒々しく力強くなるだけである。子ネコは生きた獲物とはじめて出会う前に、すでに遊びによって運動能力を洗練させ、自信をもつようになっている。とりわけ物体を相手にした遊びでは、動作の新しい組み合わせを習得し、ものを前足であつかい、思うがままに操作し、拾い上げ、投げとばすことを学ぶ。

奇妙なことに、こうした経験や獲得した能力は、子ネコがはじめて獲物をとらえるときにはなんの役にも立たないようだ。つまり、子ネコは自分がそうした能力をもっていることすら「自覚」していないように見えるのだ。子ネコは獲物に対しては、まったく決まり切った本能行為だけで対応しようとするのである。こうして一回から数回の殺しを経験してやっと、獲物を見つけ、殺し、食べるまでにいたる完全な「典型行動」を演じるようになる。かつて私が「ネコの獲物捕獲行動」として記述した行動である（本書の第一版）。

獲物をとらえた経験のないおとなのネコも、とても小さな獲物に対する場合をのぞいては、子ネコとまったく同じ経過をたどる（小さな獲物を相手にするときには、おとなのネコはそれをまるで小さなおもちゃのようにあつかい、殺しのかみつきに必要な興奮に自らを駆り立てるか、他の刺激を得て、ようやく殺す）。この事実からもまた、ネコが見慣れない、生きた獲物にはじめて出会ったときには、恐れのために、遊びでのような大胆さや学習した自由な動きを忘れてしまうということが証明される。おとなのネコはとても小さな獲物に対しては、それがたとえはじめて出会った動物であっても、それほどの恐れを感じない。

それまで経験のなかったネコがはじめて殺しのかみつきをしたあと、つまりいったん「方式どおりの殺しの体験」をしたあとは、しばらくの間は獲物を見ただけで、殺しの欲求が他のすべての欲求を圧倒する。どんな獲物もただちに攻撃し、できるだけすばやく殺そうとする。獲物捕獲行動を構成するその他の行為は、純粋な欲求行為としての役割に追いやられてしまう。この時期にネコは、すでにくわしく述べたとおり、殺しと食物を手に入れることとの関係を理解する。たとえそのネコが以前に死んだ獲物を食べた経験があったとしても、はじめて獲物を殺す段階では、そのことと食物の入手との関係は、はっきりとはわかっていないのである。だから私たちは、ネコが生まれてはじめて獲物を殺すようすを観察するたびに、ネコがまるで自分の行動の結果におどろいているような印象を受ける。ネコはなぜ獲物が動かなくなってしまったのかわからないといったようすで、ときには獲物が食べられる状態にあることに「気づく」のにさえ、しばらく時間がかかる。えり首へのかみつきという行為と、生きた動物が食物に変化するという現象の間の関係を理解するには、ネコは何回もの殺しを経験しなければならないのだ。いずれにせよ、欲求行動としての殺しをふくむ獲物捕獲行動の全体が空腹によって活性化されるようになるのは、ネコがある程度まで獲物を殺す経験をつんだあとであるようだ。

さて、そこで注意を引くのは、子ネコにせよおとなのネコにせよ、すべてのネコがはじめて獲物を殺したあとしばらくの間は、「典型行動」つまり目的にかなった方法で即座に獲物を殺すようになるが(一〇頁、一〇〇頁以下)、その後ふたたび、以前のような、獲物に対する「不完全な」行動に逆戻りしたかのような行動をとる期間がくる(ライハウゼン　一九六五b)ことである。実はネコは、「すべては何のためになるのか」を知ったいま、**実験**をはじめているのである。**ここにきてやっと、**はじめて獲物を殺すより前に、すでに死んだ獲物や物との遊びなどである程度は習得した動き方を、今度は生きた獲物でためしているのである。いまこそ、「首のくびれへの走性」が、「意識的」にえり首をねらったかみつきになるのである(一三〇頁、一三四頁)。歯や手、側面にまわりこむ策術などで、獲物をなんとかしてえり首へのかみつきに都合のよい位置に持っていくための方法は、それぞれの状況しだいで、そしてまた個々のネコによっても、実にさまざまである。こうしたあらゆる方法を、ネコはいまこそ**習得**するのである。習得を**導くのは、つねに**生得的な本能運動と走性であるが、習得が進むにしたがって、「真剣な」獲物捕獲では本能運動と走性に代わって、習得された方法がますます多く使われるようになる。

さて、獲物捕獲行動の「消耗」についての実験からは、もう一つの興味深い結果が得られた。それは隙間(すきま)や穴が獲物捕獲行動を引き起こす強い効果をもつ、という事実である。ネコがいそいで一匹のマウスを食べながらも、次のマウスから目を離さないという例を前に紹介した。このネコは、二番目のマウスが逃げこめそうな穴のすぐそばまで来ると、即座にそのマウスをとらえる。とくに実験の終わりごろには、穴の方が、自由に走り回るマウスそのものよりもネコの注意をとらえるようになる。そうなると、ネコはマウスなど入っていない穴の前で待ち伏せをし、当のマウスの方は自分の鼻先で走り回っているのに、それにはまったく注意をはらわなくなる。この行動はまた、ネコが完全にすみずみまで見わたせて、どんな隙間も手を入れてさぐり出すことができるような空洞でもおこなわれる。

このような「隙間への欲求」は、獲物捕獲に関係した状況のほかに、ネコが未知の空間を調べるときや子ネコの遊びにおいてもみられる。この欲求が生得的であるのはたしかである。それは、以下の観察も証明している。ネコはマウスが隙間や穴に姿を隠すおそれがあるときには、すぐに突進するくせに、マウスが檻の金網の格子をくぐり抜けて逃げてしまえることは、多くのネコが一生学ばないのである。だから、マウスはネコにまったく阻止されることなく金網の格子に近づくことができるし、それどころか抜け出てしまえる。こうしたことから見ると、M12（一五六頁以下）の実験で、獲物捕獲気分が完全に消耗したあと、新たに回復してくる興味が、まずは平らな石の下にすわっていたマウスに向けられ、自由に走り回っていたそれに向けられなかったのも、決して偶然のことではないのだ。

サーバルの「釣り遊び」は、これよりさらに極端である。サーバルはしばしば、マウスや小さなラットを即座には殺さない。それらの獲物を箱や倒木の下、あるいは穴の中にいったん逃れさせ、それから前足でもう一度、追い出そうとしたり、引きずり出そうとしたりする。獲物が隠れ場所を自分で見つけられないと、その獲物の背中を歯でそっとくわえて拾い上げ、隙間や穴などのそばまで運び、そこで放す。それでもまだ獲物が穴にすべりこまないと、わざわざ前足で獲物を穴に押しこんでやり、それからすぐにそれをふたたび「釣ろう」とするのだ。これと似ているようにみえるイエネコの行動とはちがって、サーバルの行動は不器用とか偶然といったことではなく、意識的におこなわれている。サーバルが生きた獲物の代わりに樹皮の小片のような小さなおもちゃを遊びに使うときに、この点はとくにはっきりわかる。

つまり動物は、最初は同時には視界に入っているわけではない二つのものをいっしょにして、それらを適切に操作するようになってからはじめて、遊ぶことができるようになるのである。これはまだヴォルフガング・ケーラー（一九二一）が(誤って)、チンパンジーでもできないと信じていた能力である。動物はこのような特殊な遊び状況をつくり出すときに、生物学的にみれば、欲求をかなえるためには不必要どころか、まさに愚にもつかないようなことを学習するのである。とらえたマウスを殺しも食べもしないで、また穴に押しこめるなどというのはまさに無意味にみえる。この場合は、行為が目標を達成するわけではない。つまり、すぐにでも生命にかかわる必要にせまられてなにかをするのとちがって、遊びでは、動物は動作と対象物についての経験をはるかに広範囲に構築するのである。

　このことがすでにネコの段階でもどの程度できるかは、次の観察からわかる。「スマッジ」(ベンガルヤマネコの雑種第一代、一〇五頁の**図40**b)は、おがくずを入れた木製の箱をトイレとして使っていた。その時はちょうど、前にかき掘った溝をふたたび平らにしているところだった。かき掘っていた前足の甲が、たまたまおがくずの山の「尾根」に突き当たって、おがくずが舞い上がり、木箱の外に扇形に散らばった。するとスマッジは即座に作業を中断し、頭を前に伸ばして、木箱のふち越しに外をながめた。それから同じ運動をさらに三、四回くりかえし、そのとき、おがくずが舞い上がるたびに作業を中断しては、とても注意深くおがくずの行く手をたどった。つまり、なんとなく前足を振ったりしたのではなく、目的を定めて、はっきり区別のつく個々の動作をしたのである。それからスマッジは満足そうにおがくずをさらにかいて、溝にかぶせて平らにならした。それ以前に私は、ネコがなんらかの物体を前足の甲で押しのけたり、突きのけるのを見たことは一度もないし、そのような動作が生得的におこなわれる状況や、この動作を必要とする機能を知らない。したがって、このネコはたまたま「意図せずに」ある動作をし、それが起こした結果に気がついて、それに興味をもったのだ。しかも、この結果を起こした動作がどれであったかを理解することができて、それからは何回もその動作を今度は意図的に、そして正確にくりかえすことができたのである。

　この事実はまさしく、**ネコぐらいの発達程度の哺乳類ですでに、正真正銘の実験ができる**ということを意味している。だから私は、一六九頁でも意識的に「ネコが実験する」ということばを使ったのである。ただし、ここでいう実験は、たんに古典的な行動主義がいう「試行錯誤」、すなわち動物が最初はただやみくもになにかを試みて、錯誤の確率も偶然の確率と等しくなってしまうような実験ではない。ネコは最初に、「試行」より前にすでに、たとえとてもわずかではあるにせよ、ことの脈絡関係を理解するのである。動物は一定の成功をたんに期待しているだけなのではない。この成功も「実験の準備」のおかげで、錯誤よりも確率が大きいのである。

　しかし私たちはだまされてはならない。欲求行為が習得されるときに、本能運動のパターンが一部組み入れられる。だからといって「経験による、動物的本能の改造」(ビーレンズ・

デ・ハーン 一九四〇）といったことになるはずはない。**本能的動作パターンは習得されたことすべてとならんで、純粋なままで残り、完全に機能を保持する**からである。「典型行動」と習得された動作とは、パターンの経過のしかたが似ているが、一体どこでこれらを区別できるだろうか。ネコの獲物捕獲行為については、あらゆる留保つきで、次のような識別の基準を提案したい。

私は典型行動を記載するときには、すでに何度も「やみくもに」という表現を使う必要があった。いくつかの動作の経過を私は「中枢で制御された」ということばで表現した（二七頁、八二頁）。これらすべての基礎になっていることは、サイバネティック（ハッセンシュタイン 一九六〇）の表現方法を使えば、ほぼ次のように言うことができる。すなわち、ネコが待ち伏せ姿勢からとびかかり、殺すにいたるまでの純粋に「典型的経過」が外受容によって制御されるのは、とびかかりの前までだけであり、そのあとはもはやまったく、あるいはわずかにしか外受容によって規定されない（自己受容の制御は損なわれない）。だから、ネコがとびかかっているあいだに、獲物が予知しなかったような動き方をしたり、予想もしない方向に動くと、たいていネコはその目標からはずれてしまう。このような場合、ネコはたいてい行動を修正しようともせず、いったんいくらか退いて、それからもし可能なら、攻撃を新たにはじめる。ブレームはライオンが逃した獲物をそれ以上追跡しないで「恥じ入った」例を報告しているが、この行動もここからきている。

これに対し、習得された動作というのは、かなりの程度まで外受容的に制御される。これは習得された動作の長所でもあるし、短所でもある。外受容によって制御するには、時間（たとえほんの一瞬だけでも）が必要だし、持続的観察もいる。「落ちついて考える」必要があるとさえいえるのだ。だから、本能行動が必要とするような高い興奮と一瞬のすばやい行為といったことは、外受容による制御とは相いれない。それだからこそ、純粋に本能的な行動様式の一組は、同じ目的のために働く習得された行動様式の一組がそれと平行して構築されても、なくてはならないことには変わりがない。動物は本能がその本来の形としては残らないほどまで本能を「改築」することはまったくできないはずである（一六八頁も参照）。むしろ本能はもっと変動的な、経験したそれぞれの状況にも適応できるような行動様式のシステムを構築する。だが、本能自体がその中に埋没して消滅することはない。本能はこれによって自らの負担を一部軽くするが、指導権はもちつづけるのだ。本能だけが欲求をつくり出す。英語では「The consummatory act is always innate.」(完了行為はつねに生得的である)(クレイグ 一九一八)。

これは決して小理屈ではなく、神経学的実験によって裏づけられている。W・R・ヘス(一九五四)が研究して以来、ネコそして他の多くの哺乳類で、多くの本能運動、もしかしたらすべての本能運動を構成する個々の成分を**調整する中枢**が、間脳にあることが知られている。一方、この構成部分そのものは中脳の脳橋の包被にあるようである(ベルントソン 一九七二、一九七三)。ただしバンドラー(一九七五)は実験をして、中脳こそがこの完全な調整をする能力をもつと述べている。中脳の腹側正中の、脳橋と出会う部分に電気刺激をあたえると、ネコでは「視床下部の側方の刺激で引き起こされるのに似たかみつき攻撃」を引き起こすという。バンドラーはこれだけしか行動を記載していないので、判断はむずかしい。この現象の基礎となる神経機構について、バンドラーが試みた解釈については、ここでは検討できない。けれども、かれの解釈はきわめて可能性が低いとだけ述べておこう。随意運動が大脳の前運動野(Area praemotorea)で調整されることは、それよりはるかに昔から知られている。フォン・ホルストとミッテルシュテッツ(一九五〇)のいうような、ある一連の動作とその遠心性コピーの全インパルスパターンをそのつど発信する中枢の機関は、随意運動のための「運動の型」と本能運動のためのそれとでは、そなわっている箇所が、少なくとも哺乳類の中枢神経系では、空間的に遠く離れている。だからといって、両者が動作パターンの一定の部分を共通してもつことには変わりがない(ライハウゼン 一九五四)。

ある動物の一定の行動様式が生得的なのか、経験で習得されるのか、「固定的」なのか、「可塑的」なのかということについてはすでに長いこと論議が戦わされ、両立場の擁護者たちがそれぞれの自分たちの主張のためにすぐれた、ある程度は受け入れざるを得ない根拠をあげてきた。けれども、いまだに一つだけわからないことがある。なぜこれらの人々は、本能か学習かの二者択一が重要なのではなくて、両方の機能様式が仲良くとなり合わせて、おたがいと密接な共同作業をしながら一つの有機体に存在しているかもしれないとは考えなかったのだろうか。正常に成長し、経験をつんだネコはいずれにせよ、獲物捕獲のための純粋な本能運動の完全な一組を持っていると**同時に**、習得された運動様式という、個体ごとにさまざまで、多少とも内容豊かな宝をもっている。そしてこれら両者は、同じ目標のために働く。それどころか、たとえばライオンなど一部の種は作業をおたがいに分けることも

学習する（三二頁以下、一七六頁以下、一八三頁以下）。

レンペ（私信、一九六四）は、ある機能をもつさまざまな本能行為と習得された欲求行為とのこうした共同作用と、コンピューターを使うときのいわゆるサブルーチンテクニックとがとてもよく似ていることを指摘してくれた。メインプログラムからサブルーチンへととびこみ、後者を実行してからメインプログラムをつづけることで、さまざまなサブルーチンから複雑なプログラムを築きあげていくのである。さらにサブルーチンの側自体もまた、べつのさまざまに異なったサブルーチンをつかうことができる。重要なプログラムとサブルーチンは、いわゆるベイシックプログラムに編成される。ベイシックプログラムはとてもひんぱんに利用されるので、X-1計算機においてはそのようなプログラムが固定的に配線されている。これを「生得的」とみなすことができよう。コンピューターの使用者は短いプログラムを書き、これらの短いプログラムが読みとられたあと、「獲得された」プログラムとして、次にさまざまなサブルーチンの相互作用を起こさせる。こうして完全に新しい計算計画ができあがる。この経過は「プログラムの分岐」を通して、配線されたプログラムにおいても、読みとられたプログラムにおいても、さらに経過が変化する。最初から配線されたプログラムと読みとられたプログラムのこのような相互作用は、生得的行動様式と習得される行動様式の共同作用のすぐれたモデルといえるようである。

f　個体ごとに、種ごとに異なる狩りのテクニック

これまでさまざまなネコの種について、個々の個体またはいくつかの個体群で、獲物捕獲行動を調べてきた。獲物の発見、追跡、捕獲、殺しなどにおける行動様式を観察してきた。これらの観察結果からだけでは、なにが生得的でなにが獲得されたものかということについてはいえない。ここでは簡単な記載と記録からの抜粋をいくつか紹介して、これからまだおこなわれる必要のある分析的な研究がどのようなものかをしめしたい。

チーターの狩りの方法はしばしば、オオカミ、リカオン、ブチハイエナのような群れで狩りをする動物の追跡型の狩りに匹敵するといわれる。けれども、このような類似点は体の構造の類似と同じく、表面的なものである。群れで狩りをする動物にとって、決定的な役割をはたしているのは速さではなく、持続力である。これらの動物はしばしば、自分たちと同じぐらい足のはやい、あるいは自分たち以上に足のはやい獲物を追跡によってまず消耗させ、それからとらえる。

これに対し、チーターのスプリントは基本的には、他のネコ類でみられる獲物へのとびかかりが距離的に延長され、速度が上昇したものに過ぎない（一六頁以下）。チーターは、持続力では自分よりすぐれた獲物にすばやく突進して、短距離の内に追いつく方法にたよっている。たいていの場合チーターは単独で狩りをするから、あらゆる方向に敏速に向きを変えて逃げる獲物を自分で追わなければならない。群れで狩りをする捕食者の場合は、獲物が向きを変えると、いままでいくらか後ろの方を走っていたメンバーが、獲物目がけて斜めに突っ切って、今度は追跡の先頭に立つ。チーターはせいぜい四〇〇メートルの短距離スプリントをして、それで獲物に追いつけなければ、ふつうはあきらめる。ライオンですら、一頭のシマウマを五〇メートル、それどころか一五〇メートルも追跡することができるのとくらべると、一見いかにも大きそうなちがいも、それほどでもないことがわかる。

群れで狩りをする捕食者とのちがいをもっとはっきり見せるのは、チーターが獲物に追いついてからの行動である。群れは獲物の体の一部、ふつうは後脚、わき腹、首などにかみついて、獲物を押さえておこうとするか、じかに獲物から肉を引きちぎる。一方、チーターの歯、そして頭から首にかけて、筋肉系はこれには適していない。だからチーターはまずべつのやり方で獲物をたおしてからでないと、歯で獲物の喉（のど）にかみつくことができない。それにはまず最初に自分の速度をおさえ、他のネコとまったく同じように（二〇〇頁の**図10**c－e参照）、体重を体の後部に移す。それから獲物が相対的に自分より動きがおそい場合には、両手で相手の臀（でん）部を押さえつけ、後方に引きたおす。いくらか動きのはやい獲物では、片手で腿（もも）またはわき腹をつかんで引き、相手にバランスを失わせてたおす。このときにチーターは親指のよく発達した、がんじょうなかぎ爪をたくみに使う（一八〇頁参照）（イートン一九七二b、一九七四）。

一方、獲物が非常に敏捷（びんしょう）だと、これら二つの方法ではチーター自身がバランスを失って、すばやい対応ができなくなることもある。それでこの場合には、獲物の一方の後脚がちょうど地面を離れている瞬間に、つまり前向きに勢いをつけたときに、その後脚の前に自分の片方の前足を出す。それで獲物は前方につんのめってたおれるか、もんどり打ってひっくり返る。つまりチーターは、しばしば記載されているように、獲物の両方の後脚を横向きに打ちはらうのではなく、「片足を出してつまずかせる」のである。これは他のネコ類もおこなう。たとえばトラやアフリカゴールデンキャットの子が遊びで見せる。ときにはこれが「スローモーション」でおこなわれるので、動きの流れが一つ一つ正確にわかる。このときかぎ爪は、親指のそれもふくめて、引きこめられたままである。シャラーは一頭の雌ライオンが同様の方法でシマウマをたおすようすをスケッチした（一九七二の図版29）。この方法の大きな利点は、捕食者とくらべて獲物の体がたいへん大きくても、獲物と体をしっかり組み合わせることがないので、獲物がたおれたときに、捕食者までがいっしょにたおれる危険がないことである。それに、獲物がふたたび体を起こして逃げる体勢をととのえるまでに時間がかかるので、捕食者はその間に走るのをやめ、向きを変えて獲物の首をとらえることができる。

エヴァー（私信）によると、このようなことをするとは予想もしないような他の種、たとえばジャガランディも、チーターと同じあるいはとても似た狩りの方法を使うという。

ライオンが単独で狩りをするときの追跡の方法と殺し方は、ここで他のネコ類について記載したのとすべての点で同じである（くわしくはシャラー　一九七二参照）。けれどもライオンはまた、ネコ類としては唯一、共同で狩りをする行動も発達させた。すでに昔からいろいろな人々がこれについて報告しているが、複数のライオンが同一の獲物あるいは同一の獲物の群れを追ったという事実を偶然の結果として理解する人もあれば、意識的に遂行された巧妙なトリックと解釈する人もいた。シャラーは一連のこうした共同の狩りを正確に記載し、その経過をスケッチした（一九七二の二四八〜二五二頁、図版42）。状況しだいでは、ライオンの共同作業が偶然起こる可能性もあるとシャラーは述べている。けれども通常の例については、この説明では足りない。

八頭までの、あるいは（まれではあるが）それ以上のライオンがいっしょに出動して、大きく横に広がって一列をなす。そのとき左右の側面位置につくライオンは急いで散っていき、左右の距離は二〇〇メートルにまで広がる。一方、中央の位置につくライオンはゆっくり進むか、少しも動かない。すでに列ができあがっているときでも、左右のライオンの方がはやく進むことが多い。獲物動物は両側から包囲され（ただし側方からの包囲に参加するライオンの数は少なく、しばしば一頭だけである）、ときには周囲をぐるりと囲まれて、逃走へと転じたときには、追手のいる方向へと走らなければならなくなる。全過程を通じて、狩りのメンバーはつねに自分の位置と仲間との関係、および獲物との関係を意識し、群れがつくりあげた鎖内のそれぞれの位置に応じて、自分の役割をはたさなければならない。三二頁と一八三頁で、二頭のライオンが獲物を自分たちの間にはさむ方法を紹介したが、群れでの狩りも基本的にはこの方法を空間的に拡大し、参加するライオンの数を増やしたバージョンにすぎない。ライオンがこのとき自分がしていることを、そして状況にどのように合わせるべきかを知っているかどうかは、以下のザイールのヴィルンガ国立公園での私の観察が、一番よく物語っている。

　ルチュル川の岸辺の段丘に二頭のコーブ（ウォーターバックの一種）が、おたがいから約七〇～八〇メートル離れて立っていた。段丘はまっ平らで、ごく短い草におおわれ、そのほかはところどころに小さな灌木の茂みがあるだけだった。私は近くの高さ五メートルの段丘から、この光景をすばらしくよく見わたすことができた。コーブたちはなんとなく落ちつきがないように見えた。やがて私は、そこから約二五〇～三〇〇メートル離れた茂みaの後ろでなにかが動くのに気がついた。雄のライオンの頭があらわれた。やがてこのライオンは体を起こしてゆっくりと左の方に、約六〇～七〇メートル離れた茂みbへと歩いていき、その後ろに消えた。すぐに二頭目の雄ライオンがaを離れ、先のライオンにつづいて茂みbの方に歩いていった。すると最初のライオンはbを離れて、bとaとの間隔と同じぐらいbから離れている、もう一つ別の茂みcへと行った。a―b―cをむすぶと、私から見て近い方にいるコーブの位置を中心とする円の四分の一の弧になる。私から遠い方にいるコーブ、つまりライオンから近い方のコーブはいままでは落ちついて、草を食べていたが、もう一方のコーブはますます興奮してあちこち歩いていた。それでもこのコーブは、先の円の中心から一〇～二〇メートル以上離れる方向には行かなかった。両コーブのうちのどちらが狩りの標的にされているかは明らかだった。

　すると、茂みaからもう二頭の雄ライオンが頭を出した。そのうちの一頭は右手、茂みdに向かい、最初の二頭のライオン1と2はもっと大きな円を描くように動きはじめ、「ねらわれた」コーブがいる位置はいまや、この新しい半円の中心になった。事情によって私は、この狩りのなりゆきを見定めることはできなかった。だがこれまでの段階からでも、いくつか重要ことがわかる。

1　ここは植物がまばらなために身を隠す場所が少なく、二頭のコーブからすべて見られてしまう。ライオンたちはこれを知ったうえで、こうした動きをとった。それでもコーブは、ライオンが囲いこみはじめても逃げ出そうとはしなかった。

2　合間あいまにライオンは茂みの後ろに隠れた。そのたびに、しばらくはコーブは落ちつきを見せた。おそらくそれが逃走気分の高揚をおさえたのだろう。そのために、明らかな意図的動作をするだけで、本物の逃走へとは踏み切らなかったのかもしれない。

3　ライオンの動きは最初から、自分たちから遠い位置にいるコーブをねらったものだった。二頭のコーブの行動は、かれらもこれをとっくに知っていたことを証明している。だが人間の目には〝もちろん〟逆、つまりライオンから近い方のコーブがねらわれているように見えた。私もコーブたちの行動を見てからやっと、自分の推測がまちがっていたことに気がついた。

4　けれども、まさにこのことが、そして次々に出てくるライオンの作戦行動が、ライオンたちが最初から、(a)同一の獲物をねらっており、(b)おたがいに無関係に動きを開始していたわけではなかったことを証明している。

5　ライオンたちは最初から最後まで、標的を見誤ることはなかった。これもまた両コーブの行動が証明している。

これらすべてから、ライオンたちには最初から完成した「作戦行動」があって、ライオンたちがそれについて理解していたと結論するのはたしかに性急すぎる。私には見てとれなかったなんらかの理由から、ライオンに近い方の位置にいたコーブをねらっても成功の見込みがないことをライオンが知っていたなら、それで十分である。けれども、一歩一歩展開する戦略がそれぞれのライオンの動きの偶然によってのみ導かれていると仮定するには、偶然における神の摂理を相当信じなければならない。いずれにせよ、両コーブはライオンたちが一番最初の動きをしたとたんにもう、ここにはなんら偶然はないことを知っていた。実際にはライオンの能力はどれほどまで進んでいるのか、子どもが成長するときにどのような経験がこうした能力を促進するのか、共同の狩りをするための質的、量的な能力の差は群れどうし、個体群どうしの間にあるのか、こうした問いすべてに答えるには、長期的で持続的な、くわしい調査が必要である。ライオンが狩りをねらいどおりにおこなうにはどのようにして、またどの程度までおたがいが理解しあい、事態を予測する必要があるか、といったことについてなにか述べるには、こうした調査を待たなければならないのである。

野外で長い間ライオンを観察してきた人たちは口をそろえてこう言う。雄のライオンは雌よりも狩りをするのがまれで、たいていは雌の獲物を横取りするだけで満足している、と。たぶんこれは当たっているのであろう。けれども、これを誇張して考えすぎないよう注意する必要はある。シャラー自身も、かれが報告した数は雌に関する事例の数が大きくなりがちになる、という欠陥があると述べている。雌の方が観察しやすいし、またひんぱんに見られるからである。単独あるいは二～五頭からなる小さなグループで徘徊（はいかい）している「放浪の」（二七二頁参照）雄ライオンはいずれにせよ、たいてい自分で狩りをしなければならないし、もちろん実際にそうしている。先に紹介した四頭の雄ライオンは、もしかすると、このような放浪グループをつくっていたのかもしれない。ある点では、雄は雌にやはり勝っている。おとなのスイギュウやキリンといった非常に大型で危険な獲物動物を攻撃して殺すのは、もっぱら雄である。**図21**（三三頁）のスイギュウは雌であったが、それでもこれを殺したのは二頭の雄ライオンであった。雌ライオンはそのあとやって来て、食事に参加したのである。つまりここではもう、ふつうに言われる図式の逆が実現しているのだ。そのほかにも、本書の例や図では、雄のライオンが獲物を殺している。とはいっても、先に述べたように、あれほど多くの観察者たちがそれぞれ独自に確認している通例が疑われることがあってはならない。私がこの本であげた事例の多くは、インドのギル保護区で観察されたものである。ここでは、どのライオンをさがしだして、その生け贄（にえ）となるスイギュウを「贈る」かは、ほとんどレンジャーによって決定される。もしかするとレンジャーは、観光客に見栄えがやや劣る雌ライオンよりも、堂々とした姿の雄ライオンを見せたかったのかもしれない。

マライヤマネコはマライ半島、スマトラ、ボルネオの沼沢地、とりわけマングローブの沼地にすみ、カニ、浅瀬にいる魚、トビハゼなど沿岸生の魚を捕食する。生活様式が直接観察されたことは、私の知っているかぎりではこれまでない。マライヤマネコでは足指の間の皮膚（ひふ）がスナドリネコよりもさらに発達しており、歯にはネコ科の他のすべての種とは異なる特徴がある。私が飼っているマライヤマネコ（雄二頭、雌二頭）は、おもにマウスと体が小さめのラットを餌（えさ）としてあたえられ、すくすくと成長している。マライヤマネコはラットを他の小型ネコ類と同じように、えり首にかみついて殺す。けれどもマウスが相手のときには、急いでかみついてはそれをすぐにまた放すか、わきに放り投げ、ふたたびかみついては放す、ということを何回もくりかえす。かみつく合間にしばしばマウスを前足で、自分の方に向けてころがす。これはヨーロッパケナガイタチがカエルを「コテンコテンにやっつける」行動（ゲーテ　一九四〇、アイブル－アイベスフェルト　一九五五）と似ているが、動き方はヌママングース（*Atilax*）（アイゼンベルクとライハウゼン　一九七二）のそれにもっとよく似ている。

飼育下でのこの行動、ならびに野外での行動を記録したと思われる文献からヒントを得て、私たちはマウスをバスタブ(六五×四五センチメートル、水の深さ八〜一〇センチメートル、マライヤマネコたちは水浴びをするのが好きで、よく入ったが、水が深いところは避けた)に投げこんでみた。マライヤマネコたちはマウスが水の中にいるのを見ると、床など乾いたところにいるマウスを見るよりも、はるかに興奮する。ネコたちはバスタブの外からだけでなく、水中に立って、マウスを手や歯で水中から取り出そうとする。前足を大きく広げ、たびたびバスタブの底をさぐるように動かす。アライグマやヌママングースも、これをマライヤマネコよりももっと根気よく熱心におこなう。つまりマライヤマネコは、これら二種の動物や他の小型食肉類との収斂(しゅうれん)で、浅瀬や岸の泥に生息する小動物の狩りに適応した行動様式を発達させたのである。私たちがそれまでにマライヤマネコでこの行動をはっきりした形で観察できなかったのは、マウスがあまりこの行動に見合うような獲物ではなかったからであろう。くわしい研究は現在進行中である。

私はスナドリネコとクロアシネコが、激しくもがく獲物(ラット)を打ちたおす特別のやり方を目撃した。これらのネコは、ゆっくりと後方からずり寄ってラットにおおいかぶさり、獲物の体の両側で前腕を地面にぴったりつけ、獲物の体全体を前腕と胸と地面の間で固く締めつける。そのとき頭は、獲物のえり首に当たるように十分後方にたもって、もがくラットのえり首をしっかりくわえるのに適当な瞬間がくるのを待つ。このやり方はキノボリジャコウネコ(*Nandinia*)(ライハウゼン 一九六五b)で記載されているのとよく似ている。ちがうのは、スナドリネコとクロアシネコが静かに機の熟するのを待って、えり首のかみつきを確実にねらうのに対し、キノボリジャコウネコはめったやたらにかみつきをくりかえす点だけである(一三一頁の図**43**b参照。ただし、ここではネコとラットがおたがいに「誤った」方向づけをしている)。このようなやり方で獲物を押さえるときには、チーター(一七五頁)の場合と同じく、親指のかぎ爪が重要な役割をはたす。

あるアフリカゴールデンキャットは、ニワトリをとるときに、次のような方策をとった。このゴールデンキャットは檻(おり)の中にいた。ニワトリは屋外の囲いの中をあてもなく走っているうちに偶然、この檻に入るくぐり穴から一メートル以内のところまで近づいた。その瞬間、ゴールデンキャットは穴からひと跳びで突進し、ニワトリにはふれずにとび越えて前足をニワトリの向こう側につき、ふんわり宙返りをして着地した。それからぐるりと体を一回転させて、頭をニワトリのすぐそばにつけるようにして地面に横たわった。次の瞬間にはニワトリの肩をとらえて前足で押さえつけ、頭のすぐ下の首にかみつき、檻の中に運んだ。

すでに記載した（一八頁以下）ように、ある雄のイエネコも、スズメをとらえたときにこれと似たようなことをしたのだが、私はそれが、やみくもな熱狂によって起こった「事故」だと思った。しかしゴールデンキャットでは、これらすべてが正確に計算しつくされた「当然のこと」のように見えた。このように近いところから攻撃したのだから、ゴールデンキャットがまちがってニワトリをとび越えてしまったということはほとんどあり得ない。むしろある特別な、おそらくは多くのネコの種に固有な奇襲のテクニックが関係しているように思える。実際、獲物がネコと正面から向かい合っているときには、その背中側に達し、そのすぐ後ろで一瞬で一八〇度方向転換をして、獲物に体勢をととのえなおす隙（すき）をあたえずにすぐにとらえるためには、物理学的にいっても、運動生理学的にいっても、このようにして体を宙返りさせるほかないのである。

ヒョウはこの方法の変形を使った。次の観察記録からは、獲物が予想もしない行動をとったときに、ヒョウがどのような攻撃方法をとり、どれほどはやく機転をきかせるかがよくわかる。

記録

「サザン・ギル、一九六九年一一月一〇日　一頭の大きなヤギを、観察場所から約一〇メートル離れた杭（くい）に長さ五メートルのロープでつなぐ（ふだん餌としてあたえられる動物はもっと短いロープでつながれていたのだが、私がたのんで、ヤギが広い範囲を自由に動けるようにしてもらった）。はじめヤギはしきりにないていたが、しばらくするとおとなしくなり、あちこちで草を食べる。いつもどおり宿屋と村からの雑音が聞こえるほかは、あたりは静まりかえっている。

約一時間半が過ぎたころ（二二時二〇分）、ヤギは頭を向かって左手に向けて、観察地点の私に対して横向きに立っている。ガサガサという音が聞こえてきて、ヒョウが右手の奥から、あかりで照らされている空き地を横切って、ヤギに向かってギャロップしてくるのが見える。ヤギはいまになってやっと捕食者に気がついたらしく、走って逃げる。ヒョウがちょうどヤギと並んで走るところまできたとき、ヤギはロープに引っ張られて方向を変えざるを得なくなる。ヒョウは明らかに、ヤギのこれまでの動きの方向に合わせて自分の攻撃を計算していたらしく、そのままの方向で進めば、一～二メートル先でヤギをとらえることができたはずだった。だがヤギが方向をかえたので、ヒョウは四本の足すべてでブレーキをかけ、後ろ足で半円を描いてすべり、なかば仰向けに、なかば左の体側を下にして、横たわる姿勢になる。それと同じ瞬間にヤギの方は方向転換を完了して、逆方向に急いで逃げようとする。ヒョウは横たわった姿勢のまま、体の前部を地面から一気にいくらか起こして、前足をヤギの首の両側から巻きつけるように出して（一四二頁の**図47**s参照）、ヤギを引きおろし、喉にかみつき、そして**図45**a（一三七頁）にとてもよく似た姿勢をとったところで終える。そのあとさらに二回ほどかみなおす（一一六頁、一二〇頁）。この瞬間に、私はかんでいる位置をもっとよく見るために、夜間用双眼鏡をもち上げた。慎重にそっと動いたのだが、それでも、薄いござの後ろでおこなわれたこのちょっとした動きにヒョウは気がついたらしく、ヤギを放し、ギャロップで去る。

ヤギはまだ何回か呼吸をし、脚を九〇秒間、規則的に痙攣させる。それから私はヤギに近づいて調べる。かみつきは一九六八年（一三五頁以下）に二回確認されたのと同じく、喉と両下顎骨を横切っており、首が折られてぐらぐらになっている。首の下の小さな動脈は裂かれているらしく、手のひら大約二個分ぐらいの鮮やかな血の塊が地面に広がっている。私がヤギのところに着いたときには、出血はすでに止まっている。これ以上のくわしい調査は差しひかえる。ヒョウがもどってくるのを待ちたいからである」

この観察や、以前に簡単に紹介した（一三五頁、一四二頁の**図47**）ライオンの観察に対しては、獲物をこのようにしばりつけたのではあまりに状況が人工的なので、その観察結果から、これら大型ネコ類が正常な状況ではどのようにして獲物を捕獲するのか、あれこれ推測するのは無理なのではないか、と反論することはたしかにできる。ある程度まではそのとおりである。それでも獲物がつながれているという状況が捕食者にとって、正常な場合よりも容易であるとは決していえない。まさにその逆で、このような状況での獲物捕獲という課題は、捕食者にとってきわめてむずかしいという印象を私はたびたび受けた。なぜなら、獲物は攻撃をされたときに、攻撃者の予想に反して、逃げないでその場にとどまってしまうからである。このような状況に出会ったライオンはためらい、攻撃を中断して、いくらか離れたところで長いことじっとして、獲物を疑い深くながめたあと、やっともう一度試みを敢行した。こうした例を私はしばしば見た。次に紹介する記録の抜粋からも、これがとてもよくわかる。

記録

「ギル保護区、一九六九年一一月一三日　一五時三〇分頃、大きなスイギュウを連れてその場に着くと、目撃されたという報告のあった二頭の雄ライオンのうち一頭だけが、そこにいた。私たちは、映画撮影をするのに適当な視界と明るさのある場所までスイギュウを連れていく。そのライオンはしばらくためらうが、やがてあとをついて来る。ここでスイギュウをつなぎ、私たちは約二〇メートル離れたところに退く。数分後、ライオンはスイギュウに突進するが、スイギュウがライオンに抵抗して角を下げ、鼻をならすと、すぐに後退する。ライオンはスイギュウの後ろにある茂みの中に退却し、そこで横になる。ときどきスイギュウの方をながめる以外はうとうとしたり、眠っているように見える。

　一七時ごろ突然もう一頭の雄ライオンが左手から姿をあらわし、ゆっくりと約六～八メートル離れたところまでスイギュウに近づく。スイギュウはこのライオンの方を向く。すると最初のライオンがすぐに立ち上がり、スイギュウの方にまっすぐには行かず、やや迂回するように歩いてスイギュウの背中の側にまわろうとする。(両ライオンは三二頁以下に記載したトリックを使おうとしている)。スイギュウは向きを変えようとするが、短いロープでつながれているために半分しか回れない。両ライオンはスイギュウの両側で、おたがいにほんの二、三メートル離れてとまる。だがスイギュウの背中に到達するには、一方のライオンがスイギュウと私たちの間に入りこまなければならない。つまり私たちのすぐそばまで来る必要がある。それでライオンたちは決断がつけられずに、ただスイギュウの両側に立ちつくしている。スイギュウがいくらか左手に向くと、ライオンはもう一度これを試みるが、すぐに前と同じように行きづまる。そのあと両者はそれぞれべつの方向に一五～二〇メートルほど離れていって、そこで横たわり、スイギュウと私たちをながめる。

　長い時間が経過したのち（一八時三〇分、ほとんど暗くなった）、二番目に来た方のライオンが、とつぜんスイギュウに向かってとび出す。スイギュウは跳びすさろうとするが、ロープにつまずいてころぶ。ライオンはスイギュウをとび越えて、その背中に達し、歯で肩をかみ、押さえつける。数秒後にやっと放して、今度は耳のすぐ後ろの首の側面にかみつく。スイギュウが四肢を痙攣的に動かしたところから判断して、ほとんど即死であったと思われるが、ライオンは何分間ものあいだ姿勢をまったく変えずに、しっかりとスイギュウを押さえつづける」

もう一つヒョウの観察を紹介しよう。ヒョウはサルが休息している木の下で荒々しく騒ぎ立て、サルが恐怖のあまり落ちるのを待ってサルをとらえるといわれる。次の観察から、こうした報告の真実の核心に迫ることができるかもしれない。

記録

「スリランカのウィルパッツ国立公園、一九六八年一〇月一六日（私たちのキャンプ地近くの森縁で一頭のヒョウを一六時三〇分から観察）………とつぜん（一七時四〇分）ヒョウは遊んでいるようなジャンプを何回かして、道が森から開けた場所へと通じるところにとび出す。道の両側には枝を大きく張った高木が立っている。道でヒョウはあちこち走り回る。私はしばらくはこれがなにを意味するかわからなかったが、やがて、ヒョウが実はなにかの狩りをしているということに気がつく。ほぼ野鶏(やけい)大の鳥をとろうとしているのだ。ぎこちなく飛んでいるその鳥は、ヒョウがジャンプするたびに、ちょうど止まっていた枝から追い立てられるように飛び立ち、あちこち舞ってはべつの止まり木に移る。そのときにしばしば地面すれすれの低い、危険なところを飛ぶことがある。何度かはヒョウの手のとどく範囲に入るほどだった。ヒョウは一度は前足を高く上に突き出して、もうちょっとのところで鳥をとらえるところだった。くりかえしヒョウは待ち伏せ姿勢をとっては、枝に止まっている鳥めがけてジャンプする。鳥は、ヒョウが絶対にとどかないような高いところに止まっているにもかかわらず、ヒョウがジャンプするたびに舞い上がり、弧を描いて低く地面の方に飛び、それからふたたび上方に舞い上がって、べつの枝に移る。ヒョウは鳥の後ろから、あるいは鳥の下から同じ方向めがけて突進し、カーブを描いて飛ぶ鳥が地面にもっとも近いところまで来た瞬間にとらえようとする。ついにヒョウは、鳥がちょうど止まっている木によじ登ろうとする。鳥は森の中へと飛び立ち、ヒョウはこの遊びをあきらめる（一八時一五分）。私には、ヒョウがたまにはこの方法で鳥をとらえることもあるように思われてならない（この鳥の種類は、観察場所が離れていたことと、逆光のために確認できなかった）。

一九六八年一〇月一七日　朝、昨日の観察場所に行って、道の湿った砂についていた跡から、前日の出来事を再現し、ジャンプの高さを測ることができる。

一九六八年一〇月一八日　森の開けた場所近くで、ハヌマンラングールの一群れが興奮して、枝の間を騒々しくあばれ

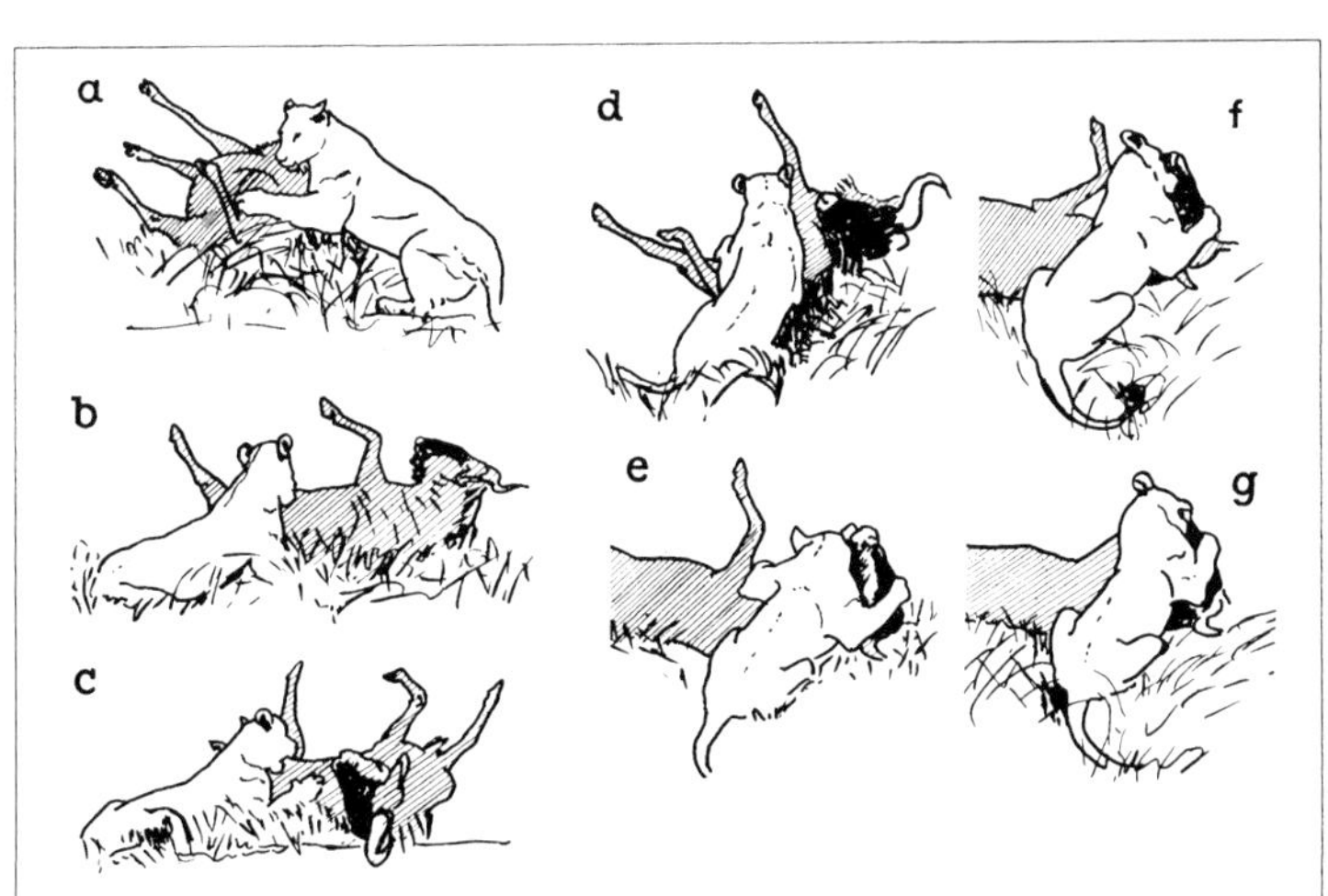

図57　ヌーを殺す雌ライオン。a）～ d）ライオンはヌーをたおして、まず腿を押さえるが、なん回も放しては、そのたびにかみつき、だんだんに獲物の体の前方へと攻撃をずらしていく。e）喉へのかみつき。右の前足で、ヌーの大きく広がった角を下向きに押さえて、後頭部を固定する。f）ヌーの下顎にかみつく。このままライオンはじっとしてヌーが窒息するのを待つ。（F.D.フォン・ヴォルフのカラー写真をもとに作図）

回っているのが聞こえてくる。空き地に着いたときには、もうなにも見えない。ジープのモーターの音がかれらの邪魔をしてしまったのだ。けれども、空き地には一頭のとても大きなヒョウの足跡が残されている。足跡からは、先日の鳥の狩り（そのときははるかにふざけた調子ではあったが）と同じ出来事があったことがはっきりわかる」

この戦術がラングールをとらえるのに、まれならず成功する可能性はかなり大きい。ラングールは木々がそれほど密生していない場所では、枝の梢からべつの木の梢にとび移るかわりに、地面にいったんおりて、地上を歩いてべつの木に移るのがふつうで、捕食者から逃れるときにもそうするからだ。そのときラングールはかならずしも一番手近の木に移るとはかぎらず、しばしば五〇メートルあるいはそれ以上も地上をギャロップで移動してから、次の木に登るのである。地上ではヒョウに容易に追いつかれ、とらえられてしまうはずである。ただし、この推測を実際に自分の目でたしかめることはできていない。アイゼンベルクとロックハート（一九七二）も、こうしたヒョウの行動を記載している。

ライオンのさまざまな殺しの方法については、すでに述べた（一三五頁、一八二頁以下）。ここでは、さらにもう一つ例をあげておこう。

F・D・フォン・ヴォルフの記録抜粋

「ケニアのアンボセリ公園にて。一九六八年九月二〇日、一二時ごろ一本の枯れ木の上に二頭の雌ライオンがいるのを発見。しばらくすると片方のライオンが木からおりてきて、シマウマとヌーの混合した一群に気がつき、群れから離れて立っている一頭のヌーに忍び寄る。攻撃自体は草木の陰になったために、正確には見えなかった。現場に向けて走っていくと、このライオンがヌーが逃げようとするところを大腿部と鼠径部へのかみつきで阻止し（**図57** a－d）、それから喉にかみついて、そのまま放さないのが見えた。このため、ヌーの動きは明らかに弱まった。しばらくののち、ライオンは前腕でヌーの角におおいかぶさるようにして額をかかえ、角を地面にぴったり押しつけて、ヌーの鼻口部を上に向けた。そして鼻口部を歯でふさいで、ヌーがそれ以上口を開けられないようにした。そのままライオンは硬直したような姿勢で九分間も動かず、その間はどのような音にも動揺しなかった。約六分後には、ヌーの最後の痙攣も止まった。ライオンはきわめてゆっくりとヌーから離れ、疲れはてて息を切らせながら目を閉じ、約二分間じっと横たわったままでいた。それからゆっくりと先の木までもどった。そこに残っていたもう一頭の雌ライオンがおりてきて、三頭の子ライオンを連れてくると、獲物をとらえた雌ライオンとともに、母子がそろって獲物のところに行った。子どもたちはヌーのこう丸をいくらかかじって食べ、それから母ライオンが獲物を物陰に引いていった。獲物をとらえたライオンはグループを離れ、約二・五キロメートル離れたところにいる自分の子どもたちのところまで、とてもゆっくり歩いていき、子どもたちを獲物のところまで連れていった。それからやっと全員そろってヌーを食べはじめた」

エロッフ（一九六四、一九七三a、b）はカラハリ砂漠のライオンが、特別にオリックスに合わせた攻撃方法をとることを記載している。オリックスの長くて尖った角は、攻撃者にとってはたいへん危険な武器で、オリックス自身もこれを効果的に使うことを知っている。だからライオンは獲物の首にはかみつこうとはしないで、ずっと後方の腰の部分にかみついて（ヨーロッパケナガイタチ：二八頁、ジャガーネコ：三五頁以下、三三頁の**図21**のn－yも参照）、衝撃的に引き上げ、獲物の背骨を仙骨の部分で破壊する。こうして下半身を麻痺させたあとは、ライオンは簡単にオリックスを殺すことができる。

ジャガーは特別の方法を使ってカピバラ（*Hydrochoerus capybara*）を殺す（シャラーとヴァスコンセロス　一九七八）。上方からカピバラの頭蓋を横切るようにかみつき、木の実を割るようにしてこわすのである。喉から顎にかけてかみついて、頭蓋を割ることもできる（ヒョウ／ヤギについてと比較。一三五頁以下）。ジャガーはスイギュウなど他の獲物を殺すときには、これとはちがったさまざまな方法を使うが、頭蓋を割ることは決してない。両著者が強調しているように、カピバラでこの方法が成功するかどうかは、頭蓋の厳密にかぎられた箇所に正確に犬歯をあてられるかどうかにかかっている。しかもその箇所の骨は、厚さが二センチメートルに達する。この一風かわっていて、邪悪な印象さえあたえる殺しのテクニックが成功するのは、おもに次のような状況があるからだ。

(a)ジャガーは体の長さではヒョウと同じぐらいであるが、頭蓋はヒョウよりも幅が広く、眼窩がやや前方にある。それに応じて頬骨弓もより長く、また大きく突き出ている。そのため、顎の筋肉はヒョウよりもはるかに大きく、がんじょうに発達している。つまりジャガーは、ヒョウよりもはるかに強くかみつくことができるのである。ジャガーの上顎―犬歯の断面は、歯槽から出たところで計ると、体の大きさが同じヒョウのそれにくらべ二〇～一〇〇パーセントも大きく、一方、歯そのものはヒョウよりいくらか短く、先端もより鈍い。つまりジャガーの犬歯は、ヒョウのそれよりもより大きな圧力に耐えることができるのである。これらの差は、体の大きさが増すにしたがってただ大きくなるだけでなく、相対成長（体の他の部分に対する比率の変化）の点でも大きくなる。私の知るかぎりでは、ジャガーの歯の質もヒョウよりがんじょうなのかどうかという調査はされていないが、その可能性は大いにある。

(b)カピバラの頭蓋の構造が、ジャガーの使う殺しの方法に合った、多くの特徴をそなえている。頭頂骨（Os parietale）は前頭骨（Os frontale）と一直線をなしており、側方にはほとんどアーチ形に反っていない。頭頂骨と側頭骨錐体（Os petrosum）の間では、側頭骨（Os temporale=squamosum）の幅の狭い翼が両側で後方へと、後頭骨（Os occipitale）までのびている。この翼の下側のふちは側頭骨錐体との縫合部で陥没して溝をなし、この溝は後方に向かってより深くなり、そのふちは鋭い。ジャガーの犬歯がカピバラの頭蓋を十分幅広くくわえれば、犬歯はそのまま、内側へとかたむいている側頭骨錐体に沿っていって、ほとんど自動的に上方に向かって溝の中にすべり入る。いったん溝に入ってしまえば、すべってはずれ出ることはない。先に述べたカピバラの頭蓋骨はたしかにとても厚いのだが、縫合部は老いた個体でもしっかり癒着はしていない。ジャガーがかみつく圧力を癒着の固さに合わせて強めると、縫合部はゆるみ、側頭骨錐体は聴器嚢(Bulla ossea) と側頭骨の翼とともに、内側に向けて破壊され、脳をそれらの間でつぶしてしまう。つまり犬歯が頭骨に穴をうがつのとは異なる。実際の経過はむしろ、四二頁以下で述べられているのと同じである。犬歯が最初のかみつきのあと、椎間部分をさぐろうと、頭蓋の溝をさぐろうと、「プロセス工学上」はほとんどちがいがない。

このテクニックを他の獲物、たとえばペッカリー、バク、シカなどの頭蓋に使うのは、ほとんど不可能である。これらの動物ではみな、ここであげた頭蓋骨をなす骨がすべて、脳頭蓋の背側あるいは下側へと位置がずれているからである。横から見ると、これらの頭骨は側頭骨の頬骨弓の基部の後ろでとつぜん終わっている。前頭骨と側頭骨はとても強固に癒着しており、また骨自体はカピバラよりも相対的に薄いが、カピバラよりははるかに堅い。

さて、シャラーとヴァスコンセロスは、たった三頭のジャガーからなる小さな個体群で観察をおこなった。つまり、すべてのジャガーが、カピバラをこのように殺すかどうかはたしかではなく（一四一頁参照）、また、よりによってカピバラが、そしてカピバラだけがこの方法でもっとも簡単に殺せるということを、ジャガーがどのようにして学ぶのかということは、いまだにまったく謎である。

相対的な気分の順位（一六三頁以下）の内因的な衝動の変動をひとまず度外視すると、大型ネコ類がさまざまな狩り・殺しの方法のどれを使うかを決めるのは、第一に獲物の大きさ（一四一頁参照）、第二に地域的な伝統（一四一頁参照）のように見える。ジョージ・シャラー博士（一九七〇年五月一一日の私信、一九七二）は、ライオンが二六頭のトムソンガゼルのうち、一六頭をえり首のかみつきで殺し、喉へのかみつきでは六頭、頭蓋骨へのかみつきによっては二頭、胸あるいは背中の中心へのかみつきによってはそれぞれ一頭を殺したことを観察した。一方、ヌーを殺すときには、一二頭のうち、七頭を喉へのかみつきで、三頭を鼻へのかみつき（四四頁、一三四頁も参照）で殺した。一例では、一頭の雌ライオンがヌーの喉を押さえ、もう一頭が鼻を押さえた。そして、一回だけ二本の犬歯がえり首に、もう二本が首の下面に命中していた。（これは小型ネコ類でも「えり首のかみつき」の中に私は入れた。小型ネコ類でもえり首への対称的なかみつきはまれで、犬歯の一対だけが首の背中側に命中し、もう一対が首の側面か下面に命中する非対称的なかみつきの方が多い。）シマウマでは、一一頭のうち一〇頭が喉へのかみつきで、一頭が非対称的なえり首へのかみつきで殺された。それでも、他の報告（例えばグッギズベルク　一九六〇）からは、アフリカでもべつの地域では、ライオンがシマウマをおもにえり首のかみつきで殺すと推定される。シャラー（一九六七）は同じことをトラとスイギュウについて報告している。

　この場合、ある地域で一定の獲物がとくに好まれるからといって、かならずしもその獲物の数が豊富であるわけではないし、それらの捕獲が相対的に容易であるというわけでもない。これを考慮に入れると、ある興味深い可能性が出てくる。大型ネコ類では一つの地域個体群である殺しの方法がとくによく使われる伝統があると、それに応じて、その個体群のメンバーもある一定の獲物の種を好んでとるようになるのではないか、ということである。すなわち、ある食肉動物個体群の伝統的な「行動の確率（九頁）」が変化するにしたがって、その地域の獲物動物の生態と個体数にも重要な影響が出るのではないか。このような問題を念頭において、「共生」(Synökie、ただしふつうの意味の共生symbiosisとちがい、複数の種が利害関係なく同じところに生息すること、訳注）が生態学的に研究されたことは、私が知っているかぎりではいままでにない。それは、最近になってやっと長年の野外観察の結果と、飼育下の食肉動物での体系的な研究の結果とが統合されて、このような問題が出されるようになったからである。

　将来の研究で、ある地域の生態学的な条件が実際にこうした行動の伝統の影響を受けることがわかるとしたら、野生動物保護区域や国立公園の野生動物管理を実践するうえで、大きな意義をもつことになるかもしれない。こうした保護区域は例外なく狭すぎるうえに、境界のつけ方も生物共同体・生態学的な見地からおこなわれたわけでもなかったし、現在もされていない。そのため、そこでの生物学的平衡はつねに危険にさらされており、しょっちゅう乱されている。地域の大型食肉類の個体群に伝わる伝統的な獲物捕殺方法に働きかけ、それによって獲物の好みに影響をあたえることができるようになれば、それを利用して、生態学的なバランスを生活史の点から制御することもできるであろう。

II 社会行動

第11章

未知のネコの出会い

私はそれまで出会ったことのない未知のネコどうしを、次の条件で会わせる実験をおこなうことにした。

1　二頭のネコがともに知らない空間
2　二頭のネコがともに知っている空間
3　二頭のどちらか一方が知っている空間

二頭のネコがともに知らない空間（実験室）におかれると、まずはじめ両者は完全に相手を無視し、室内を調べてまわるのがふつうである。たまたま向き合うと、たがいに鼻先を相手の鼻先の方に伸ばしてちょっとだけ嗅ぎ合い、すぐにふたたび部屋しらべをつづける。空間のすみずみまでくまなく歩きまわり、ふれまわり、嗅ぎまわったあとやっと、ネコたちはおたがいに向き合う。ここでの本格的な出会いは、かならず「鼻対鼻」の嗅ぎ合いからはじまる（図58）。頭と首をできるだけ長く伸ばし、胴はややかがめるが、とくに後脚の部分のかがめ方が目立つ。多くの場合、頭はややかたむけられる（図64b、二〇三頁）。嗅ぎ合うときに、鼻どうしが実際にふれることはまずない。はじめの段階では、耳は友好的な好奇心をあらわして、上ｰ前方に向くのがふつうであるが、ときには耳の向け方から、その出会いがまもなくどのように発展するのかを読みとれる場合もある（二三五頁の図79b）。

やがて二頭は、動きながらおたがいに相手のえり首からわき腹へと体側を嗅ぎ合い、またふれ合う。そしてついには相手の肛門を嗅ぎ合う位置まで来て、そこを念入りに嗅ぐ。それができると、次にフレーメン（においを嗅いだあとに動物

図58　「鼻調べ」。M５（左）とM２（右）。

図59　「円を描く」W１とM５。W１（左）はフーフー声を出して防御するが、同時に尾はわきに寄せて、M５が肛門を調べやすいようにしている。

が見せる口を開けた独特の表情、訳注）をくりかえす。けれども、たいていの場合、ネコは両方とも相手に自分の肛門を嗅がせまいと、どちらも同じくらい熱心に相手の鼻先から自分の後半身を引き離そうとするため、二頭はおたがいに、相手のまわりを円を描いてまわることになる（図59）。出会いが友好的に進展する場合には、やがて一方のネコが尾をたかだかと愛想よく上げて、肛門しらべを許す。

けれども、見知らぬどうしのネコの出会いが、このように「理想的な形」で進むことはあまりない。このあとにくわしく述べる、ネコのモデルを使った実験でわかるとおり、どのネコも友好的にふるまおうとはするものの、ふとどちらか一方が先に相手のえり首を嗅ごうとすると、それまで友好的に進展してきた行動の連鎖は一気にとぎれてしまう。あるいは、どちらか一方が相手に先んじてもっと近づこうと踏み出すと、その一歩が相手より強い「自信」の表現になってしまう。まだ一歩を踏み出す勇気をもてないでいたもう一方のネコは、それによって、程度の差はあるが、表にはっきりとあらわれた防御姿勢をとる。体をかがめ、身を縮めて、はいつくばるのだ。と同時に、体の前方をややわきにそらし、耳はわずかにねかせ、いまや敵対者とみなす相手のネコをいくらか下方から見上げる。強気のネコがさらに近づくと、フーフー声をあげ、ついで、前足で防御の一撃を相手の鼻めがけておこなう。

こうして劣位になったネコが望むのは、その場を立ち去ることである。劣位ネコは、はじめのうちゆっくりと身をかがめて動き、だんだんに自然な姿勢をとりもどしながら速度をあげ、距離をとる。ある程度離れることができると、立ち止まり、ふり返って、優位に立った相手を――多くの場合、すわって――ながめる。一方、優位のネコは立ち去ったネコが先ほど伏せていた場所に歩み寄り、そこのにおいを念入りに嗅いでから、相手のあとをたいていはゆっくりと追い、もう一度、えり首、わき腹、そして肛門を調べようとする。劣位のネコは反撃する。こうして、この過程が何度もくりかえされることもある。

出会いの結末は、二頭のうち、優位に立った方のネコの気質と気分によって、実にさまざまである。何回かむだな試みをすると興味を失い、結局、相手から顔をそむけたままで終わるネコがいる一方、しつこく接近をくりかえし、相手がついに極端な防御姿勢をとってかがみこみ、なに事も甘受するようになるまで執着するネコもいる。あるいは、とくに二頭が雄どうしである場合には、ついにはあからさまな攻撃へと発展することもある。

第12章

ネコはネコのどこを見ているか

前章で考察したネコの「理想的な出会いの形」は、現実にはなわばりの状況やライバル関係の影響を受けて、いろいろな形をとって私たちの目の前にあらわれる。理想からのずれは「自然な」なりゆきだといえる。先に述べたような出会いの状況は、実際には、意図的につくり出された実験条件のもとでしか起こらない。ネコの出会いの自然な進展について述べる前に、ネコがどのようにして同種の仲間を見分けているかについて、簡潔に述べておきたい。私は、それを明らかにするために次のようなモデルをつくり、一連の実験をおこなった。

(a)生きている動物（マウス、ラット、イヌ）
(b)なかば成長したネコをわざと粗末に仕上げた剥製（はくせい）
(c)車輪に取りつけたぬいぐるみのクマ
(d)鏡の像
(e)攻撃姿勢をとっている実物より大きなネコの影の像（二〇六頁以下）
(f)慣れ親しんだ人の顔

(a)の動物は、この実験の意図からいうと、ネコの「モデル」の一種だと見なせる。獲物動物に出会った経験のないネコは、これらの動物を他のネコと同じようにあつかうからである。つまり、これらの動物との出会いは、相手の「モデル」動物の方から仲間としての行動が進展していくのをどこかで断ち切らないかぎり、はじめて出会った二頭のネコどうしとまったく同じように進行する。剥製のネコとぬいぐるみのクマが相手でも、ネコは、他のネコに対するのと同じように、体の

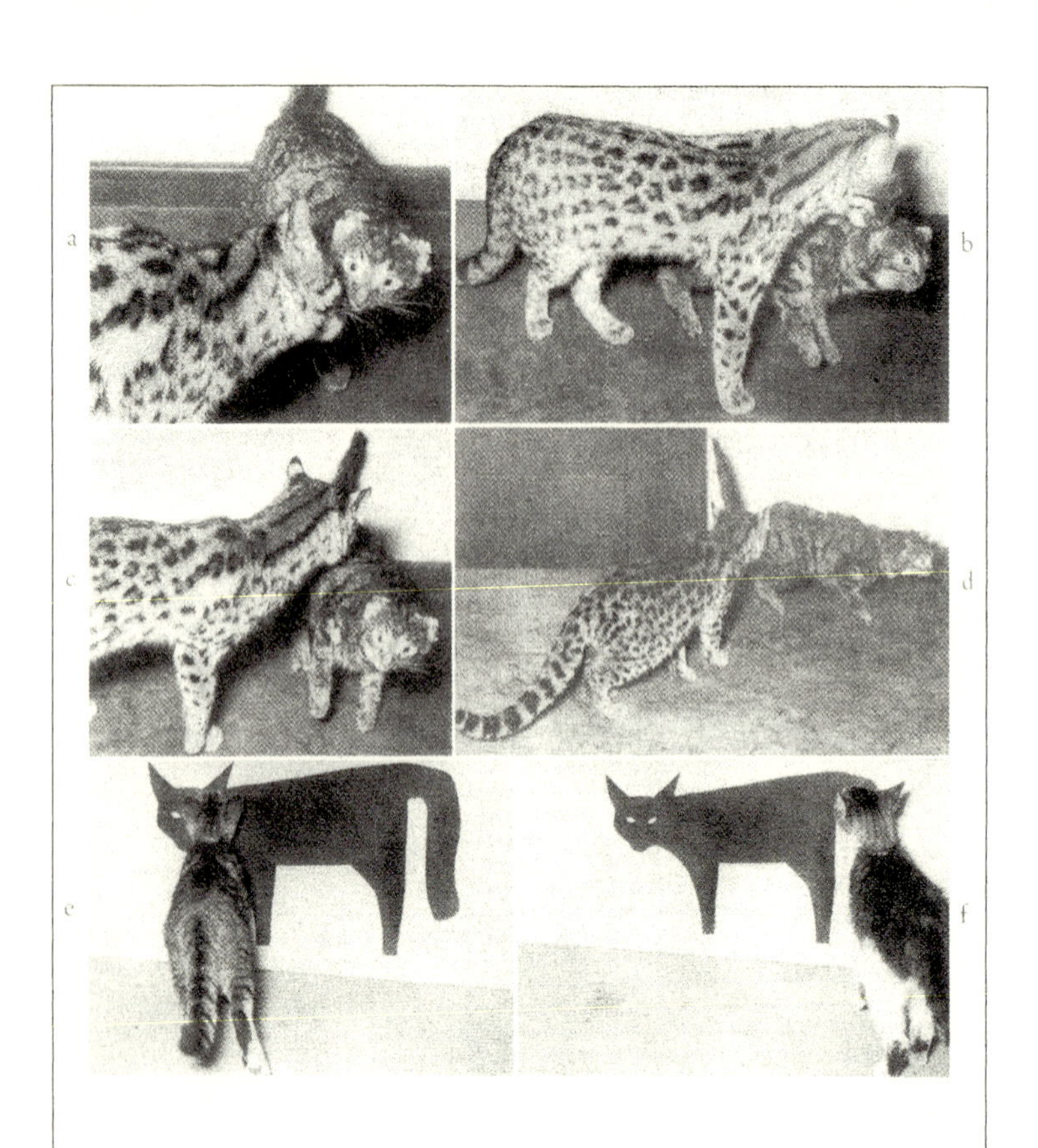

図60　a）～d）ジャガーネコと剝製のネコ。それぞれa）鼻、b）首、c）わき腹、d）肛門を調べている。e）影絵のネコの鼻を調べるM９。f）影絵のネコの肛門を調べるW５。

前部から後部へと嗅いだ。影の像（**図60**）に対しても、同じことをした（これについてはヴァイス、一九五二の図5と四五八頁を参照）。

ネコが鏡にうつった自分の姿を見たときの行動も、他のネコとの出会いの場合と同じようであるが、これについては、はっきりした確認をとるのはむずかしい。というのは、ネコが鼻を鏡に近づけていくと、どうしても鏡の像の鼻にふれてしまうからである。それに、ネコが向かい側にいる相手の体の他の部分を嗅ごうとすると、相手も同じように動いてしまう。しかもこの実験は、鏡の像をくわしく調べた経験がないネコについてしかできない。ネコは鏡の像への興味をあっさりと減退させ——

しばしば二度目の実験で早くも——それへの興味を完全に失ってしまう。そして以後の実験では、鏡にまったく注意をはらわなくなるのである。

慣れ親しんだ人、あるいは少なくともまったく知らないわけではない人に対しては、その人が鼻を突き出すと、どのネコも結局は鼻を差し出す。ほとんど例外なしに、どのネコも最初の接近を相手の鼻に向ける。これは影の像に対しても、鼻があるはずの箇所に正確に向けておこなわれた（図60e、この写真は撮影のタイミングが一瞬おそかった。ネコが上に述べたように、鼻の次に耳と首を嗅いだところをとらえている）。

この最初の接近を引き起こす重要な特徴は、一言でいえば「二つの目の間にある突出部」である。モデルに向かっておこなわれたネコの威嚇（いかく）と攻撃行動については、二一二頁以下で説明する。ヴァイス（一九五二）は、隔離して育てた二頭のイエネコが生きている動物（アナウサギ）、剥製のオコジョ、それに未知のネコに対して、ここで述べたのと同じように、一様に鼻による挨拶（あいさつ）をしたと述べている。そのことからヴァイスは、ネコには未知の同種個体に対する挨拶と体しらべを引き起こす生得的解発機構がないのではないかと推測した。けれども、いま述べた接近を引き起こす特徴そのものが、明らかに、この生得的解発機構の存在をしめしている。それにつづいておこなわれる行動は、二頭のたがいに未知のネコが出会った場合の典型的な行動とまさに同じである。

さて、ネコがこれらの特徴の複合体をはっきりしめす「対象」のうち、いったいどれを獲物としてあつかうかは、すでに獲物捕獲のところで述べた、やはり特徴の非常にとぼしい生得的解発機構（七七頁）によってある程度は決まるし、ネコが獲物の見分け方を学習する必要もある。言いかえれば、すべての脊椎（せきつい）動物は、自らの行動をとおしてネコの「獲物捕獲を引き起こす生得的解発機構」を引き起こさないかぎり、経験のないネコからは、まずは同種の仲間とみなされるのである。

どのようなものを敵とみなすかも、子ネコは学習する必要がある。私のこれまでの観察によれば、ネコにとっては、一定の敵をあらわす生得的解発機構は存在しないようだ。年長のネコの警戒行動は、なにが敵かを学習するにはとても大切ではある（三三三頁、三三九頁）が、固定した刷り込みは起こらないようである。子どものときに母親からイヌや人間を恐れるように教えこまれたネコや、自分自身がイヌや人間でいやな経験をしたネコでも、仲よくすることを学ぶし、仲よくできる。

ただし、ゲーテ(一九四〇)は、ヨーロッパケナガイタチは生後五五日目になる前から人間に馴れさせはじめた場合にのみ、完全に人馴れする事実をあげて、これは刷り込みと関係した性質だと述べている。同様のことを、ザイツ(一九五〇)は、キツネの子で報告している。ヨーロッパヤマネコもやはり、ごく小さな時期に人間のもとに連れてこられないかぎり、人馴れしないといわれる。

だが、こうした現象のすべてが刷り込みにかかわると判断してよいものかどうか、はなはだ疑問である。まったくの一般論であるが、野生動物は、いやな体験について法外な記憶力をもっている。一度の恐ろしい経験だけで、長い間にわたって恐れをもちつづけるには十分である。それでも、あらゆる事例一つひとつを刷り込みというわけにはいかない。たとえば私の飼っていたアメリカグマの雌(ライハウゼン 一九四八)が皮の手袋をこわがるのを刷り込みというとしたら、やはり妙ではないだろうか。いずれにせよ、特定の「敵」に対する刷り込みがある、という説への反証の決め手は、敵があまりに数多く存在するという事実である。ある本能行為を引き起こす機構のために、事実上無限の数の刷り込みがあるという可能性を考えるのはむずかしい。刷り込みがなにかを限定する性格をもつことを考えると、そのような仮定とは矛盾するのである。

恐れはまずなによりも、とくに上方から急速に接近する大きめのものによって引き起こされる。リンデマンとリーック(一九五三)は、飛行姿勢をとったワシやフクロウの剝製をひもで引いて、ヨーロッパヤマネコの囲いの上で動かすと、生後四週間のヨーロッパヤマネコが頭をかがめ、睡眠用の穴に逃げこんだと報告している。べつのヤマネコでは、広げた雨傘を動かしても、同じ効果があった。ヘルター(一九五三)の飼っていた隔離して育てられたヨーロッパケナガイタチ「ティティ」は、生後四〇日のとき、飼育係の足が頭のすぐ上をさっと動くのを見て、金切り声を上げた。足がふたたび地面につくと、ティティはもとのように完全な落ちつきをとりもどした。私たちは、こうした観察のすべてについて、大型猛禽類を意味する特別な「敵の型」があると想定する必要はない。私は少なくともネコ科ではむしろ、この種の反応は同じ種の仲間との闘争で使われる攻撃方法と、それへの対応に関係していると考えている。大型ネコ類も上方からくる動きを恐れる。けれども、ライオンを食べるワシなどはいないのである。

私が見るかぎり、未知の同種の仲間への挨拶行動を引き起こす生得的解発機構は、刷り込みによって対象をかぎるようなことはない。母親ときょうだいといっしょにごく正常に育ったネコでも、未知の脊椎動物に対して、相手が逃げたりして追跡の反応を刺激されないかぎり、他のネコに対するのと同じように挨拶をし、調べようとする。ただし、ネコが性のパートナーとなるかもしれない個体を見分けるには、刷り込みが関与するように思われる（三一八頁以下参照）。

第13章

慣れ親しんだ空間でのネコの出会い

私は実験対象にした二頭一組のネコを一頭ずつ交互に、一日につき数時間、実験室に入れて、その空間に慣らした。ネコが一日の最初に実験室に足を踏み入れたとき、周囲にふれたり、においを嗅いだりして調べなくなるまで、つまり空間に慣れ親しんだことがはっきりするまで、これをつづけた。

出会わせる二頭のネコは、ほぼ同時に部屋に入れた。闘争欲の高い雄ネコをのぞくと、すべては未知の空間での出会いの場合と同じように進行した。もっとも、未知の空間ではまずは空間の探索が優先されたから、社会的な関係は最初の段階では遮断されたが、ここではこのような初期の遮断はなかった。したがって二頭の出会いが友好的に進むか、敵対的になるかは、その分だけ、はやくはっきりしたのである。

出会いの空間を二頭のネコの一方だけが知っている場合には、そのネコが少なくとも出会いの最初の段階では優位に立つ。その場を知らないネコは自信がもてずに不安にかられており、出会いをまずは避けて、空間を探索しようとする。このため出会いのイニシアティブは、場所を知っているネコがとることになった。場所を知っている方のネコは、自分の気質や自信の度合いに応じてゆっくりと、またははやく、体をかがめて未知の相手に近づき、においを嗅ごうとする(**図61**)。相手のネコはたいていは拒否する態度をとり、そっぽを向くか、逃げるか、あるいは部屋の探索を平然とつづける。だからここでは「鼻の儀式」にはならないのがふつうである。そこで優位のネコは、すぐに肛門しらべに移ろうと近づく(**図62a**)。だが、ここで肛門しらべが許されることはまずない。相手はなかばふり向いてフーフー声を出し、ふせごうとして

図61　自分が知らないネコW1(右)に近づくM5（左）。

図62　同腹の兄弟であるM1（黒）とM2（ぶち）が、檻に新しく入れられたM5（トラ模様）を調べている。a）肛門調べ。M5は、まずは新しい空間にばかり興味をしめす。b）M5は自分の肛門を調べようとするM2の方に振り向く。c）M5は厚かましいM1に向かってフーフー声を浴びせ、d）空を打って防御する。

前足で打ちかかることもある（**図62** b―d）。抵抗にあった（場所を知っている方の）ネコはたいていは接近を中止し、腰をおろし、相手の動き一つひとつを入念に観察する（**図63** a）。

しばらくすると、このネコは接近を再開する。接近は間をおいて少しずつおこなわれることもある。すなわち二、三歩進んではすわり、これを一、二度くりかえして近づき、もう一度においを嗅ごうとするのだ。接近がひんぱんにくりかえされると、それだけはやく相手は探索を中止して、すわるかうずくまる。すわる位置としては、背面が壁で守られているか、あるいは高くなっている場所がえらばれる。

さて、そこにすわったネコはその場で興味深い行動を見せる。私はその行動を「あちこち眺め」と呼ぶことにした（図63b)。ちょうど満腹したネコが窓ぎわにすわって、道路を通る人や車をながめるように、注意深く満足げな表情で、頭をゆっくりまわして部屋のあちこちを見まわすのである。ただし、部屋の主（この空間を知っている方のネコ）の方だけは見ない。それは、まるで自分が無害であることをことさら強調してみせたいかのようである。そうしながらも、相手のわずかな動きも見逃さないでいるのはいうまでもない。「知りたがり屋」がまたも接近しようとすれば、ただちに場所を変えるか、フーフー声を出して打ちかかり、相手を退ける。こうした事態が見たところなんの進展もなしに数時間、ときにはなん日もつづく。そのくりかえしはまるで、ここで述べた過程のすべてがスローモーションで演じられているようである。

こうした状況にあっては、空間内にある高い場所が重要な意味をもつ。部屋になじんでいない方のネコが出会いの最初に椅子などの上に陣取ることができると、それによって、部屋に慣れている方のネコの優位は、ほとんど完全に相殺される(図64)。このネコはなかなか相手に近づこうとはしないか、近づくとしても、おそるおそるためらいがちになる。すると、場所になじんでいない方のネコは、かなり平然とこの接近を受け止め、しばしば相手の顔を直接見さえするが、それでもしょっちゅう「あちこち眺め」を合間に入れるのが常である。

明らかに「あちこち眺め」は、ネコ類に普遍的にそなわっている、直接見られることへの恐怖と関係している。ネコが何者かに盗み見られていて、あるときそれに気づくことがある。この場合ネコは、例外なくいったん活動を中止し、やがていかにもためらいがちに、同じ活動を再開する。遊びで他のネコに忍び寄りをしているネコは、とつぜん相手に見つかったことに気づくと、ただちに「あちこち眺め」をして、相手にまったく興味をもっていないという「ふりをする」のである。

さらには「獲物」からのあからさまな眼差しも効果を発揮し、ネコが進行中の獲物捕獲の活動を一瞬止めることがある。次のような実験をすると、これがよくわかる。まだ野生の感覚を鈍らせていない動物園のトラならいつでも試みることができる。上から焦点合わせ用のスクリーングラスをのぞく方式の一眼レフカメラを、檻の格子のすぐ前にすえて、檻の隅にいるトラを観察する。動物園のトラは「獲物捕獲の気分」をほとんどかならずといっていいほど鬱積させているから、

図63 M5を「包囲する」M1とM2。(a) M5はまだ防御の体勢をとっている。(b)「あちこちながめる」。M5がまだ一才にも満たないために、この出会いは闘争にはいたらない。(二一八—二二九頁と比較)。

図64 M3(部屋の主)とM10(この部屋にすんでいない)の最初の出会い。a) M10はすぐに椅子の上にとびあがり、落ちついてM3の接近を待ち受ける。b)「鼻調べ」。c) M3はなん回か接近しようとしてうまくいかず、ついにあちこち嗅ぎまわる転位活動をしながら離れていく。

やがて忍び寄り姿勢をとり、それからとつぜん体を平らにした攻撃姿勢でカメラに向かって接近してくるはずである。そうしたら、観察者は急にカメラから目をはなし、顔を上げて、トラを直接見る。トラはすぐに四つ足すべてを使って動きをとめ、「あちこち眺め」をしながらそっぽを向くはずだ。ふたたび下を向いてカメラのファインダーをのぞいていると、やがてトラは次の攻撃を開始する。この実験はほとんど好きなだけ、何度でもくりかえすことができる。少なくとも私が実験したかぎりでは、トラの方が私よりも持久力があった。

中立的あるいは友好的におこなわれる二頭の出会いでは、求愛行動のはじめの段階（のちに説明する）と同じように、ネコは相手からあからさまに見られると、すぐに接近を中断する(ただし、鼻の挨拶だけは例外である)。この場合、社会的に劣位にある方のネコは、優位にあるネコの動きをあからさまに見ることで動きをさまたげては「ならない」のである。同様に、交尾行動への導入部分でも、そのつど積極的でない側が「あちこち眺め」をする。さもないと、相手のイニシアティブは麻痺してしまい、すべての接近が不可能になるか、とてもむずかしくなる。

視線合わせと「あちこち眺め」は、このように対極的な関係にある。ネコがいかにも「プライドが傷ついた」といった態度をとることがあるのは、ネコを飼っている人ならだれでも知っているだろう。この態度も、実はここからきている。たとえばネコが盗みを働いているところをつかまって、ふだんはやさしくて親切な飼い主に怒られ、罰をあたえられると、たいていはあまり遠くまでは歩いていかない。かわりにレンジの下など、近くのなじみの休み場所に行き、そこで飼い主に背を向けてすわって「あちこちながめる」。この行動は、プライドが傷ついたことを表現しているのではなく、罰によって強烈に感じとらされた社会的劣位の表現なのである。ただし、ある種の社会的劣位の要素は、本当にプライドを傷つけられる人間の状態の中にもひそんでいる。「傷つく」のは、傷つけた相手に復讐したり、相手の出すぎたふるまいをたしなめることができるほどには自分の社会的な地位や権力がない人だけである。

先に述べたような、トラの目をあからさまに見ることで生じる「呪縛的」な効果も、これで説明がつく。猛獣使いはこの効果を利用することが多い。これを猛獣使いは演技でさらにおおげさに仕立てあげ、驚嘆する観客に、自分がさも特別な能力をもっているかのように披露する。けれども、実は猛獣使いに必要なのは、特別な能力というよりは勇敢さと動物についての知識、それに落ちついてライオンやトラの目に自分の目をじっと据えつづけることだけなのである。ただし、このトリックが効果をあらわすのは、猛獣が猛獣使いを自分より優位の同じ種の仲間か、あるいはなんらかの獲物と見ている場合だけである。

ライバル闘争では、この方法は効果がない。そのために有名な動物調教師トガーレ（一九四〇）は、ライオンのあからさまな攻撃はどのような手段をもってしてもふせげない、という深刻な経験をすることになったのであった。順位闘争やライバル闘争では、敵対者はたがいに鋭くにらみ合ったままでいるのである（二〇九頁の図68）。

チャンス（一九六二）が強調しているとおり、「あちこち眺め」による、接触を断ち切る身振りには、二重の機能がある。まず、「あちこち眺め」によって眼差しを避ける個体は、相手が攻撃あるいは逃亡をしないように、これらを引き起こす刺激をやわらげることができる。だが同時に、相手から自分におよぼされる同じ刺激効果を遮断もできる。つまり、相手の眼差しを避ける個体は、自分が攻撃や逃亡へと刺激されるのを積極的に回避しているわけである。さもないと、接近する相手に攻撃するか、あるいは相手から逃亡せざるを得なくなってしまう。このように「あちこち眺め」によって、相手に譲歩する必要をなくせるし、また、相手が攻撃の断固とした決意をもたないかぎり、闘争する必要もなくすことができる。いずれにせよ、出会った二頭のネコのうちの一頭が「あちこち眺め」をすれば、出会いが暴力的な場面へと発展する可能性はほとんどなくなるのである。

二頭のネコが、そのうちの一方がすんでいる家で出会った場合には、「侵入者」がただちに攻撃されるのがふつうである。なわばりの所有者ではない「侵入者」は、なわばりの所有者のネコに一度激しく攻撃されただけで、たいていは退散する。所有者のネコは侵入者をいくらか追跡する。部屋が閉まっていて退散できない場合には、劣位の「侵入者」は結局は部屋の隅に防御の姿勢をとってかがみこむ。勝者はいったん攻撃を中止するが、しばらくするとまた攻撃を再開する。ごくたまにではあるが、自分の家にいても、そのネコがまだとても幼かったり、臆病だったりすると、侵入者に対して優位に立てず、イニシアティブを相手にあけ渡してしまうことがある。このような役割の交換はあまりにも完璧（かんぺき）なので、観察者が慣れていない場合には、外から来た方のネコを家の住人とみなし、もともとは家の主であった方のネコをよそのネコと見てしまうほどである。

これまで手短に概略を紹介した行動様式について、以下の章でくわしく説明していこう。

第14章

雄ネコの闘争

雄ネコの攻撃行動が、まったく攻撃だけの純粋な形でおこなわれることはまずない。攻撃行動はほとんどつねに他の行動様式と重なり合って、部分的にゆがめられた形でおこなわれるからである。私の知るかぎりでは、雄ネコの純粋な攻撃行動の記載がなされたことはないし、他の点ではネコをよく知っている観察者も、純粋な攻撃行動についてはまったく知らない。

雄ネコが攻撃をしようとするときには、まず四肢（しし）をまっすぐにして、上体を起こした姿勢をとる。背中は伸ばされ、体の後部にいくにしたがってやや上がった線をなす。四肢をまっすぐ伸ばすと、後脚の方が前脚よりも長くなるからである。この線は実際よりもいくらか急勾配（こうばい）に見える。それは背中の正中線の毛が逆立っていて、しかも後ろにいくほど逆立ちかたが激しくなるからである。尾の根もとの部分は背中の線をそのままいくらか延長する形でつづき、次いで急激にほぼ直角をなして尾は下向きに曲げられる（図65 a）。尾の毛もいくらか逆立っていて、尾そのものは硬直している。攻撃性の度合いがきわめて高まったときにだけ、尾の先端が痙攣（けいれん）的にむち打つ。頭は軽く前に伸ばされる。瞳（ひとみ）は拡大しない。これはあとで述べる防御行動で瞳が拡大するのとは対照的である。攻撃では逆に、いくらか細められることもある。細められた瞳は、逆立てられた毛の領域が体の狭い範囲にとどまるのと同様、純粋な攻撃行動がアドレナリンの影響を受けていない――少なくとも大量には受けていない――ことをしめしている。これはいわば、「冷たい血による熟慮された攻撃」とでもいうべきものであり、敵対者に向かうゆっくりした「打算的な」接近の方法にも、それはあらわれているといえる。

とくに特徴的なのは耳の位置である。耳は頭にぴったりとつくわけでもなければ、後ろ向きにねかされもせず、急勾配をなして立ち、耳介ができるだけ外側に向けられるため、相手からは、耳の背面が底辺の狭い細長い三角形のように見える。耳の背面に黒い縞があったり、黒でふちどられた淡色ないし白色の斑紋のあるネコ類ではどれも、耳をこうすると斑紋がきわだち(**図66**)、威嚇の仮面としての効果をもつようだ(「目の効果」があるのか?)。こうした斑紋はおそらく系統的に古い遺伝形質であるらしく、多くのジャコウネコ類(ジェネット属*Genetta*、キノボリジャコウネコ属*Nandinia*)にも見られる。だが、ネコ類では斑紋がなにかの反応を引き起こすために重要な働きをするわけではないようだ。多くの高度に進化した種(狭い意味でのネコ属*Felis*、ライオン、ピューマ、カラカルなど)では、この斑紋は系統とは無関係に退化したか、完全に失われているからである。

このような耳の威嚇「姿勢」はかなり急勾配に耳が立っている点で、相手にしっかりかみつくときの耳の状態にとても

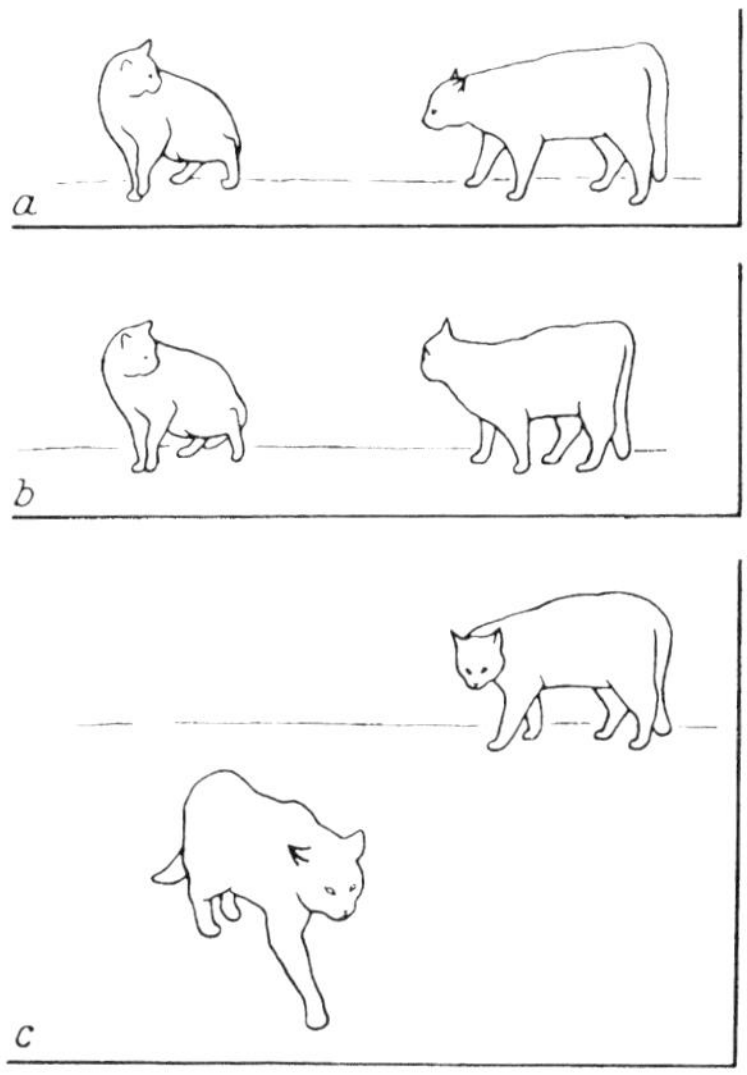

a
b
c

図65　M10（左）とM8（右）の最初の出会い。a）M10は「ハイエナ姿勢」、M8は極端な威嚇姿勢をとっている。b）M8は頭をそむける（本文参照）。c）M10はゆっくり立ち去り、M8は威嚇姿勢をとりつづけ、M10のあとを追わない。

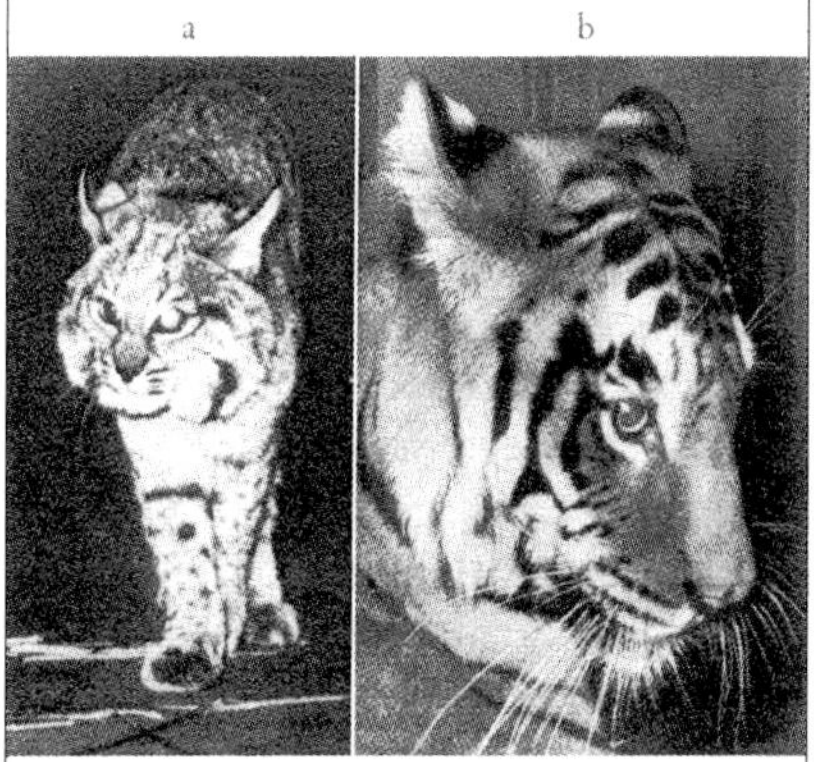

a　b

図66　a)攻撃姿勢をとるボブキャット。この姿勢をとるのは、夜間に人が檻に近づいたときだけである。日中は防御姿勢で歩く(フランクフルト動物園)。b)トラの「かみつきの威嚇」(デュイスブルク動物園)。

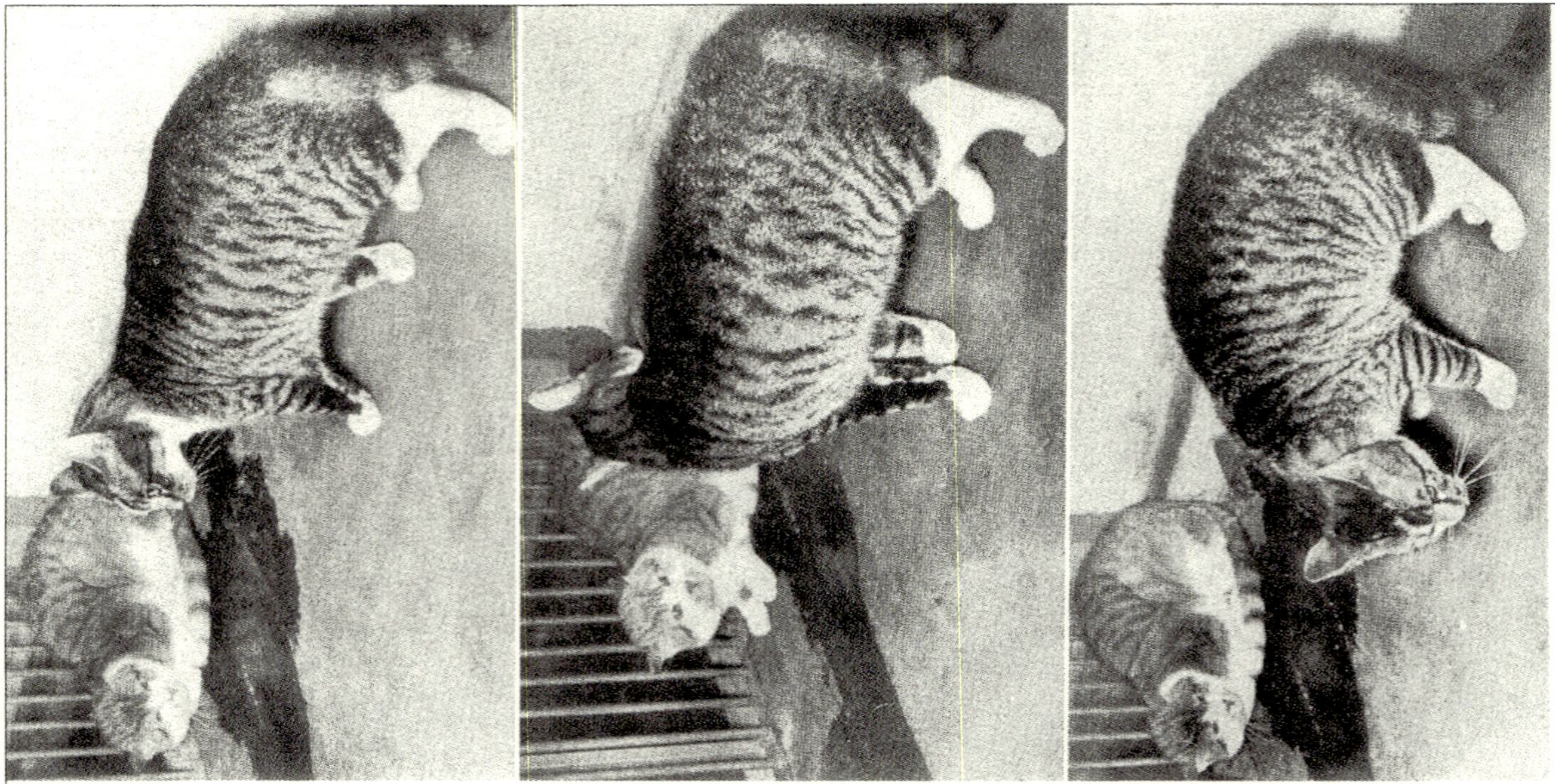

a

b

c

図67　M10（防御姿勢）とM8の二度目の出会い。M8は頭を左右にねじ曲げながらM10に近づく（aとb）。それから攻撃をしないまま向きを変えて、「嗅ぎまわる転位活動」をする（c）。

よく似ている(七一頁の図33a参照)。これはおそらく、「かみつきの威嚇」が身ぶりで大げさにされたものなのだろう。臆するところのない攻撃者は、かならず相手のえり首にかみつくからである。

このような姿勢で雄ネコは威嚇しながらゆっくりと相手に近づき、ときどきニャーニャー声あるいはクンクン声でなき、ときには低いゴロゴロ声でうなる。雄ネコのこのなき方はあやまって「愛の歌」と名づけられているが、実は求愛や情愛とは関係なく、純粋な威嚇声である。この声を出すと唾(つば)がたくさん出るために、ネコはしょっちゅう威嚇声を中断しては唾を飲みこむ。飲みこむときには、舌をリズミカルに前後に動かし、顎(あご)をゆっくりと開けたり閉じたりし、そのときに「カチカチ音」に似た舌つづみのような音を出すことがある。だが、これら二つの運動様式は関係がない。

図68　威嚇姿勢をとるM8。耳の位置、頭のそむけ方、細められた瞳、見ている人（つまりは敵）に対する視線に注意。

攻撃者は相手から一メートル以内のところまで近づくと、頭を上げ、体の軸に対して約四五度体側の方に回す（図67aとb)。目はその間も相手に向けられたままである(図68)。一定の間隔、ふつうは二歩ごとに、雄ネコは頭を一方の側からもう一方の側へと回す。両個体は近づくにつれて、ともに歩幅を縮める。ついには両者はまず両前足を踏み出し、次いで両後ろ足を踏み出す、といった動きをするようになる。たとえば左前足、右前足、左後ろ足、右後ろ足の順に踏み出すのだ。足の動きはますますゆっくりしたものとなり、足と足をかすめるように押し出す。この段階では、後脚は距骨(きょこつ)関節でやや曲げられ、そのためまっすぐに伸ばされていた背中の線は丸みを帯びる。だが、これを「猫背」（二一八頁）と混同してはならない。

二頭の雄ネコの強さがほぼ等しかったり、あるいは両者が同じほどの闘志に燃えていれば、両者はこれらの動きすべてを、鏡の像のようにぴったり同じようにおこなう。両者は数センチメートルの至近距離で、いま述べた「攻撃の開始姿勢」をとりながら、何分間もの間じっと動かずに向かい合っていることがある。その間、闘争のなき声は強くなり、あるいは弱くなり、尾の先はますます激しく痙攣する。そしてとつぜん、一方が他方のえり首にかみつく。

するとたいていは、攻撃された方のネコは仰向けにたおれ、攻撃者の口を自分の口でふせぎ、相手を手でとらえて後ろ足で激しくひっかき、攻撃をかわす。この体勢では、攻撃者も同じことをするほかない。こうして両者はつんざくような金切り声を上げながら、荒々しく地面をころげ回る。そしてまたもとつぜん、ぴょんととび退いて離れ、すぐにふたたび威嚇しながら向かい合って立つ。

一方が闘争を放棄するまで、この過程がくりかえされる。闘争を放棄するネコは、このような「一ラウンド」のあとにもはや立ち上がらず、耳をぴたりと頭につけて防御姿勢をとったまますわりつづける。勝者となったネコはしばらくの間、威嚇をつづけるが、ふつうはそれ以上の攻撃には出ないで、なかばそっぽを向いたまま地面をしきりに嗅ぐ（図67c）。この転位活動は、攻撃者が劣位者の防御姿勢のせいで、あるいは劣位者のとった有利な位置（二〇二頁、二〇三頁の図64c）のせいで攻撃をはばまれたときに、かならずおこなわれる。これは「カチカチ音」と「誇示の爪とぎ」とならんで、ネコでは数少ない、特定の状況にだけ厳密にむすびついた転位活動である。その他のすべての転位活動は、いく種類かの状況のもとでおこなわれる。

劣位の個体はじっと動かずに、勝者が立ち去るのを待つ。勝者は地面を何分間か嗅いだのち、耳は依然として「かみつきの威嚇」の位置にたもち、背中の毛も逆立てたままゆっくり遠ざかる。敗者は、勝者が十分に離れてからようやく、そっと立ち去る。敗者は完璧に負けたときにだけ、一目散に逃げ去る。そうでないかぎり、勝者がまず闘争場所を去るが、多くの場合はそれほど遠くには行かず、やがてもどって来る。敗者は、はじめのうちはもとの場所にとどまっているが、いずれは立ち去り、そのままもどらない。こうして、結局は勝者が戦場を手に入れることになるのである。

闘争の間に実際におこなわれることは、一般にそう多くはない。両者の口と口の衝突が、まずある。雄ネコがしばしば唇にけがをしているのは、このためである。瞼、耳介、それに額の皮膚の裂傷は前足で打たれた結果である。ときに、一方が不意を襲われ、ねらいどおり、えり首にかみつかれて致命傷をこうむることがある。しかし、たいていは急襲が完全に成功することはなく、かみつきは頭蓋冠か首の側面に当た

図69 「ひじへのかみつき」。本文参照。

るだけで終わる。そのときにも、かなり重傷を負うことがある。かみ傷が深くて、化膿してなおりにくいこともよくある。闘争のさいに両者が同時にとびかかると、たいていは胸と腹が方向を逆にしてたがいに当たり、両者はもつれ合ったまま地面にたおれる。このときは、興味深いことにもっぱらたがいの腕にかみつく（図69）。

攻撃の目標は、決まって相手のえり首に正確にかみつくことである。M7（雄ネコ7）に剝製（はくせい）のモデルのネコに出会わせたときの記録映像からは、この攻撃方法がはっきりと見てとれる。M7は体のがっしりした老雄ネコだった。頭部が特別大きく、前足も幅広かった。M7はかつての自分の居住地では、他のネコをみさかいなく、容赦なく攻撃した。重傷を負わせたばかりでなく、殺すことすらあった。それで、地域住民によって生け捕り罠でとらえられ、私のところに連れてこられたのである。M7は人間にはなみはずれた親しみを見せ、マウスや鳥をおどかすこともなかった。

それにしても、M7のネコ嫌いにはほとほと感心させられた。M7は鏡にうつった自分の姿にはまったく反応しなかった（一九六頁以下）。つまり鏡を知っていたのだ。ネコの影の像には激しく威嚇したが、一メートルのところまで近づくと、あっさり威嚇をやめた。クマのぬいぐるみには、ネコとの闘争行動の作法を使いながら近づいた。ただし、かみつきはせず、えり首のにおいを嗅ぐだけで離れた。

一方、剥製のネコに対しては、闘争行動のすべてが展開された。M7から三メートル離して置かれた剥製まで接近するのに、M7は数分を費やした。相手への威嚇の誇示をまるでスローモーション映像のようにおこなったからである。**図70**aで、M7はすでに剥製まで三〇センチメートルまでのところに近づいており、とびかかる準備をして腰をやや落としている。だが、この一六秒後にやっとかみつきの攻撃に入ろうと、とびかかりの姿勢をとった（b）。けれども、この段階にきて、相手との距離がまだあり過ぎるように思えたのか、あるいは「敵」との位置関係が適当でないと判断したのであろう、ふたたび体を起こして、剥製に顔を向けながらゆっくりと剥製のすぐわきをかするように動き、あらためて腰を落としてとびかかる用意に入り（c—i）、実際にとびかかった。mの鏡にうつった像からわかるとおり、M7は剥製のネコのえり首にかみついた。nで後ろ足が地面をけってはね上がり、その勢いで空中で体が横向きに回転した（o—p）。M7はこうするあいだも相手へのとびかかり方については、十分に計算している。相手をとらえはするが、力をこめてぶつかるのは避けているのだ。したがって、相手の剥製は軽くて安定が悪かったにもかかわらず、m—pの段階では位置が変わっていない。ほぼpの段階では、M7は体重を「敵」の体の自分に近い側にかける一方で、後脚を縮めてから、相手の背中かわき腹を押している。つまり、相手の体にとびかかって真正面から衝突するのではなく、攻撃する相手をすくい上げて地面に投げ倒す方法が、効果的にとられていることがわかる。もし相手が本物のネコなら、そのネコは攻撃を一瞬早く察知して、「予想される」衝突にそなえて本能的に押し返すであろう。そのために自分の意に反して、攻撃者がねらった効果をさらに高めてしまう結果を呼ぶはずである。つまり攻撃者は

図70 「剝製のネコ」に攻撃するM７。解説は本文参照。かっこ内の数字は、それぞれ前の図との時間間隔（単位は秒）をあらわす。数字がないところは、図間の時間間隔は16分の１秒。

柔道の技を使っていることになる！

私が観察したライオンも、遊びの中で「獲物」とみなして追いかけた同種の仲間を、これとまったく同じ方法で地面にたおした（三一頁以下）。つまり、この方法は、両者がともに全力疾走しているときでも採用できるのだ。たおれたあとの二頭のライオンの位置関係も理にかなっている（三一頁の図**20**）。この攻撃方法があるからこそ、ライオンやトラは、高速で走って逃げる自分より体重のある大きな獲物をも打ち負かせるのである。

ふたたび話を**図70**にもどすことにしよう。M7はたおれたあと（**図70**q）、すぐに立ち上がり、わきにとび退いている。一方、投げたおされた剝製のネコは反対方向にころがってたおれた（u―w）。もう一度くりかえされた実験でも、経過はまったく同じ形をたどっている（**図71**）。M7が一瞬、体を横

図71　M7による「剝製のネコ」への二回目の攻撃。解説は本文参照。かっこ内の数字は、前の図との時間間隔（単位は秒）をあらわす。数字がないところは、図間の時間間隔は16分の1秒。

にしたまま空中に浮かび、その段階では剥製の方はまだ立ったままなのが、はっきり見てとれる。このあとM７はたおれ、立ち上がり、とびのく。前回と同一の経過である。M７は一瞬、防御の準備として手を上げているが、すぐにふたたび威嚇の姿勢をとる（q）。

　M７はたおれた剥製にかかわろうとはせず、部屋の探索にとりかかった。だが、私が剥製のネコを立てなおすと、すぐに剥製のネコを威嚇し、ふたたび攻撃をくわえた。私はこうしてM７の攻撃をつづけて五回引きだすことができた。しようと思えばもっと回数を増やせただろう。

　私が飼っていたべつのイエネコの雄は剥製のネコに敵対的にふるまわず、親しみのまじった興味からにおいを嗅いだ。リンデマン（一九五〇）は、飼っていた人馴れしたオオヤマネコの雄が、オオヤマネコの誇示姿勢をとるようにつくられた剥製を激しく攻撃し、投げたおした、と報告している。

　私ははじめ、M７が剥製のネコがたおれるとすぐに攻撃を中止したのは、剥製のネコが動かないからだと考えた。だが、それが理由のすべてではないだろう。あるいは、少なくとも唯一の理由ではない。雄の子ネコ「ヘルベルト」が同じ檻にすむ年老いた父親である雄ネコM12に挑戦をはじめたころ、ヘルベルトはなすところなくM12に打ち負かされていた。しかし、ヘルベルトは急速に成長し、間もなく体重もM12を凌駕して、負けることもいとわないほどになった（二六八頁）。ヘルベルトは挑戦をつづけたが、挑戦の内容は「雄の歌」と攻撃的な威嚇誇示だけだった。ときによって長かったり短かったりする「誇示の決闘」のあと、攻撃するのは相変わらずM12の方だったのだ。それでも、それにつづいておこなわれる闘争は、ヘルベルトが強くなるにしたがってますます激しく、また長くかかるようになり、ついには老いた雄ネコの心臓は、もはやこの骨の折れる作業に太刀打ちできなくなった。M12は闘争のあと、疲労困憊して体を平らに伸ばし、横向きにねころがった（**図72**）。それに対してヘルベルトは、M12をあまり離れていないところから威嚇はするものの、決して攻撃はしなかった。多くの場合、それ以上近寄ることもなかった。ただし何回かは、横たわる老ネコのまわりを弧を描いて歩き、相手の背中側に来ようとした。そのたびにM12はゆっくりと寝返りを打って向きを変えた。

　ここでヘルベルトの攻撃を抑えたのは、先にあげた理由にくわえて、父親ネコの実際の「闘争価値」とはもはや関係しない「畏怖心」なのではないだろうか。ヘルベルトの勇気は威嚇声と威嚇の身ぶりをともなう挑戦には足りても、本当に攻撃するには十分でないのだ。ヘルベルトはM12が回復して、ふたたび威嚇の姿勢をとり、攻撃するのを待つ。そしてこの段階でも、実際の衝突になると一方的に勝つのは老いた雄の方だった。何カ月かたってやっと、徐々にある変化があらわれはじめ、これは、M12が最終的には負けることをしめす前触れとしか思えなかった。といっても、老ネコの脱力状態の発作は「服従の身振り」として理解されるようなものではない。またヘルベルトへの効果も、特異的な攻撃の抑制と解釈することはできず、ただヘルベルトの攻撃を引き起こすあらゆる刺激が欠けていた、とだけ解釈できるのである。

さて、M7の行動からはいろいろなことがわかる。というのは、M7の攻撃行動はかなりの程度まで「純粋な」攻撃行動の経過をしめしているからである。つまり攻撃された側の反応行動がないおかげで、ゆがみがなく、かなりの程度まで中枢神経によって調整・操作された行動の経過がわかるのである。

ネコの闘争行動は行動と反応行動の連鎖、つまりザイツ(一九四三、一九四九)のカワスズメ、テル・ペルクヴィユクとティンバーゲン(一九三七)のトゲウオの研究で知られているような、それぞれの行動段階で相手に次の段階のかぎ刺激をあたえ合う行動の一連の流れとはちがったものである。ただし、M7が異常に闘争意欲の高い個体であることはまちがいない。闘争気分の鬱積がこれほど高くなければ、闘争者相互の威嚇行動が、相互に刺激し合うことがあるのかもしれない。それでも、相手の反応の影響を受けない真の闘争行動の観察から判断するかぎりでは、相手の行動への反応はかならず攻撃行動と防御要素との重なり合いという形をとるだけであり、攻撃行動自体を段階的かつ規則的に強化していく性質のものではない。ネコの威嚇誇示も、ここであげた魚類でのように次々と順を追ってあらわれるさまざま動作パターンでは構築されてはおらず、一つの動作パターンが強度をいろいろに変えておこなわれるだけである。

一方、攻撃自体は、すでに獲物捕獲のところで述べたえり首へのかみつきと、「投げ」から構成されている。投げにいたる段階としては「一方の前足を相手にのせる」(一九頁の図9m と三四六頁の図119a)にはじまり、「かかえる」(図9・i—l)から、二一二頁以下で分析した「投げのテクニック」にいたる一連の段階がある。「かみつき」と「投げ」の二つの運動要素は、一つの本能行為に統合されている。だからすでに、前足を獲物の体にのせることと、そこから一定の長さだけ離れたところにかみつくことの間にも、刺激からは独立した、中枢による連携があるのだ(二一七頁、一三三頁以下)。それでも両者のむすびつきは、強度が低くなるにしたがってゆるくな

図72　a）年老いた雄ネコが横たわり、若い雄ネコがそれを威嚇するが、攻撃はしない。b）若雄が視界からはずれそうになると、年老いた方は頭をねじってそれを目で追う。本文参照。

る。つまり、前足をのせてもかみつかないことがある。

攻撃者が威嚇誇示のあとにえり首にかみつくのは、相手が動かない場合、すなわち相手の側が相変わらず誇示のし返しをつづけた場合にかぎられる。もし相手がごくわずかでも動きや姿勢を変えれば、その個体が実は防御の気分を隠しもっていることを露呈することになる。すると、そのことがまた攻撃者の攻撃気分を鈍らせて、攻撃者もやはり同じように注意深くなってしまうのだ。

M7での実験では剝製が動かなかったことが、闘争反応を引き起こす特徴として働いた。それは、次の事実から間接的に証明できる。一歳か、あるいはそれをいくらか越えたくらいまでの若い雄ネコは、おとなの雄ネコにほとんど攻撃されることがないのだ。けれども子ネコは、例のスローモーション運動のようなぎくしゃくした「誇示の姿勢」もとらない。未知のおとなの雄に会っても、たいてい友好的に挨拶(あいさつ)し（三〇六頁以下）、ある程度は積極的に遊びに誘うか、そこまではいかなくとも相手に無頓着なままでいる。ただし、これによっておとなの雄ネコの攻撃をいつも受けないですむ、というわけではない。ネコには「服従の姿勢」や、それに対応する生得的解発機構の形をとった、攻撃を抑制する特別の機構はない（二一三頁以下）。強さがほぼ同じネコの闘争の典型的な例として、私がたまたま出会ったネコの闘争の観察例を次に紹介しよう。

記録

「一九五四年五月二四日　一二時五〇分。生け垣の向こう側の狭い庭で、灰色の雄ネコと黒の雄ネコがゴロゴロうなり、腰をすでに低くかがめて、真正面から向かい合って立っているのが目にはいる。耳は「かみつきの姿勢」をとっていたが、いくらかねかせ気味であった（重なり合い、二二六頁以下を参照）。耳を相手よりもいくらか急勾配に立たせていた灰色の雄ネコがとつぜん突進する。黒の雄ネコは仰向けに体を投げだす。荒々しい金切り声が聞こえる。灰色の雄ネコがなぐりかかる。両雄は腹と腹を突き合わせて横向きにねる。黒の雄ネコは前足で灰色の雄ネコを引き寄せ、同時に後ろ足をばたばた動かして相手をける。灰色の雄ネコはとびすさり、二頭はふたたび攻撃の位置にもどる。灰色の雄ネコがまたも攻撃をしかける。だが、今回は黒の雄ネコは耳をねかせ、体をかがめてすわったままである。灰色の雄ネコは耳を急勾配に立ててしばらく黒の雄ネコの前に立ち、それから地面を嗅ぎ、ついに歩きはじめ、何回もあたりを嗅ぎながら、ゆっくりと右手方向に立ち去る。のちにそれは灰色の雄ネコの家の方角であることがわかった。灰色の雄ネコが生け垣までたどりつくと、ようやく黒ネコはゆっくりと立ち上がり、フェンスの隙間をくぐって別の方向に消えた」

このような形の闘争と威嚇は、ほとんどもっぱら雄ネコの間で見られる。しかし、雌ネコがこれらの動作パターンや声をもたないということではない。雌ネコがこれらを使う機会は非常にまれなのである。私の三〇年以上にわたる観察期間の中で、雌ネコがこの「作法」を完全にやり通すのを見たのは、わずか一度だけである。

雌ネコと同様、去勢された雄は闘争しない、とよく言われる。このことはここで述べてきたライバル闘争についてはかなりよく当たっているといってよい。けれども、これはなわばり闘争には当てはまらない。それどころか逆である。去勢された雄は、雌に似たなわばりの守り方（二六七頁参照）をするようになり、雄であるおかげで体が大きくて力も強いので、自分のなわばりに侵入するよそもののネコすべてを徹底的に追いはらう。私が知っている二人の純血品種ネコのブリーダーは、これを利用している。彼女たちは繁殖させている雌ネコたちを庭に放し飼いにし、それぞれの庭で一頭の去勢された雄ネコに、よそものの雄や雌のネコが侵入しないように見張らせるというわけだ。去勢は闘争行動自体を弱める効果はなく、それを引き起こす状況に対する閾値を変えるのだ。つまりライバル闘争を引き起こす閾値は高くなり（ちょっとのことでは起こらない）、なわばり闘争のそれは低くなる（少しの刺激でも起こるようになる）のである。ライバル闘争への意欲がテストステロンのレベルの変動と平行して変動することは、正常な雄ネコでも知られている。

これに関連することだが、テストステロンもエストロゲンと黄体ホルモンと同じように、獲物捕獲への意欲を高めることをインゼルマンとフリン（一九七三）は発見した。獲物捕獲とライバル闘争は多くの共通した本能運動をもっているので（二一一頁以下、三四五頁以下、三五〇頁および**表6**参照）、ホルモンがこれら両行動におよぼす効果は納得がいくように思える。ただし、正常な状況の下で、テストステロンのレベルが高いときに雄ネコが本当にたくさんマウスを捕らえるかどうかは、疑問である。テストステロンのレベルが高いときは雄ネコは闘争と求愛で忙しくて、狩りに多くの時間を費やす暇はないのだから。

第15章

防御行動

ネコが「あからさまに」攻撃するときに相手にかみつくのは、攻撃行動の最終的な完了行為である。このときは自分の身を守ることにはまったく注意していない。かみつくときには、自分のえり首も相手の牙(きば)の前に無防備なまま差し出すからだ。

一方、攻撃する側のネコが頭を引っこめて自分のえり首を守りながら、かみつく代わりに前足で相手を打つなら、そのネコは刀とともに楯(たて)も身につけて戦闘にのぞむ兵士に等しいといえる。前足によるパンチはつねに、ネコが相手の反撃を避けようと用心していることを意味する。つまり、パンチはもっとも重要な防御手段でもあるのだ。ひたすら身を守ることに徹しているときのネコは、地面に体をぴったりと押しつけるようにし、体と頭をできるだけ縮め、えり首にかみつかれないようにする。威嚇(いかく)するネコが頭を前方に伸ばし、えり首を高くアーチ型に湾曲させるのとまったく逆の姿勢だといえる(二〇八頁の図67a、b)。耳は、攻撃のときのように外向き、後ろ向きに立つのではなく、頭の両側面に引き下げられ、後方のふちの部分で折りこまれる。こうなると耳はぴたりと頭にはりつくようになってしまうため、前から見るとまったく見えないこともある(図73)。瞳(ひとみ)は大きく拡大し、全身の毛が逆立つ。つまり、アドレナリンが大量に分泌されることが防御行動の生理学的な特徴なのだといえる。

攻撃する側のネコがさらに近づくと、防御する側のネコは地面にころがって仰向けに近い姿勢になり、腹を相手に向ける。防御するネコの、この「ころがり姿勢」への姿勢の転換は、頭と体の前部からはじめられる。姿勢の転換のはやさと、どの程度まで仰向けになるかは、攻撃するネコがどれだけは

図73　リビアネコの防御の表情。a）防御行為が中程度の強さでおこなわれるとき。b）防御行為が最高に達したとき。（フランクフルト動物園）

やく、どこまで近づくかによって決まる。防御姿勢は攻撃するネコの動きにブレーキをかける効果をもつ。攻撃するネコはその動きをとめるか、少なくともごくゆっくりしたものに落とすのである。防御する側のネコは、まずは体の前部だけをやや側方にかたむけて一方の前足を自由にし、いつでも相手を打てるように宙に上げる。ここで攻撃するネコが近づき過ぎると、顔に一発くらうことになる。実際には攻撃するネコをひとまずその場にとどめるには、前足の空打ちだけで十分であることが多い。

攻撃する側のネコが打ちかかると、防御するネコは完全に仰向けになって、自由になった両前足で抵抗する。攻撃が執拗で、しかも激しい場合には、防御する側のネコは防御方法をまったく変える。つまり窮地におちいったネコは、もはや前足で打つようなことはしない。爪を大きく広げて相手のネコの体にしがみつき、口を大きく開けてただちにかみつく用意をしながら、爪にかけた相手の体を自分の口に引き寄せようとするのだ。同時に後ろ足で相手の傷つきやすい腹をけり、ひっかく。こうなると、攻撃する側のネコも同じような方法で防御せざるをえなくなる。いまや二頭のネコは横向きにねて、腹と腹をつき合わせ、爪と歯を使って闘う。一方のネコの攻撃のゴロゴロ声、もう一方のネコのフーフー声、唾を吐く音、うなり声がつんざくような防御の金切り声へと変わっていく。ローレンツ（一九五一b）は「雄の歌」が聞かれるといっているが、この声は純粋の攻撃でおこなわれる威嚇をあらわす声であって、このような状況で発せられることは決してない。

さてここで、**図74**を参照しながら、雄ネコM10とM3の二度目の出会いの経過を追ってみることにしよう。完全に成長したおとなの雄ネコであるM10を私が手に入れたのは、この

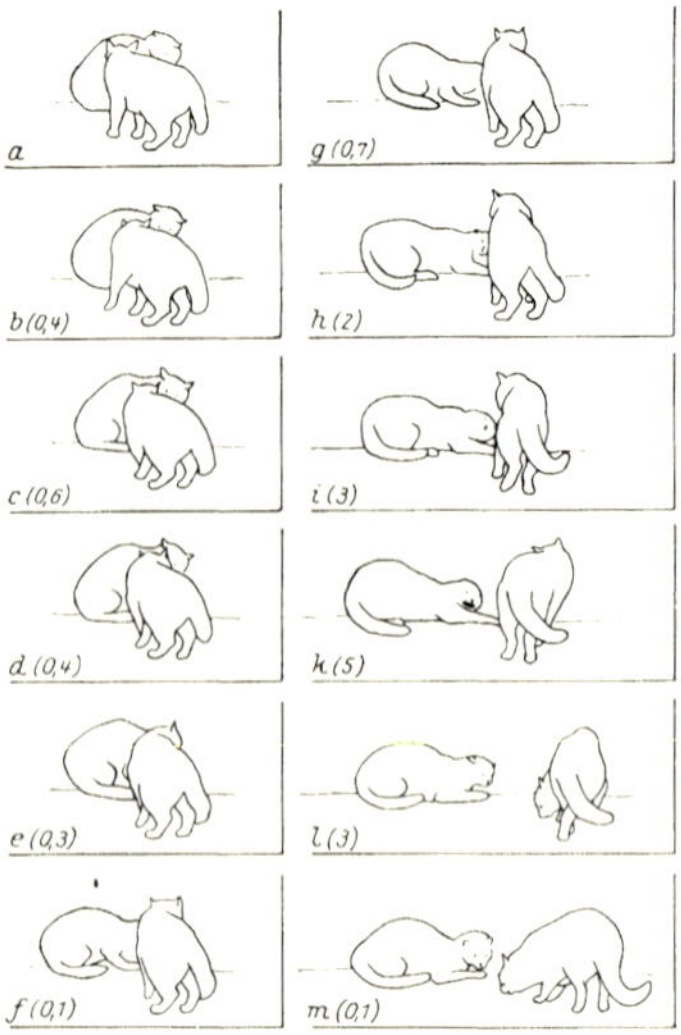

図74 M3(手前)とM10(後方)の二度目の出会い。かっこ内の数字は、それぞれ前の図との時間間隔(秒)であらわす。解説は本文参照。

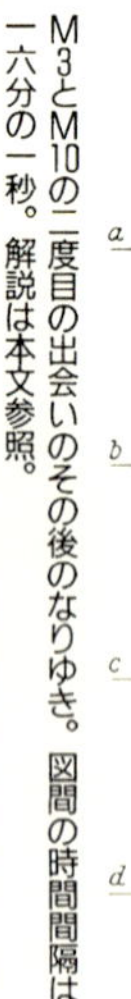

図75 M3とM10の二度目の出会いのその後のなりゆき。図間の時間間隔は一六分の一秒。解説は本文参照。

実験のほんの数日前であった。出会いの実験の最初の日、私はM10をM3といっしょに、広さが数平方メートルしかない狭い部屋に入れた。M10はただちに椅子の上に登って、そこに引きこもったまま実験時間中ずっと消極的にふるまった(二〇三頁の**図64**a—c)。

二度目の出会い実験では、M10がまだ入ったことのない未知の空間、すなわち四×六メートルの屋外の檻に最初にM10を入れ、それから、成長なかばの雄ネコであるM9を入れた。M9は友好的な遊び気分でM10に近づこうとした。だが、M10は不愛想にふるまい、軽く威嚇したが、それ以外は若者ネコを無視して檻を調べていた。一〇分後にM9を出して、代わりにM3を入れた。M3は屋外の檻に慣れていて、よく知っていた。M10はただちにケージの奥の壁に進み、体をかがめて防御の姿勢をとった。M3は威嚇しながらM10に近づいた(**図74**a、b)。**図74**のeとfをくらべてみると、M3が威嚇のときに頭を体軸からそらせて側方に向けているのがよくわかる。**図74**のgからkでは、M3は頭を振りながら姿勢をかえているが、攻撃はせず、そっぽを向いて、においを嗅ぐ転位活動をしている(図74lとm)。M3はあたりを歩きまわるが、この間ずっとM10にはその場を去る勇気はない。なかばすわりかけた姿勢のままである。

　M3がM10にふたたび近づくと、M10はうずくまりながら檻の隅へとあとずさりする(図75a)。M3は威嚇をしながらさらに接近する。M10は体を回転させてなかば横向きにねる姿勢をとり、前足で宙を打つ(図75bとc)。これに対してM3は前足を上げ(図75c)、上げた位置でそのまま一瞬動きをとめ(図75dとe)、やはり打つまねをする(図75f)。M10はフーフー声を発しながら唾を吐き、ついには完全に仰向けになる。M3は一瞬引き下がり、防御のために前足を上げて立ちすくむ。

　このように、防御する側のネコは、攻撃する側のネコが威嚇しただけでも、すでに前足で相手を打とうとする反応をしめす。また、そうなってはじめて、攻撃する側のネコも前足によるパンチで応じている。けれども、どちらのネコのパンチも抑制がきいていて、実際に相手を打つのではなく、空を打っているだけである。前足によるパンチは見たところ攻撃のための有力な手段であるように思えるが、基本的には防御のために使われるのである。

　このあと、M3は攻撃を中止して、M10を無視して近くを通り過ぎようとした。M3がM10から約一メートル離れたところをなかば通り過ぎたとき、M10が仰向けに体をたおしてM3に打ちかかった。この「防御的攻撃」は当然のことながら空打ちに終わり、M3は見向きもしなかった。かなりの時間が経過してから、M3はふたたび威嚇の表情でM10に顔を向けた。M3による三度目の威嚇である。M10はケージの隅で、防御の姿勢をとったままである(図76a―e)。図76のeでは、M10が頭を回転させているのがよくわかる。図76のeからhで、M10の体はますます仰向けに横たわる姿勢へとかたむいていく。それに対して、M3は打ちかかろうと前足をやや上げている。iでは二頭のネコがほぼ同時に空を打っているのがわかる。M10は完全な仰向けの姿勢になっているが、これは打ち合いのあとの場面である。一方、M3はまだ前足は上げたまま後方にとびすさり、あらためてもう一度軽い威嚇をする(図76v)。そしてにおいを嗅ぐ転位活動のしぐさをかすかに見せてから、その場を立ち去る。M10の方はケージの隅で、かがんだ格好の防御の姿勢をふたたびとる。

　これらの観察から、ネコの防御姿勢はローレンツ（一九三九、一九五一a）のいうような意味での服従の身振りではないことがわかる。防御姿勢をとるネコは、相手に攻撃の目であるえり首を差し出すどころか、守ろうとするのだ。それにこの姿勢は相手の攻撃をかならずしも抑制するわけではない。防御する側のネコは、相手がさらに威嚇するのを消極的に受けとめるのではなくて、抵抗し、場合によっては反撃に出ることもある。防御姿勢はこうした意味で、相手の攻撃を抑制する効果をもつといえる。攻撃するネコの側からいえば、攻撃をひかえるのは目標が失われたからであり、また攻撃をつづけると危険があるからなのである。つまり、防御姿勢が表現しているのは、その中にふくまれる威嚇の働きであり、真の服従の身振りがあらわすものとはまさに正反対である。だから、防御するネコの側に防御の体勢がととのうにしたがって、攻撃する側の行動にも防御的な性格があらわれてくる。ネコの威嚇の誇示ははっきり儀式化されてはいるものの、雄ネコの争いはその目標からいっても、経過からいっても、相手に損傷をあたえる性格のものであって、作法の勝負ではないのである。それでもネコがふつう闘争で負傷することはないか、あったとしても軽傷ですむ。それはネコが「用心深く」て、完全な防御の体勢にある相手には攻撃しないためと、立ち去る相手を深追いしないためである（二〇七頁の**図65**）。

M10をめぐる出会いの実験は、M3の次にM8との組み合わせでおこなわれた。M8のM10に対する威嚇姿勢は、私が見たネコの威嚇姿勢の中でもっとも極端なものであった（**図65**a）。M10は若干ケージに慣れてきていたようで、しかも、M8はM3の場合よりもM10から離れたところで威嚇をした。それでもM10はおじけづき、**図65**のaとbで見られるような「ハイエナ姿勢」（ライハウゼン　一九五三）をとって忍び足で逃げた。おもしろいことにM8はそれを追わずに、そのまましばらく威嚇姿勢をとりつづけた。

ネコでは優位に立つ側が、闘争を回避してその場を立ち去ろうとする劣位のネコを追跡できないという奇妙な特色があるが、それは威嚇の誇示では動きが極端にゆっくりで、しかも硬直しているためである。ネコの威嚇誇示は、他の脊椎動物で見られる多くの威嚇の身ぶりと同じく、拮抗的に働く諸筋肉を支配する神経が同時に強力な刺激を送りこんでおこなわれる。だから、威嚇する雄ネコは文字どおり「力み過ぎて」動けなくなってしまうのだ。そのためネコは歩幅を短くして、休みを大きくとりながら、一歩一歩ゆっくりと進めるだけなのである。攻撃者は気楽な足取りや急ぎ足にすばやく切り替えることができない。もし、それができるのなら、ゆっくりその場を去ろうとする相手をたやすく追跡できるはずである。ネコが相手を追うのは、純粋のなわばり闘争か、あるいは交尾でおこなわれる「みせかけの」追跡のときだけである。

図76　M 3とM10の二度目の出会いのその後のなりゆき。かっこ内の数字は前の図との時間間隔（単位は秒）をあらわす。数字がないところは、図間の時間間隔は16分の1秒。解説は本文参照。

第16章

攻撃と防御の重なり合い

これまで検討してきた防御行動は、ほとんどがネコどうしの闘争にかぎって見られるものである。ただし、人間とのつきあいに慣れたネコの中には、自分に近づく未知の人間、たとえば診察しようとする獣医師にも同じ防御行動をとることがあるが。だが、はじめから「望みがないほど格段に勝っている」ことがわかっている敵に向かって、このような防御の姿勢をとったところで意味がない。「格段に強い」敵に対しては、もはや相手に屈しないでがんばることは重要ではない。いかにしてすきを見つけて逃げるか、あるいはもっと緊急の場合は、敢然と闘って、ほんのつかの間でも勝つことが重要なのである。ただし勝つとはいっても、敵に一瞬の不意打ちをあたえ、自分がすばやく逃げる時間と空間をかせぎだすことだけに目的をかぎるもので、他の多くの猛獣や齧歯(げっし)類も同じ行動能力をもっている。そこでネコは「攻撃こそ最大の防御」の原理にしたがって、攻撃行動と防御行動の要素を重ね合わせながら、いつでも奇襲攻撃へと前進でき、しかもいつでも逃げられる体勢をとろうとすることになる。こうした「陽動作戦」での攻撃は、敵に実際には当たることのない空打(から)ちにとどまることが多い。いったん敵と「とっくみ合いの闘争」に入りでもして、しがみつく敵の爪から身を放せなかったら、逃げるせっかくのチャンスまで逸してしまうかもしれないからである。

ただし、育児用の巣を守る母ネコは、追いつめられても捨て身の攻撃にでる。だが、このときも前足で打つ攻撃が基本である。このような闘いも、たとえ激しくはあっても、基本的には防御的な性格をもつからである。母ネコの攻撃がきわ

図77　「立ち上がっての防御」。W1（左）はどちらかというと遊び半分で、M5（右）は真剣。

めて敏速である点だけが、儀式化された面のある雄どうしの闘争行動と異なっている。

激しいなわばり闘争も同じように進展する。なわばりの所有者は前もって警告を発することなく、どんな方向からも侵入者めがけて突進し、前足で打つ。侵入者はたいていはすぐに逃げに転じる。攻撃者はしばしばかなり遠くまで追いかけ、たいてい逃げる相手のわき腹を前足で打つ。侵入したネコがそう「意気地なし」でなければ、攻撃者の打ちかかりに対して打ち返し、後ろ足で立ち上がって上方から相手の頭とえり首に前足による打撃をくわえようとする。すると攻撃者も同じ行動に出る。こうして二頭のネコは後ろ足で直立し、前足をいつでも打てるように上げたまま、たがいに向かっていくことになる（図77）。

なわばりの主がこうした攻撃方法をとること自体が、なわばり闘争があくまでも防御行動であることをしめしている。この場合あくまでも問題はなわばりの防衛である。他の哺乳類の場合もふくめて、なわばり闘争と雄どうしのライバル闘争では性格が異なる。なわばり闘争では、前触れとしての誇示の身ぶりその他の儀式なしに、攻撃がいわば「不作法」におこなわれる。これに対して、雄どうしのライバル闘争では、まずはじめに儀式化された威嚇誇示があって、それから攻撃に移る。また、攻撃の中でも一定の「規則」が守られることがよくある（アントニウス　一九三七、アイブル－アイベスフェルト　一九五三）。ローレンツ（一九三九）は、二頭の雄オオカミの間に観察されたこの種のライバル闘争を記録している。ムリー（一九四四）が観察した、なわばりの所有者であるオオカミと、そこに侵入した未知のオオカミとのかみつき合いは、ローレンツの観察した闘争とは正反対に「作法なし」の激しいものであった。エスキモー犬のなわばり防衛行動も同じ性格のものである（ティンバーゲン　一九四二）。

こうした激しい闘争で重なり合う攻撃と防御の要素は、以下のように整理できる（三五一頁の**表6**も参照）。

(a)攻撃の要素：四肢（しし）を伸ばして立つ。尾をかぎ型に曲げてたもつ。尾の形はしばしば特徴ある変化を見せる。すなわち尾の根もと部分がまず硬直したように上向きに立ち、かぎ型に曲がる部分は尾の先端に向かって移動し、ついには尾全体が急勾配（こうばい）に上向きに伸ばされる。

(b)防御行動の要素：頭を引っこめる。耳をねかせる。体を縮める。体と尾の毛を逆立てる。フーフーいう。瞳（ひとみ）が拡大する。尾の先が硬直し、動かない。

だれもが知っているネコの姿勢である「猫背」（ローレンツ一九五一b）は、これらの姿勢要素と運動要素が合わさってできる。「猫背」は攻撃しようと身構えるイヌに向き合うネコや、野生化したイエネコが人間に対してよく見せるおなじみの姿勢である。隔離されて育った子ネコやおとなのネコは、未知のおとなのネコに対してもこれをしめすことがある。ヴァイス（一九五二）は二頭のイエネコを隔離して育て、これらのネコをはじめて他のネコといっしょにしたときの興味深い行動を記録している。ここでも、攻撃要素と防御要素の重なり合いを見ることができる。また、同じ種の仲間に合わせてできているネコの生得的解発機構の特質、それに「あちこちながめる」行動もかかわっている。

隔離して育てられたネコの「プスィ」は見知らぬ家に入れられると、まずは台所を調べはじめた。その家にすむ雄ネコには注意を向けなかった。雄ネコの方はなわばり防衛の行動に出そうに見えたが、どういうわけか気後れしていた。プスィが雌であることに気づいたのかもしれない。隔離して育てられたもう一頭の雌ネコ「ペトラ」も、生まれてはじめて出会う雌ネコにそのネコのなわばり内で出会ったが、近寄りはせず、見たところ、注意もはらわなかった（「あちこちながめた」）。まもなくペトラはその雌ネコから前足の一撃を受けた。雌ネコは自分のなわばりにいるのだから、予想されるなわばりの防衛行動である。ペトラは二頭目の未知の雌ネコには、今度は自分のすんでいる場所で出会った。ペトラはまずは背中を湾曲させて猫背になったが、まもなく純粋の防御の姿勢をとった。つまり、ペトラはなわばりを守ろうとしなかったのだ。最初の出会いですでにおじけづいていたのかもしれないし、生後一四カ月という年齢では激しいなわばり闘争をはじめるにはまだ若すぎたのかもしれない。ネコの熱心ななわばり闘争はたいてい生後二年あるいは三年たってから見られるのである。それでもそのあとに侵入した雄ネコは居心地がよくは感じなかったらしい。雄ネコはストーブの上を「城砦（じょうさい）」にみたててそこにひきこもり、ペトラの方はといえば、雄ネ

図78　体側を相手に向けておこなわれる威嚇と攻撃。a)雄の子ネコが同腹のきょうだいの雌に向かって、横向きに近づいている。まず、右の後ろ足から先に出している。b)同じネコがもっとはやく近づいている。左の後ろ足の方が前足よりも歩幅がはるかに大きいことから、体の後部がやがては前部を追い越してしまうはずであるのがわかる。すくめられた首は、体の前部が「遠慮がちであること」を暴露している。c) 首を低め、体側を相手に向けた威嚇。d) これまで攻撃していた手前のネコは、いまや前足を後退させている。けれども右の後ろ足はまだ前に出ようとしている。耳はすでに完全に防御のときの位置をとっている。まだ攻撃をするときのように伸ばされている背中も、もうすぐ丸められるはずである。aとbは、雄ベンガルヤマネコと雌イエネコの交配から生まれた雌の雑種を母親に、雄イエネコを父親とする雑種。cとdは、雄のクロアシネコと雌のイエネコを両親とする雑種。子ネコは遊びで個々の動作をおおげさにおこなうので、威嚇や攻撃を構成するそれぞれの動作がとくによくわかる。

コから目を離そうとしなかった。

以上のような実験と観察からヴァイスは、隔離して育てられたネコは未知のネコの「あつかい方を知らない」と判断し、ネコには同種の仲間に向けた生得的解発機構はない、と結論している。だが、この結論は完全にまちがいである。ヴァイスのネコは隔離して育てられたにもかかわらず、正常に育ったいくらか臆病で闘いになれていない若いネコならどれもが同じような状況で見せるのと、まったく同じ行動をしたのである。

ネコが極端な「猫背」の姿勢をするときには、体の側面を相手に向ける。このことも、逃走気分、防御気分、それに攻撃気分の三つの気分の相が重なり合っている証拠である。敵がゆっくりと近づく場合には、個々の相をくわしく見ることができる。はじめのうちは防御と逃走への意欲が勝っている。敵に近い方の部分、つまり体の前部は後部より先にはやく後退しようとする。そのためネコの体は背中をおり曲げたような形になり、さらに進んでもはやそれ以上背中を曲げられなくなると、後退する前足は後ろ足にぶつかるのを避けて、体の側方に回りこむのである（二三五頁の**図79**a、A_3B_0からA_3B_3へ、あるいは対角線方向にA_0B_0からA_3B_3へ）。ネコは背後に塀など防御に役立つ物があるところを選ぶことが多いから、そうした理由からも後ろ足は後退できなくなり、相手に体の側面を見せることになる。けれども、たとえ開けた野外でも、ネコは上に述べた理由から相手に体側を向ける。敵がいまだにゆっくりと接近をつづけていて、背後がまだあいている場合には、いままでは後ろ足も後退することになり、横向きのぎくしゃくした動きになる。

「猫背の威嚇姿勢」とフーフー声に敵がおじけづいていくらか引き下がると、ネコはふたたび前に進む。前進のときにも後ろ足は前足よりも勇気があり、前足を追い越すことすらある。つまり体の前部よりも後部が敵に近づくのである（**図78**）。

フォッサでは、この姿勢は威嚇誇示で決まって見られる構成部分になっているようである（フォセラー　一九二九／三〇）。この姿勢をとったネコは動きのすべてが――ジャンプすらが――なみはずれて「ぎこちない」感じがする。この状態こそが、逃走、防御、それに攻撃への三つの意欲が同時に起こった結果である。だが、この姿勢でゆっくりと前進するネコの姿はおそろしく脅威的に見え、攻撃に出ようと断固決意している敵でなければ後退してしまうこともある。私が飼っていたとても大きな黒い雄ネコは、研究所の飼育舎にいたすべてのイヌをこの姿勢で追いはらった。その中には二頭の気の荒いコリーの雄と一頭の巨大なエスキモー犬もいたのだが、どのイヌも「猫背」の姿勢をとる黒ネコを避けたのである。

それでも、このような効果的な例をふくめても、ネコの「猫背」はすべて「こけおどし」である。強力な敵の激しい攻撃にさらされて、逃げ道が残されているというのにその場にとどまり、持ちこたえようとするようなネコはいない。ただ、そうした中で、ネコがどのような闘争も最初から避けるわけではないこともたしかである。そのようなときに、本当ならなんなく逃げられるはずのところを、防御と逃走の二つの傾向が葛藤するために、その場にとどまることがしばしばあるのだ。そして敵が「臨界距離」（ヘディガー　一九六一）をすばやく越えて近づいてくるとやっと、たいていの場合はすぐに逃走に転じるのである。もっともネコの臨界距離そのものは、敵の種類、その場の条件（たとえば近くに木が生えているといった）、あるいはネコの気質と経験によってまったく異なる。一方、敵が**ためらいがちに**ゆっくり近づくような場合には、しばしば逃走の気分に攻撃の気分が打ち勝つ。ネコは逃げることが十分にでき、窮地に追いつめられているわけでもないのに、こけおどしの攻撃に出たり、ときには本気になって攻撃することさえある。

「猫背」の姿勢から防御の要素が少し取りのぞかれると、ネコが攻撃にでる前兆である。頭と体が前に進み、尾は下がってかぎ型になり、耳はいくらか立ってくる。だが、瞳は拡大したままで、毛もまだ逆立ったままである。アドレナリンの効果がすぐには弱まらないためであろう。この場合、攻撃への転換が、ただちに「純粋な」攻撃にまで到達するわけではもちろんない。まだ前足で打つばかりで、歯でかみつくことはないのだ。攻撃にでる少し前に防御のフーフー声はうなり声に変わる。この移り変わりは、防御と攻撃の気分がほぼ釣り合ったしるしである。敵に突進するネコは口を大きく開き、「唾を吐く」。こけおどしのために、前足を上げるポーズをとり、指を大きく広げて打つ準備を十分にととのえながら突進していきはするが、敵に到達する前に立ち止まり、打つこともない。それに、ネコは「最高度に熱中した」防御的攻撃においてすら、たいていはほんの数回パンチをするにとどめ、ただちにもといた場所にとびもどって、もとの防御姿勢をとるか、あるいは少しの距離を逃げ走るのである。この気分の状況の中から本当に執拗な攻撃にでるのは、育児中の巣を守る母ネコだけである。

ここでネコが逃げてしまうか、あるいはもとの「猫背」の姿勢にもどって、事の進展を見守るかどうかは、いろいろな状況によって決まってくる。なかでも、近くに隠れ場や敵が侵入できない「要塞」があるかどうか、そしてネコの経験の内容が、なりゆきをもっとも大きく左右する。経験の浅いネコは多くの場合、逃げようとする。だが、経験のあるおとなのネコは、たとえばイヌから逃れられるのはこけおどしでイヌをおじけづかせて、安全な場所に逃げこむだけの時間をかせげた場合だけであることを知っている。

たくさんの経験をつんだネコ、とくにがんじょうな体つきの雄ネコは、どんなイヌにも対処できる。こうしたネコは、イヌがまだ攻撃をする間もないうちに攻撃してしまうのだ。ネコの反応時間はイヌの反応時間より短いようである。ネコの攻撃はすばやくて、イヌに自分の体にふれる隙もあたえない。この種の観察例が六つあるが、そこではネコ自身はまったく傷を負うことなく、イヌをなんなく敗走させた。しかも、そのうちのイヌの少なくとも三頭は、ネコを殺した経験があった。逆にいえば、それだけの勇気と経験をもつまでになるネコはごく少ない。

イヌの側からいえば、攻撃してくるドブネズミを前にしたネコと同じ立場にあるといえる（三六頁以下、九二頁以下）。攻撃を仕掛けてくる獲物というのは、捕食者にとっては獲物捕獲行動を引き起こす生得的解発機構にうまく「合致しない」のだ（ベーゲ　一九三三）。攻撃を仕掛けてくるネコにたじろぎ、ほとんどなすすべなく「ぶちのめされる」イヌが、同じネコが逃げるところを後方から追いついた場合には、たとえそのネコがふり向いて先ほどの攻撃のときと同じ武器で身を守ったとしても、なんなくそれをとらえ、容赦なく振り回すことができる。

大都市のイヌとネコは鬱積する衝動の発散のために一種の共生関係を発達させているという、興味深い説がある（シュプールウェイ　一九五三）。イヌは鬱積した狩りの衝動をネコを追うことで発散させ、ネコはイヌに追われることで、鬱積した逃走の衝動を発散させているという。この説はイヌに関するかぎり完全に正しい。大都市のアスファルトではイヌはネコ以外に追跡する相手がないのだから。だが、シュプールウェイはネコについてはこの説の適用範囲を、外にめったに出ずにいつも部屋の中に閉じこめられてくらすネコにかぎっている。けれども、このようなネコが上のような行動をとるのは、「鬱積した逃走の衝動」のためだけではない。大切に育てられたがために、この種のネコはなにかを本当に恐れる、ということ自体を教えられていない。それがもう一つの重要な要因である。外に出たネコがイヌに自分を追いかけるよう挑戦したとしても、「自分がなにをしているのか」がわかっていないのだ。もちろん経験をつんだネコが、木の茂みやフェンスを自在に使えて、自身にとって都合のよい自分のなわばりに「純粋な楽しみのために」イヌを誘い入れたりすることはある。だが、一般的にいって、中ぐらいの大きさの平均的な強さのイヌでも、ネコにとっては圧倒的に強力で恐ろしい敵である。だから緊急時はべつとして、イヌに自分を攻撃させるよう刺激するなどということはありえない。大都市にすむ一般的なネコの生活では、たえがたいほどの逃走の衝動が鬱積する余地は残念ながらない。大都市のネコはいつも人間たち、とくに街角の若者や市街の自動車のおかげで、逃走の衝動を晴らさせてもらっているのだ。

ネコの逃走行動そのものはギャロップでおこなわれる。毛は一部はまだ逆立ったままで、尾はやや側方でかぎ型に曲がってたれる。

ネコの攻撃と防御の二つの気分の相は、さまざまな程度で重なり合って体の姿勢と顔の表情にあらわれる。私はそれを二つの気分の強度の組み合わせで整理し、**図79**のaとbに図式的にあらわしてみた。どちらの図でも左上の絵（A_0B_0）は二つの気分がともに中立的であるネコの状態をしめしている。右上は攻撃威嚇がもっとも強い状態をあらわし、左下は防御気分がもっとも強い状態をあらわす。右下はこれら二つが重なり合った結果である。その他の絵は、二つの気分の強度のさまざまな組み合わせによる「中間段階」となっている。**図79**のbでは、とくに二つの気分の強度の組み合わせに対応する耳のさまざまな位置に注目できる。二つの気分の「中間段階」では、耳の背面がどの程度見えるかで、攻撃の気分の占める大きさがわかる。純粋の防御の気分では耳は側・下方に折られるため耳のふちのかどが見えるか、せいぜい耳の背面のごくわずかの部分が細長く見えるだけである（**図79**のb、A_0B_1の絵）。

私がネコの姿勢と顔の表情を、別々に二つの図であらわしたのは、一方の図で表情を拡大してしめしたかったからだけではない。二つの図に分けたのには、客観的な理由もある。それぞれの図の段階ごとの姿勢と表情が、かならずしも一致しないという事実が重要だからである。顔の表情は体の姿勢――身ぶり――よりも流動的で、めまぐるしく変化する。つまりネコの表情は気分の振れを体の姿勢より正確に、はるかに迅速に表現するのである。どちらかの気分が最高の強度に達したときだけ、かならず姿勢と表情が気分と厳密に一致する。顔の表情もすべてを表現するわけではない。気分の振れが小さいときには、耳の動きは左右で同調しなかったり、リズムが合わなかったりする。左の耳がまだ「威嚇」しているのに、右の耳は中立であったり、防御をあらわす位置に移っていたり、あるいはひきつづいて左の耳が右とは無関係に回転しはじめ、ふたたびもとの位置にもどるといったぐあいに、カメレオンの目のごとく左右が独立して動くのである。

ヘスとブリュッガー（一九四三）は、ネコの脳に電気刺激をあたえて怒りと防御反応を起こすと、それらの付随現象として「耳のはためかせ」が起こると述べている。私はかつては先に記した耳の振れもこれに相当する現象だと考えていた（本書の第一版、一九五六）。だが、実際にヘスが撮影した映画をくわしく調べてみると、この推測があたっていないことは明らかであった。ヘスのネコの「耳のはためかせ」では、両方の耳がとてもはやく、リズムを左右でぴったり同じように合わせて、細かい振幅で動いているのである。これはヘスが使った刺激からくる人工的な産物であって、なんの処置もしていないネコの威嚇と防御の行動では起こらない。

ここで述べた防御行動の行動様式の全体または一部が、独自の衝動によって起こされるのか、それともすべては、なんらかの理由で抑制された逃走衝動とこれによって「相対的な気分の順位」で上昇した闘争衝動との重なり合いなのか。これについてはいまのところは決めることができない。威嚇の「猫背」姿勢を考えると、後者の解釈の方が近いように思われる。けれども、防御と攻撃ではそれぞれに典型的な闘争の動作が優先されておこなわれるから、逃走と攻撃のそれぞれに特別に働く衝動がない、ということもできない。

脳への電気刺激を用いた実験結果は、防御行動が独自の衝動をもつという説を支持している。

ネコの中脳と間脳に電気刺激によって逃走と防御の反応をともに引き起こすかなり広い領域があるが、その中心部では防御の反応だけが引き起こされ、周辺部ではもっぱら逃走の反応が引き起こされるという（フェルナンデツ・デ・モリナとハンスペルガー　一九五九、ハンスペルガー　一九六二、ブラウンとハンスペルガー　一九六三）。拘束されているためにネコが逃走できない条件のもとでのみ、逃走の反応を引き起こす領域を刺激しつづければ、しばらく時間をおいて防御がおこなわれるようになる。また、中心部を刺激しつづけると、はじめの威嚇と防御反応から攻撃反応への移行が同じような経過をへて起こるという。

ブラウンとハンスペルガー（一九六三）はこれらの実験結果から、行動を分析して得られた私の説を否定している。威嚇行動と防御行動は逃走衝動と攻撃衝動が重なり合って生じる、つまり葛藤によっているという行動学の説は、神経学的には支持できないというのだ。またこのような「統一衝動」説は、ヒンデ（一九五九）のいうとおり行動学的にも批判されるものだと、結論している。

だが、ここで私がいう「統一衝動」は「要素の統一体」という意味ではない。これは個々の衝動のシステムであって、時間的な順序や相対的な強弱に応じて、とても複雑に相互に組み合わされるのである(ライハウゼン　一九六五b)。しかし、だからといって、行動しているネコの典型的な表情に、それらの衝動があらわれないということはない。

ブラウンとハンスペルガーがかれらの意見に固執するのは、私が書いている「純粋な」攻撃行動を引き起こすような刺激箇所を脳の部位として見つけ出そうとして成功しなかったからである。それで、二〇六頁以下で紹介した極端な攻撃威嚇

図79　攻撃気分と防御気分の重なり合いの図式。（a）姿勢、（b）表情。解説は本文。

（二〇七頁の図65、66、二〇八頁の図67）は防御の威嚇、つまり猫背の激しさの程度が低い段階にすぎないと主張する。ブラウンとハンスペルガーは、私がこの問題についての記述をするときにつねに意識して「純粋な」という形容詞をカギつきで使っている意味を無視している。まったく抑制のきいていない攻撃は、なんの威嚇もなしに即座に実行に移されてしまうのだ。それは、かれらが論拠としてエヴァー（一九六一）から引用した「純粋に攻撃的な個体は単刀直入に敵に向かって走り、かみつく」が主張しているとおりである。

その後、この「無言のかみつき攻撃」を電気刺激によって引き起こす部位は、ヴァスマンとフリン（一九六二）によって発見された。興味深いことに、その部位はブラウンとハンスペルガーが発見した威嚇と防御の領域からみて、側方にずれた位置にあった。ヴァスマンとフリンが正中線に位置する基質を刺激すると、ブラウンとハンスペルガーの発見とはちがって――「防御反応と前足のパンチよる攻撃」の重なり合いではなく――、「威嚇の身ぶりとかみつき攻撃」の重なり合いが引き起こされたのである。真の攻撃威嚇（「雄の歌」をともなう威嚇。これを聞いたことがある人なら激しさの程度が低い反応などとはけっしていうまい！）を電極による刺激実験で引き起こせた人は、私の知るかぎりいない。

一方、ホッフマイスターとヴットゥケ（一九六九）は、ブラウンとハンスペルガーとは逆に、「純粋な」攻撃行動が防御行動から独立して存在することを、まったくちがった方法でしめすことができた。ネコにさまざまな薬物を投与することで、二つのシステムが異なった影響を受けることを明らかにしたのである。クロルプロマジン（抗アドレナリン薬）は双方を緩和する効果がある。塩酸クロルジアゼポキシド（抗不安薬）は防御行動だけを緩和し、「純粋な」攻撃行動には影響しない――つまりこの薬物を投与された雄ネコは威嚇や攻撃には抵抗しないのに、ライバルをさがしに向かっていく積極的な欲求行動をしめし、実際、攻撃したのである。塩酸メタンフェタミン（覚醒剤の一種）は防御的な攻撃行動をふくむ防御への意欲をいちじるしく促進し、同時に「純粋な」攻撃行動を完全に抑制した。

アダムズとフリン（一九六六）は、電気ショックをあたえられたネコを一定の逃走経路をとるように訓練し、この反応を使って巧妙な実験をおこなっている。二人はネコの訓練が終わると、電気刺激によってさまざまな形の闘争行動を起こすことのできる、視床下部のある領域に電極を埋めこんだ。アダムズとフリンは電極への刺激実験を、電気ショックによって逃走行動を引き起こす訓練をしたのと同じ装置でおこなった。ネコに電気刺激をくわえると、ネコはそれによって引き起こされた闘争反応に防御の要素がくわわっている場合には、訓練でおぼえた逃走経路を使った。だが、電気刺激が「無言のかみつき攻撃」を引き起こしたときには、これをしなかったのである。この実験結果も、逃走気分や攻撃気分からは独立した防御衝動があるとする説を否定するもので、行動学者の言う二つの衝動の葛藤説を支持するものであるように考えられる。もしそうであるとしたら、電気刺激によって防御がもっとも効果的に——ある時は攻撃の色彩が強く、あるときは逃走の傾向が見られる形で——引き起こされる正中の部位は、逃走と闘争の両中枢(ちゅうすう)制御システムが絡み合い、集中している領域だということになるだろう。

以上のことをまとめると、次のようなことがいえるだろう。「攻撃的な防御反応をもたらす皮質下の中枢」を電気刺激による実験ではじめてさぐりだしたヘスとブリュッガーは、反応の中に明らかに逃走の傾向が混在していると主張した。ハンスペルガーらは自分たちの実験結果を、威嚇行動ではかならずしも逃走の気分がともに作用するとはかぎらないことを意味するものだと解釈した。だが、かれらは威嚇と攻撃行動を分離できないと考え、そのためさらには防御的攻撃と直接的な攻撃(「純粋の攻撃」)を区別することにも疑念をしめした。

ところが、ハンスペルガーらが実験で引き起こせた攻撃行動は、ほとんどもっぱら前足で打つ行為であって、かみつきはふくまれていなかったのである。ヴァスマンとフリンは、獲物捕獲行動とライバル闘争でともに見られる、抑制されないかみつき攻撃を電気刺激によって引き起こすことに成功した。かれらはこの行動を威嚇行動と重なり合わせることにも成功した。ただしこの重なり合いは攻撃威嚇との重なり合いではなく、防御威嚇との重ね合わせであった。これが典型的に見られるのは、まだ経験の浅いネコが抵抗する獲物に威嚇行動をするときである。

それ以後の研究者たちは、ヘスとブリュッガーが調べた領域よりも広い脳の領域をふくめて実験をおこなっているが、ヘスらとは異なった結果を、一部はヘスらの調べたのと同じ領域からも得た。使われた刺激テクニックや指標は、ヘスらとはちがっていた。こうなるとますます、問題にしている行動様式が電気実験によって引き起こされないからといって、性急にある行動様式の存在を疑うことはできないといえる。大切なのは、ネコ自身がそれをすることができ、おこなっているかどうか、である。実際ネコはそれを人間のもっとも優秀な電子工学者よりはるかにたくみに、正確に、そして多種多様な形で展開しているのである。

ハンスペルガー（一九六二）は、脳の逃走を支配する部位と防御を支配する部位を同時に刺激する実験をおこなっている。その結果、まずはじめに防御行動が起こり、しかも防御を支配する脳の部位だけを単独で刺激した場合よりもはるかに強くあらわれることを発見した。防御行動があらわれたために、逃走行動ははじめはおこらず、しばらくおくれて起こる。しかし、それが起こるときには、逃走の刺激部位を単独で刺激した場合よりも「ずっと活発な」逃走行動としてあらわれることがわかった。ハンスペルガーはこれらの実験結果を解釈して「防御と逃走の二つの反応はたがいに拮抗するのではなく、自己防衛のための一つの行動がそなえている二つの選択可能な道とみなせるのではないか」と結論している。私にはこのような議論の進め方はわからない。ハンスペルガーはまた、上の実験結果と同じことを意味するか、あるいはとてもよく似ている効果を、逃走の刺激部位を刺激しながら、同時に敵のモデル（剝製のイヌやネコ）を実験個体に近づけることでも得ている。ちょうどこの実験に呼応するように、ヴァスマンとフリン（前記）は、低電圧で「無言のかみつき攻撃」を起こした脳の刺激部位にさらに高電圧の刺激をくわえることで、防御の要素（耳をねかせる、毛を逆立てる、猫背の姿勢をとる、フーフー声をあげる）をそれにくわえることができた。では、これらの行動は「獲物捕獲のための一つの行動の中にたがいに拮抗せずに存在する二つの選択可能な道」だといえるだろうか。このような解釈は通常のネコの状況（九九頁以下、一五八頁）、つまり処置を受けていない無傷のネコで、さまざまな気分の重なり合いが現実に起こっている状況に適用できるのだろうか。

ここで私はいくらか批判的な見解を述べてきたが、脳の電気刺激実験の価値を軽んじるわけではない。この手法が行動学にとって他のどのような神経生理学的な方法にくらべても価値があることはいうまでもない。けれども、研究を助けるはずの方法の方を現象より上に位置づけ、現象そのものの研究と解明に目を向けないならば、方法の真価が失われる恐れがある。

第17章 ネコ類の威嚇と闘争の比較行動学

私が本書のドイツ語版の第一版を執筆した当時、イエネコの行動をほかの動物と比較しようとしても、野生のネコ類や他の食肉類の種についての行動研究はほんのわずかしかおこなわれていなかった。ここでおもに紹介してきたイエネコの威(い)嚇(かく)と闘争の行動様式は、生物学の研究によくあるように「起源的」とか「原始的」だからそうなっていると考えられるべきではもちろんない。イエネコは高度に発達し分化した種である。そもそもポコック（一九五一）とハルテノース（一九五三）の分類した狭い意味でのネコ属*Felis*は、ヒョウやサーバルのようには極端に特殊化してはいないものの、それでも多くの点でもっとも進化したネコ科のグループとみなせるのである。

　これまで私が観察してきたかぎりでは、防御行動についてはさまざまなネコ科動物の間に本質的なちがいがあまりない。だが、攻撃威嚇および攻撃行動の一部については種ごとにはっきりしたちがいがある。近縁の種の間にさえ、大きなちがいが認められる。

(A) *Prionailurus*属

調べた種→ベンガルヤマネコ、スナドリネコ、マライヤマネコ。威嚇行動が不明な種→サビイロネコ、イリオモテヤマネコ、アフリカゴールデンキャット、アジアゴールデンキャット。

　このグループのネコは威嚇の姿勢をとるときに、かならず背中をやや丸める（**図80**）。頭は低くたもち、たいていは体側を相手に向けて歩く（威嚇誇示(こじ)歩行、**図81**a―cを参照）か、

図80　わずかに威嚇気分にあるときの雌のベンガルヤマネコの姿勢。

この姿勢のままじっと立つ（横向きの誇示姿勢、図**81**dとe）。尾は根もとで軽くもち上げ、ときどき上向きにむち打つように動かし、そのつどまたすぐに、硬く下向きに、かぎ型をなす位置にもどす。背中と尾の正中線上の毛は逆立つ。この威嚇誇示から攻撃へと転じ、敵に向かって歩くときの足どりは敏速である。*Felis*属のようにゆっくり、しゃちほこばって歩くことはない。そのときは頭を高くかかげ、休みなく左右に振り、毎回まんなかの位置（正中線）に頭がきたときに顎(あご)をいくらか引き、左右の振れの一番外側にきたときに顎をいくらか前に突き出す（図**82**）。このため鼻先は、前方から見て水平に広がる8の字を描くことになる。ただし、アフリカゴールデンキャットは、このように頭を左右に振らないことが多い。たとえ振ってもわずかである。このためアフリカゴールデンキャットは顎を上げて前方に突き出す動作と、顎を引く動作をくりかえすことになる。おそらくカラカル、ピューマ、ウンピョウ（二四五頁の図**83**）の三種も、このグループに入るだろう。ただし、まだ私の観察は不十分で、このように分類できるかどうか、たしかではない。

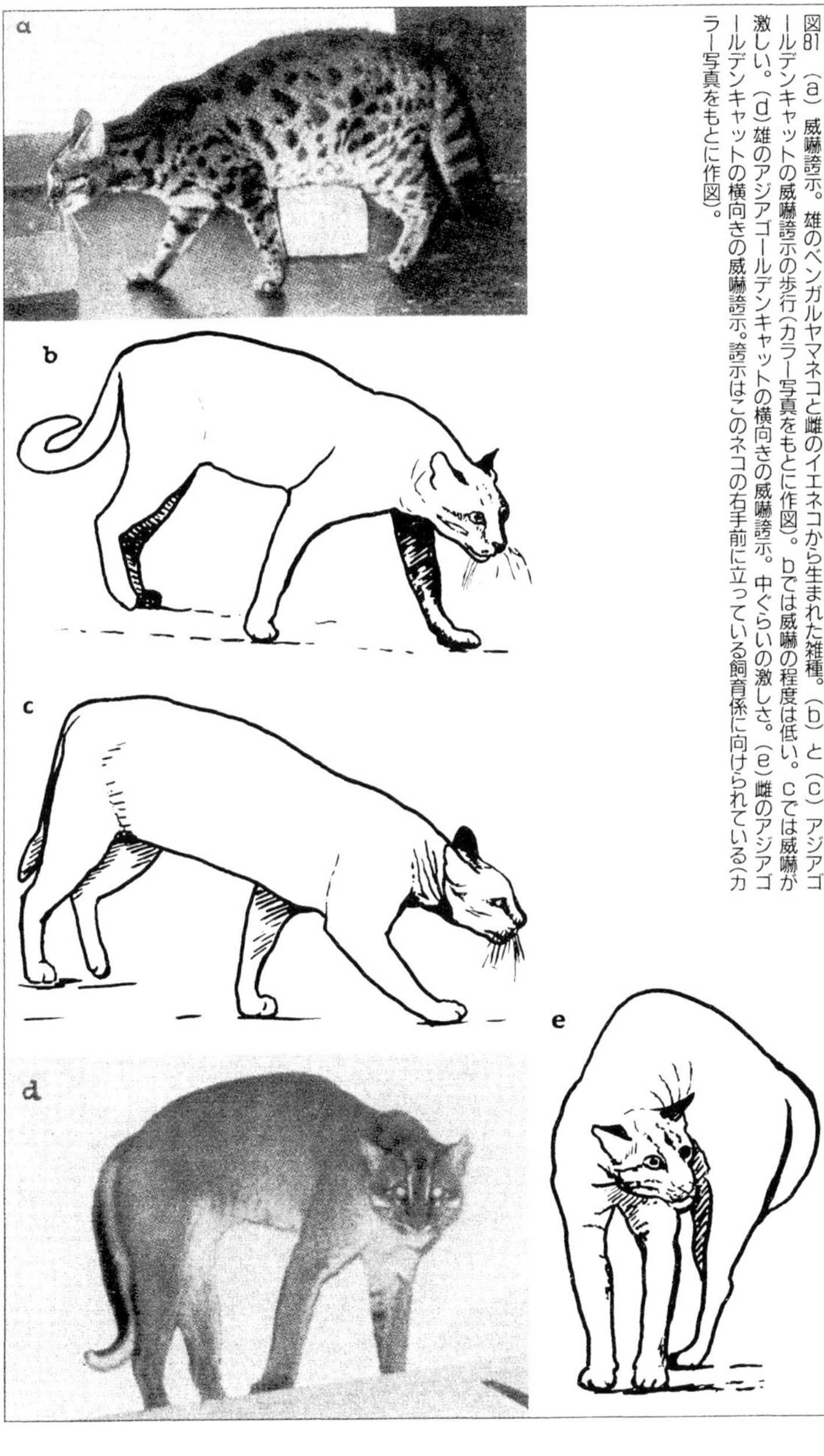

図81 (a) 威嚇誇示。雄のベンガルヤマネコと雌のイエネコから生まれた雑種。(b) と (c) アジアゴールデンキャットの威嚇誇示の歩行（カラー写真をもとに作図）。bでは威嚇の程度は低い。cでは威嚇が激しい。(d) 雄のアジアゴールデンキャットの横向きの威嚇誇示。中ぐらいの激しさ。(e) 雌のアジアゴールデンキャットの横向きの威嚇誇示。誇示はこのネコの右手前に立っている飼育係に向けられている（カラー写真をもとに作図）。

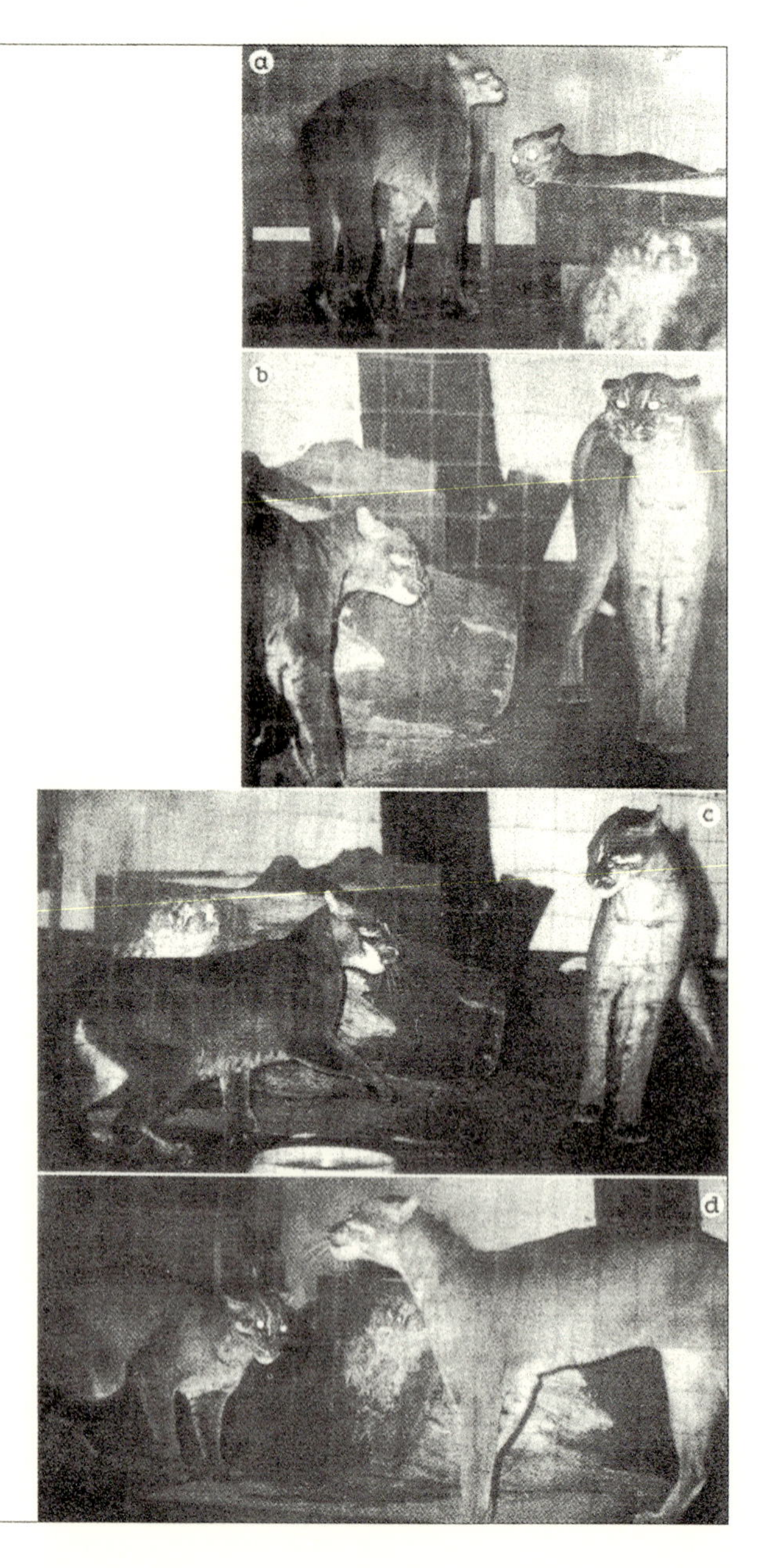

図82　a〜d：アジアゴールデンキャットが頭を振るときの4場面。

図82の続き　e〜j：アフリカゴールデンキャットの雌（左）と雄。e）雌はフーフー声を出す雄から体をやや後退させている。f）雄は雌の前足を打とうとする（本文249頁参照）。g）雄が雌を威嚇する。とびかかる準備として、後脚はすでにやや曲げられている。（20頁の図10のb、cと比較）

図82の続き　h）前足で打ち合ったあとにおこなわれた横向きの誇示。尾がかぎ型に曲がり、体の前部がややかがんでいて相手から後退ぎみで、頭が下げられている点に注意。i）雄は横向きの威嚇姿勢をとり、フーフー声を発するが、威嚇気分はあまり激しくない。j）雄の激しい威嚇。側方に寄せられ、かぎ型に曲がった尾に注意。

図83　となりの檻にいる雄に威嚇をする雄のウンピョウ。威嚇の程度は激しくない。

図84　若い雄のマーゲイがa）あまり激しくない威嚇（図80とほぼ同じくらいの程度）をしている。b）もっと激しい威嚇誇示の歩行。c）と d）大きな雄イエネコに対しておこなわれた横向きの誇示。根もとのところで相手のいる側に向けられた尾に注意（bでもこの傾向はいくらか見られる）。e）激しさが最高点に達した威嚇。背中はまっすぐに伸ばされ、尾はかぎ型に曲がる。*Felis*属と似ている。f）攻撃威嚇のときの、後ろ足をぬぐう動作（266頁参照）。

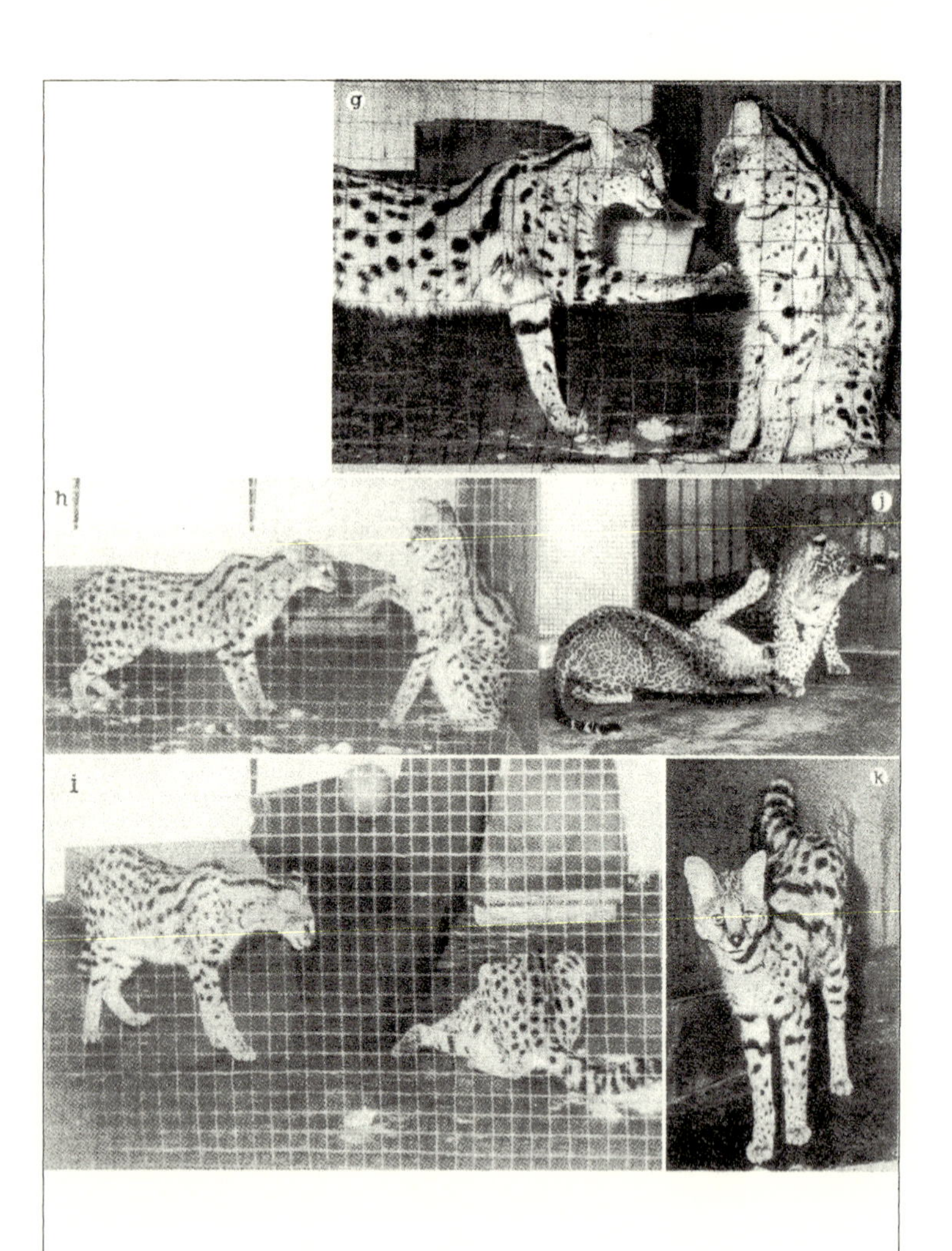

図85　サーバルのさまざまな威嚇姿勢。a)威嚇の猫背。激しさの程度は低い(図80、83、84aと比較)。b) かみつきの威嚇 (耳の位置!)。同時にやや不安でもあるようだ (後脚がいくらか折れ曲がっている)。(写真はワシントンD.C.動物園にて)。c) と d) 攻撃の威嚇。cでは激しさの程度は低く、dでは高い (図86と比較)。e) 攻撃の威嚇。f) と g) 前足を突き出す (本文参照)。h) と i) 前足を突き出したあとの攻撃の威嚇。iでは劣位の個体が体をかがめ、前半分を地面に横向きにねかせて、平らに伸ばしている。f～iで、攻撃している側の個体の体前部が肩のすぐ後ろのところでくぼんでいるのに注意。k) 争いが終わったあと、優位の個体が尿を噴射している(265頁の本文参照)。j) iと似たような状況にあるヒョウとライオンの若い雑種2頭 (甲子園動植物園)。

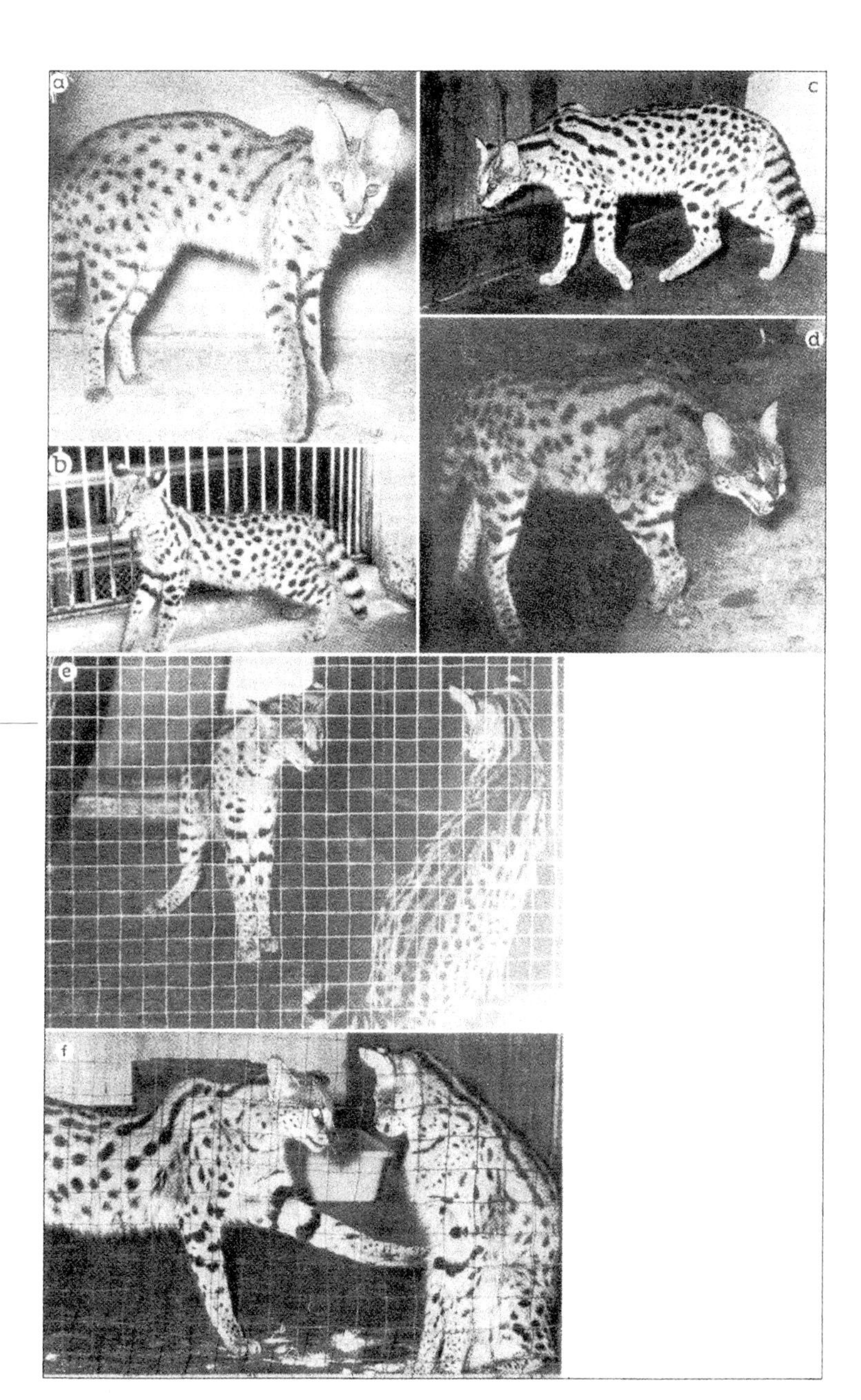
a
b
c
d
e
f

図86　左）チーターの攻撃威嚇。右）雌ライオンの攻撃威嚇（C.A.W.グッギズベルクのカラー写真をもとに作図）。解説は本文。

(B)オセロット属 *Leopardus*

観察した種→オセロット、マーゲイ、ジャガーネコ、ジョフロワネコ。観察がおこなわれていない種→コドコド。

*Prionairulus*属と似る。とくにベンガルヤマネコにとてもよく似ている。ただし（まれに起こる）威嚇のときには*Felis*属のように背中を完全に伸ばす（二四五頁の図**84**）。南アメリカのジャガランデ、パンパスキャット、それにアンデスネコについては、いまのところ報告がない。

(C)オオヤマネコ属 *Lynx*

私がこれまでにできたわずかの観察では、このグループのネコは、*Felis*属や*Leopardus*属と同様の行動をとる。敵に近づくときには、*Felis*属に似た、ぎくしゃくした足取りを見せる（二〇七頁の図**66**a）。

(D)ヒョウ属 *Panthera* とチーター属 *Acinonyx*

観察した種→ライオン、ヒョウ、ジャガー、ユキヒョウ、チーター。

このグループには、威嚇のさいに猫背の姿勢をとる種は一つもない。防御行動でも同じである。このグループの攻撃威嚇は、これまでに述べた種のそれとはまったくちがっている。

背中を伸ばしたまま、胸郭を肩胛骨の間で陥没させるので、肩胛骨がまるでコブウシのように上向きに突き出る(図86左)。頭は多少とも低くたもち、体の縦軸から、ややわきにそらす(図86右)。トラについては、これに対応するような身ぶりは観察されていない。

(E)サーバル *Leptailurus*

私の知るかぎりではサーバルは、ここにこれまで記してきた威嚇のすべての行動様式をもつ唯一の種であるが、さらにくわえてもう一つのレパートリー、「前足の突き出し」をもっている(図85)。サーバルはアフリカゴールデンキャットよりもさらに徹底して頭の動きを正中線上にたもつ。頭を左右に振ることはほとんどない。ヴェンマー(一九七七)はジェネットで、サーバルに似た威嚇運動(「頭の突き出し」)を観察している。

サーバルとゴールデンキャットは、さらにもう一つの行動様式でも似ている。威嚇をするときに、一方のサーバルが相手のサーバルに向かって前足を突き出す(図85fとg)と、相手もしばしば同じように前足を上げて、上方から突き出されている前足の上にのせ、下方に押し下げようとする。この行動は前足で打とうという意図的動作なのかもしれないが、これほど激しくなるのを私は見たことはない。前足を突き出された方の個体が前足にかみつこうとしたり、あるいは鼻で小突こうとすることもよくある。それに対して「攻撃者」はただちに前足を引っこめるが、たいていは、またすぐに前足を突き出す。私はアフリカゴールデンキャットが前足にかみつこうとするのは見たことがないが、本格的な闘争では、防御の姿勢で目の前に横たわる相手の前足を打つことはよくある(二四三頁の図82f)。かなり詳細な観察をこれらのネコ類についておこなってきたが、こうした多様な威嚇の行動様式が、それぞれに異なる状況に対応する典型的な様式として確立されているのかどうかははっきりしていない。

いまあげたA、B、Cの各グループの威嚇の形式は、それぞれの動作の進行速度と動きの幅の点でちがっているだけで、あるグループの威嚇行動がべつのグループのそれから発展してきた、と考えることもできる(二二八頁、二三五頁の図79参照)。一方、Dの威嚇の行動様式はあまりにちがっているから、由来を他のグループの行動にたどることもできない。ところが、ネコ科以外の食肉類のグループや、原始的な哺乳類には、Dの威嚇の行動様式に相当するような行動が見られる。そこから、他のネコ類とはあまりにかけ離れているヒョウ属

図87　頭を低くたもちながらの威嚇。a）シロオマングース。b）エジプトマングース。c）キイロマングース。d）マダガスカルジャコウネコ。弱々しい攻撃の威嚇と防御の威嚇とが重なり合っている。ラッサ（1977）によると、コビトマングースも似たような威嚇姿勢をとるという。e）リンサン。防御の威嚇。f）ヒロスジマングース。弱々しい防御の威嚇。（a、c～fはワシントンD.C.動物園。bはフランクフルト動物園）

の威嚇行動がたどった進化の道筋も、ある程度根拠をもって再現することもできるように思える。たとえば、有袋類、とくにフクロネコ類とオポッサム類は猫背の姿勢をとらず、背を伸ばして口を大きく開き、フーフー声でうなり、唾を吐いて威嚇する。

一方、齧歯類、イタチ類、ジャコウネコ類（図87）の多くでは、猫背の姿勢が見られる。アイブル－アイベスフェルト（一九五七、一九五八b）の報告したドブネズミ、プール（一九六六、一九六七）によるヨーロッパケナガイタチ、デュッカー（一九五七、一九六五）によるマングースの威嚇行動と攻撃行動は、その典型的な例である。すなわちこれらの動物はたしかに猫背の威嚇姿勢をとるが、そのときに肩と頭を低く下げ、しばしば頭を相手からそむけるのが特徴である。攻撃に入る場合には、相手の側に向けた後ろ足を横向きにけり上げる。そのあとかみつき攻撃へと移る場合には、下から側方にしゃくりあげて動き、相手の首の側面またはわき腹にかみつく。これらの威嚇と攻撃方法を実際に使うのは、相手が攻撃に出る気分ではなく、明らかな防御か服従の姿勢をとっているときにほとんどかぎられる。そのとき相手が腰をおろしていたら、攻撃者は頭を後方に引っこめたまま高くかかげる。プール（上記）によると、ヨーロッパケナガイタチはこれらの威嚇と攻撃の行動にくわえて、もう一つ（もっと激しい）攻撃威嚇の方法をもつという。その場合ケナガイタチは猫背をとらず、体を地面に押しつけるように完全に平らに伸ばす。この姿勢では、いっそう下の方から攻撃することになる。ユキヒョウとアフリカゴールデンキャットも、しばしば同じような形で威嚇と攻撃をする（二五六頁）。

この威嚇と攻撃の方法から、多くのジャコウネコ科の種、ハイエナ科、イヌ科（図88）、それにクマ科のかなり儀式化された威嚇様式と攻撃様式が発達したのだと考えることができる。これらの動物は頭を下げながら相手に接近し、側方から相手の首の側面にかみつこうとする。攻撃された側も同じ行動で応じることがよくある。私は、このような相互攻撃をインドジャコウネコの子どもが遊びで飽きることなくいつまでもくりかえすのをしばしば見ている。攻撃された側には、もう一つの応じ方がある。頭を高くかかげ、たいていはわきにそむけながら、体の後部をかがめて攻撃を避けるのである。この姿勢のままその場でじっとすることもあれば、後退することもある。このパターンはアードウルフ、シマハイエナ（図89）、イヌとクマ（図90）で何度も見たことがある。ドリューヴァ（一九七六）によると、ヤブイヌも同じ威嚇と攻撃の方法（「威嚇のかみつき」）を使うという。テン類とアライグマ科の動物では、これに相当する行動を見たことがない。それでも、これらの動物にもこれと似た行動様式があるのではないだろうか。ライオンがこれと同じ「首のかみつき」をすることを私に最初に指摘してくれたのはグジーメク（一九五八、私信）である。それ以来、私はライオンばかりかヒョウやジャガーでも、この行動をすることに気づくようになった。だが、トラではこの行動を見ていない。

多くの食肉類の首の側面には（ジャコウネコ、ジェネット、ミスジパームシベット、アナグマ、スカンクなどの耳から胸にかけて）目立った縦縞（たてじま）がある。エヴァーはこれらの縦縞には、多少とも儀式化された「首のかみつきによる闘争」を視

図88　a）アカギツネの威嚇の猫背。b）アカギツネの威嚇誇示の歩行。（aとbはテムブロック　1957より）。c）横たわる相手（右上）に体側を見せて誇示をするオオミミギツネ。d）オオミミギツネの威嚇誇示の歩行。（cとdはロサンジェルス動物園でのカラー写真をもとに作図）

図89　争うシマハイエナ。解説は本文。

図90　争うツキノワグマ。右の2頭は左のクマを岩のへこみへと追いつめた。このクマは防御のために立ち上がり、右手前のクマは威嚇姿勢からそのまま頭を上げて、相手の喉と首の側面にかみつこうとする。

図91　闘争中のコリー（フィッシェル1953より）。解説は本文。

覚―運動的に方向づける役目があるのではないかと考えている（一九五八、私信）。私は二頭のインドジャコウネコがともに食事をしたり、水を飲んだりしているのを見ていて、体を上下させる運動が決まって二頭の間で同じリズムでおこなわれることに気づいた。これはおそらく相手の首の縦縞を見ることによって視覚―運動的に制御される個体間の同調なのであろう。

ローレンツ（一九四三）は、イヌとオオカミの闘争行動を観察し、劣位の個体がとる「服従姿勢」を明らかにした。劣位の個体は立った姿勢のまま頭をややかたむけ、相手に自分の首の側面を差し出して、服従をしめす。するとまさにこの「服従姿勢」によって優位者の攻撃が抑制される。劣位者に無防備な首の側面をしめされた優位者は、そこにかみつく「勇気が出ない」のである。残念なことにローレンツは、このような状況で対面する二頭の動物のそれぞれの頭の位置、体の姿勢、尾の位置などの肝心なことをまったく、または不正確にしか記述していない。そのためフィッシェル（一九五三）は、自分で観察しながら撮影した映画フィルムをまちがって解釈してしまい、優位のイヌ（**図91**の手前）を劣位とみなしてしまった。

シェンケル（一九六〇）はこの誤りを正してはいるが、劣位のイヌがローレンツのいう意味での正確な服従の姿勢を実際にとっていることを、フィッシェルが描き起こしたイヌの姿勢から読みとることができなかった。そのため、シェンケルがフィッシェルのイヌの図に相当するものとして描いたオオカミの闘争行動のシーンは、実は本物の真剣な闘争行動などではまったくなく、おとなが子どもと闘争遊びをするシーンでしかなかったのである。シェンケルは「相手に首の側面を差し出す」オオカミの服従姿勢にふだんあまり接していなかったのだろう。かれが観察した動物園の狭い檻で飼われているオオカミの群れでは、そのような真剣な闘争行動はおこなわれなかったのかもしれない。一方、フィッシェルの誤解は、かれが分析した二頭のイヌの姿勢の中に二つの闘争要素が重なり合っていたことから生じたのかもしれない。

二頭のイヌは「純粋な」首へのかみつきをしようとするときには、**図89**のハイエナのように真正面から向かい合う。だが、優位のイヌは同時に体の後部で相手に横向きにぶちあたろうともする。これは先に記した一部の齧歯類、イタチ科、ジャコウネコ科の動物で知られる攻撃方法である（二三〇頁、二五〇頁以下）。ツィーメン（口述）によると、オオカミではこのような二つの闘争要素の重なり合いはふつうだという。ドリューヴァ（一九七六の図41）は、フィッシェルの図のイヌにとてもよく似た姿勢をとる二頭のヤブイヌの図を描き、ここで述べたのとまったく同じ意味に解釈している。

これらの事例を解釈するときに重要なのは、次の点に注目することである。劣位の側はたしかに頭を高くかかげる（これはローレンツの解釈とはちがって、敵から攻撃されそうな面を斜め上へとそむけるためのものである）。そして前半身も、前足の指の先で立つほどまでに可能なかぎり上に伸ばす。けれども劣位個体は一方では尾を下げたり、それどころか股の間に巻きこみ、後脚をいくらか、おり曲げる。いずれにしろ、後半身はもち上げない。つまり、この行動様式は起源からして、劣位の個体がもはやどのような防御も放棄するといった意味での服従姿勢ではないのだ。むしろこの姿勢は「接触の遮断」（二〇五頁参照）であり、ネコ類の「あちこち眺め」にあたる行動であるといえるだろう。ただし使われ方はちがっている。「あちこち眺め」は、二頭のネコが闘争をはじめるのを阻止はできるが、いったんはじまってしまった闘争を中断させたり、止めたりはできない。

一方、イヌ類の「服従姿勢」は――たとえ優位の個体に十分な抑制が働かなくて、劣位の個体がこの姿勢をとってもたまにはかみつかれることがあるにしても――、ほぼ確実に闘争を中断させる（古い生理学の教科書に書かれている「古典的条件反応」の絶対的な有か無かの法則のようには、リリーサーも本能行動も働くことはない)。ところで私が観察したところでは、イヌで見られる首にかみつく闘争行動は、劣位個体の「服従姿勢」による中断をふくめて、ハイエナやジャコウネコの闘争よりもはるかに儀式化されている。だから、体を可能なかぎり上方に伸ばし、頭をそむける行動は、この儀式化に基礎をおくことで事実上「服従姿勢」になったのである。いずれにしろ、こうしていまや「服従姿勢」の系統発生はほぼ明らかにできたといえる。シェンケルは、優位のオオカミが立ち上がった姿勢（尾は上に伸ばされている）をローレンツが誤って「服従姿勢」と解釈したのではないかと疑ったが、それが誤解であることもはっきりした。

これらすべてをふまえて検討すると、ネコ属（*Felis*）の攻撃威嚇は、もともとは攻撃から防御への移行段階と接触の遮断であった身ぶりが、その機能を変化させたものだと解釈しても、そう大きくまちがっていないといえそうである。(A)の*Prionailurus*属の種の行動では、この関係をはっきりと見ることができる。*Prionailurus*属のネコは、相手に向かってまっすぐには進まない威嚇の歩行をするときと、体側を相手に見せる横向きの誇示姿勢をとるときは、頭を下げる。一方、相手に直接に向かっていく威嚇の歩行では、頭を高くかかげ、しかも規則的に左右に振る。そして相手に近づくにつれて頭をますます高く上げ、顎をより強く手前に引く。威嚇の猫背（二一八頁）にも関与している「後退の要素」はここで見過ごすことができない。アジアゴールデンキャットでは、この姿勢のアンビヴァレンツ（反対感情並列）な性格がもっとひんぱんに露呈する。それがもっとも極端な形であらわれるのは、肉体的その他の面で雌よりも絶対的に勝る雄が雌に対して誇示するときである。雄は誇示はできても、雌を前足で打ったりかみついたりはできないために（アイブル－アイベスフェルトによる「雌に対するかみつきの抑制」）、この姿勢をとるのである。それでも、この姿勢が*Prionailurus*属ですでにほとんど、そしてネコ属（*Felis*）では例外なく、攻撃威嚇と攻撃への意欲だけを意味するようになったのはたしかである。同一の姿勢のこのような機能の変換――あるいは意味の変換といってもよいが――は、ネコ類の攻撃のかみつきが喉と首の側面に向けられていたのが、えり首に移るのと平行して起こったのだと思われる。

攻撃をするときに、首の側面にかみつこうとする行動を、私はライオン、ヒョウ、ジャガー、それにユキヒョウでしか見たことがない。これらの種でなぜ、頭を低くたもった威嚇が、猫背ではなく、すでに記したような体の前部を肩胛骨で

「陥没させる」姿勢といっしょにおこなわれるのかは、はっきりわからない。これらの種はしばしば体を伏せた姿勢、あるいは伏せたのに近い姿勢――前半身をわずかに地面から離すように前脚をつっぱる――をとって威嚇する。とくにユキヒョウはこの威嚇姿勢を好んでとる。攻撃もこのように体を低くし、忍び歩きに似た動きですることが多い。この行動はヨーロッパケナガイタチの威嚇の伏せ（プール、二五一頁を参照）を思い起こさせる。

あるアフリカゴールデンキャットは、ヒョウ属とヨーロッパケナガイタチの中間のような攻撃方法を見せた。すなわち最初は威嚇の伏せの姿勢をとり、次いで体を低くかがめた攻撃に移行したのである。ただ体の前部を肩胛骨の間に「陥没させる」動作だけがなかった。アフリカゴールデンキャットは、さらにもう一つの独特な行動をそなえている。横たわった防御の威嚇姿勢から攻撃へと移行するのである。この行動をほのかにしめす兆候は、イエネコのM10をM3とはじめて出会わせたときにもすでに見られた（二二一頁以下）。だがアフリカゴールデンキャットは、こけおどしの限界も、純粋な防御の限界もこえてしまい、実際に攻撃するのだ。

優位の個体に威嚇された劣位の個体は、まず檻の隅や巣穴などに退却し、横たわった防御の姿勢をとる（**図82**のeとg、二四三頁）。ところが威嚇している優位の個体が威嚇をやめると、とたんに劣位の個体が横たわった姿勢のまま、後ろ足をなにかしっかりした物（壁、木の根）にあててつっぱり、相手めがけて一～二メートル突進し、前足で打って攻撃する。この攻撃を受けた個体はかなり動揺するようで、一気に退散するか、あるいは四本の足すべてで地面をけって空中にとびあがる。ただちに反撃に出ることは決してない。このような攻撃を受けた個体が、とりあえず退散しようとする理由は明らかだ。ふたたび横たわった攻撃者の方には、すべての方向にとび出す用意ができているが、攻撃された方は、たとえとび上がって空中に難を避けたとしても、かぎ爪を広げた四つの足につかまらないような着地点を見つけるのはむずかしいからである。ちなみに、このアフリカゴールデンキャットの攻撃に似た攻撃様式を、ある雌ライオンでも見たことがある（グドールとヴァン・ラーウィックの撮影によるテレビ映画）。たとえアフリカゴールデンキャットほどひんぱんにおこなわないにしても、ほかにもこの行動様式をとるネコ科の種がたくさんあっておかしくはない。他の食肉類にも、まだ知られていないこれ以外の中間型が存在するかもしれない。

第18章
なわばり行動と順位

以下に述べることは、私自身の観察、ヴォルフ（ライハウゼン　一九六五ａ）から私の手にゆだねられた何年にもわたる観察記録、およびヴォルフとの共同研究（ライハウゼンとヴォルフ　一九五九）にもとづくものである。

ネコはそれぞれがなわばりをもつ。これはおおざっぱに見れば、ヘディガー（一九四九）が記載した哺乳（ほにゅう）類の平均的ななわばりに一致している。すなわち、なわばりは第一のすみか、つまり部屋とか家の部屋の片隅といったネコがすんでいるところと、パトロール区域からなる。パトロール区域はネコが多少とも定期的に訪れるいろいろな場所で、これらはたがいに目のこまかい道路網でむすばれている。この道路網の一番外側の点を線でむすび、それをなわばりの境界と名づけることもできるが、これは純粋に抽象的なとらえ方といえよう。これから述べることからもすぐにわかるように、このような想像上の境界は、実際の動物の行動でたしかめることはできない。第一のすみかのすぐ周辺、たとえばすみかがある建物や庭などについては、そこにすむネコは正確に知っていて、すみずみまで折りにふれて訪れ、ふつうはそこに休息場、日光浴のための場所、見張り場所などがある。

このような境界のある行動圏のほかに、いま述べたような通路が狩り場、交尾の場、闘争場、その他の活動のための場へとつづいている。これらのそれぞれの地点にいたる道はたいていは複数ある。道と道の間の区域をネコが使うことはまったくないか、あってもまれである。だからといって、通り道でむすばれている場所、つまりネコが訪れる場所を「点状に」考えるのも誤りである。たとえば狩りの場、森の中の開けた空き地や刈りたての穀物畑といったネズミの豊富にいる場所は、行動圏よりも広いことがあるし、長い間にネコはそうした所をくまなく調べつくしているのである。

ローゼンブラット、トゥルケヴィッツ、シュナイルラ（一九六九）は、子ネコが生後数日のうちに、まだ目が開く前にすでに第一のすみかについては、地理感覚を発達させるということを証明した。子ネコは自分の巣（第一のすみか）にわずかに離れたところからなら、嗅覚を使ってもどることができるのである。

私たちの観察によると、田舎にすむイエネコは〇・五〜一平方キロメートルのなわばりをもつ。雄のパトロール区域は、とくに繁殖期にはその何倍も広くなる。建物が密集している地域では、これはもっと狭くなるかもしれないが、これについての報告はない。リンデマン（一九五三）によると、カルパチア山脈では、ヨーロッパヤマネコのなわばりは〇・五平方キロメートル、オオヤマネコのそれは一〇平方キロメートルであるという。ヨーロッパヤマネコのなわばりが〇・五平方キロメートルというのは、他の小型野生ネコ類とくらべてとても小さいように思われる。ベリー（一九七八）は、一頭のジョフロワネコ（*Leopardus geoffroyi*）の亜成獣の雌が、（少なくとも）一・八平方キロメートルのなわばりをもつことを確認した。今泉ら（未発表）は、イリオモテヤマネコで二平方キロメートル以上のなわばりを発見した。この場合、なわばりはほとんど重なり合っていない。カナダオオヤマネコについては、ベリー（一九七三）がなわばりの大きさ一一・五〜一二〇平方キロメートルと報告している。一方プロヴォスト（一九七三）によると、ボブキャットのなわばりは平均六平方キロにしかならないといい、マッコールド（一九七七）によれば、マサチューセッツでは四〜五二平方キロで、平均すると二六〜三一平方キロメートルであるという。

シャラー（一九七〇）はセレンゲティ草原のチーターで、パトロール区域を五〇〜六五平方キロメートルと報告している。トラはシャラー（一九六七）およびA・シン（一九七三）によると、八〇平方キロメートルに達するなわばりをもつといわれ、ヒョウではスリランカのウィルパッツ国立公園では少なくとも八〜一〇平方キロメートル（アイゼンベルクとロックハート 一九七二、ムッケンヒルンとアイゼンベルク 一九七三）である。ただし、これほど小さななわばりは特別に条件のよいところでのみ可能なのであって、これを個体群密度の基準と考えるのは誤りである。最後にあげた著者たちは、ウィルパッツ国立公園全体六〇〇平方キロメートルにおけるヒョウの個体群密度を、三〇平方キロメートル当たり一頭としている。ホールノッカー（一九六九、一九七〇a、b）は、冬のピューマのなわばりの大きさを雌については一三〜六五、雄では三九〜七八平方キロメートルと報告している。雌のなわばりは部分的には重なり合い、また雌が連れている子の数と年齢によっても大きさが異なる。雄のなわばりは、雄どうしの間では厳密に境界が定められているが、雌のそれとは重なり合うこともある。ほとんどすべての種のなわばりがかなり重なり合っているが、重なっている部分がとくに広いのはチーターである。それでシャラー（一九七〇）は、チーターがなわばりをもたないとみなした。私は前に、「なわばり」は空間的だけでなく、空間と時間とで構成されたものとして理解すべきだと書いた（ライハウゼンとヴォルフ　一九五九、ライハウゼン　一九六五a、一九七一）。イートン（一九七〇a）はこれを引き継いで、チーターではなわばりの時間的要素が空間的なそれをはるかに圧倒している、とかれの観察を解釈している。

これまでに確認されたなかで、なわばりの重なりがもっとも小さいのはヒョウの雌においてである（ムッケンヒルンとアイゼンベルク　一九七三）。ヒョウの雌はイエネコの雌に似たなわばり行動をとる。ライオンのなわばり行動と大きさは、ライオンが他のネコ類すべてとはたいへん異なった社会構造をもつこととの関係で理解できる。だからライオンについては、べつに第19章であつかうことにする（二七一頁以下）。

私たちは真の野生ネコのかわりに野外で生活するイエネコを観察することにしたが、それには欠点が二つある。

一、イエネコは自分たちの個体群密度を自身では決定できない、あるいは調節できないし、ふつうは自分の第一のすみかも自分でえらべない。

二、イエネコの行動様式は家畜化の過程でさまざまな点で変わってしまった。イエネコのなわばり行動で重要なのは、イエネコが野生の近縁種にくらべて、おたがいにそれほど拒否し合わないし、たいていは行動圏や、それどころか第一のすみかそのものまで他のネコとわかち合うことができる（ライハウゼン　一九六二a、一九六五a）点である。

これらの欠点はいかにも大きな誤解を生じそうに見える。しかしこのような状況は、真の野生個体群でもたしかに存在する問題をよりわかりやすくしてくれたし、だから方法的にも長所であることがわかった。たとえばすでに述べたように、ネコの道路網はふつう近所のネコのそれと交差し合っている。「交差」とはこの場合、道、狩りの区域、そして日光浴や見張りのための好みの場所を共同で使う、ということである。ただしふつうは、共同で使うというのは、同時に使うこととはべつなのである。日課においてはネコたちは個人的な出会いを避け、たとえすみかを共有し合うネコどうしでも、外ではひとりでいることが多い。

ヘディガーによると、多くの種の動物が、鉄道の発着時刻のように配分された正確な時間計画にしたがって行動して、おたがいが「出くわす」のをたくみに避けているという。ヴォルフと私の観察からは、イエネコの日課がそのようなはっきり決まった時間計画にしたがっていることを証明することはできなかった。イエネコが毎日同じ時刻に一定の場所を訪れるとしても、それはふつうはたとえば餌の時間のような、人間からの影響によるものである。たとえばウェールズの農場では、毎回一二頭かそれ以上に達する数のネコが、毎日ミルクをもらいに納屋や牛舎に集まるのが見られた。このようにネコは、一定の時刻を守ることがとてもよくできる。時間配分が人間の影響をじかには受けていないノラネコについて、生活のすべてを観察することはできなかったために、時間配分については全面的にたしかめることはできなかったが、これから述べる観察には支障はなかった。いずれにせよ、飼育下のグループでは、ネコが一定の時間計画をもつことははっきりわかる。

ネコどうしの間にはある交通規則があり、それは視覚的に実行されているようである。あるネコがいくらか離れたところ（二五～一〇〇メートル）から、通り道を歩いているべつのネコを目で追って、そのネコが視界から消えるまで見つめている光景はよく見られる。そのあとも気長に待っていると、じっと見ていた方のネコも、たいていはしばらくしてから同じ道を通って行くのがわかる。何度か私は、二頭のネコが一種のネコ交差点にそれぞれべつの方向から近づくようすを目撃したことがある。二頭がそのまま進んでいたら、ほとんどぴったり交差点のところでぶつかっているはずだった。だが、そこまで来る前に両者は腰を下ろして、おたがいをじっと見つめたのだった。ときどき「わざと」そっぽを向いたりする。このような状況でこの呪縛が破られるには、二通りの方法があった。一方のネコが交差点に向かってさらに進む。最初はためらいがちにゆっくり、それからいくらか速いテンポで、そして相手のネコに一番近い地点を通りすぎるや否や、急テンポで歩くのだ。さもなければ、両ネコがしばらくのちにほとんど同時に後退して、もと来た方向にもどるのである。ベリー（一九七三）によると、カナダオオヤマネコも同じように行動するという。

二頭のネコが早目に、つまりかなり離れたところからおたがいの動きを見ることができた場合には、一方のネコが相手のいる方へと一直線に向かっていって相手を追い立てたり、相手がわきにどかないと攻撃する、といったことが起こるのは非常にまれである。けれども、見通しの悪いところで両ネコが出くわした場合には、争いが起こる確率は高くなる。このような観察をつづけていると、あたり一帯でどのネコに優先権があたえられているかが、だんだんにわかってくる。二頭のおとなのネコが同じ地点で二度以上真剣な闘争をすることはまれである。二頭が一度闘ったことがあれば、以後はその地点での出会いはそのまま追跡に変わるのだ。前の闘争で負けた方のネコは、たいていはためらう間もなく逃げ、勝った方のネコはあとを追い、追われた側は追っ手が近寄りすぎると、前足でなぐるからだ。一般に雌どうしの方が雄よりも寛大でない。

けれども、このような境界をめぐる闘争から、つねに有効な、固定した社会順位が個体群に成立するわけではない。たしかにたまには、とても「高い地位にある」ネコが劣位のネコの行動圏や、それどころかその第一のすみかそのものすらも、持ち主の抵抗も受けずに調べることがあるが、それを習慣にすることはないし、劣位のネコをそのなわばりから追い出すことは決してない。なわばり・境界闘争での勝負のなりゆきは、ネコが出会った場所、そして時間と関係しているからである。とくに闘争が何度かくりかえされたあとでは、なりゆきが時間と関係して決まることが多い。同じ二頭のネコが出会っても、場所と時刻しだいで闘争はちがった展開をすることもあるのだ。ネコの自信と闘争への勇気は、闘いの場が自分のなわばりの中心に近ければそれだけ大きいし、離れていればそれだけ小さくなるからである。

このように、二頭のネコが出会ったときの「順位」はそのつど、出会いの場所と時間との関係で決まるのである。これを私は**相対的な社会的序列**、あるいは**相対的順位**と名づけた。これだから境界地帯では、単純にその地点に最初に来た方の個体が優位に立つことがよくある。たとえば共同で使用されている通路に、ふだんは劣位にあるネコが、その場所で本来は優位にあるネコよりも先に到着したときには、後者はふつうは「待つ義務がある」。それなのにそのネコが「礼儀上の距離」を無視して道を進もうとすると、最初に来たネコが優先権をめぐって闘いをいどむこともあり、場合によっては勝つことすらある。次の例からこれがよくわかる。

二頭の雌ネコがとなり合った二つの部屋をそれぞれ「第一のすみか」にしていた。ふだん優位に立っていた方のネコには子どもがあり、そのためにこのネコの優越性はさらに強くなっていた。さて、このネコは劣位のネコが「所有している」

となりの部屋に行きたかったのだが、所有者がドアの敷居の上にすわっていた。優位のネコがそのそばを通り過ぎようとすると、劣位のネコは唾を吐きかけ、行く手をさえぎった。優位のネコはこの挑戦を受けて立たずに、いくらか後退し、しばらく待った。劣位のネコがドアの敷居を離れてからやっと、優位のネコは部屋に入った。そして隣人もそれを許したのである。一般に、劣位のネコがすでに自分のお気に入りの場所や見張り場所に陣取っているときには、優位のネコは、それをあえて追いはらいはしないのである。

となり合ってすむネコがある場所での順位をめぐって喧嘩をしたり、追跡をしたことがきっかけとなって、両ネコの間に敵対関係が生まれ、それがいつまでもつづくことがある。こうなると優位に立った方のネコは、どこであろうと相手を見ればすぐに追いかけて攻撃する。だが、ふつうはそうならない。優位のネコが劣位のネコの行動圏を訪れるのが許されるだけでなく、後者が前者の区域を訪れてもよいのだ。同じ区域内で両者が同時に狩りをすることもあり、しかも土地の状態や植物の茂り方にもよるが、両者は平均して約五〇メートル以上は離れることがない。二頭はおたがいに近くにとどまる特別の理由がなくても、まさしく意図的にそうしているようである。これがとくに目についたのはウェールズの農場での観察である。ネコたちは日課のミルクを飲んだあと、一頭ずつ次々に狩り場へと出かけていくのが常だった。農夫はミルクはくれても、たいてい餌はくれなかったからである。ネコのおもな獲物は、畑をふちどる生け垣に無数にいる野生アナウサギだった。つまりそこは、どこでも同じように条件のよい狩り場であった。それなのに、ネコたちは二、三頭ずつ、おたがいから三〇〜六〇メートルしか離れていないところで狩りをする方が、まったくひとり離れて狩りをするよりも多かったのである。

多くの研究者が、なわばりをつくって生活する哺乳類は自分の領地の境界をにおい、声、ひっかき跡などでマークすると書いている。そしてこれらが警告信号で、なわばりの持ち主はこれによって侵入者や妨害者に警告を発し、思いとどまらせるのだというのが一般的な解釈である。単独で生活をする哺乳類の種について、においのマーキングが他個体を畏縮させる効果があることがはっきり証明できたのかどうか、私は知らない。いずれにせよネコでは、右のような解釈を証明する事実を私は見たことがない。

ネコは尿を木、柱、藪、壁などの物に噴射させる習慣がある。これはとくに雄ネコで目立つが、雌ネコでもよく見られる。しばしばそれにつづいて頭をこれらの物体にこすりつけてにおいをつけ、その頭を次にべつの物にこすりつける。けれども、ネコが他のネコのにおいのマークを嗅いだあと、その場から退却するのは一度も見たことがない。たしかにネコはにおいのマークを念入りにそして冷静に嗅ぐが、そのあとはなにごともなかったかのようにさらに進んでいくか、他者のマークの上に自分のマークをつけるだけである。においに他のネコを畏縮させる効果があることをしめす兆候はまったくないのである。だからといって、それがないということが証明されたわけではもちろんない。

　しかしそれなら、においのマーキングには、ほかにもなにか機能が少なくとも一つはあるはずだ。予期しない出会いと、それにともなう突然の争いを避けるための手段なのかもしれない。そこに来たネコに、この通路をほかにも通ったネコがいるのか、それはだれなのか、そのネコはどのくらい離れているか、出会う可能性があるかどうか、などを知らせるのである。だがこれらはみなまったくの推測にしかすぎない。私のこれまでの観察資料からでは、このどれかをことさら主張したり、排除したりすることはできない。おそらくは状況ごとに、これのすべてがなんらかの役割をはたしているのであろう。ただし、ネコではにおいのマークが畏縮の効果を全然、またはほとんどもたないからという理由だけで、ネコになわばり行動がない、と結論してはならない。

　これまで観察してきたネコ科の種のすべてがいま述べたような方法で、しかも両性ともが尿をものにかける。短時間的にみれば、尿の噴射の頻度は飲んだ水分の量と膀胱がどの程度満たされているかによって影響を受けるが、長期的な調査からは、いま述べた要因やその他の内的および外的な要因とは無関係な、体内の基本リズムがあることがわかる（フェルベルンとライハウゼン　一九七六）。この基本リズムは、長時間にわたって水分を過度に摂取させられたり、反対に制限されても、つまり膀胱がどれほどいっぱいかに影響されることなくたもたれる。ネコは、膀胱がいっぱいのときにはそれぞれの噴射のたびに多量に排尿し、逆に尿がわずかにしかないときには毎回ごく少量だけ出す。極端な場合には尿をかける姿勢をとり、その動作をするだけで、尿自体は一滴も出さずにこれがおこなわれることもある。こうしてマーキングの回数だけは、いま述べた短時間的な振れをべつにすれば、一定にたもたれるのである。それゆえ尿の噴射は、ローレンツ（一九三七b）の言う意味での固有の衝動によって起こる真の本能運動だということができる。

　イエネコとは反対に、野生ネコ類の雌は、雄よりもひんぱんに尿を噴射させる。毎回出される尿の量は非常に少ない場合が多い。体の構造のちがいから、雌が尿をまき散らす形になるのに対し、雄は鋭く一カ所に噴射する。フィードラー（一九五七）は、ピューマとライオンの雌は尿を噴射しないと報告しているが、これは当たっていない。またイートン（一九七〇a）のチーターの雌についての同様の報告も誤りである。マライヤマネコ（*Prionailurus planiceps*）では、尿の噴射は独特に変化している。雄も雌も尾を完全に垂直には上げず、体の後部をいくらか下に落としてかがめ、この姿勢で排尿しながら歩いて、尿の跡を自分の背後につけていくのである。ときには他のネコ類のように、目立った物に背を向けるところからはじめることもあるが、そのときでも立ったままではない。尿をかける物もたいていは高いものではなく、低い位置にある平らな物、たとえば水の容器や、高さ約八センチメートルのおがくずを入れた箱などであって、高さ一八センチメートルものバスタブ（浴槽）などではない。

　この行動は、興奮していくらかおじけづいているインドジャコウネコ（*Viverra zibetha*）の行動ととても似ている。インドジャコウネコはなにかに驚いておびえると、尾を軽く上げるか、まれには水平の位置まであげて歩き回りながら、尿を出しつづける。こうして幅の広い尿の跡がしばしば何メートルもつけられる。ケージの床をすっかり清潔にしてやれば、インドジャコウネコはすぐにこれをする。それでも、これは狭い意味でのマーキング行動ではないはずである。けれども、ジャコウネコに似た先祖がこのような行動をはじめたところから、ネコ類の尿のマーキングが発達したことも考えられる。*Prionailurus*属は、いくつかの点で現代のネコ科の中では「ネコの祖先」に一番近いとみなせる。ベンガルヤマネコ（*P. bengalensis*）でも、とくに雌は尿を噴射するときにじっと立っていないことが多く、直立した物に体の後部をちょっと向け、尾を上げるのと同時に尿を噴射して、すぐにもう少し先に進む。ちょっと見ただけでは、これは他のネコ類の尿の噴射とまったく変わりがないように見えるかもしれないが、よく観察すると、先に述べたマライヤマネコの行為と似ているのは明らかなのである。

　シャラー（一九六七）とイートン（一九七〇a）は、尿の噴射はトラとチーターでは、両性の出会い、群れの団結といった機能のほかに、なわばりのマーキングの機能ももつと推測している。イートンだけは、チーターが未知の個体のにおいのマークを調べて、そのにおいが一日以上たっていない新しいマークだとわかると、進路を変えてその未知の個体との出会いを避けるようすを実際に見ているので、こう主張することもできるだろう。

ホールノッカー（一九六九、一九七〇b）は雪に残された跡から、ピューマがべつのピューマがマーキングした地点（下参照）に出会うと、とつぜんそれまで歩いていた進路を変えるのを何度も目撃した。出会いを避けることにかけては、ピューマは私が観察したイエネコよりもずっと熱心である。ホールノッカーは、なわばりの所有者による積極的ななわばりの防衛は一度も見なかった。そこでホールノッカーは、所有者がなわばりを維持しつづけられるのはひとえに、侵入した個体がかならず所有者との出会いを避けて結局はそこを出ていくからなのだと考えた。

さて、これらの著者たちも、そして私の知るかぎり他の著者たちもふれなかったような状況で、とくにベンガルヤマネコとサーバルの雌が、かならず尿を噴射するのを私は見た。二頭のネコは争いをはじめるが、なぐり合いには一度もならない。それでも一方のネコが劣位になり、後退する。その直後に、このネコは好みの噴射場所、たいていは相手の視界にないところに行って、尿を噴射するのである。見ている人には、この行為が「意気消沈した」自意識をふたたび高揚させるといった印象をあたえるので、「反抗の身振り」とでも名づけられそうである。一見矛盾するように見えるかもしれないが、激しい闘争のあと、勝った方の雌ネコが「誇示（こじ）の歩行」（二三九頁）をいちいち中断しては、あらゆる角（かど）や木に尿をかける（二四六頁の図86k参照）のも、実はこれと合っている。

ネコによるなわばりのマーキングの形式としては、このほか、目立った場所に糞（ふん）をする（リンデマン　一九五〇、シャラー　一九六七）、排尿や排糞したあと、あるいはしなくても後ろ足をぬぐう（アイゼンベルクとロックハート　一九七二、ライハウゼン　一九五三、シャラー　一九六七）、特別の爪研ぎ用の木で爪を研ぐ誇示行動（アイゼンベルクとロックハート　一九七二、ライハウゼン　一九五六b、シャラー　一九六七）が報告されている。ベリー（口述）とホールノッカー（一九六九、一九七〇b）によると、カナダオオヤマネコとピューマは、糞と尿をマーキングのために排泄（はいせつ）するときには、ヨーロッパのオオヤマネコ（リンデマン　一九五〇）のように、すでにある高い所（木の切り株、石）にするだけでなく、わざわざ土や植物や雪を集めて高い所を自分でつくってから、そこにすることもあるという。

このように、さまざまなマークが個体群の中にそれぞれどのような種類の「ニュース」を広めるのか、ということはまったく不明である。「マークを読んだネコ」の行動を劇的に変えるような畏縮効果、たとえば歩いてきた道を即座に変えるなどといった、はっきりした変化が認められるような効果を観察することは、これまではできていない。これとは逆に確実なのは、後ろ足をぬぐう行動と誇示の爪研ぎは、それを見ている同種仲間を畏縮させる効果があるということである。後ろ足をぬぐう行動は、マーゲイおよびおそらくその近縁種では、誇示の動きとして、排尿・排糞と完全に区別されている。これらのネコはとりわけ、ある程度離れたところにいる敵を攻撃する前にこれを実行する。ただし、これまで私がこれを見たのは、たいてい遊びでの攻撃のときである。それでもこの動きに相手を畏縮させる効果があるのははっきりしている。家の中を自由に歩き回らせて飼っているネコを人馴れさせておきたかったら、家に入る前に玄関マットで靴をぬぐうとき、あまり徹底的に、そしてこれ見よがしに靴をこする習慣はやめることだ！　私たちが飼っている雄ネコは、布張りの家具で後ろ足をぬぐって誇示行動するのが好きである。この家具がすり切れていることといったら、ひどいものなのだが、すり切れ具合からもわかるように、この動きをするときに圧力がおもにかかるのは後ろ向きに足が動くときではなく、前向きに動くときである。つまりイヌの後ろ足での掻き掘り運動とは似てはいても、力の入れ方は正反対なのである。

声によるマーキングがネコ科の一部の種、とくにライオンでおこなわれることは知られている。だがこのマーキングの方法も、どのような効果が、どの程度あるのか、まだわかっていない。私自身のいくつかの観察では、トラとヒョウの咆哮は、他の同種個体を遠ざからせる効果があるように見える。ヒョウについては、アイゼンベルクとロックハート（一九七二）がこれを確認している。二頭の雄の間で「デュエット」が演じられ、これら二頭がおたがいの声を聞くたびに、少しずつおたがいから離れていったという。しかし、これがあらゆる状況、そしてあらゆる時期にあてはまるかどうかは、この報告からだけでは結論できない。ときどきあてはまることが、社会関係においてはかならずしもすべての場合にあてはまるとはかぎらない。それは、次に紹介するイエネコでの観察からもわかる。

イエネコたちは夕闇がおちるとすぐに、しばしばあることをする。これを私は「楽しい集い」としか名づけようがない。雄と雌が自分たちのなわばり近く、あるいはその周辺にある集会場所にやって来て、ただそこらにすわっているのである。これは、交尾期とは関係がない。交尾期についてはのちに述べる。ネコたちはおたがいから二〜五メートルの間隔をとってすわる。「毛皮がふれ合うほど」接してすわるネコもいる。おたがいをなめたり、体をこすり合わせたりすることもある。ネコたちはわずかにしか声を出さない。ときおり、あるネコがべつのネコにしつこくつきまとい過ぎて、押さえつけたフーフー声やゴロゴロいううなり声が聞こえ、耳が後ろ向きに頭にぴったりつく、といった光景が見られるが、たいていはネコたちの表情はもの静かで、おだやかで、それどころか、明らかに友好的である。たまに雄ネコが皆の前で、やや誇示的なふるまいをすることもあるが、なぐり合いにいたるようなことはない。このような情景を、私はとくにパリのネコでひんぱんに見ることができた。集会は何時間もつづき、ときには、おそらく交尾期の幕開けとしてだと思われるが、一晩中つづくこともあった。ふつうは真夜中かそれを少し過ぎたころになると、ネコたちはそれぞれのねぐらへともどって行った。

このような集会は、友好的でうちとけた気分の中で進行した。同じネコたちがべつの機会に出会ったときには、激しい追跡や闘争を展開することもあった。このような「楽しい集い」はイエネコばかりでなく、もっとおたがいに対する「反感」がはるかに激しい野生ネコ類でも見られる。シャラー（一九六七）は野外で生活するトラで、これととてもよく似た状況を発見した。

さて、これまで述べたことはおもに雌ネコにあてはまることである。雄ネコはなわばりの所有者としては、侵入者に対して雌よりも寛大である。同じことをベリー（一九七三）はカナダオオヤマネコ（*Lynx canadensis*）で、プロヴォストとネルソンとマーシャル（一九七三）およびマッコールド（一九七七）はボブキャット（*Lynx rufus*）で報告している。ベリーは、雌のカナダオオヤマネコが他個体に寛容でないのは、出産と子育ての時期にかぎられると述べている。一般にイエネコの雌も、子育ての時期だけ自分のすみかと行動圏を激しく、断固として守る。二頭のおとなの雄ネコがはじめて出会うと、季節には関係なくほとんどかならず、激しい闘争をくりひろげる。けれども、どちらの雄が強いか、勇敢なのか、あるいは執拗（しつよう）なのかがいったん決まったあとは、双方の意見の相違は誇示の身ぶりによって決着をつけ、真剣な闘争は避ける。最初の闘争一回だけで、それに合格した雄たちと、完全には負けなかったり降伏させられなかった雄たちの間に正式な順位が成立して、以後これらの雄たちは一種の兄弟分のようにして、自分たちの区域全体を共同で支配する。先に述べたような友好的な集まりで出会い、交尾期の間もおたがいの間ではひどい結末をむかえるような闘争はしない。たいていは見かけの闘いだけにとどまり、これは敵対関係というよりも、むしろ見せ物のようにすら見える。交尾期にはもちろん雄は攻撃的にはなるが、これはなわばりの所有とはなんら関係がない。

　けれどもこのような兄弟分たちが支配する区域で、若い雄が成長して「男性的」になってきたときには、状況はまったく異なる。おとなに「成り上がった」雄ネコはひとりで、あるいは二頭、三頭とつれだって若者のすみかに出かけて行き、挑戦するように呼ぶ。闘いを受けて立ち、「イニシエーション」に合格して兄弟分の関係に入るように呼ぶのである。この挑戦の呼び声は、威嚇行動のときの闘いの歌のように強まったり弱まったりするかん高い声ではなく、もっと小さく、クークーに近い声で、挑戦するだけでなく誘いながら迫るように聞こえる。この声は実際、発情した雌ネコのまわりで求愛するときに雄ネコが発する声とほとんど区別がつかない。この声を受けて若雄が自分の城塞(じょうさい)から出てくると、そこには厳しく、長くつづく闘争の試練が待ち受けている。若雄はそれに合格しなければならないのだ。闘争がこのように長くつづくのは、この若雄とおとなの雄という特殊な状況の下だけである。なぜなら、日ごとに自分が力強く成長していくのを感じているこの新参者は、敗北しても、それをおとなの理性的な雄ネコのようには受け取らず、以後の行動を勝者に合わせようとはしないのだ。何度も何度もくりかえし攻撃をいどみ、そのたびになぐられてつぶされる。ある程度の重傷を負うことも多い。それでも傷がまだ完全にはふさがらないうちにも、またも新たななぐり合いに出ていく。こうして一年間すべての試験をやり抜き、しかも全面的に屈伏せず、いまの区域を追い出されなければ、そこでの兄弟分の中である位置をあたえられる。年上の雄たちからも尊重されるようになる。そして今度はこの雄が、新たに成長してくる若い英雄に恐れることを教えるために出かけていくのである。

　ここで忘れてならないのは、なわばり闘争で決定された個々のネコの「地位」が相対的なものであるのはたしかだが、雄ネコのなわばり闘争は、なわばりそのものとはかなり無関係におこなわれる、ということである。だから雄ネコの順位は、群れをつくる動物のそれと同様に、絶対的なのである。

　誤解を生まないように、ここで絶対的順位の原理について、簡単に説明しておこう。デンマークの心理学者シュイエルドルプ－エッベ（一九二二）は、農場のニワトリたちが平等の権利をもたず、おたがいの間に**つつきの順位が**あって、それぞれが社会的な序列の中で一定の位置を占めること、そしてその順位はふつう変わることがないことを最初につきとめた。一般に地位の低い個体つまり劣位のニワトリは、たとえ過酷な挑発行為を受けても、地位の高い個体つまり優位のニワトリに抵抗することはない。それでも闘争をあえて挑んだりすれば、ほとんどかならず負ける。劣位の個体が優位の個体の地位を引き下げ、自分の地位を上げることに成功するのは非常にまれで、しかも長く厳しい闘争を乗り越えなければならない。順位はたいていは一直線である。ニワトリAはBをつつき、BはCをつつくことができる。だからCは自動的にAの下位に位置することになる。群れのすべてのニワトリがこの順位の線のどこかに位置づけられているのである。

争いが起こるのはふつう、地位の差がおたがいにとても小さな個体どうしの間だけである。地位が二段あるいはそれより上の個体はあまりに「高貴」で、そんな下の方にいる個体の存在すら目に入らない。その個体は自分のすぐ下にいるライバルを抑えつけておくことと、自分の直接の「上役」に近寄りすぎてその容赦のない攻撃を受けないようにすることで手がいっぱいなのである。ときには個体間の関係がいくらか複雑になることがあり、「三角関係」が生じることがある。AはBをつつき、BはCを、そしてCはAをつつくのである。極端にまれではあるが「四角関係」が起こることすらある。

それでも、そこで成立した社会順位がとても厳格であることに変わりはない。群れ内のある二つの個体の間の位置関係は、いったん決定されると、いつなん時でも、どこでも、どのような状況の下でも、保持されるのである。だからこれを私は絶対的社会順位と呼ぶ。これがちゃんと機能するためには、群れ内のすべてのメンバーがおたがいを知っていなければならない。この種の社会的序列は、グループ、群れ、その他、似たような構造の社会を構成して生活するあらゆる脊椎（せきつい）動物で見られる。だから一番強い個体は、グループ内ではもはやだれからもわずらわされない最高の地位を占め、またそれを自分の利益のために利用することができるのである。

それでも、ある地域内で一番強い雄ネコが（ふつう考えられているように）完全な専制君主となって、他のあらゆる雄ネコに求愛や交尾を許さないということはたいていはない。交尾の相手をえらぶのはほとんどきまって雌ネコである（三〇九頁）ことからも、すでにこれは無理である。

私は野外で生活する雌ネコでも、檻（おり）でくらす雌ネコでも、何年にもわたって発情期ごとに地位の低い一頭の雄とだけ交尾をする雌を見たことがある。しかも少なくとも檻のネコたちでは、地位の一番高い雄がこうした関係に干渉しようとは決してしなかったこともわかっている。それに「兄弟分の関係」は恒久的な群れをつくるわけではない。メンバーはしょっちゅうばらばらに散らばって、それぞれのなわばりにもどっていく。そこでは、弱い個体も相対的な順位の利点を享受するのである。

したがって、先に述べた雄ネコたちのシステム全体は、ただ一頭の支配的な個体の利益のためというよりもむしろ、できるだけ多くの強くて健康な雄ネコたちに繁殖の機会をほぼ均等にあたえるためにできているシステムのように思える。前者のような状況が成立できるのは、ただ一頭の雄ネコが近隣地域のすべての雄を力の上でも闘争心の上でも完全に圧倒していて、だれもこの雄に挑戦しようとはしないような場合にだけ可能なはずだからである。こうしたことが起こることはあるかもしれないが、ネコがかなり自由に歩き回ることができ、わりあい「自然な」環境にいるところでは、きわめてまれであろう。私が先に、かなり文学的に「兄弟分の関係」と名づけて述べたことは、決して神秘的なものではなく、とても現実的な力の均衡、危険そして潜在的な威嚇力にもとづいて存在しているものだからである。このような関係が成立できるのは、強さがほぼ同じ複数の雄ネコがいて、これらの雄の間の勝敗がぎりぎりのところで決まるような場合だけ、つまり、優位の雄が下位の雄と真剣に闘うことになったときに、自分の地位を簡単に失うこともあるような場合だけである。

第19章

ライオンの社会生活

ライオンはネコ科の中で唯一の、群れをつくって生活する種である。他のネコ科の種の中にも小さなグループをつくるものがあるが、グループをつくることが一番多いチーターの場合でさえ、それは習性というより例外に近い。最近までライオンの群れ社会については、それがいかに複雑な構造をもつものであるのか、そしてそれが他の哺乳類の群れにはほとんど共通点の見られない、いかに独特のものであるかということはほとんど知られていなかった。

ライオンの群れ構造を最初に明らかにしたのはシャラー（一九七二、一九七三）とベルトラム（一九七三a、b、一九七五、一九七六）で、二人はライオンの群れの一つひとつを長年にわたって継続的に観察した。さらにエロッフ（一九六四、一九七三a、b）、グッギズベルク（一九六〇）、ヨスリン（一九七三）、キューメ（一九六六）、ルドナイ（一九七三）の調査も、二人の研究結果をおぎなうものとして貢献し、基本的な図式が、さまざまな生態学的な条件しだいでどのように変化するかをしめした。

プライド（ライオンの群れ）のメンバーで、なわばりにもっとも強くむすびついているのは、ネコの他の種でも多くは雌であったとおり、ライオンでも雌である。複数のおとなの雌ライオンが、成長途上にある子ライオンとともにプライドの中核をなす。この母子のグループに二〜五頭のおとなの雄ライオンがくわわり、なわばりを他の雄ライオンから守りながら、子孫を増やす活動に参加する。なわばりに未知の雌ライオンが入りこもうとすると攻撃し、追いはらうのはふつう、プライドの雌ライオンである。プライドの食物調達には、おもに雌ライオンがあたる。

雄ライオンはそれ以外の任務の負担が大きく、休むことなく任務に耐えていける期間はせいぜい二、三年にすぎない。その後は自ら進んで引退するか、あるいは挑戦者との闘いに破れてプライドを追われるかのいずれかになる。つまりプライドの伝統を維持しつづけるのは、おとなの雌ライオンたちだけなのである。プライドの雌ライオンたちは仲間が死んで一部のメンバーが欠けると、若い雌ライオンの中から代わりの個体を受け入れ、欠員をうめる。受け入れられなかった雌ライオンはおとなになりつつある若い雄ライオンと同じく、なわばりを出ていかなければならない。プライドを出た若いライオンたちは「放浪ライオン」となって、さまざまなプライドのなわばりの周辺部でくらしながら、ときどき群れに侵入する。

放浪する雌ライオンは、どれだけ生きられるかという寿命の点でも、またどれだけ子どもをのこせるかという繁殖の可能性の上でも不利である。だが、放浪の雌ライオンが未知のプライドに受け入れられた例はまだ観察されていない。理屈からいえば、若い放浪する雌のグループが、どのプライドも使っていない適切な土地を見つけだして、新しいなわばりを設立し、新しいプライドとして出発する可能性はある。だが、好ましい土地はかならずといっていいほど、すでに古くからあるプライドに使われている。実際問題として、そのような群れが災害や伝染病などで崩壊することがなければ、空いた土地というものはない。そしてすでに確立しているプライドではたえず若い雌が育ってきて、群れのメンバーの空いた「地位」をうめるから、プライドのすべての雌はきわめて近い血縁関係にある。放浪ライオンたちは、移動する獲物の群れを追って旅をしながら、プライドのライオンのなわばりに入り、そして出ていく。プライドのライオンは、自分たちのなわばりを出ていく獲物の群れについてなわばりを離れることはほとんどない。

若い雄ライオンはほぼ同じくらいの年齢のライオンどうしで集まり、六頭ほどまでのグループをつくってプライドを離れる。これらの雄は兄弟、半兄弟、あるいは少なくとも従兄弟どうしほどの血縁関係にある。プライドを去ってからはずっと、ともに過ごすものと思われる。そして生後五年で完全におとなになると、雌ライオンのプライドをさがしはじめ、プライドとなわばりを支配している雄ライオンたちを追い出してそれらを引き継ごうとする。まれには、プライドとなわばりを支配していた雄ライオンたちがすでに引退しているということもある。けれども、ふつうは闘争なしには引き継ぎはすまない。若い雄のグループの方が数で勝っていたり、あるいはなわばりの所有者の雄ライオンたちの闘争力がなんらかの理由で——病気、けが、一部のメンバーの死亡などで——落ちていたりすれば、引き継ぎは容易である。若い雄のグループが自分の育ったプライドを引き継ぐこともないとはいえないはずだが、いままでのところ、そのような例は観察されていない。つまり、ふつうプライドの雌ライオンと雄ライオンとの間には、雌どうしほどの近い血縁関係はないことになる。プライドの雌ライオンは、繁殖能力のある一〇～一三年間の間に、複数の雄グループの「支配」を経験することになる。このように、ライオンの個体群全体を通じて遺伝子の交換の役目をはたすのは雄ライオンなのである。もし、雄ライオンが雌ライオンのように自分のプライドにとどまりつづけるとすれば、完全な近親交配が起こってしまうはずである。

ライオンの社会が他の哺乳類の社会とくらべてもっとも異なるのは、おとなの雄たちが独特な闘争グループをつくる点である。雄だけのグループということであれば、他の哺乳類、たとえばシカやゾウにもあるが、これらの哺乳類の場合、グループはまだ性的に成熟していない若い雄をメンバーとするか、あるいはそうしたグループがつくられるのは繁殖期以外の時期だけである。哺乳類の中では霊長類だけが、二頭あるいはそれ以上の雄が共同で群れを支配するシステムをもつ。しかし、霊長類の群れではライオンのプライドのような「支配者の定期的な交代」はないし、雌の群れを離れてくらす雄どうしの間には特別のむすびつきがない。ライオンの雄がつくる闘争グループは、雌のプライドを引き継いで支配するようになる前から長くつづいてきたものであり、さらに雌のプライドを追放され、出てからもつづくのである。

第18章で述べた、イエネコの雄の「兄弟分の関係」（二六七頁以下）には、このような雄ライオンの行動の芽がすでに存在するように思える。シャラー（口述）は、イエネコの場合は文字どおりの兄弟なのではないかといっているが、前章で書いたように、多くの場合これはあたっていない。まったく未知の雄ネコどうしが、闘争のあとでなんとか折り合いをつけて、多少ともしっかりむすびついた連合をつくる場合の方が多いといえる。ただし、イエネコの個体群がどういうネコたちでつくられているかを決定するのはかなりの部分までが人間たちであるから、血縁関係のないネコどうしが出会う機会が多いのはたしかである。自然に近い環境では、一定の地域の雄ネコどうしが兄弟その他の血縁関係にある確率はずっと高くなるだろう。ちなみに私がさまざまな機会に観察したライオンの群れにいた雄の年齢はさまざまで、同じ年齢であることはあまりないという印象を受けた。シャラー（一九七三）はマニヤラ国立公園のライオンのプライドを観察し、年齢が確実にちがっている雄ライオンの組み合わせの例を発見した。いっしょにプライドを支配していた仲間を失ったある雄ライオンが、プライドで育った三歳半の若い雄ライオンと連合を組み、新しい闘争グループをつくったのである。この若い雄ライオンはこうした特別な事情が生じさえしなければ、確実にその雄ライオンの手でプライドから追い出されていたはずである。

ある新設のサファリパークのライオンの囲いに、二つのグループのライオンが入れられたことがある。グループAには年齢のちがう四頭の雄がおり、グループBには、やはり年齢のちがう二頭の雄がいた。グループAとBのそれぞれもっとも強い雄ライオンが、激しい闘争をくりかえした。グループAの若い雄ライオンは闘争にくわわったが、グループBのもう一頭の雄ライオンは闘いにあまりタッチしなかった。三カ月半の間に、グループBの優位の雄ライオンは攻撃をグループAの第二位の雄ライオンに移すようになった。ある晩、この二頭は例になく激しく争った。ところが、翌朝にはとつぜん、この二頭が仲よくよりそって横たわっているのが見られたのである。この朝以後、ゆっくりとだが確実に、この二頭の連合が二つのグループに対する支配を強めていき、ついには二つのグループを一つのプライドにまとめるようになった。サファリパークで飼われている状況では、負けた雄ライオンはプライドを離れることができない。したがって闘争が際限なくつづくことになるか、あるいは優位の雄の圧迫のために劣位の雄たちが、たとえ命を失うまでにはならないにしても、きわめて苦しい立場に追いつめられるのではないかと考えられる。だが、実際にはこれらの雄ライオンたちもプライドの中にうまく位置づけられ、優位の雄たちの連合にわずらわされることはほとんどなかった。自然の中でくらすライオンのプライドでも、放浪の雄グループがなわばりに入り、とどまるのを――おとなしくしていて、プライドのメンバーにあまり近づかなければ――プライドを支配する雄たちが、少なくとも一時的には許すことがある。

これらすべての事実を考えると、自然条件のもとでも、ときに放浪雄が自分の属する雄のグループを移ったり、病気や事故で仲間を失った雄ライオンが闘争グループを組みなおすことがぜったいにないとはいえなくなる。

プライドから「解雇」された雄ライオンは、それによって生涯のキャリアを終えたのであり、二度と地位をとりもどすことはできない、とベルトラムは結論している。こうした雄は新たにべつのプライドを侵略するには歳をとり過ぎているし、自力で獲物をとらえるだけの敏捷さを失っている、というのだ。だが、シャラー（私信）は、ベルトラムの結論がすべて正しいとは考えていない。たとえば五歳でプライドを引き継ぎ、数年後に自らの意志でプライドを出たり、やむなく追い出された雄ライオンは、放浪の生活で体力の回復をはかってから、もう一度べつのプライドに侵入し、支配雄を追いだし、その地位を奪うことは大いにありうる、という。このシャラーの見解は十分に説得力がある。雄ライオンにとっては、八歳から一〇歳が人生のさかりである。私が本書でとりあげたわずかな例でも十分わかるとおり、おとなの雄ライオンが大きくて危険な獲物をとらえる能力をそなえていることはたしかだし、この点では雌ライオンにひけをとらないばかりか、もっと強力だともいえる。たしかに雄ライオンは雌のプライドにいるときにはほとんど獲物をとらないが、だからといって雄ライオンに獲物をとらえる能力がないとはいえない（一七八頁以下を参照）。この問題をさらに深く検討するためには、放浪ライオンの生活をもっとくわしく調べる必要がある。これまでの研究は、プライドの生活にとらわれ過ぎていた。

ここで述べてきたライオンの社会システムは、東アフリカから西アフリカの広大なサバンナ地帯でのライオンの生活にあてはまる。エロッフが明らかにしたとおり、獲物が少なくて、手に入れにくいような生態学的な条件のもとでくらすライオンでは、プライドは小さくなる。これはインドのギルの森にすむライオンにもいえる。また南アフリカの砂漠に近い環境では、ライオンはつがいと子どもからなる小さな家族群でくらしている。わずかに残されたかなりあやふやな記録から推測すると、かつて北アフリカにくらしたライオンも同じようなくらしをしていたのだろう。とはいえ、これらの事実は、いま述べたライオンの社会構造の原則から大きくかけ離れたものではない。

シャラーは、プライドを引き継ぐ雄ライオンが、前の支配者のまだ乳飲児の段階にある子ライオンを殺す例を一度だけ観察している。ベルトラムは、このような幼児殺しがプライドの引き継ぎ時にしばしば生じることを暗示するような事実を記録している。そのうえ、支配者がかわるとプライドの雌のくらしも大きく乱され、負担もかかる。そのため雌ライオンは子どもをかまわなくなり、ときには殺して食べてしまうこともある。こうしてプライドの雄ライオンの「交代」時には、全部とはいかないまでも、大部分の子どもが死ぬことになる。子どもを失った雌ライオンは、くらしが落ちつけば、子どもに授乳をつづけていた場合よりも早い時期に受胎できるようになる。このライオンの子殺し現象を、最近の血縁淘汰説によって説明しようとする研究者もある。

ここで私はこの説についてくわしく述べるつもりはない。ただ、この説の支持者たちは、ライオンのプライドの受け継ぎの重要な特徴を無視しているようだ。たしかにプライドの新しい支配者は――直接的・間接的に――前の支配者の子どもを殺すことで、自分の遺伝子をプライド内に効果的に広めることができる。けれどもプライドの歴史という観点――このようなことばを使ってよければだが――で見れば、一見淘汰としては有利に見えるようなこの手法も、その雄ライオンが引退するときには帳消しになってしまう。前の雄ライオンが広めた遺伝子を失ったのと同じように、この新しい雄ライオンもその遺伝子を失うからである。こうして次々に同じことがくりかえされる。つまり、ある雄ライオンの遺伝子がプライドあるいは個体群の中にどれほど広がり、たもちつづけられるかは、その雄ライオンが前の雄ライオンたちの「遺伝的な残滓」をどれだけ効果的に、またすばやく消去できるかによるのではなく、自分たちがいかに長くプライドを支配しつづけられるかによって決まるのだ。一つの雄ライオングループがプライドを支配する期間は平均すると二、三年であるが、六年という例もある。

さらに大切なのは、プライドにいる雌ライオンの数と、それを「征服」し、支配する闘争グループの雄ライオンの数である。できるだけ数多くの雌ライオンをできるだけ数少ない雄ライオンで長く支配できれば、個体群の総遺伝子の中に占めるこれらの雄の遺伝子の割合は高くなる。一つの闘争グループが長くプライドにとどまればとどまるほど、プライドは安定し、それだけよく子どもが育つから、それによってこの効果はいっそう大きくなるはずである。それでも、ある雄の闘争グループの支配はいつかは終わるのであり、プライドを受け継いだときに得た利益も、支配が終わればやはり相殺されてしまう。

したがって、新しい闘争グループがプライドを受け継ぐときの子殺しは、雌ライオンと同じように雄ライオンも混乱し、興奮していることによるのであって、淘汰の意味をもつものではないと考えられるのではないだろうか。ふつうライオンの個体群全体の子どもの六〇～八〇パーセントは、いずれにしろ満二歳に達する以前に死んでしまう。これにくらべれば、群れの雄の交代時におこる子どもの損失は比較的小さいといえるから、たいした意義をもたない。だから、先にも述べたように、雄がしばしば交代するライオンの社会システムは、雌と子どもからなるプライドという社会単位の安定をできるだけ維持しながら、個体群内の遺伝子をよく混ぜ合わせるためにあると思われるのである。

このような群れの安定と遺伝子の混ぜ合わせの両立が可能になったのは、私たちがふつう知っている哺乳類の社会構造ではおおよそ考えられないことがライオンの社会では起こっているからである。私たちは、哺乳類の複雑な生活形態を家族群の範囲内で起こるさまざまな事柄から推量することに慣れてしまっている。これに対し、雄ライオンの「兄弟分」すなわち闘争グループは家族群の外部にあり、血縁関係のある雄どうしでつくられるとはかぎらず、そのためライオンの社会構造全体の中では、もう一つの独立した基本要素をなしている。このような性格の単位は、人間社会にこれに相当するものがあるとすれば、「社会=文化」起源の要素といえるかもしれない。

イエネコで「兄弟分」という独特の関係ができるためには、その前提として、雄ネコが雌ネコほどはなわばりに強固にむすびつけられていないという条件が必要である、と私は書いた。そうなれば、もっとも強い雄ネコだけが交尾の機会を得るのではなく、ある程度の強さをそなえた多くの雄ネコがほぼ平等に機会を得ることができる。つまりこの場合にも、遺伝子が個体群の全体で混ぜ合わされて、まんべんなく広められる。イエネコよりもライオンの方が、雄どうしがなわばりと無関係につながっている程度は徹底している。したがってライオン社会における放浪ライオンを、たんなる周辺に追いやられた「予備個体群」とみなすわけにはいかない。放浪ライオンは少なくとも雄に関するかぎり、社会システムの必要な構成要素なのである。ここ、なわばりの周辺部に、プライド内部の結合と維持、それになわばりの維持にも欠かせない闘争グループ、つまり雄の同志グループがつくられるのだ。このような放浪ライオンなしでは、システム全体が崩壊してしまうだろう。だからこそ、ライオン社会の解明には放浪ライオンの研究が必要であることをもう一度強調しておきたい。ここには、人間もふくめて、一部の高等な哺乳類の社会システムの発展に重要な意味をもつことがふくまれているかもしれない。それがこれまではほとんど見過ごされたり、理解されなかったのかもしれないのだ。しかし、実際にそうであるのかどうかは、未来にしかわからないのである。

第20章
順位と「過密化」

自然条件のもとでは、複数のネコが一カ所に長い間いっしょにとどまるのは、子ネコが母親に育てられているあいだだけである。目に見えるほど明らかではないが、すでに一腹（ひとはら）の子ネコたちの間には**順位**ができてくる。これは子ネコたちの目がまだ完全には開かないうちからすでにはじまる。子ネコたちは乳の一番出のよい乳首をめぐって押し合い、一番力の強い子がこれを勝ち取り、そのネコの体重と体力は日ごとに目ざましい前進を見せることになる。

エヴァー（一九五九、一九六一）によると、生後数日間のうちにそれぞれの子ネコは、はっきり決まった乳首を「わがものに」するようになり、以後はいつもその乳首から乳を飲むという。シュナイルラ、ローゼンブラットおよびトーバッハ（一九六三）は、エヴァーよりも多くの観察結果から、このような厳密に決められた「乳首の不変」はないのではないかと述べている。エヴァーも、この行動がある程度は変わった形であらわれることまでは否定できないはずである。ただし、いわゆる「厳しくコントロールされた条件下での実験室実験」はしばしば動物に正常な環境とはちがった、そして動物に障害となる環境をあたえる。そこから、よく知られた「動物行動のハーヴァードの法則」も生まれた。つまり「厳しくコントロールされた条件のもとでは、動物は、そのときにちょうど思いついたように行動する！」というのだ。先にあげた三人の著者たちは、狭くてなにもない金網のケージにネコを飼ったために、子ネコに正常な条件で見られるよりももっと多くの行動上の変化を起こさせてしまったのかもしれない。

私はかつて野生ネコ類のある種で、子ネコがどれほど厳密にいつも決まった乳首から乳を飲むかということを、間接的にではあるが、たいへん印象深い形で見ることができた。私は一つがいのスナドリネコ（三四一頁以下）を観察していた。その雌は、産室用の箱を離れるといつも、ケージの参観客用の部屋に面した側のガラスにぴったり体をつけて休み、ガラスに腹側を向ける癖があった。それで私はそのつど乳首の機能の状態をくわしく見ることができた。ある日もともと機能していた一つの乳首（1左、2左、2右）のうち一つ（2右）が小さくなったのに気がついた。次の日にはさらにもう一つ（2左）も退行した。こうなってはじめて、私たちはなにか異常があることに気がついた。調べてみると、子ネコが一匹しか残っていないことがわかった。まだ生きていた子ネコは、同腹のきょうだいが死んだために空いた乳首からは、それがまだ機能しているというのに飲まなかったのだ。だから乳首は退行したのである。

だが一方、イエネコのブリーダーならよく知っていることだが、複数の母ネコがほぼ同時に子を生み、おたがいの巣に行き来することができる場合、母ネコはしばしばよその母ネコの子を盗んで、一つの巣に二つ、または三つもの腹の子ネコたちを集めることがある。これらすべての子はそのつどちょうど巣に居合わせた母ネコから乳を飲んで育つことがある。このような状況では、子ネコは自分の乳首を厳密に確保しつづけることはできない。私の知っているある例では、二頭の母ネコのうち片方だけしか乳が出ず、その母ネコが両方の子ネコ合わせて七頭に授乳し、みごとに育て上げた。乳の出なかった方の母ネコが巣を訪れることは少なかったが、それでも子ネコが巣から出るようになると、まじめに子守りにくわわり、のちには授乳した母ネコと同じように一生懸命、子ネコを獲物のところに連れて行った。

こうしたことすべてからいえるのは、子ネコはできればある決まった乳首から乳を飲むが、どうしてもだめなら他の乳首からも飲めるということであろう。また、一般に体の後方の乳首ほど、まんなかや前方のそれよりも乳の出がよい。だから、生まれてすぐ数日のうちに後方の乳首への「所有の要求」を通すことのできた子ネコは、たっぷり乳が飲めるおかげで、同腹の他の子ネコより発育がますますよくなる。そのため、成長のとちゅうで病気やけがなどで状況が変わりさえしなければ、同腹のきょうだいグループの順位でその後も高い地位を占めることができる。

子ネコは目が開くとやがて、まだ頼りなげではあるが、明らかに目的をもって競争相手のきょうだいの頭を手で打とうとする。子ネコたちが正常になんの障害もなく発育するなら、一番強い子ネコは自分の優位を、生後六～八カ月で家族が解散するまで維持しつづける。同腹のきょうだい間の順位全体がはっきりとわかるほど表面に出るのはわずかな機会にしかなく(二七八頁)、ちょっと見ただけでは目につかない。順位がすっかりなじんでいるために、見たところは摩擦もなく、まったく対等にくらしているように見えるからである。

けれども、成長するにつれて、深刻な争いがひんぱんになる。それでも、こうしたきょうだいの闘争では、攻撃するのがかならずしも優位のネコとはかぎらないし、優位のネコが争いでつねに勝つともかぎらない。つまり同腹のきょうだいの順位は「つつきの順位」ではないのだ。また、優位の個体に暗黙のうちに一定の優先権があたえられていて、それがいつでも無条件に守られるというわけでもない。だから順位といっても、ただ統計的につかめるだけなのである。一腹のき

図92　ひとりで手前の餌入れから食べるM3。残りのW1、W4、W7は後方の鉢で食べる。

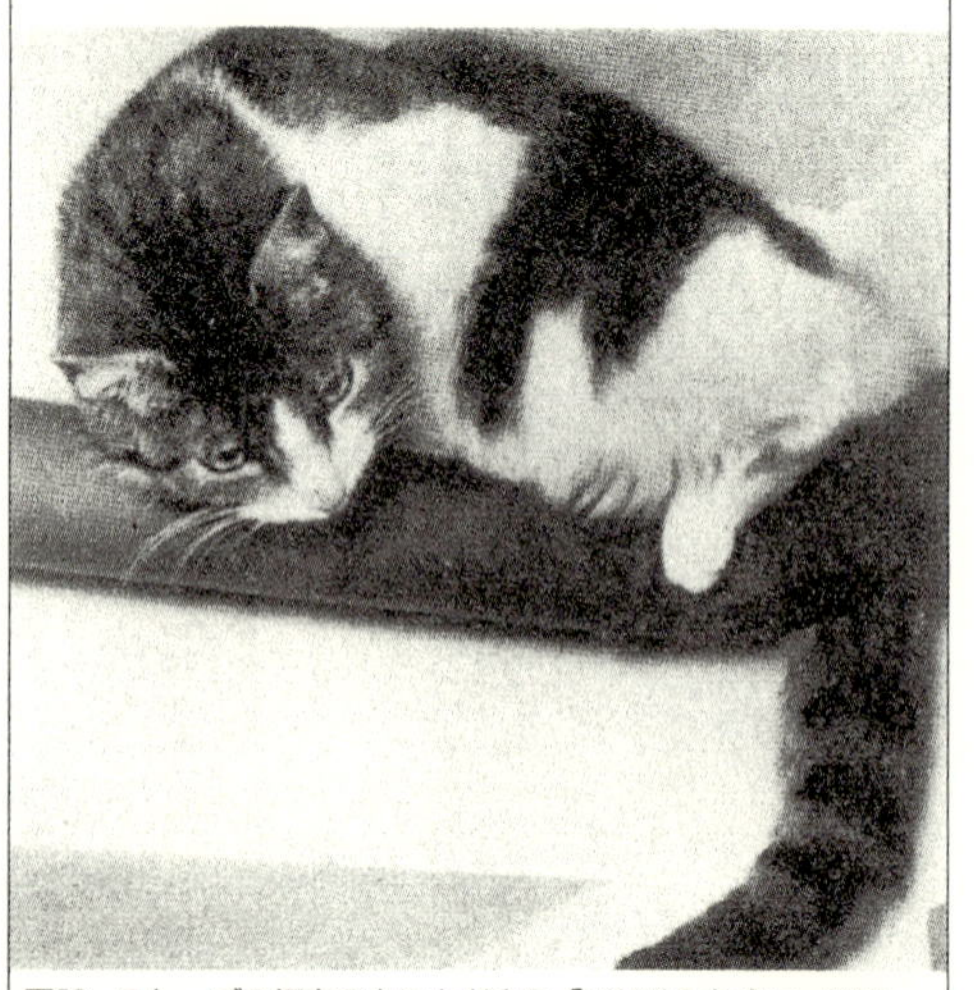
図93　ストーブの煙突の上にとどまる「いじめられネコ」W5。

ょうだいを家族解散の年齢を過ぎてもいっしょに飼いつづけると、あたえられている空間が狭すぎず、どのネコにもそれぞれ引きこもれる自分の休息場所がありさえすれば、ネコたちはわりあいなごやかな関係をたもちつづける。ちなみに、一般に休息場所は他のネコから尊重され、他のネコが侵入することはない。きょうだいたちがおとなになってからも、寄り添って休んだり、おたがいに体をあたためたり、なめあったりする光景が見られる。

それまで知らなかったおとなのネコどうしが一つの檻の中で飼われ、なんとかいっしょにくらしていくように強いられた場合には、グループの個々のメンバーの間の力関係は、その後の関係の発展のしかたに強く影響するし、その関係も目で見てわかるほどはっきりした形であらわれる。長年の間に私は何度か、こうした寄せ集めのネコの群れを飼った。一度は一二頭を一〇平方メートルの部屋とそれにつづく二〇平方メートルの屋外の檻にいっしょに飼った。その結果を要約すると次のようになる。一頭または二頭の最高位のネコがどのネコかは、それらのネコが「ネコの目」から見て最高に望ましい休息地点をどのネコの反対も受けずに占めることができ、しばしば餌の容器のところに一番最初に来ることからわかる。複数の容器が同時に置かれていると、最高位のネコは自分の選んだ容器のところにひとりでいて、他のネコたちが残りの容器のまわりにひしめくことも（図92）よくある。ネコたちがとても腹をすかせているときには、まず最初はすべてのネコが臆することなく餌めがけて殺到する。だが空腹がいちおうおさまると、劣位のネコは引き下がり、最高位のネコを餌容器のところにひとりで残す。たいていの場合、最高位のネコが他のネコを追いはらおうとしたり、押し退けようとしたわけでもないのにそうなる。休息場所も他のネコにとって、ハト小屋の独裁者（ディーブシュラーク　一九四〇）のそれとはちがって、他のネコにとって神聖な場所ではない。たまたま最高位のネコがそこにいないときには、他のネコが占領することも多い。それでも、休息場所の「所有者」が近づくと、いままでそこにいたネコは、たいていはすぐにどく。どかないと、所有者はまれにではあるが、それを追いはらおうとすることもある。

このように、ネコでの順位はこの点では、群れ生活を営む動物、とくにアカゲザルやヒヒほどにははっきりしていない。これらの動物では独裁者が自分のお気に入りの場所から容赦なく群れの他のメンバーを追いはらうからである（チャンスとメッド　一九五三）。

最高位のネコより下にいる多数のネコたちの間には、見てわかるほどの順位はなく、個々の好意あるいは敵対意識に応じて関係が決まっているようである。しばしばその中の一、二頭が、他のネコよりもずっと下の位置に置かれることがある。こうしたネコは哀れである。できるだけみんなから離れた一隅に、じっと動かないで体を縮めているときだけ、存在を許されるのだ。「二二頭の社会」には、このような「いじめられネコ」が二頭いた。この二頭は天井のすぐ下を横に通っているストーブの煙突の上でじっとしていなければならなかった(**図93**)。これら二頭のどちらかが床、または壁にそってぐるりと取りつけられているテーブルぐらいの高さのベンチの上におりようとしただけで、例外なく群れのあらゆるメンバーから攻撃された。そうすると二頭はなんら抵抗することなく、すぐにまた避難場所に逃げもどった。W5は排便や排尿のためにすらおりてはこないで、高いところから下にたれ流した。食事には、私がそばにいて他のネコを近寄らせないときだけおりてきた。ただし、イエネコでこのような「社会構造」がかならずつくられるというわけではない。これはグループを構成する個々のネコの個性によって決まるのである。はっきりした最高位のネコがいない群れもあれば、「いじめられネコ」のいないそれも、れっきとして存在する。

社会的な地位は大きさや強さだけで決まるわけでもなく、性別によるわけでもない。W5は私が飼った雌ネコの中では体が一番大きくて力も一番強い雌で、その点では、たいていの雄ネコにすらひけをとらなかった。もう一頭の「いじめられネコ」は雄のM4であった。この雄も群れで一番弱いネコとはとてもいえなかった。一番弱いのはむしろW1だったが、この雌ネコは自分の位置を他のネコの中で主張するすべをよく知っていたのだ。

二〇六頁以下で述べたような、儀式にのっとった闘争は最高位のネコ、それも例外なく雄ネコの間だけでときどきくりひろげられた。この闘争は威嚇(いかく)のし合いが中心で、前足のパンチにいたることはほとんどなく、一方のネコがしばらくして逃げ出すか引き下がるかして、それに対してもう一方がさらにいくらか威嚇をしてから、転位活動としてその場のにおいを嗅(か)いでその場を去る、という経過をとった。このとき、実際に闘うことはまったくないまま、両者の間の位置関係が逆転することもあった。このことも、ネコが固定した順位をもつ傾向や、またそれによって固定した社会構造を固定させる傾向が少ないことをしめしている。

たとえば、M3とM8の間で支配権は何度も交代した。M8はその後、ほぼ同じ強さでやや体の華奢(きゃしゃ)な雄M10に支配権をゆずった。M3は最初は明らかにM10より優位に立っており、最初の日は何度も激しく攻撃した(二二二頁以下)。このように狭い部屋では、ネコどうしはどうしてもしょっちゅう出会ってしまうのだったが、そうしたときに攻撃に出てうなるのは、二日目ではまだM3の方だった。けれども、その次の日にはもうM10も威嚇誇示(こじ)をし、四日目にはまだ両者とも新たな闘争でおたがいの力を測り合ってもいないのに、M3は体をかがめて引き下がり、M10はそれを追いはらった。三日目の両者の行動は、本来ならば暴力行為にまでいくはずのところであった。

　野外で同じような出会いがあったときには、未知のおとなの雄ネコが「兄弟分たちの領域」に侵入すれば、暴力行為が起こるのがふつうである。それが起こらなかった理由は、このグループの他のメンバーの行動を見れば明らかである。まず気がつくのは、ネコたちはひんぱんに出会いながらもほとんど相手に注意をはらわない、ということである。他のネコが自分のすぐそばを通り過ぎるときには耳をちょっとねかせるか、一度だけ手短にフーフー声を上げるだけで、ふつうならそれとともにおこなわれるはずの耳を頭につける、毛を逆立てる、首を引っこめるといった動作はしない。たまにとつぜん爪を広げて、あるいは広げないいないままパンチが一発みまわれるようなことがある程度である。要するに、攻撃や防御でおこなわれる運動要素すべてが、個々ばらばらに、あるいは任意に組み合わされておこなわれるだけであり、反応の強さがそこでしめされるわけではない。反応の強さは、個々の動作がおこなわれるときの激しさによってしかわからないのだ。反応がもっと強くなってはじめて、動作の組み合わされ方と順序も、前に述べた闘争の「正常な経過」と同じようになるのだ。

　しかしこれは長い間いっしょに飼われていて、おたがいをよく知っているネコの間ではたいへんまれにしかおこらないから、そのような条件の下で生活しているネコでは、本来の本能行為の連鎖について研究することはできない。人間にとても馴(な)れていて、人間を完全に「知り合いのネコ」とみなしているようなネコも、このような付き合い方をまさに知っている人間に対してする。そのため、ネコは「二枚舌」を使うという悪名がとくに高いのである。それでローレンツ(一九五一b)は誤って、ネコははっきりした警告なくなぐったり、かみついたりすることはない、と主張した。むしろネコはよく知っている仲間に対しては、相手が**どの程度までしてよいか**を自分で知っていると「予想する」し、そうでない場合には警告などは余計だと「みなしている」のだ。

　ちなみに、こうした小さないさかいでは、劣位の方のネコ

図94　餌入れのそばで待つ「いじめられネコ」W５。a）極端な防御姿勢をとり「あちこちながめる」。こうしてM８が食べおわるのを待つ。b)体は弱いが、順位では自分より高い位置にいるW１が来ても、やはり同じように待つ。c）W１が容器から離れるとやっと食べる。

が先に相手を打つことが多いが、そのあとその場を離れる。たとえ攻撃された方のネコが防御しなくても、つまり劣位のネコのこのような「厚かましい」振るまいをまったく無視しているように見える場合にも、そうすることがある。一方、優位のネコが姿をあらわしただけで劣位のネコがそれまでしていたことを中断して、多少とも防御の姿勢をとりながら「あちこちながめ」て、優位のネコがふたたび立ち去るのを待つこともある（図94）。

いずれの場合も、自分の意志をどのような形でどれほど強く表現するかは、それぞれのネコが順位で占める位置によって決まるようである。「いじめられネコ」が防御姿勢、フーフー声、空打ちによってあらわす「断固とした意志」の強さは、最高位のネコが、たんにちょっと耳をねかせるだけで表現するそれと同じ程度である。そして、これら二つの身ぶりは、他のネコからもほぼ同程度の注目を受ける。だから、表現の強さは場合によっては、それぞれのネコの気分の状態をしめす測定計というよりは、そのネコが社会的に置かれている状況の測定計といえるかもしれない。

同じような関係は、個体密度の高いグループで、なわばりがとなり合っていて、おたがいをよく知っているネコどうしでも、できてくるようである。となり合ういくつかの農家でネコを飼っていると、これの「野外実験」ともいうべきものが見られる。すでに何度か紹介したウェールズの農場のネコたちが「ミルクをもらう」ときには、一ダースに達するネコたちは一種の一時的停戦をした。争うこともなく、また、たいていは、はっきりした最高位のネコもいなかった。ただし、「いじめられネコ」としてあつかわれるネコがいることはあった。それらのネコは、やっては来たものの、親切な人が同情してべつに容器を用意してやり、他のネコに追いはらわれないように見張ってやりでもしなければ、なにももらえなかった。このように、順位はほとんど見られなかったものの、このネコたちの間でも、私の「強制された社会」で見られたような反応と同じことが単発式におこなわれることはあった。これらのネコたちは、畑ではいつもひとりで過ごしていた。それぞれ一定のなわばりをもっていたのかどうかはたしかめることができなかった。つまりふつうなら出会いや争いのさいにおこなわれる儀式は、ネコどうしが「知り合い」であるときには余計なのである。おたがいに相手を知っているし、相手がどの程度なのかも、個々の「身ぶり」がなにを意味するのかも知っている。

面白いことに、このようなグループの個々のメンバーの間にある「無言の」相互容認や無視、あるいは敵意は、そこに、一頭の未知のネコがくわわることで一時的に変わる。グループのみなが未知のネコをよってたかって調べたり、気質やその時の気分に応じて攻撃したりするだけでなく、「昔からのなじみの仲間」どうしまでが、出会うたびににおいを嗅ぎ合って調べるのだ(たいていは鼻対鼻で)。こうしておたがいをふたたび「知る」ようになってから、また以前のように振るまうのである。以前からそう仲がよくなかったネコどうしは、新参者が入ったことがきっかけで前よりもひんぱんに闘争をするようになることもある。そうだからといって、においを調べることが、前に私が述べた以上に大きな意味を持つことにはならない。鼻の儀式は通り過ぎるときに軽く、いわば純粋に「形式的に」おこなわれるだけである。ネコは新参者の出現で興奮して、本来ならそのネコに向けられるはずの行為を、「回避のための対象」として、おたがいに対して向けるのである。

ここで述べたような人工的につくられた過密集団、つまり「社会」と言い切ることはできないような集団の行動をはじめて(一九五六a)記載したときには、最高位のネコと「いじめられネコ」の間に位置する「中流グループ」にはっきりした順位がない理由を、典型的な単独生活者であるネコはおたがいの間で安定した、明確な順位を形成・維持する能力をもたないからだと説明した。けれどもその後、子ネコだけでなくおとなの雄ネコたちも絶対的な順位を形成すること、また絶対的な順位のほかに相対的な順位もあることを発見した。そこから、私が飼っていた檻グループの個々のメンバーの間の、一見規律がないように見える関係も、実はこれら二つのタイプの順位が過密の影響で相互に影響し合った結果できたものなのではないか、と思うようになった。当時の記録をもう一度検討し、また新たに観察した結果、次のことがわかった。

1　このような二つのタイプの順位があることの証拠は、実際に見ることができる。たとえば、餌の容器をめぐっては絶対的な順位が支配する。狭い通路や好まれる休息場所は、ある意味で最高位のネコの「ものであり」、劣位のネコは、優位のネコが近づくとそこを離れることが多い。けれどもたとえ劣位のネコがそこを離れなくても、争いにはならない。とくに狭い通路では、このような相対的な順位がものをいう。すなわち、あるネコがすでにそこに先に来ていれば、そのネコのふだんの絶対的順位における位置とは関係なく、その瞬間はそこを先に通る優先権がある。優先権の中には、一日のうちの一定の時間によって決まっているものがある。たとえば一部のネコは、午前中は室内全体を遊んだり動き回るために「自由に使える」。そのあいだ他のネコは睡眠用の箱にとどまっているか、少なくとも活動は十分にひかえなければならない。けれども、午後は「かれらの」時間である。そのときは「午後のネコ」が他のネコすべてに優位に立てるのである。こうした時間によって決まる順位も、絶対的順位とはまったく無関係である。

2　絶対的順位と相対的順位がどのような比率で存在するかは、「居住密度」とじかに関係している。ケージが過密であればそれだけ、相対的な序列が影をひそめる。それが極端になると、最後には一頭のネコが独裁者になる。一部のネコは他のネコからたえず、容赦なくいじめられ、絶望的な状態に追いこまれる。こうしたネコは正真正銘のノイローゼの兆候をいろいろな形でしめす。檻の残りの住人は暴徒と化す。これらの間の緊張関係はゆるむことなく、ネコたちは一度として満足したようすを見せることはなくなる。いつも、どこかでだれかがフーフー声をあげ、うなっており、闘争すら起こる。あらゆる遊びが死に絶え、どんな動きも最小限にとどめられるのである。
たとえ長期間にわたって多数のネコを狭い空間で飼えたとしても、だからといってネコが確固とした単独生活者ではない、などと結論してはならない。家畜化による「幼児化」のために、イエネコはこうした不自然な状況の下でも、野生ネコ類よりは一見仲間付き合いがよいようにみえるだけなのだ。ネコたちは快適な気分にあるわけではなく（シュヴァンガルト一九三三）、ただ仲間付き合いがよいようなふりをしているのだ。ネコたちはたえず防御の気分にある。それが大きな闘争にならないのは、闘争を引き起こす興奮が持続的に「小出しに」され、あるときはフーフー声で、または前足のパンチで、あるときは毛を逆立てることで、あるいは耳をねかせることでといったように、発散されるからである。このような発散のおかげで、その現時点の興奮レベルが、長くつづく激しい闘争をするのに必要な高さにまでは達することはほとんどないのである。

これとよく似た状況を、私はアスタトティラピア（*Astatotilapia*）の雄のグループで見たことがある。二匹か三匹の魚が大きめの水槽（すいそう）にいっしょに飼われていると、魚たちが闘争でおたがいに重傷を負わせたり、殺したりすることはほとんどない。けれども、小さめの水槽に三〇匹もの魚が飼われている場合にも、魚たちは問題なく「仲よくやっていく」。なぜなら、この場合もやはりたえず小さな反応が引き起こされるので、もっと激しい闘争行為を引き起こせるほどの興奮がたまらないのだ。魚たちはきらびやかな体色を身につける以上のことはほとんどせず、せいぜい軽く誇示し合うぐらいである。ただし、水槽の水温を上げると、一時的に激しい闘争を引き起こすことができた。

これと同じ理由から、狭い空間に閉じこめられているおとなの雄ネコのあいだでも、野外で出会ったネコどうしのような（二一八頁以下）激しい闘争は起こらない。M7がぬいぐるみのネコに対して激しい攻撃をしたのは、単独で飼われていることで闘争気分が膨大に鬱積（うっせき）したからであろう。のちにM7は屋外の檻に移され、格子越しにとなりのネコたちを見ることができ、それらのネコたちが格子に近づいたときには攻撃もできるようになった。それで、そのあとふたたびおこなわれた実験では、M7はもはやぬいぐるみのネコにはまったく注意をはらわなくなった。

ここで強調したいのは、アスタトティラピアの雄とネコでの、小さないさかいのあらわれ方の根本的なちがいである。この魚では闘争行為を起こす興奮の序列はそのまま維持される。しかしネコでは、これはそのときどきの気分の現時点のレベルが低くても十分に解消されるのである（一六四頁参照）。アスタトティラピアでは激しい段階の闘争は決して表面にはあらわれないのに対し、ネコでは個々の行為がひとり歩きするようになり、それとわかるほどの規則なしに「任意に」起こり、それぞれの行為が固有の激しさの程度を持つ。前足によるパンチはここでは、防御行為全体がおこなわれるときとはちがって、耳をねかせること以上に高い興奮段階をあらわすとはかぎらないのだ。むしろ興奮――どっちみちとぼしい――そのものがどの程度であるかを、（どのような動作がおこなわれているかを手がかりにではなく）個々の動作自体の激しさから判断できるのである。

あるひとまとまりの本能行為から解き放たれてばらばらにおこなわれる個々の動作が、これほど「任意に」使えるということは、これまでは哺乳類の遊びにおいてしか記載されていない（アイブル-アイベスフェルト　一九五〇a、一九五一）。サル類、とくに類人猿においてだけは知られているが、サル類ではこれはあまりに当たり前のように考えられているのだ。

このことからまたしても、いまだに人間がどれほど感情的で多少とも無意識な見方に影響を受けて、科学的な観察結果にも評価を下しているかということがわかる。四つ足の哺乳類は私たちにはとってはあまりに「ただの動物」に見えるので、私たちはいとも簡単にそれを純粋な「本能の動物」とみなし、行動の自由の程度（「任意性」）がもっと高いことをしめす兆候や、それどころか、非常に決定的にそれがあらわされている現象までも、たんに見過ごしてしまうのである。

それと逆に、私たちの目に類人猿、そしてそれほどではないにしても他のサル類はとても「人間に近い」ように見えるので、それらの動物が任意に動くことは、さして特別なこととして目につくわけではない。その一方では、サル類の行動にも固定した本能的な部分が実際にはどれほど多くあるかということを見過ごしてしまいがちなのである。たとえばヤーキーズ（一九二九）は、チンパンジーはもともとなんら真の本能運動ももたずに生まれるので、すべての運動を経験と学習で自分で築きあげなければならないと考えた。

ネコにおける社会的な付き合いの形態からは、霊長類ほど高等な哺乳類でなくとも任意に行動することができる、つまり運動の任意性が存在することを証明している。運動の任意性は遊びだけにかぎられるわけではなく、また子の発育期間内の一定の時期だけにもとどまらない。またこれが遊びから発達してくるわけでもない。まさにその逆で、運動の任意性

こそが真の遊びのもっとも重要な前提条件なのである（一四四頁以下参照、ライハウゼン　一九六五b）

第21章

よく知っている人間に対する行動

ネコは知らない脊椎動物にはじめて出会ったときには、一九五頁以下で説明した単純な解発機構にもとづいて、同種仲間に対するのと同じようにふるまう。だから、人間に出会ったときにも、そこでいやな経験、この場合はネコを畏縮させるような経験をしないかぎりは、仲間のネコに対するのと同じ行動をとる。したがって、若いネコが人間に向けて性行動をとるように刷り込まれることも可能である（三一八頁以下）。

ネコが、自分がよく知っている人間をその身ぶりや声だけでなく、顔からも見分けるのはたしかである。人間に対してネコがする行動様式の大部分は、ネコが親子・きょうだいの間でおこなう行動と求愛・交尾のときにおこなう行動で見られるものと同じである。すなわち、頭を差し出す、わき腹をこすりつける、なめる、鼻で調べるなどで、雌ネコはそのほかに、ふだん雄に対しておこなう媚を売る行動と求愛行動の全レパートリーを人間にもおこなう。場合によっては、防御行動をなすあらゆる動作が、人間に対しておこなわれることもある。

とはいっても、たいていの場合、人間はやはり単純に同種仲間とみなされるわけではない。なぜなら、ネコと人間の関係は、二頭のネコどうしよりもはるかに親密で友好的になるからだ。私が檻で飼ったネコたちは、単独で飼われたネコも複数で飼われたネコも、私または他の世話をする人が餌をもっていくと、餌のところに行く前に、かならずまず私たちに挨拶をした。これがとくに目立つのは、そうした人間がちょうど忙しくて、しばらくのあいだ餌をあたえる以外はネコをかまってやらなかったときである。そのようなとき、さらに実験目的のために、一日か二日、餌もあたえないでおいてからはじめて餌をもっていっても、ネコは食べることはさておいて、まずは餌を持ってきた人にまさしく情熱的に挨拶をする。尾を上げる、その人の脚に熱心に腹をこすりつける、頭を差し出しながら、しばしば相手が自分の頭をなでてくれるものと「空想して」、後ろ足で立ち上がる(図95)、などが見られる。ネコはこのような挨拶をすませてからやっと餌の方に向くが、それもせかせかと最初のなん口かを食べるだけで、またもその人との愛撫の交換にいそしむことが多い。

複数で飼われているネコも、このような社会的要求をおたがいの間で発散することはできない。同種仲間は、このための代用物としては適していないのである。ふつうに「放し飼いに」されているネコも、人間とのこのような接触を必要とする。たとえ餌が十分にあたえられていても、もし飼い主がそれ以上なんらネコのことをかまわなければ、ネコが本当に清潔で、順調で、手入れが行き届いていて、健康だという印象をあたえることはまずない。これをネコの家畜化のせいだけにすることはできない。これとまったく同様のことを私は、飼っていたブラジル産のジャガーネコ(ライハウゼン 一九五三)で観察したからである。このジャガーネコは人間へのはにかみがまったくなくなったわけではなかったにもかかわらず、私に近づき、椅子(いす)の脚にわき腹をこすりつけ、尾を上げて挨拶をした。しばらく私がいなかったあと、ふたたび会ったときにも、この挨拶をした。

図95　立ち上がり、「空中に向かって」頭を差し出すW5(そばの柱に頭がかすりもしない!)。

野外では交尾期以外は同種仲間を避けたり、追いはらうことすらある、見たところまったく社会的な接触を必要としないように見える動物が、このようにして人間と接触することができるのはなぜか、説明するのはむずかしい。推測すれば次のことがいえるだろう。きょうだいの結合や母子の絆(きずな)は、子どもが成長するにしたがってゆるくなり、最後にはまったく解消される。けれどもネコの場合は状況しだいでは、そうしたむすびつきが通常の期間を過ぎても、たもたれることがある(三四四頁)。他の多くの哺乳類でも、たとえ正常な状態でくらしている場合ですら、子ども的な衝動的行為はすべて消え去るわけではなく、おとなになってからも時おり、ふたたびおこなわれることがある（マイヤー－ホルツアプフェル一九四九)。ふだんはこのような子ども的な衝動的行為は、おとな特有の、つまり子どもではまだ発達していない他の衝動的行為によって、抑えられて出てこないだけなのである。おとなのネコどうしの付き合いは、なわばりの防衛、防御、交尾相手をめぐる競争(ライバル関係)、交尾といったことばかりでいっぱいである。だから、他のおとなネコがそばにくればかならず、こうした衝動的行為のどれかが非常に強く引き起こされるので、子ども的な衝動的行為の気分のなごり（本当はまだ存在している）は「発言」するチャンスがないのだ。ネコが一定の状況では、他のネコとなごやかにいっしょにいようとする（二六六頁以下）のも、実はこうした気分のなごりが関係しているのかもしれない。

ところが人間はネコにとっては、ネコ的な付き合いができる程度には「同種仲間」であるが、防御など、おとな特有の反応を絶対に引き起こすほどには「ネコ的ではない」。それで人間がネコのあつかい方をいくらか心得ていて、必要な感情移入ができさえすれば、ネコの子ども的衝動行為への気分のなごりに訴えることができ、それを新たに活気づけさえするのである。人間はネコの防御や攻撃の反応を、おとなのネコのように（交尾期は別として。交尾期についてはここではあつかわない）無条件に引き起こすことはない。それで人間と単独性のネコの種の間でも、真の永続的な友好関係が生まれることがあるのだ。

このような関係は、ネコどうしの間では決して起こらないかもしれない。それぞれのおとなのネコは――もし上で述べた仮説が正しければ――本当は他のネコと仲よく「したい」のだ。人間の中にも、いつも他の人を侮辱するようなことをしてしまうくせに、なぜ友達がいないのかと聞かれると、おどろいたように「自分は友達がとても欲しいんだけど、だれもかれもいやなやつばかりなんだ」と答える偏屈な人間がいるが、ちょうどネコは、そのような人が置かれているのと同じような気分の状態にあるのだ。パートナーに一時的に接近しなければならない交尾行動において、ある程度は子ども的な衝動行為が役割をはたすという事実は、この仮説を支持しているといえる。このような子ども的な衝動行為があるからこそ、野外では短期間しかいっしょにいない単独性のネコ類のつがいも、狭い空間に何年もいっしょに飼うことができるのである。そこでは交尾期以外でも、これらの動物がしょっちゅうなめ合い、ぴったり寄り添って休むのが見られる。つまり、ふつうなら個体間の接触をさまたげる防御と闘争の気分による障壁をつがいがいったん突破したなら、子ども的な接触の要求がふたたび芽生え、永続的な絆（きずな）が生まれることもあるのだ。

イエネコの雌は年に二回、あるいは三回「熱く」なる。一頭だけで飼われている雌ネコは発情すると、まずはじめ落ちつきを失い、食事の量が減り、ひんぱんでしかも執拗(しつよう)になき声をあげるようになる。飼い主からも離され、狭い場所に閉じこめられた場合には、雌ネコのこの傾向はいっそう強くなる。頭とわき腹を、できるものなら何にでもこすりつける(アントニウスのいう「頭の差し出し」一九三九)。このこすりつけ行動は、発情がはじまって数日の間にますますさかんになり、やがては地面でころげまわる「のたうち」に変わる。すなわちまず、頭を下げ、首を横向きにねじ曲げて、頬(ほお)を床にこすりつける(ときには雌ネコは、この姿勢で頭を床につけたまま何歩か歩く)。これがすすむと、頭をさらに回転させながら、だんだん体までねじ曲げ、肩から横向きに床にどさっとたおれこむのだ。図96の写真は、雄の子ネコがのたうちながら遊ぶようすを写したものであるが、ここでも同様の行動と姿勢が見られる。

こうして雌ネコはヘビのようにのたくりながら一、二回左右にころがり、体を横向きになげ出す。あるいはなかば仰向けになったまま前足の内側をちょっとなめ、さらにはおどけたように一方の後ろ足を引き寄せて、やはりなめ、頭をその足、または前足にこすりつける。このこすりつけのときの頭の動かし方は、頭を物にこすりつけるのと同じしぐさである。前足の方の動きは顔を洗う動作に似ていて、実際この行動につづいて顔洗いが誘発されることもよくある。といってもこの場合の顔洗いは、ほんの一瞬おこなわれるだけである。雌ネコはふたたび二、三回、のたうつか、あるいは立ち上がって少し歩き、そこでまたこれらすべての行動を最初からくりかえす。のたうつときに前足が、カンナをかけてない木材などの表面がざらざらした荒い物にふれると、しばしば爪研ぎがこれまた少しの間だけ、遊ぶようにしておこなわれる。

　野生ネコ類の雌は発情のこの段階になると、尿をまき散らすか（二六二頁以下）、あるいは、ふだんよりもこの行動をひんぱんにおこなうのがふつうである。だが、イエネコでは尿の噴射はまれにしか見られない。これは家畜化の過程でおこった、イエネコの数少ない行動上の退化現象の一つだと思われる。イエネコも野生ネコ類が尿をまき散らすのに似た一連の動作をすることがあるが、実際に尿を出すことはない。だが、老いた個体は、若いネコよりも尿の噴射をひんぱんにするし、また歳をとるにしたがって、発情期以外にもおこなうようになる。

図96　M9がのたうちまわりはじめる。まず頭をねじり、次に体もそれにつづく。

　人に馴れた雌ネコは、頭の差し出しと体ののたうちを観察者に向けてするようになる。つまり観察者が自分の「パートナー」であるかのようにふるまうのである。雌ネコは好んで観察者の近くにきてはわき腹を観察者に向け、頭を差し出し、いくらか離れたところ（二メートルぐらい）で体をのたうちまわらせる。のたうつときには、頭を観察者からそむけるのがふつうである。観察者が近寄ると、たいてい雌ネコは立ち上がり、少し離れてまたころがる。観察者がふれようとして性急に手を出すと、雌ネコは前足のパンチで抵抗し、とんで逃げる。

　数日の間に、これらの行動はしだいに激しくなる。ものにわき腹をこすりつけるときに同時に起こる肛門部の痙攣と震えが、ついには尾の先端にまでいきわたる。こすりつけ行動はしばしば「想像上の」ものに向けて、つまり空中に向けておこなわれる。すぐ近くに椅子などが実際にあっても、「想像上の」ものに対してこの行動がとられることがよくある。けれども、そのとき雌ネコはパートナーを見るか、あるいはパートナーに外陰部をしめすかしているから、実はつねにパートナーに向けて行動をとっていることがわかる。外陰部をしめすことには、確実に信号の意味があるはずである。雌は尾を高くもち上げ、いくらか腫れぼったくなった陰部の周囲の毛を広げて、はっきりと目立つように見せているからである。この段階になっても、雌ネコは人がじかに体にふれるのをいやがる。

発情が最高点に達すると、はじめて雌ネコは観察者に対して交尾の姿勢をとって、相手を交尾へと誘う。すなわち、前足のひじまでを床につけて、体を平らに伸ばす。目はほとんど閉じたように見えるほど細め、耳をわずかに後方にねかせる。そして腰を伸ばし、臀部をもち上げ、後脚のひざを折って上腿部を地面に向かって急勾配に下げ、下腿部は後上方に向ける。だからひざは床上すれすれのところでたもたれる。ふ前部（中足）はまっすぐに立てられ、尾が根もとのところでわずかに上げられ、わきに寄せられるから、パートナーに向けられた陰部があらわになる。この姿勢のまま、雌ネコはじっと動かない。さらに興奮が高まると、雌ネコは後ろ足を痙攣的に「足踏み」する（図97）。人が近づいて体にふれるのも許す。体の中央、脊椎のすぐわきを軽く押すか、あるいは体を前から後ろへなでてやっても、ネコは「足踏み」で反応する。この段階になると、首を上から押したり背中を縦向きになでることで、雌ネコに交尾姿勢をとらせることができる。そのとき雌ネコが体の後部に明らかに力をこめて、手を下方から押し上げるのがわかる。もっとも雌ネコはふだんでも背中を手でなでられると、強くはないにしろ、同じ反応をする。この状態で外陰部を軽くこすると、雌ネコは交尾姿勢をとりつづけ、「足踏み」をますますひんぱんにくりかえす。

リンデマン（一九五〇）によると、オオヤマネコの雌はイエネコとちがう交尾姿勢をとるという。オオヤマネコも体の前部は低くかがめるが、後脚は伸ばしたままだという。私は同じ姿勢を、生まれてはじめて発情を経験するイエネコの若い雌でもしばしば見た。この交尾姿勢は、原始的な食肉類でふつうに見られる体全体を平らにかがめた姿勢と、他のすべての陸生食肉類（大型のクマ類、イヌ類、ハイエナ類）の直立したままの交尾姿勢の中間型といえる。もっとも、ここで「中間型」というのは、あくまで外見にかぎってのことである。系統発生的には、ネコ科の交尾姿勢は二次的に獲得された行動かもしれない。イエネコの若い処女雌が見せる未熟な行動は、系統発生的に初期の段階にある交尾姿勢と考えることができる。ただし、オオヤマネコを観察した他の研究者たちは、リンデマンの報告を再確認してはいない。

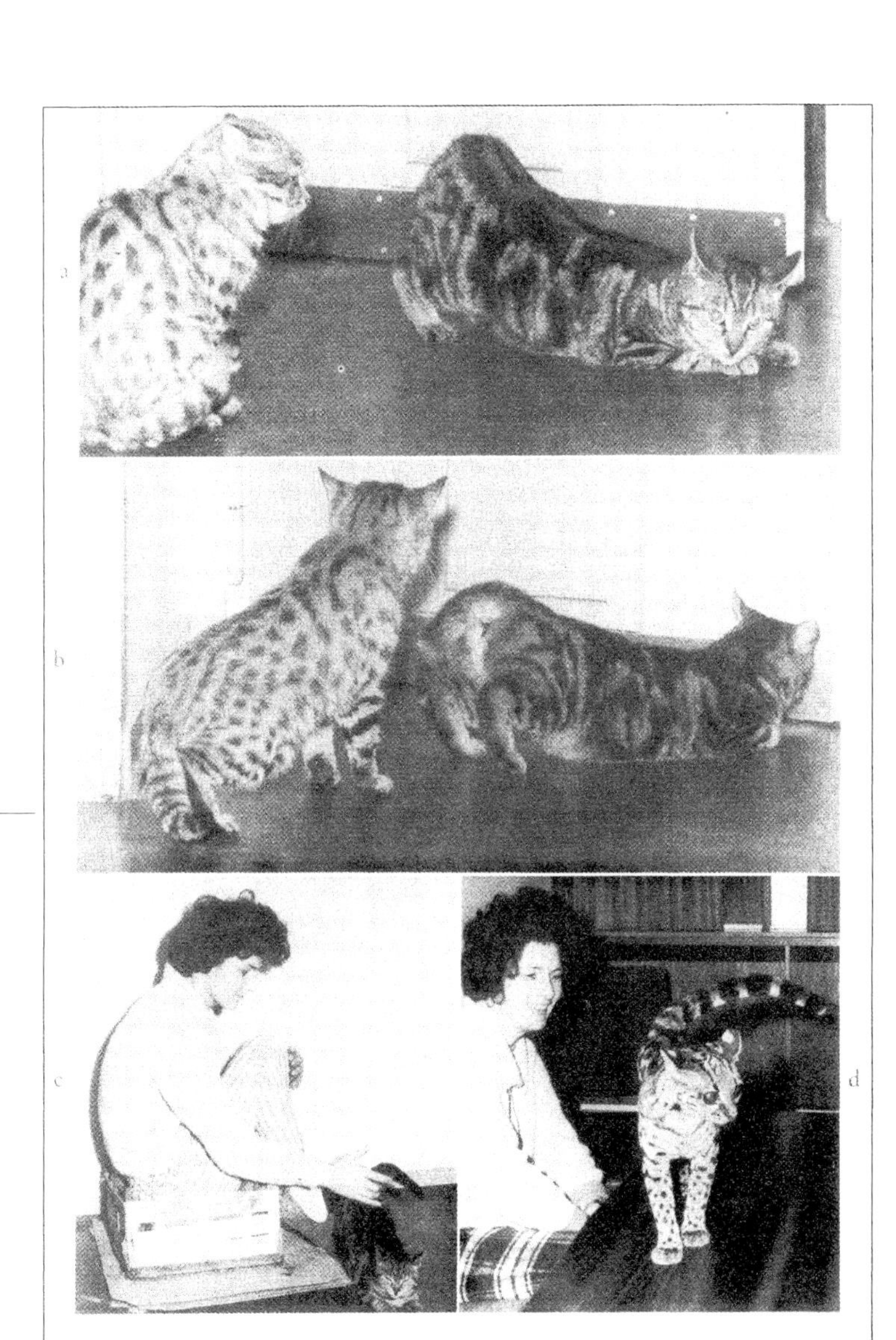

図97　a)交尾の気のある雌イエネコが、ためらう雄のクロアシネコの前でプレゼンテーションし、雄の方を見る。b)足踏みをして尾をわきにどける。c)交尾の気のある雌のイエネコの体の後端をなで、軽く押してやると、激しいプレゼンテーションを引き起こすことができる。d) 女性研究者に性的に刷り込まれた雌のマーゲイが、彼女の前でプレゼンテーションしている(319頁の図111も参照)。

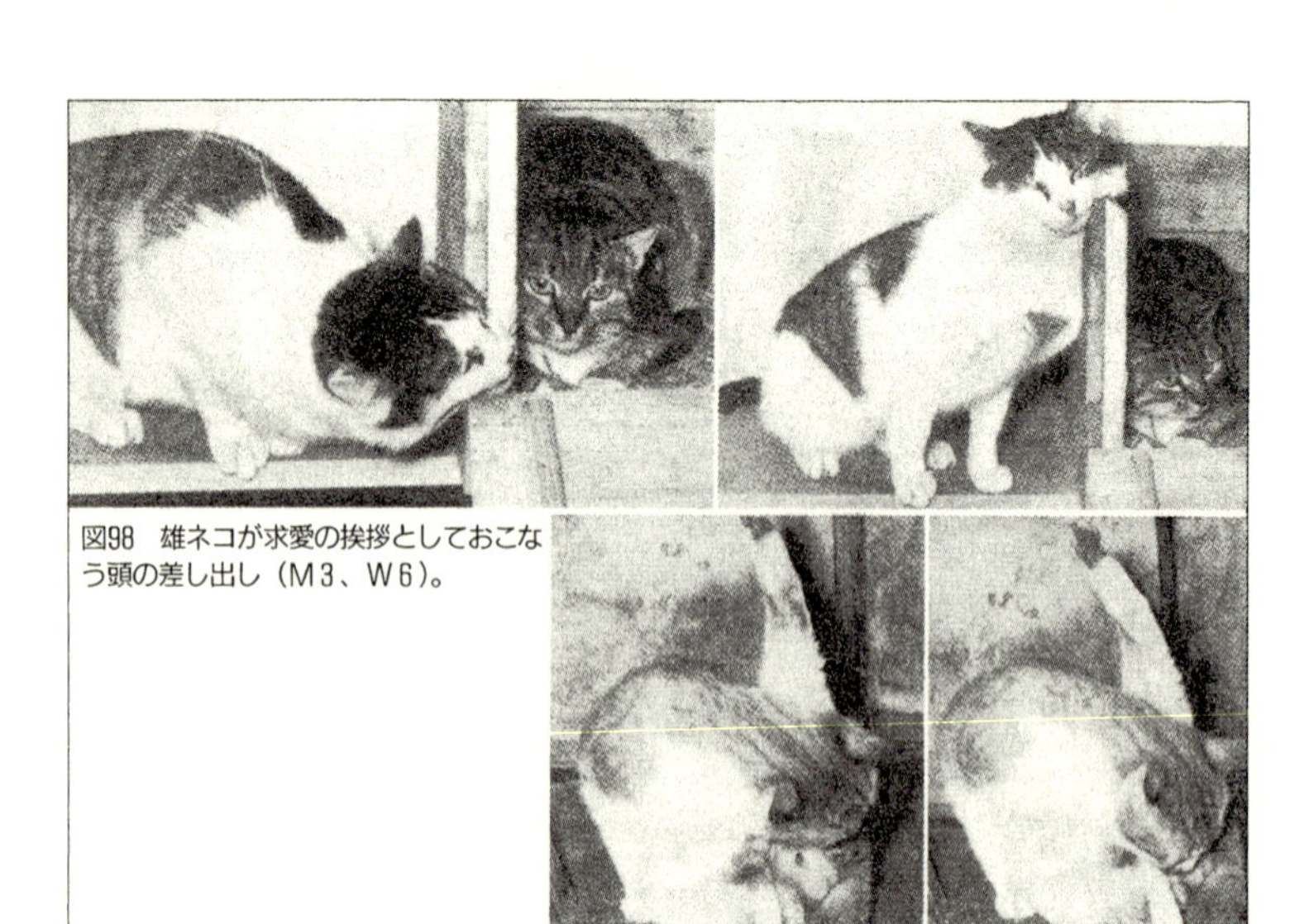

図98　雄ネコが求愛の挨拶としておこなう頭の差し出し（M3、W6）。

図99　いくらか勃起したペニスをなめるM10。

純粋に体内の生理的なリズムだけに制御された発情の過程は、雄ネコから隔離して飼われている雌ネコでなければ観察できない。雄ネコがいると、雄がそれ相応に反応するために、雌の発情の進行ははやまるのがふつうである。だが、一方では雄があまり性急で雌ネコがおじけづくと、雌ネコは、はじめのうち雄ネコにほとんど求愛行動をしめさなくなる。

雄ネコはいつでも交尾の用意があるといわれるが、性的意欲がつねに同じだと見るとすれば、それはまったく真実からかけはなれている。雌ネコほど明確ではないにせよ、雄ネコもまた、固有の性的周期をもっているのだ。雄ネコの性的意欲の高まりのうち外から見える兆候は、尿の噴射（二六二頁）がひんぱんになり、ふだん尿をしない場所にもするようになることである。尿の噴射の周期的な増減は、雌ネコと視覚的にも、聴覚的にも、あるいは嗅覚的にも接触がない雄ネコでも見られる。

R・ヴォルフ（口述による報告）は、雄ネコが尿をふりかけた場所に「頭の差し出し」（こすりつけ）をして、頬と喉に自分の尿をすり込むのを二例、観察している。だが、雄ネコがいつもこうして自分の体に「香水をつける」かどうかは疑問である。可能性はあるものの、少なくとも放尿後、すぐに尿をすり込むことはないと私には思える。なぜなら、雄ネコは尿を噴射させると、すぐにその場をいったん離れるのがふつうで、ふり返って尿を嗅(か)ぐことはまずないからである。ただ、この時期には雄ネコはたえずあらゆるものに「頭を差し出す」から、その場所が少し前に「噴射された」としても、観察者が見逃しているかもしれないが。雌ネコが発情の兆候を外にほとんどあらわにしていない時期、とりわけ「媚(こび)の逃走」（二〇二頁）をする気分にまではいたっていなくて、雄ネコに無関心な態度をとるあいだは、雄の「頭を差し出す」行動は求愛行動の重要な部分をなす。雄ネコは雌ネコの近辺のあらゆるものにちょっと「頭を差し出す」のである（図98）。

図100　a）若い雄ネコを「強姦」しようとしている老いた雄のイエネコ。b）若い方のネコは、ころげまわって格子につかまろうとし、ついに体を老雄からもぎはなす。

雄ネコがじっとすわっている雌ネコの近くにおもちゃをもっていって、雌ネコの目の前でおもちゃでおおげさに「鬼ごっこ」（一四八頁）をしてみせるのを、私はこれまで二頭の雄ネコで見た。雄ネコが雌ネコのいるところでわざとこれをしようとしているのは、一例でとくに目立った。このとき雌ネコは小さな入り口のある睡眠用の箱の中にすわっていた。雄はひもをからげた玉をおもちゃにして遊び、玉が入り口から遠く離れたところまでころがっていくと、そのたびに雌が入り口ごしに見えるところまでもってきては、ふたたび遊びをくりかえすのだった。これに似た行動が野外でくらすネコでないとはいえない。

雄ネコの性的意欲の高まりをしめすもう一つの兆候は、完全に、またはなかば勃起(ぼっき)したペニスをくりかえしなめる行為である（図99）。こうして「発情が」頂点に達した雄ネコはついには、交尾の意志のない雌や劣位の雄を強姦(ごうかん)する（図100）までになる。ミヒャエル（一九六一a、b）は、交尾への意欲を特別な「訓練」によって身につけた雄ネコ（次頁参照）が、交尾をする気のない雌や劣位の雄を強姦するのを観察し、こうした行動をとるのは「訓練」を受けた雄だけだ、と述べている。一部の研究者は、もっぱら脳のある部分、とくに側頭(そくとう)

葉を切除した場合にかぎって、雄ネコが異種の動物やネコのモデルに交尾をしようとするなど、「異常亢進の」性行動をとると述べている。ミヒャエル自身はこの見解には反対で、こうした行動が切除処置を受けていない個体でも起こることを証明している。

この種の行動は、実際にはさまざまな外的および内的な原因で起こる「鬱積症状」（一四四頁以下参照）である。いずれにせよここで忘れてならないのは、雄ネコでも内的な制御によって交尾意欲が周期的に変動しているという事実である。たしかに雄の周期は雌の周期にくらべて、はるかに大きく外的な要因の影響をうけるが、交尾への意欲がゼロにまで低下することはない。健康なおとなの雄ネコは、交尾をする気のある雌ネコがいさえすれば、いつでも交尾できる。だからといって、ローゼンブラットとシュナイルラ（一九六二）が主張するとおり、いつでも同じように熱心に交尾をするわけではないのである。

先に紹介したミヒャエル（一九六一a）は、雄のイエネコの交尾への熱意と頻度を次のような方法で、大幅に高めることに成功した。健康で性的に積極的な雄ネコをまず実験用の檻に慣らしてから、その中の小さく仕切った区画に閉じこめる。残りの何倍も広い部分には雄ネコは、交尾の気のある雌ネコが入れられたときにかぎって入ることができる。このような状況におかれた雄ネコはやがて、広い部分への仕切り戸が開けられるたびに、ためらわずにどんな雌ネコとも交尾をするようになった。ミヒャエルは雄ネコのほぼ三頭につき一頭について、ふつうよりも交尾への意欲の高いネコに訓練できたという。しかも訓練を受けた雄ネコは、檻の広い部分にいるものはすべて交尾の気のある雌ネコだという「期待」が高まるあまり、雄ネコ、交尾の気のない雌ネコ、動物のぬいぐるみにまで交尾をしようとするようになったのである。実験者がまだ雌ネコを檻の床に置く前に、その手から雌を交尾のかみつきで引きずりおろすことさえあったという。

けれども、このような交尾への意欲の高まりは、「条件づけ」とはいえない。性的な能力の高さを基準にあらかじめ選ばれた雄ネコでさえ、三頭に一頭しか訓練に「反応」していないことからも、条件づけでないことは明白である。むしろ、一二二頁以下で殺しの行動について論じたのと同じ、「練習の効果」とみなすべきものであると思う。この効果は闘争の衝動についても同じように生じるだろう。ハイリゲンベルク（一九六三、一九六四）は魚類で、闘争への意欲がそれが使われるか、使われないかによってこのように変わることを量的に証明している。けれども、**その場**とむすびついた期待の成立はまさしく学習の効果であり、実際には事が正常に起こっている場合にも、こうした効果は動物につねに生じているのである（三〇四頁）。

　ミヒャエルは先の実験について、雄ネコが環境に慣れ親しむことが訓練にどれほど重要であるかを強調している。これは当を得ている。ただし人馴れしていて実験者に好意をもつネコは、環境が未知でも実験者がいると不安を克服できた。そうでない雄ネコは未知の環境では、交尾に熱意をもつ雌ネコにすら関心をしめさない。空間の探索は一九二頁、二〇〇頁で述べたとおり、交尾よりも絶対的に優先されるのである。だが、すみ場所がたえず変わるのに慣れたネコは、未知の環境や新しい環境に対して、ある程度は無頓着でいられる。それはちょうど、旅慣れた人がはじめての場所でも落ちついていられるのと似ている。たとえば私が飼っていた年老いたサーバルの雌は、私といっしょにあまりにしょっちゅう引っ越し、すみかのケージも変わったので、新しい環境に入っても目に見えるほどの変化は見せなかった。新しい空間の状況をすぐに「あたりまえのこととして」受け入れ、毎日の日課をつづけたのである。

　もちろん通常の生活では、雄ネコの交尾の意欲を高めるのは交尾の意欲のある雌ネコの存在である。これに対し、雌ネコの周期が交尾の意欲のある雄ネコがいる、いないで変わる度合いはずっと小さい。雄ネコは雌ネコよりも急速に交尾への意欲を最高に高める。雄ネコは出会いのはじめの段階では激しく雌ネコに迫る。雌ネコは最初は雄ネコから逃げる。しかも、しばしばかなり離れたところに逃げ、雄ネコが近寄りすぎると激しく前足で打ち、金切り声をあげて抵抗する。だが、雄ネコが追跡をやめると、雌ネコはすぐに止まって頭を差し出し、ころげまわる。そして雄ネコがふたたび近寄って、先の距離を越えて近づくと、追いかけごっこがはじめからまたくりかえされるのである。

　私がネコを飼っている檻のように、場所がかぎられている場合には、しばしば雄ネコは雌ネコに追いついて、すばやく雌ネコのえり首をかんで押さえることができる。雌ネコはそれでも雄ネコから逃れようとして、雄ネコの体の下をくぐり抜けたり、仰向けにころがったりする（図101）。雄ネコが雌ネコをしっかりとらえ、雌ネコを下向きに押さえると、雌ネコはほぼ交尾の姿勢をとるが、腰をくぼませ、尾を上げて、外陰部をあらわにすることはない。これでは雄ネコはペニスを挿入（そうにゅう）できず、何度が無駄な試みをしたあげく、もがいている雌ネコを放す。こうしてまた、すぐに同じ試みがくりかえされるのである（図102）。

野外では、雌ネコが雄ネコの接近を完全に許すようになるまで、こうした「媚の逃走」をともなう追いかけごっこが、何日もくりひろげられることがある。雄ネコはしだいに雌ネコに用心して近づくようになる。雌ネコがのたうちまわっているあいだ、雄ネコはわずかな歩数だけ進み、雌ネコが自分を見るとすぐに腰をおろす。雄ネコが進むと、雌ネコは少しだけ逃げ、すぐに止まってふたたびのたうちをはじめるか、雄ネコに背を向けてかがみこみ、「あちこちながめる」。雌ネコがこうして止まると、雄ネコはゆっくりと、とちゅうで何度も休止しながら雌ネコに近づこうとする。休止の合間に雄ネコは、多くの場合すわった姿勢で、ブンブンいう哀れな声を出す（おしゃべり）（図103a）。

こうした準備がすべて延々とつづいたあと、とつぜん交尾がおこなわれる。雄ネコは後方斜めから、のたうちまわっているか、かがんで「あちこちながめている」雌ネコに突進し、えり首をゆるくかんで押さえ、雌ネコの体をまずはじめは前足で（図103b）、次に後ろ足でまたいでマウントする。雌ネコは交尾の姿勢をとる。雌ネコが陰部を十分に上げないと、雄ネコは後ろ足で交互に雌ネコの背中を踏む（図103c）。これはシチメンチョウの雄が雌にする動作を思わせる。この刺激を受けると、雌ネコは腰をくぼませ、「足踏み」しながら尾をわきに寄せるのである。尾はしばしば一方の側から、もう一方の側へと交互に寄せられる。雌ネコの体勢が完全にととのうと、ようやく雄ネコは両後ろ足を地面におろして、またいだときからすでに勃起していたペニスを挿入する（図103d）。だが多くの場合、そのまますぐに雌ネコの生殖器に挿入するのではなく、まず少しの間こする動きをして、生殖器を慎重にさぐる。これはクーパー（一九四二）がライオンですでに記載しているそれと同じ動作である。挿入後、何回かのすばやい摩擦運動で雌ネコは金切り声をあげはじめ、雄ネコはゴロゴロいううなり声をあげる。

それから雄ネコは後方に引き下がり、雌ネコは振り向いて雄ネコに打ちかかる。雄ネコは弱々しくふせぐだけで、後退はしない（図103e）。多くの場合、雌ネコはそのあと陰部をなめ、雄ネコはその間にやや退く。交尾のあと、雌ネコが静かにねころんだままでいることもある。それでも雄ネコは、まるで雌ネコの攻撃が当然あるかのようにとび退く。これはおそらく経験による反応なのだろう。おたがいによく慣れ親しんでいる大型ネコ類のつがいでは、雄は少しも警戒せずに静かにわきにひく。そして雌がしばらくの間、交尾姿勢のままじっととどまるのを、私はしばしば見たことがある。

たいていは交尾の数分後には、早くも次の交尾への導入部

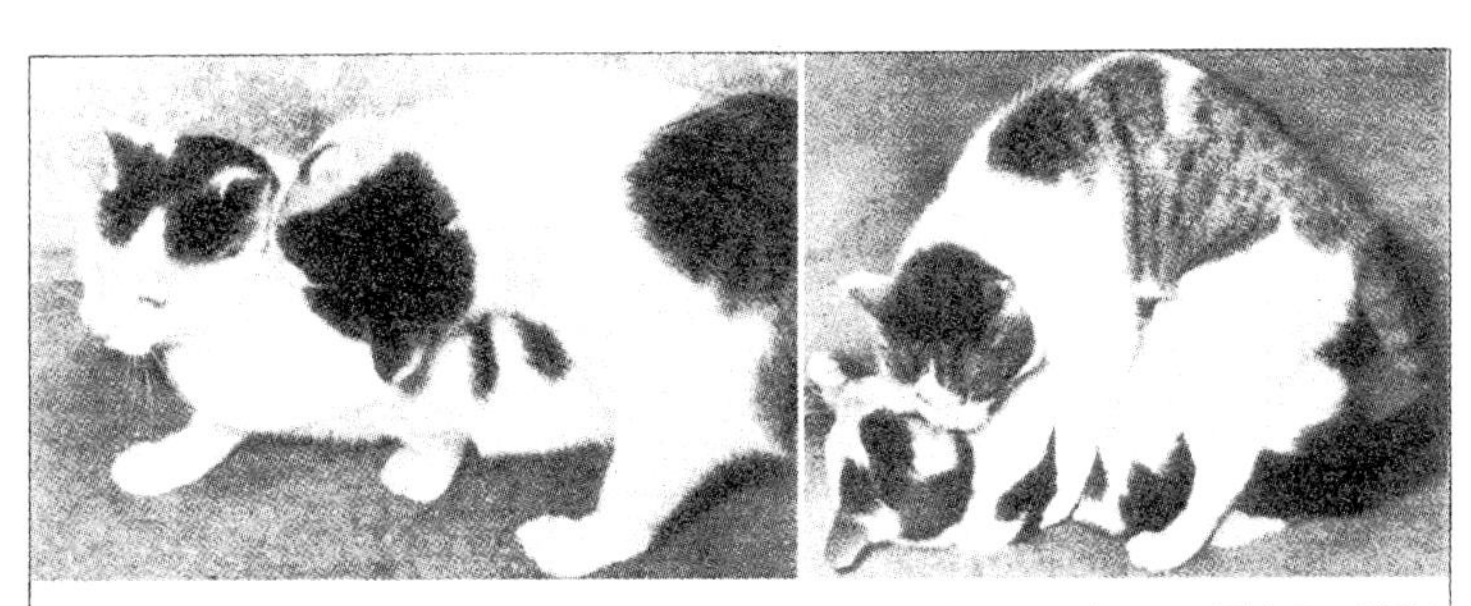

図101　W４を強姦しようとするM３。左）M３はW４の首の横を押さえるが、W４は逃れる。右）W４は体をねじって仰向けになって抵抗する。

図102　a）雌ネコによる「媚びの逃走」。雄ネコがそれを追う。b）雌ネコは止まり、プレゼンテーションして、雄ネコを誘うように見る。c）けれども、雄がマウントしようとすると、身をもぎはなす。

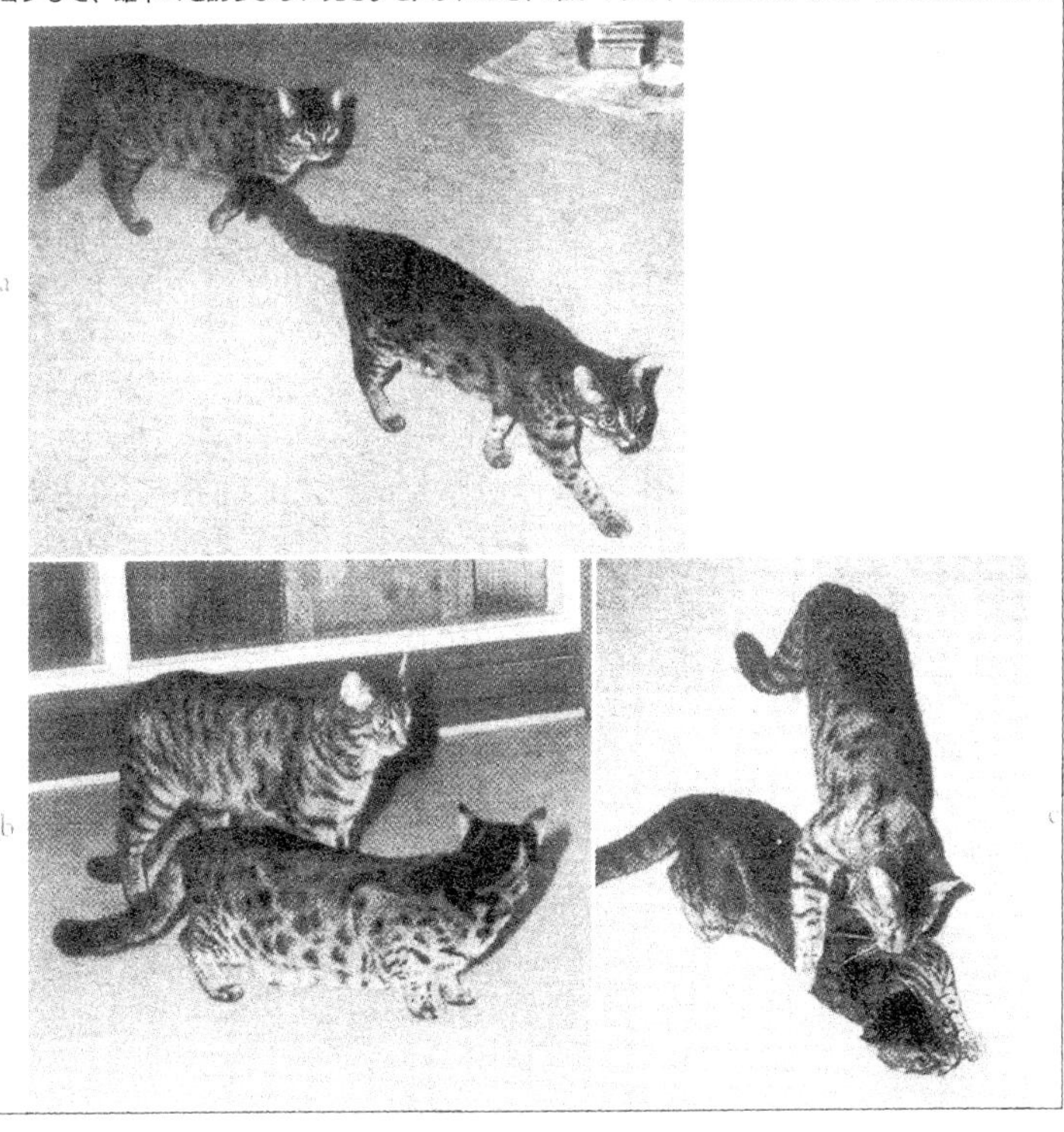

がはじめられる。おたがいをよく知っているつがいでは、導入部の求愛行動がしばしば省略される。雄ネコは経験からたいへん「賢く」なっているので、雌ネコが本当に静かにじっとするまで交尾をしようとしないのだ。一方、雌ネコは、雄ネコがある段階以降は待たせないのを知っている。雌ネコは交尾を「したくなったら」すぐに、雄ネコの近くで交尾の姿勢をとり、陰部を雄ネコに向けて、誘うように肩ごしに見る(二九七頁の**図97**a、**図102**b)。すると雄ネコは落ちついて雌ネコに近づき、しばしばえり首をかむのも省略して、雌ネコにマウントする(**図104**)。両者は行為が終わると同じようにおだやかに離れる。雌ネコにエストロゲンを過剰に投与すると、この段階をほとんど突発的といえるほど急激に引き起こせることがわかっている。性行動の室内実験の多くは、この方法でおこなわれてきた。だからこの種の研究では、ネコの性行動における求愛の段階が記載されていないのである(例えば、ミヒャエル　一九六一a、b、ローゼンブラットとアロンソン　一九五八a、b、ウェイルン　一九六三a、b、ズィトリンとビーチ　一九四五)。

交尾への意欲が高まると、決まった場所、たとえば木の切り株、塀の上、テーブル、椅子など高い場所に上がる習慣をもつ雌ネコは多い。雌ネコがこうした場所に上がると、雄ネコはただちにそれが誘いであると理解して、関心をはらうか、あるいは実際に行動に移る。ミヒャエルの「訓練された」雄ネコ（三〇〇頁以下）が、実験用の檻においてのみ「過剰に性的」に反応したのも、これとおそらく同じ理由によると考えてよいだろう。

しばらくすると、ときには二、三時間後にはもう雌雄の役割が逆転する。つまり、それまでは雄ネコの方が積極的であったのが、いまや雄ネコの「現時点の興奮レベル」は徐々に低下する一方、雌ネコのそれは高いままであるか、あるいはもっと高くなるのだ。この変化の最初の兆候として、雄ネコはそれまでと同じく、まずは雌ネコから数メートルの位置まで近づくものの、向きを変え、足をいくらかはやめて離れる、といったことが生じる。雄ネコはくりかえしあたりを見回し、雌ネコが雄ネコを追う。こうして両者は前後していくらか走ることになる。雄ネコがすぐに止まらないと、雌ネコは雄ネコを追い越し、それから「あちこちながめる」か、のたうちまわって、雄ネコに交尾の導入部をふたたびはじめさせようとする。この段階では、まだこの方法は効果がある。

だが、数日後には雄ネコの欲求はこれに応じるにも足りなくなる。雄ネコはすわったままか、ねそべったまま「あちこちながめる」だけである。こうしてイニシアティブは完全に

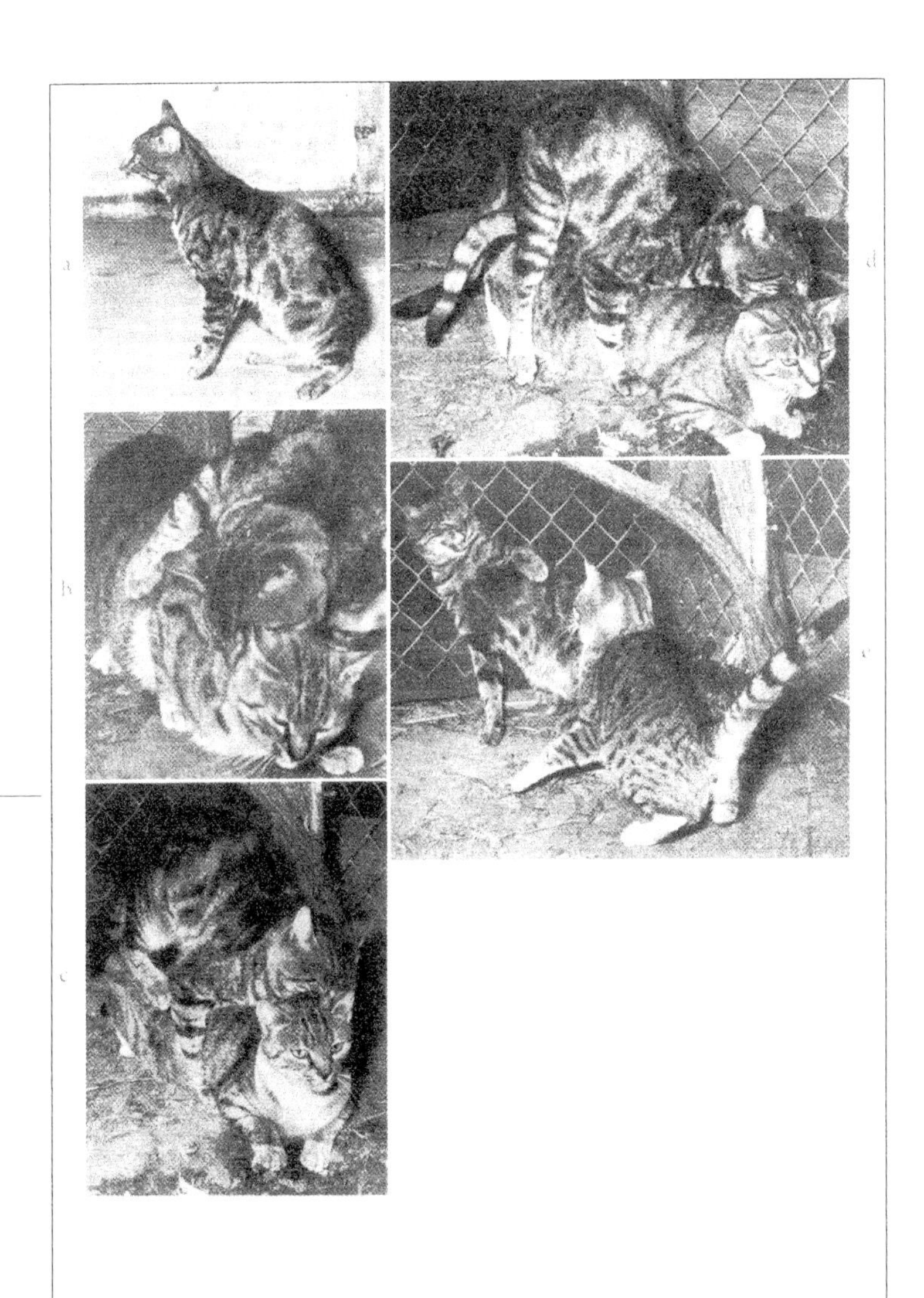

図103　交尾。a）M16が「おしゃべり」をしながらW６に近づく。b）M16はW６のえり首をかんで、その体にまたがる。c）M16はW６の背中の上で足踏みをする。d）性交。e）交尾の終わり。

図104　M3がW4のえり首をかむことなく、その体にマウントする。

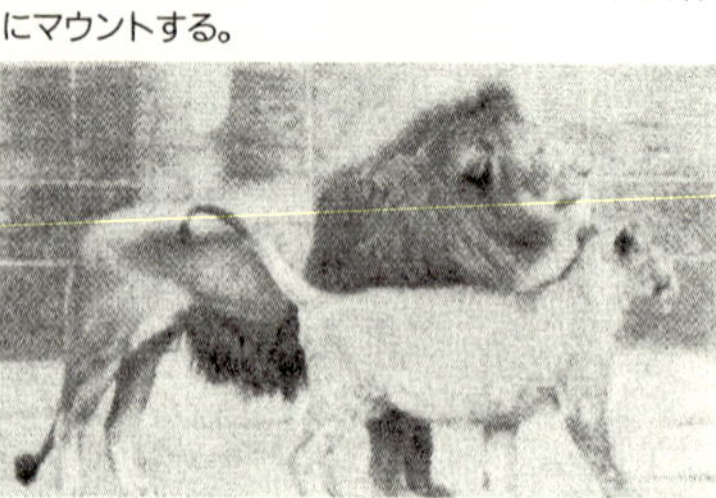

図105　おとなの雄ライオンの前でプレゼンテーションする若い雄ライオン。(ミュンヘン - ハイルブロン動物園)

雌ネコの手に移る。雌ネコは雄ネコにすり寄り、体をつけるようにしてころげ回り、ついには雄ネコの鼻の下に下半身をもっていく。雄ネコが立ち上がれば、雌ネコは即座に交尾の姿勢をとる。しかし雌ネコがさらに求愛をつづける必要もしばしば生じる。頭を差し出し、額(ひたい)で雄ネコのわき腹や頭をつき、雄ネコの体をかすめるように歩く。そのとき、背中を軽く丸めてできるだけ雄ネコの顎(あご)の下にふれるようにし、最後に尾を伸ばして高く上げ、陰部を雄ネコの鼻の前にかかげる(「プレゼンテーション」)。そのままじっとして前足で地面を「こね」、のどをゴロゴロならす。それでも雄ネコが興奮しないと、雌ネコは交尾の姿勢をとったまま力強く「足踏み」をして、ゆっくりと雄ネコにむかってあとずさりする。発情期が進むにしたがって、雌ネコはますますひんぱんに、しかも長い時間をかけて雄ネコを交尾に誘わなければならず、執拗な誘いに応じてやっと雄ネコは、多くはまさにいやいやながら交尾をする。この場合、雄ネコはマウントのときにも雌ネコのえり首をかまないことが多く(図104)、大型ネコ類と同様、オルガスムスにいたってはじめてかむ(アントニウス　一九三九、一九四三)。

大型ネコ類でも、雄から雌への交尾のイニシアティブの移行はくりかえし観察されている。多くの哺乳(ほにゅう)類では、一般に雌雄の「欲求のカーブ」の形が同じではないのかもしれない。アイブル - アイベスフェルトは、ハムスター(一九五三)でもまずはじめは雄が熱心で、最初の交尾では雌はまだ雄の体の下から逃れようとする、といっている。この場合も、あとになると雌が雄に交尾の姿勢で誘い、それがうまくいかないと、雌は雄にマウントする。多くの哺乳類の種の雌が、ためらう雄を交尾に誘うためにマウントする。これは私が観察した数多くのネコ類の雌でも同じであった。

プレゼンテーションは、一般的な友好の挨拶(あいさつ)である。とくに子どもは、おとなのネコにプレゼンテーションしながら近づく（図105）。まだいやな経験をしたことがなければ、未知のネコに対してもプレゼンテーションする。熱意があまり強くないときのプレゼンテーションでは、尾を斜めに上げながら、ゆるやかにたもち、なにかの物体あるいは挨拶の相手のネコに、ぴったりと体をそわして歩く。子ネコの間では、この身振りは社会的な劣位をあらわすときにも使われる。サルでは、同じ身ぶりがもっと明確に劣位の表現として使われる。

順位にあまり注意をはらわないおとなのネコでは、プレゼンテーションは、もはや順位との関係ではおこなわれなくなる。そのため、二頭のネコの友好的な出会いの場を観察して、プレゼンテーションの熱意の度合いや、どちらがプレゼンテーションしたかといったことから、両者の順位を推測するのはむずかしい。それどころか、優位の方のネコが他のネコ、たいていは若いネコに対してプレゼンテーションし、ゴロゴロと喉をならしながら接近して、相手の逃走や抵抗を予防しようとすることさえある。しかも、こうした行動のあと、両者はたいていはいっしょに遊ぶのである。

「野生」の、つまり野外で自由にくらすイエネコでは、複数の雄ネコが一頭の雌ネコに求愛するのがふつうだから、発情期の進展のしかたはもっと複雑になる。この状況では、おなじみのライバルどうしの「雄ネコ・コンサート」が演じられ、雄たちの間で激しい闘争がくりひろげられる。もっとも「闘争」とはいっても、たんなる誇示（こじ）行動（二六七頁、二八二頁）で終わってしまうことも多い。それでも、雄ネコどうしの闘争を性行動の一部とみなすわけにはいかない。発情期ではない時期でも、雄どうしの闘争は同じ形をとることがあるからだ。発情期中に雄ネコの闘争がふだんよりもひんぱんに、しかも激しくなるのは、雄ネコが雌ネコの近辺や、あるいは雌ネコのところにおもむくとちゅうで、他の雄ネコに出会う機会が増えるからである。つまり、発情した雌ネコが身近なところに雄ネコたちをいわばとらえて放さないのだ。雄ネコは、雌ネコの近くに占めた自分の陣地を「断固」守ろうとするのである。そのうえ、闘う雄ネコはともに自分のなわばりの外にいるわけで、闘争場所との関係の点では、闘争がはじまる時点での条件は同じである。つまり、闘う前から一方が劣位と決まってはいない。

雄ネコが闘っているあいだ、雌ネコはしばしば近くにとどまっている。けれども、しばしば「文学的」な報告に見られるような、雌ネコが雄ネコの闘争を「楽しみながら」、「気をよくして」ながめるなどということはなく、雌ネコは自分の求愛行動に専念するだけである。まるでその場に一頭の雄ネコしかおらず、闘争などないかのようにすわり、「あちこちながめ」たり、のたうちまわるのだ。雄ネコの闘争には無関心で、なんの感銘も受けない。闘う雄ネコたちが自分に近寄りすぎると、いくらか避けるのがせいぜいのところである。それに、雌ネコが闘争で勝った雄ネコと交尾するともかぎらない。二一〇頁で述べたとおり、勝った方の雄ネコは闘いのあと、ひとまずその場を去ることがよくある。劣位の雄ネコは、防御の姿勢をとったまま、その場にかがみこんでとどまる。勝者はときに雌ネコを誘うが、雌ネコがいつもつき従うわけでもない。勝者はたいていはしばらくしてもどってきて、回復した敗者と闘争を再開する。こうして闘争は後者が逃げ去るまでつづけられる。だが、ときには勝者がその場を離れているあいだに、雌ネコが負けた方の雄ネコとともに立ち去り、勝者が除け者になることもあるのだ。

もちろん、求愛と交尾がいつもこのように進むわけではなく、無数のバリエーションがある。ネコの出会いはさまざまに異なった「気分の段階」で起こるだけに、これはなおさらである。多くの部分が省略されることはよくある。だから、ネコたちの出会いの一つひとつでは、本来おこなわれるはずの全過程のほんの一部分だけしか見られないのがふつうである。したがって、先に記載したような行動の全過程は、野外で偶然に見ることができたネコの行動の多くの断片と、飼育下のネコでの観察・実験結果から導いたものである。イエネコの「野生生活」がどのように営まれているかを、余すところなく観察するのはとてもむずかしい。次のような困難があるからだ。

一、交尾はほとんどいつも夜間におこなわれる。これは、ネコがもともとおもに夜間だけ活動するためばかりではない。ほかの行動でもそうだが、ネコは交尾を見られるのをきらうのだ。また、ネコは騒音や落ちつかない雰囲気にも敏感である。ドイツの都市では、昼間はどこもがさがさと落ちつきがなく、それがネコの生活を乱しているし、住居の密集した場所では騒音が絶えない。だから交尾は夜に持ち越さざるをえないのだ。

二、同じ理由から、求愛と交尾が開けた、見通しのよい場所でおこなわれることはあまりない。求愛と交尾は身を隠すことのできる柵(さく)や生け垣、塀などでこまかく分割された場所でおこなわれる。これらの障害物はネコにとってはまったく問題にならないが、観察する側の人間にとっては、ネコが見られるのをいやがるため、慎重にゆっくり動かなければならないだけに、大きな障害となる。

このように観察がむずかしいために、ネコの求愛と交尾については、いくつかの問題が未解決のまま残されている。雄ネコが同時に複数の雌ネコに求愛するのか、それともそのつど一頭の雌ネコに対してのみ求愛するのかは、確実にはわかっていない。ただ雄ネコが、最初の雌ネコの発情が終わると次の雌ネコに移ることだけはたしかである。

私は放し飼いにしている「家のネコ」を何十年か観察しているうちに、いく頭かの雌ネコが数年にわたっていつも同じ雄ネコといっしょになることに気づいた。これは他の観察者によっても確認されている。ただし、そうだからといって、これらの雌ネコが他の雄ネコを受け入れないかどうかについては、確実なことはいえない。それでも、これらの雌ネコから次々と生まれた複数の腹の子ネコの体色と斑紋(はんもん)がよく似ていることから、これらの子ネコが同一の父親の子であることは、ある程度たしかである。私が一つの檻に入れて「強制的につくったネコ社会」では、雌ネコたちは明らかにいつも同じ雄ネコを好んだ。だがこの雌ネコたちも、べつの雄ネコが執拗で非常にエネルギッシュに求愛すれば、結局は交尾を許した。ちなみに、檻内の雄ネコの「順位」が雌ネコの好みに決定的な役割をはたすわけではない。逆に、雄ネコがひどくしつこく言い寄る雌ネコを無視したり、ライバルの雄ネコをせっかく雌ネコから追いはらったのに、その雌ネコに自分自身は近寄らないこともある。こうした例を見ると、イエネコでは固定した長期的なつがいの形成から無秩序な乱交にいたるまで、いくつかの中間型があると思われる。

ビーチ(一九六七)によると、交尾をする用意のある雌イヌも決まった雄イヌを好む。雌ネコとまったく同様に、求愛する雄イヌの中から自分の意志で選び出すが、ただ一頭の雄イヌとだけ交尾をするとはかぎらないという。ハジロコチドリ(ラーフェン 一九四〇)など、一部の渡り鳥のつがいが渡りの最中と冬のねぐらでは別れて過ごすが、繁殖期には何年にもわたって同じつがいが毎年いっしょになることは、昔からよく知られている。これらの鳥では、営巣場所とのむすびつきは、一部の鳴禽(めいきん)類におけるほど重要ではない。南からやって来て、まずは他の鳥たちと浜辺で出会ったあと、それからいっしょに巣をつくる場所をさがすからである。単独性の哺乳類が、これと同じように発情期と発情期の間の別離の期間を越えて継続的なつがいを形成するかどうかは、これまでだれも真剣に考えてみたことがなかったようである。十分な時間をかけて野外で観察をつづければ、まだまだ、おどろくことが出てくると思う。

イエネコ以外のネコ類の性行動も、これまで知られているかぎりではイエネコとほとんど変わらない。媚の逃走と追跡の段階は、インドライオンで観察したところでは、野外でも

図106　フレーメンをする雄ライオン。(上)最初の段階。雄ライオンが排尿している雌ライオンの肛門部を嗅いだ直後。(下)フレーメンが終わる直前のピーク。そのあとふたたび雌のにおいを嗅ぐ。

実に気楽なテンポで演じられることがある。一般に大型ネコ類では、この段階につづいてしばしば、一九三頁（図59）で述べた行動に似た「円を描いてまわる」行為がおこなわれるようである。飼育されている大型ネコ類については、とくにライオンとヒョウで、よくこれが見られた。この行為の最中には、一種の巻き舌音のような、あるいはうがいをしているようなうなり声を発する。よく知らない人が聞くと、ひどく不気味に感じるなき声であるが、実際は、イエネコが喉をならすのと同じ声が、ヒョウ類では非常に大きな音声で出されるだけのことである。声を出しながら両者はますます円を描くテンポをはやめる。そして、この運動の最中にとつぜん雌が身をかがめ、雄がマウントする。雄と雌のこのときの動きはぴったり一致していて、よどみがない。

私は以前の研究（一九五〇）の段階では、大型ネコ類の性行動に種による重要なちがいを発見したと信じていた。ただしこれは量的なちがいである。すなわち、ライオンの雌はオルガスムスのあと雄ライオンにほとんどなぐりかからず、雄は静かにわきに退くだけであるが、トラの雌はかならず復讐（ふくしゅう）の女神のようにあばれまわって、雄トラになぐりかかって追い払う。だから、雄トラはすばやく、遠くにとび退くか、場所がなければ身を守るべく抵抗するほかなくなる。私はそれぞれの例をライオンでは三〇つがい、トラでは一四つがい（交尾の回数ではない！）で見たのである。

けれども、いまになってみると、こうした当時の観察を一般化することはできないように思える。個体ごとの気質のちがい、先に述べたような性周期のさまざまな段階、パートナーや環境への慣れといった要因のために、これら二種だけでなくネコ類のすべての種で、交尾の経過がいろいろに変わることは明らかだからである。たとえ種の間に重要な差異があるとしても、それぞれの種について何百ものつがいで交尾の経過のしかたを正確に量的に記録しなければ、統計的に有意な種間の差を観察からあぶりだすのはむずかしい。

フレーメン反応（シュナイダー　一九三二）（**図106**）と、（人間の鼻にとっては）多少とも不快なにおいがする物の上でのたうちまわる行動（シュナイダー　一九五一）の二つは、性行動とむすびついておこなわれることが多いが、その意味についてはまだ十分には明らかでない。クナッペ（一九六四）の研究から、フレーメンができるのは、十分に機能するヤコブソン器官を持つ哺乳類だけだと推測できる。フェルベルン（一九七〇）は、雄ネコが交尾の用意のある雌ネコの尿を嗅いだときの方が、そうでない雌ネコの尿を嗅いだときよりもひんぱんに、しかも長くフレーメンをすることをしめした。シュナイダー（一九三二）は、フレーメンを「鼻にしわをよせる身ぶり」とか「吐き気の身ぶり」と呼んだ。ネコのしかめつらがそれを見た人にこうした「感じをあたえる」からであり、人間は覚悟しないでは尿に鼻を突っこめないはずだからだ。アンドリュー（一九六三）も、この身振りが「自己防衛運動」から系統発生的に発達したと推論しているのである。だが、フレーメンをする動物が明らかに楽しみ、においの源に強い欲求をもっている（フェルベルン　一九七〇）という事実は、こうした解釈にそぐわない。雄ネコは雌ネコが尿をかけた場所に行き当たったときにだけフレーメンをするわけではない。執拗に雌ネコの肛門部分に鼻を突っこみ、それにつづいてもフレーメンをする。雄ネコは雌ネコが排尿しているのを目にすると、しばしば休息を中断し、かなり遠くからでもやって来て鼻を雌ネコの外陰部に押しつけ、またしばしば尿そのものに鼻を突っこむのである。

ネコののたうちまわりや、頬や顎や胸のこすりつけは、イヌハッカの精油のにおいによって、いつでもたやすく引き起こせる（「イヌハッカ反応」）。そのほかにも、多くの人間にとってはどれも不快なにおいがする物に対し、ネコが同じ反応を起こすことは知られている。私が飼っていた年老いたサーバルの雌にとっては、プラスチックのホースがそれだった。

こうした物への反応のしかたは、交尾をする気のある雌ネコの、のたうちまわりとこすりつけ行動とまったく同じである（二九四頁）。パーレンとゴッダード（一九六六）の観察によると、興奮してのたうちまわる雌ネコは近くのネコ大の物、たとえば動物のぬいぐるみなどに、ちょうど発情した雌ネコが近くでうずくまっている雄ネコにするのと同じような注意のはらい方をするという。そこでこれらの著者たちは、トッド（一九六三）のいうとおり、この行動を引き起こす種々のにおいの源はどれも、たとえ人間の鼻にはちがったにおいに感じられるにせよ、ある共通した要素をもっており、雌ネコの嗅覚にとっては、雄ネコの性的な香料と同じ効果をもつのではないかと結論している。効果から見て、これらのにおいは行動学でいう「超正常」刺激なのかもしれない。この見方からすれば、フレーメンを引き起こすにおいも雌ネコの誘いのにおいと同じか、あるいは似たような刺激をあたえる、と考えることができる。ただし、雌ネコもフレーメンをするし、雄ネコも「イヌハッカ反応」をするが、だからといって、それがこの見解と矛盾するわけではない。ネコにも両性にそれぞれバイセクシャルな性格があると考えればよいのである。

バイセクシャルな性格に相応して、ネコは両性とも、ときにホモセクシャルな交尾で異性の役割を演じることがある。ミヒャエル（一九六一a）は、かれが実験のために集めたネコのコロニーでは雌雄ともにホモセクシャルな行動が見られたと報告している。ただしミヒャエルは、雌ネコではホモセクシャルな交尾行動がしばしば挿入以外の点では完璧（かんぺき）に演じられるものの、それがおこなわれるには、金網などでさえぎられて手のとどかないところに雄ネコがいる必要があると述べている。これは私が雌のイエネコ、およびさまざまな野生ネコ類で、いつも見ていたことと正反対である。またミヒャエルは雄ネコが雌ネコの役割を演じたことはないと述べているが、これも私の観察とは一致しない。雄が雌の役をするには、その雄が性的気分になければならないだけのことであり（図107）、強姦ではだめなのである（二九九頁の図100と比較）。

一方、その場に慣れた「家主」雄ネコのいるケージに見知らぬ雄ネコを入れると、家主から強姦を受けるというミヒャエルの観察はあたっている。体を低くかがめて伸ばしたままじっとしているネコの姿は、交尾をする気のあるネコにとっては強いかぎ刺激になる。未知の檻に入れられた雄ネコは、それが実験用の金網の檻のように狭い場合にはとくに、体を低くして壁にぴたりと押しつけ、できるだけ動かないのである。私の飼っていた小さなクロアシネコの雄ですら、自分よりずっと大きなイエネコの雄が好奇心にかられて開いていた

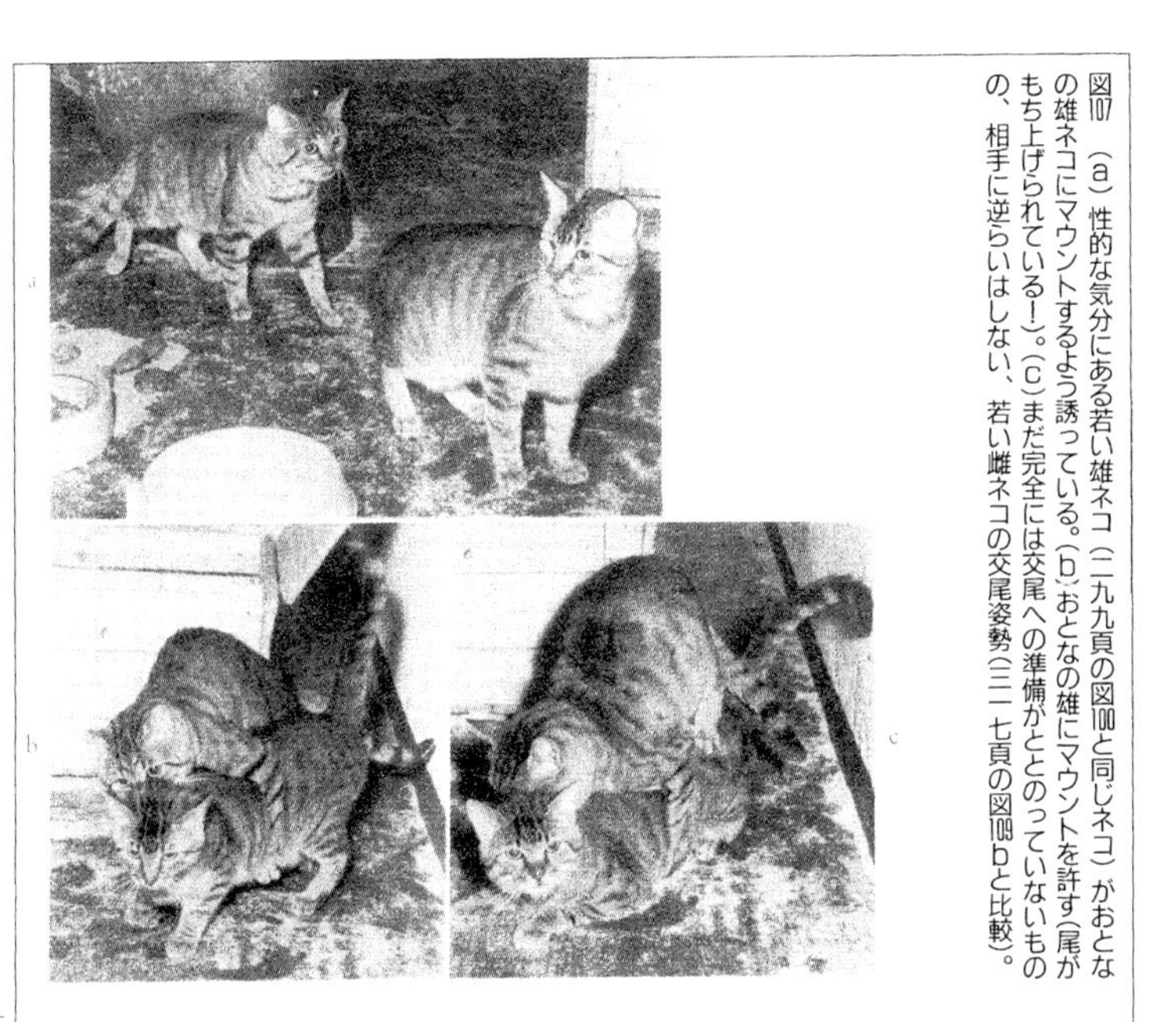

図107 (a) 性的な気分にある若い雄ネコ（二九九頁の図100と同じネコ）がおとなの雄ネコにマウントするよう誘っている。(b) おとなの雄にマウントを許す(尾がもち上げられている!)。(c) まだ完全には交尾への準備がととのっていないものの、相手に逆らいはしない、若い雌ネコの交尾姿勢(三一七頁の図109 bと比較)。

図108 檻に侵入した、自分よりも体がはるかに大きな雄のイエネコを「強姦」する雄のクロアシネコ。雄のイエネコは最初抵抗するが、結局はなすがままにまかせ、それどころか、後ろ足は雌の交尾姿勢のように上げている（d)。

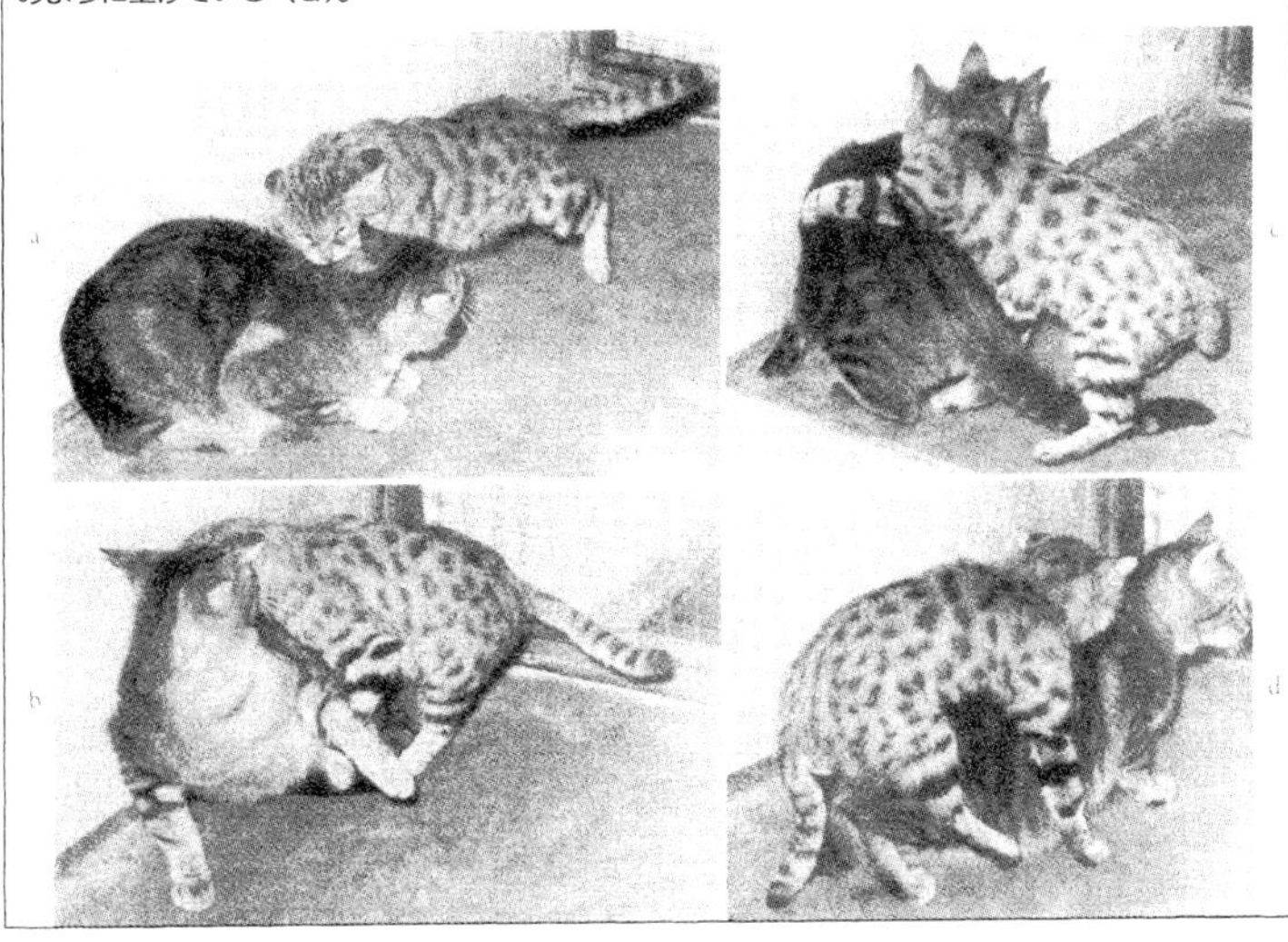

戸を通ってケージに侵入したときには、そのイエネコを「強姦」した。ただし、このクロアシネコが性的に鬱積していたのはたしかである(図108)。欲求を満足させる正常な行為がなんらかの理由で阻止されて「鬱積」したネコは、その行為を引き起こすかぎ刺激がわずかにしかない状況でも、非常に強い反応をすることがある。これは私が飼っていた雄ネコM7の行動でもしめされている(二一二頁以下参照)。

雌ネコの性行動を支配する神経機構と、神経機構に影響するホルモンの機能についてはたいへんよく研究されているが、本書はその種の研究をくわしく紹介する場ではない。ここではそれらの研究者たち――自由な生活をおくるネコについてあまり知らないのではないかと思える――が、実験から引き出したいくつかの結論について、簡潔に論評しておきたい。

ビーチ、ズィトリン、ジェインズ(一九五六)は、大脳皮質を損傷された雄ネコが交尾できなくなるのに、同じ処置を受けた雌ネコはなんら障害を受けないことを発見した。かれらはこの実験から、雄の性行動が皮質に制御され、雌のそれは脳幹に制御される、と結論している。だが、ビーチ自身が撮影した映像を見ると、雄ネコは雌ネコに横向きや逆向きにマウントしようとしている。つまり、ここでは雄ネコに交尾の欲求がなくなったわけでもなければ、交尾が実行できないわけでもなく、雌ネコの体に対して適正な位置をとれないだけであるのがわかる。したがって、もし雄ネコを適切な位置においてやれば、交尾ができるはずである。これらの研究者たちは、すでに述べた人工的な手段(三〇四頁)で雌ネコを発情させている。このため雌ネコは交尾の前段階の行動、つまり雄ネコに適切な体位をとらせるような行動をしないまま、いきなり硬直した体位をとってしまうのである。そもそも交尾そのものでは、雌ネコは受け身であって、挿入をはたせるように適切な体位をとるのは本来は雄ネコの役目である。だから、このような処置を受けた実験では、見たところ神経機構に相違があるかのような結果が出てしまうのである。

べつの研究でビーチら(ビーチ、ズィトリン、ジェインズ 一九五五、ズィトリン、ジェインズ、ビーチ 一九五六)は、脳の後頭葉を損傷すると雄ネコは雌ネコを見分けられなくなること、前頭葉の両側を切除すると交尾不能となること、しかしその他の皮質の切除では、なんら明確な障害が起こらないことを突き止めた。そこからかれらは、前頭葉の切除で障害が起こる原因の一部は、雄ネコが適切な位置をとれなくなることにあるかもしれないが、基本的には「運動性」の障害のためだと考えた。だがこれは、ことばの定義の問題である。これらの障害について論文の記述からはっきり読みとれるのは、雄ネコが適切な位置をとるための走性を制御する、触覚の求心性の経路と運動性の経路の領域が障害を受けたのだ、ということである。前頭葉を失った雄ネコは、皮質をすべて除去された雄ネコと変わらないほどの障害をもつのであるから。

ウェイルン（一九六三b）は生後五〜八カ月の雌ネコの卵巣を摘出したあと、大量のエストラジオール（発情ホルモン）を投与した。処置を受けた雌ネコは予期されるとおり、発情のピークの兆候はすべてしめすものの、性的経験をもつ雄ネコがペニスを挿入しようとするとただちに拒否した。そこでウェイルンは、雄ネコが挿入と射精をはたすまで、雌ネコを押さえておいた。すると、雌ネコはこれを一回あるいは数回経験したあとは、強制されなくても、雄ネコを受け入れるようになった。このことからウェイルンは、雌ネコは雄ネコの受け入れを学習する必要があるのだと結論している。学習することができる、というのならまだわかる。だが、雄ネコに挿入を許すのを学習しなければ**ならない**のだとしたら、雌ネコに初体験を強制するという考えにひとりの賢明な科学者が到達するまでの三千万年以上もの年月のあいだ、無数の世代にわたって、処女ネコたちはいったいどうしていたというのだろうか?!

ここでウェイルンは二つの重要な点を見逃しているのだ。

一、実験室育ちの発育不全のネコや品種改良で虚弱化した一部の品種には性的に早熟なネコがあるが、それでも異様に早熟な雌ネコでなければ、生後八カ月という早い時期に交尾への欲求を十分にもつようにはならない。正常なネコであれば、この段階に達するのはこれより数カ月後である。いくら早めにホルモンを投与しても、神経の構造はそのネコの成熟段階までに可能な行動について、機能を引き出すだけである。

二、一定の条件のもとでは、はじめて機能を引き出されることによって、このような成熟の進行がはやまることがある（一一一頁）。もし、生物学的に意味のないことがらにまで学習の概念を拡張するなら、このような効果を「学習」と見ることもできる。実験対象のネコを育てる過程で、性的な刷り込みが起こっている可能性もある。ヴァーレンの実験結果の一部は、その影響を受けているかもしれない（三一八頁以下参照）。ウェイルンはこうした可能性を予想していないようだし、回避する方策もこうじていない。

私の見解は、ミヒャエル（一九六〇、一九六一、一九六四、一九六五a）の実験結果からも証明される。ミヒャエルは雌ネコの卵巣を摘出し、視床下部前部の脳室の下方近くに少量のエストラジオールを作用させて、性行動のすべての過程を引き起こすことに成功した。そこでホルモンの投与量を「効果閾値（いきち）」すれすれに設定すると、雌ネコはしばしば完全な性行動をおこなわずに、一部だけをおこなう。そのような状態の雌ネコは、たとえば外見的には発情の兆候をしめしていないのに、雄による交尾を受け入れるといったことがある。ウェイルンの実験個体とまったく同じように振るまう雌ネコもある。雄ネコの前で叫び声をあげ、のたうちまわり、体をこすりつけ、交尾の姿勢をとり、そして激しい足踏みの動作までしながら、雄ネコがペニスを挿入しようとすると激しく抵抗し、なぐりかかるのである。しかもこの場合はウェイルンの実験個体のような未成熟の若い雌ネコではなく、性的な経験のある雌ネコがこのように振るまうのである（図109）。

ミヒャエルはまた、性行動のさまざまな構成部分を引き起こすホルモンの「効果閾値」は、構成部分ごとにそれぞれ異なることを明らかにした。このことから、正常な雌ネコでは、ホルモン分泌が少しずつ増加するにつれて性行動を構成する部分行為が「正しい順序」で秩序だって展開されていくのだ、とかれは結論している。さらにまた、一回のホルモン投与ではホルモンは短時間だけ（六時間からせいぜい一二時間まで）しか視床下部前方下部の感受性の高い部位にとどまらないのに、外から見てそれとわかる性行動があらわれるのは三～六日後からであることが、レントゲン自動記録装置から明らかになった。つまり、ホルモンは性行動の解発には直接はかかわらず、欲求を活性化する過程を引き起こすだけであって、この過程自体が「調子をだす」のにもしばらく時間がかかるのである。多くの鳥類の周期的な繁殖行動の展開と似て、ここでも周期的に、ある過程がくりかえし起こっているようである。これは若いネコの成熟の過程に相当するようなものであるが、それよりずっとはやく進むのだといえる。性行動をなす構成部分が、それぞれ独自に「ホルモン閾値」をもつという事実は、それぞれの部分行為に関与する衝動も神経機構の上でたがいに独立したものであることを間接的に証明している。

こうしてみると、強力なホルモンの投与は、性行動のさまざまな部分行為を引き起こす刺激の閾値のちがいをすべて帳消しにする、と考えないわけにはいかない。経験のあるおとなの雌ネコは強力なホルモンの影響を受けると、「相対的な気分の順位」に応じてその瞬間に「もっとも高く」活性化された行動方式を気ままに展開し、「正常な」行為の順序にはこだわらないであろう。これと似た現象は、長いあいだ雌ばかりの集団の中で、雄とは無縁に飼われている雌ネコにも見られる。求愛、交尾、哺乳、子どもの世話といった行動様式を不

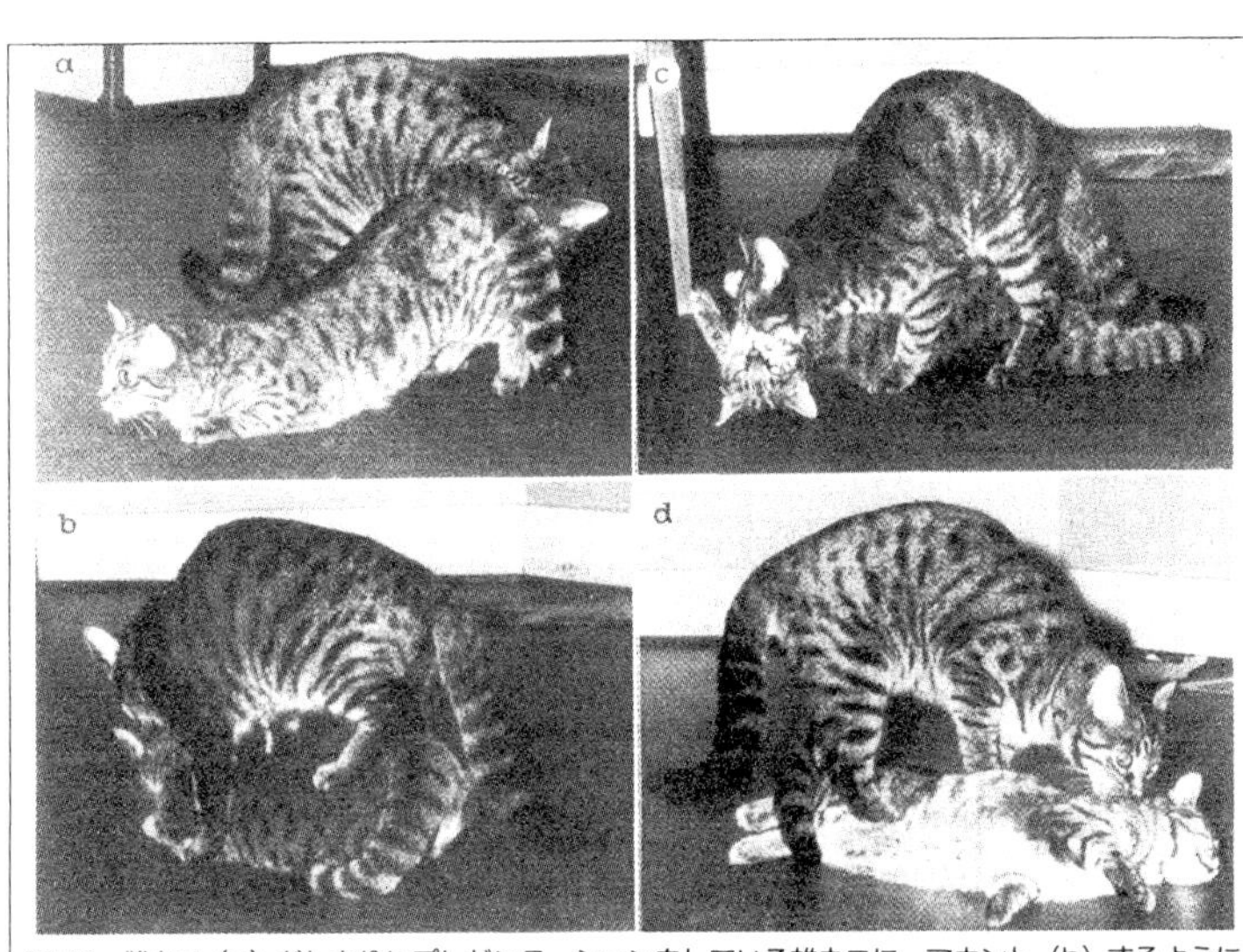

図109　雌ネコ（a）がしきりにプレゼンテーションをしている雄ネコに、マウント（b）するように誘っている。けれども、実際にマウントされると、あらがい、体をのたうちまわらせ、金切り声をあげて雄から身をもぎはなす（c、d）。くわしくは本文参照。

規則な順序におこなうのである。

以上のような雌ネコの性行動の状況に相当する状況は、雄ネコの性行動にも存在するようだ。ローゼンブラットとアロンソン（一九五八a、b）、それにクーパー（一九六〇）は、性経験のある雄ネコと性経験のない雄ネコに去勢手術をほどこした。性経験のある雄ネコは、手術後も何カ月にもわたって求愛と交尾の欲求と能力をたもった。活動の頻度が減少しただけである。これに対して、性経験のない雄ネコは交尾の意志のある雌ネコにほとんど、あるいはまったく関心をしめさなかった。また、性経験のある雄ネコは性経験のない雄ネコにくらべて去勢後、ホルモン投与によく反応し、反応の持続時間も長かった。これらの実験をおこなった研究者たちは、「経験」ということばをシュナイルラのいう意味（シュナイルラとローゼンブラット　一九六一）、すなわち、ある生物の発達に効果をあたえる環境の影響のすべてを意味する集合概念として使っている。この意味でなら、かれらの主張は適切かもしれない。だが、論文を読んでみると、かれらが学習の影響を意図しているという印象をぬぐいきれない。これは疑問である。私にはこの問題についても、雌ネコの性行動にあたえるホルモンの効果についてミヒャエルがおこなった研究にそって解釈する方が有効だと思える。

ローゼンブラット（一九五三）はこの実験をするより前に、隔離して育て、思春期以前に去勢した雄ネコで実験をおこなっているが、その解釈はおぼつかない。ローゼンブラットもウェイルンと同じく、雄ネコが飼育者などに性的に刷り込まれていたかもしれないという可能性を考えていないのである。トーマス（口述による報告）は、子ネコを同じ種の仲間からも、他の脊椎動物からも完全に隔離して育てたところ、雌雄とも人間に決定的に刷り込まれたといっている。

図110　マーゲイの子どもの「幼児期の」交尾の試み。解説は本文。

生後四カ月ごろ私のところにやってきた雌のマーゲイは、それ以前の経緯はわかっていないが、性的には完全に人間、それも女性に刷り込まれていた（ライハウゼン、一九六七a）。子ネコは思春期の前に人間の子どもと似たような、現実的な「性的遊び」を経験する。いま述べた雌のマーゲイは、この発達段階を推定年齢五カ月のときに、同じときに連れてこられたやや若い雄のマーゲイとともに、まったく正常に経験している（図110）。しかし、この雌マーゲイは成長すると、私の共同研究者の女性にのみ注意を向け、雄マーゲイが近づくと、怒って攻撃した（図111のa－e）。その後も何回もの発情期にわたって同じ状態がつづいた。だが、あるときついに雄は交尾できた。雌マーゲイは共同研究者の女性の脚への求愛に夢中のあまり、絶頂の恍惚感（こうこつかん）におちいり、もはや自分の周囲でなにが起ころうとわからなくなっていたのである。雄はこの機会をとらえて交尾したのだ（図111のf、g）。こうして雌マーゲイは、自分を満足させるのは人間の脚ではなく同種の雄であることを知るようになり、雄を受け入れるようになった。ただし、それは代用物としてだけである。この女性共同研究者または他の人間、それもなるべくなら女性が部屋に入ると、雌マーゲイはただちに前のように激しく雄に抵抗し、人間に求愛した。数多くの発情期と六回の妊娠を経験したあとも、これはまったく変わらなかった。雄マーゲイの方は、雌が攻

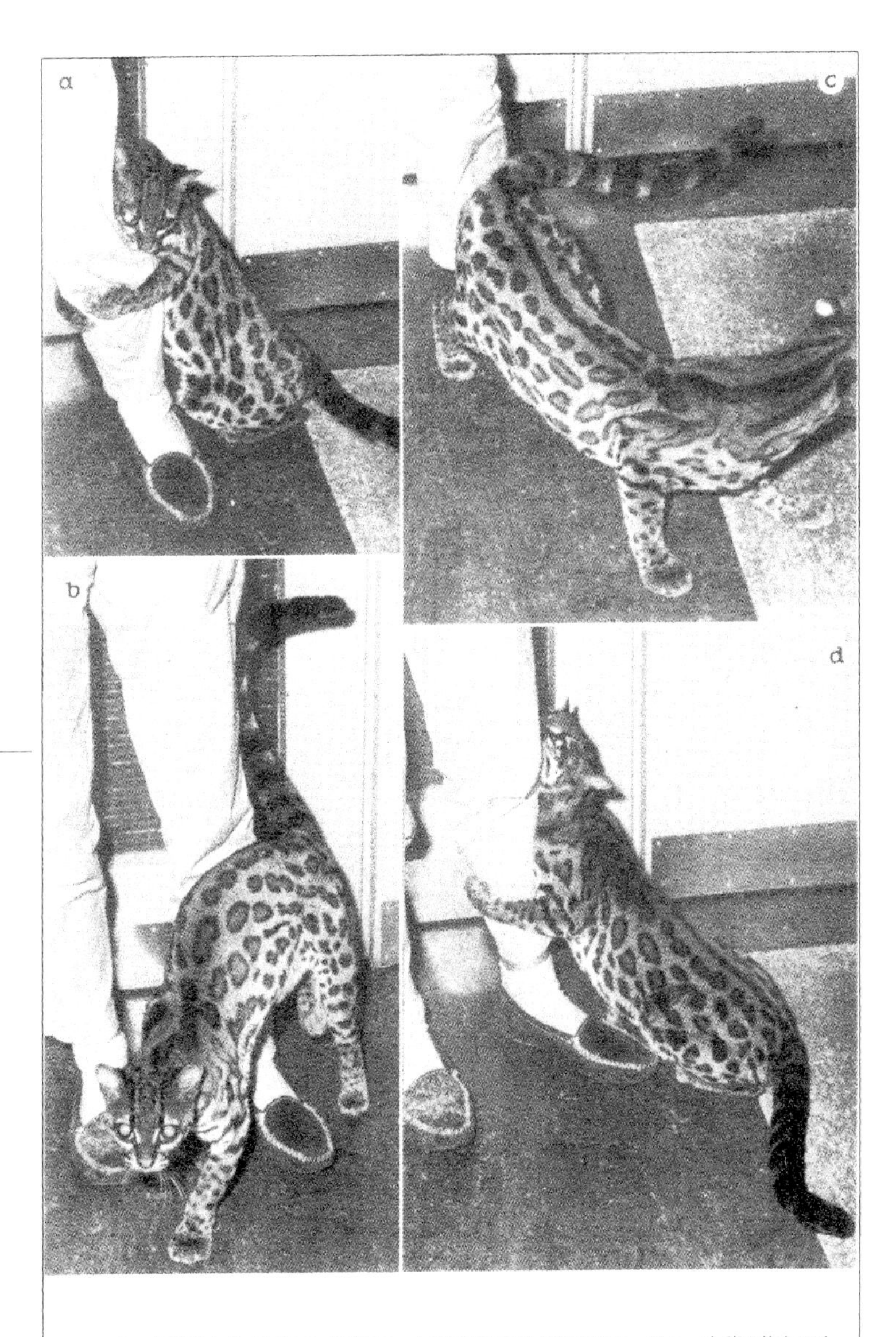

図111　私の共同研究者（女性）に求愛する、人間に刷り込まれた雌のマーゲイ。a）脚に抱きつく。b）わき腹をこすりつける。c）プレゼンテーション。d）新たに抱きつく。e）近づいてくる雄には激しく抵抗する。f）けれども、雄が急襲して、いったん雌のえり首を歯で押さえることに成功すると、そのまま交尾を許す（g）。くわしくは本文参照。

図11の続き

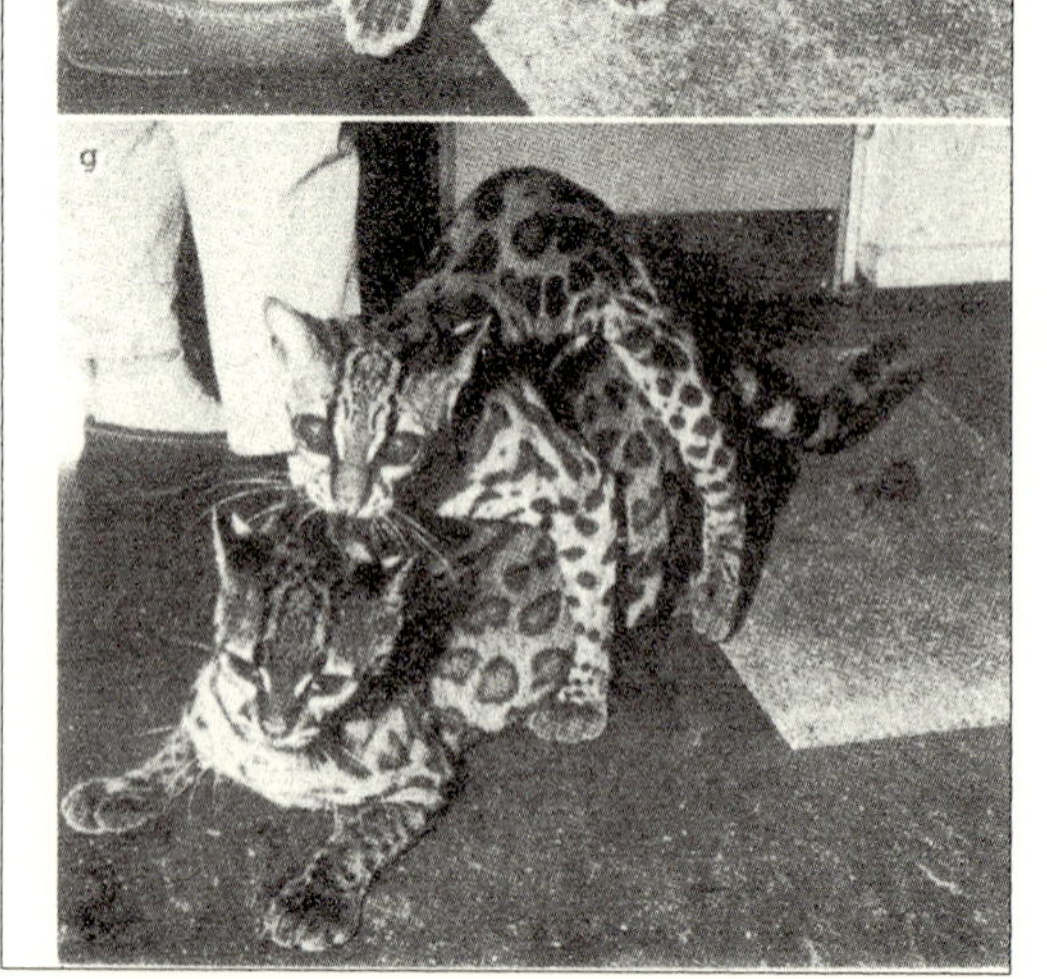

撃的になる状況の原因をなんらかの形で「見抜いて」いた。ふだんはとてもよく人に馴れていておだやかな性質だったのだが、雌が発情すると人間に攻撃的になり、脚にかみつこうとした。似たようなことは、ペットとして育てられた野生ネコ類で数多く見られる。私の雌マーゲイの例が注意を引くのは、このネコは子ども時代の性的遊びの時期を正常に過ごしたのに、それがその後のパートナーの選択には効果がなかったという事実のためである。つまり、性的な刷り込みはもっと以前にすでに起こっていたにちがいなく、思春期前の遊びは関係しないのである。

私は「学習」というテーマについて批判的な注釈をくわえてきたが、だからといって、ネコが性行動について多くを学

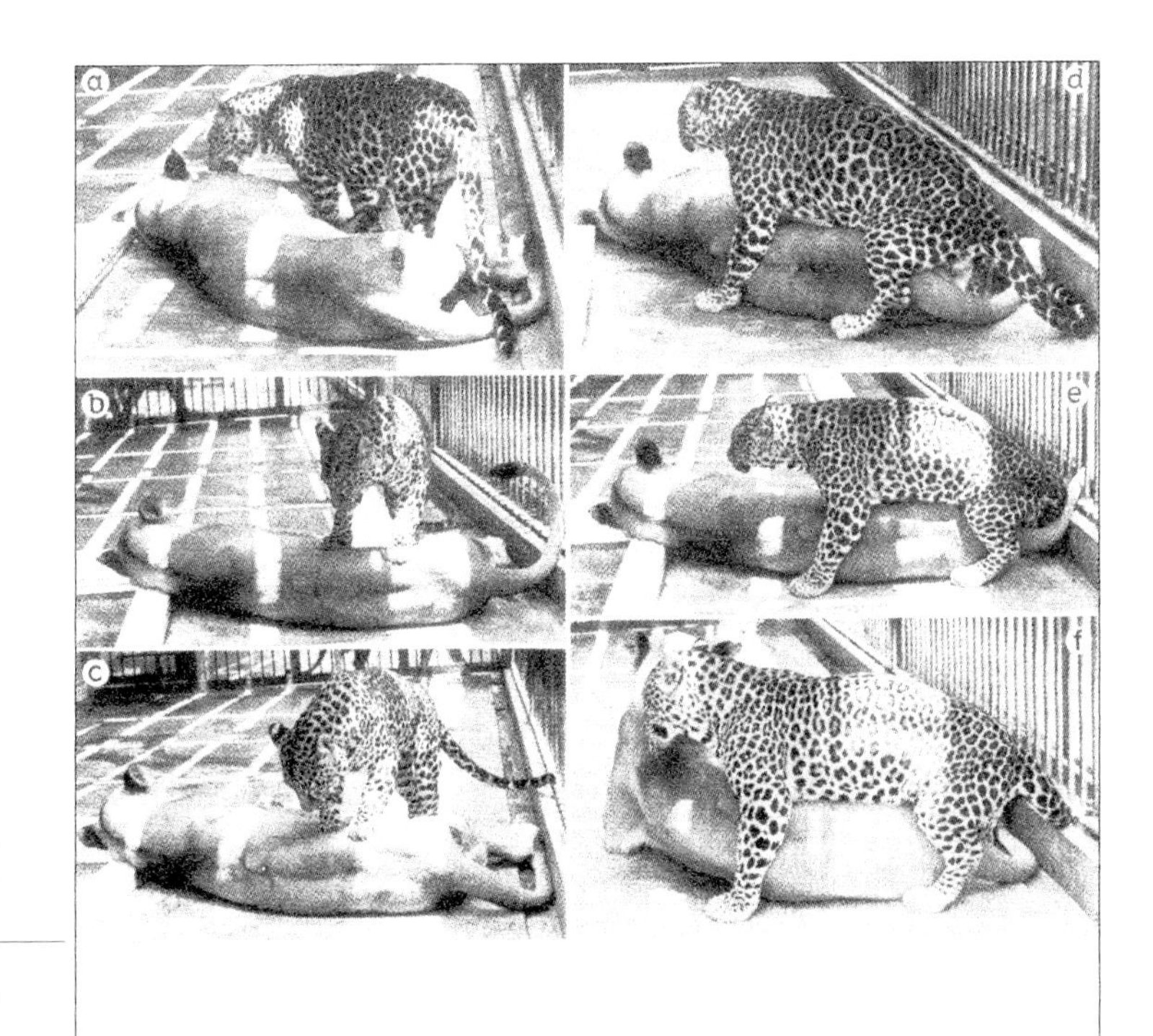

図112　雄のヒョウとつがいとなった雌ライオンの変わった交尾姿勢。a）～ f）1962年6月初旬の交尾。いとも静かに終わった。g）～ i）とj）～ m）1968年11月の2回の交尾。たいていは、えり首へのかみつきはまったくおこなわれない。それでもヒョウはときどきマウントする前に、ライオンのえり首をかむか（j）、あるいは交尾が終わったあとにライオンの頭のところに行って、その頭と首のどこかをすばやくかむ(m)。ヒョウはライオンにマウントする前に、かならず前足でライオンの体をマッサージする(b、c、g、h)。あるつがいがこのように変わった交尾方法をいったん身につけると、それがなん年にもわたって変わらないでおこなわれる、ということがわかる（甲子園動植物園）。

習を通して新たに覚えることはない、といっているわけではない。ネコの性行動における学習でいちばん重要なのは、もっとも広い意味での「体位をとる過程」にかかわるようである。そのいくつかの例については、すでに述べた（三〇二頁、三一二頁以下、三一八頁以下）。雄がパートナーに対する体位のとりかたについて、いくつかのポイントを学習するのはたしかである。ケーニッヒスベルク動物園のジャガーのつがいでは、雌が交尾のために倒木の枝の叉に頭から肩の部分をあて、仰向けになるのが何回も見られている。ラブ（一九五九）は、これと似た雌の体位のとりかたをピューマのつがいで観察している。

日本の甲子園動植物園のライオンとヒョウの雑種をうみだした両

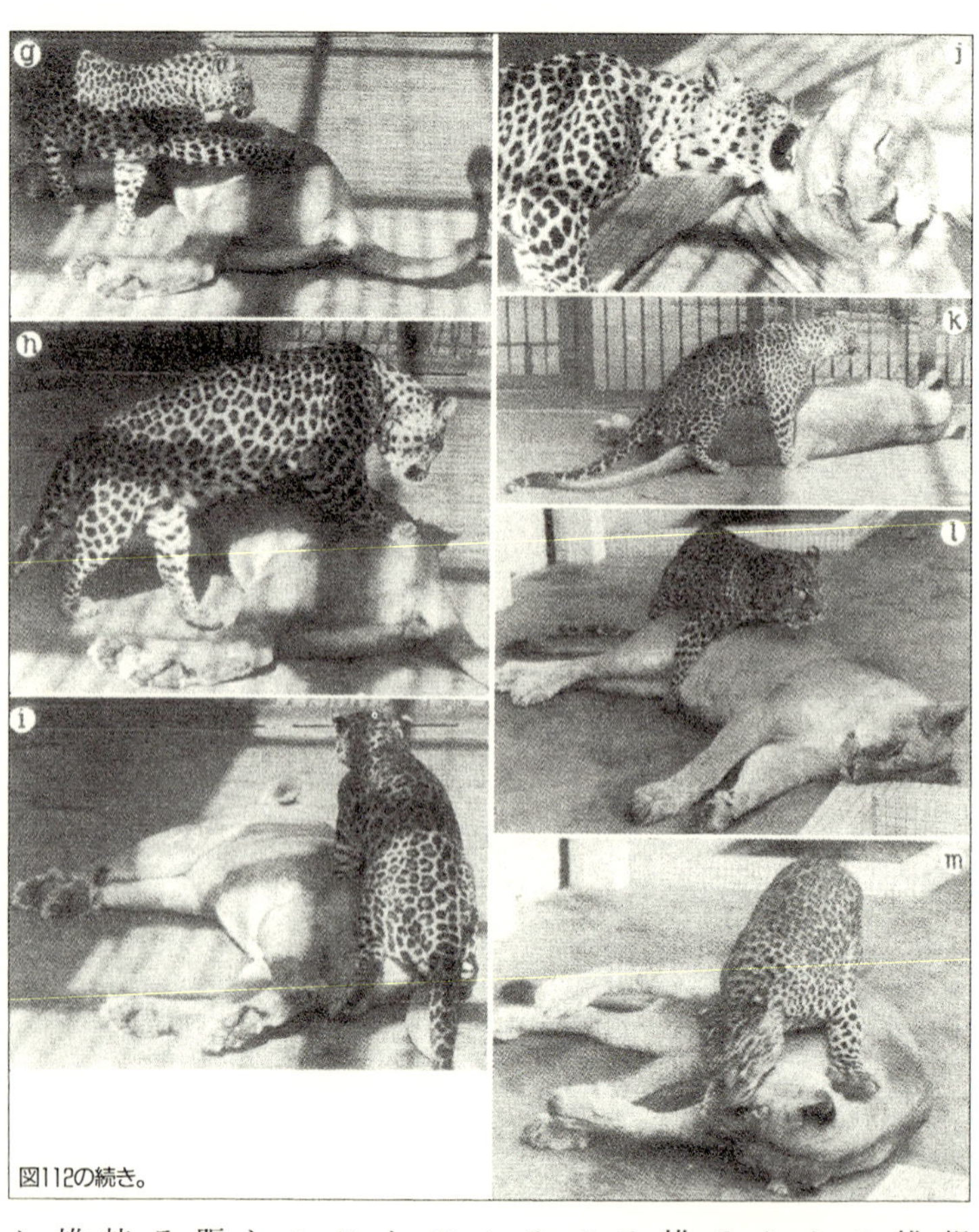

図112の続き。

親は、雌がとても大きなライオン、雄がとても小さなヒョウという組み合わせだった。問題は体の大きさのちがいであるが、それをこれら二頭は次のように解決した。雌ライオンが横向きに床に横たわり、雄ヒョウが前足を雌のわき腹にのせてつっぱり、体をささえながらペニスを挿入する（図112）のである。この体位では、雄ヒョウはオルガスムに達したとき雌ライオンのえり首をかめない。そこで、ことが終わっても雄ヒョウはただちにとび退きはしないで、雌ライオンの頭のところまで行って頭を少しかんでひねり、それから安全な距離まで離れた。ただし、この雌ライオンは実際には一度として抵抗のそぶりを見せなかったから、雄ヒョウは離れる必要は本当はなかったのだ。

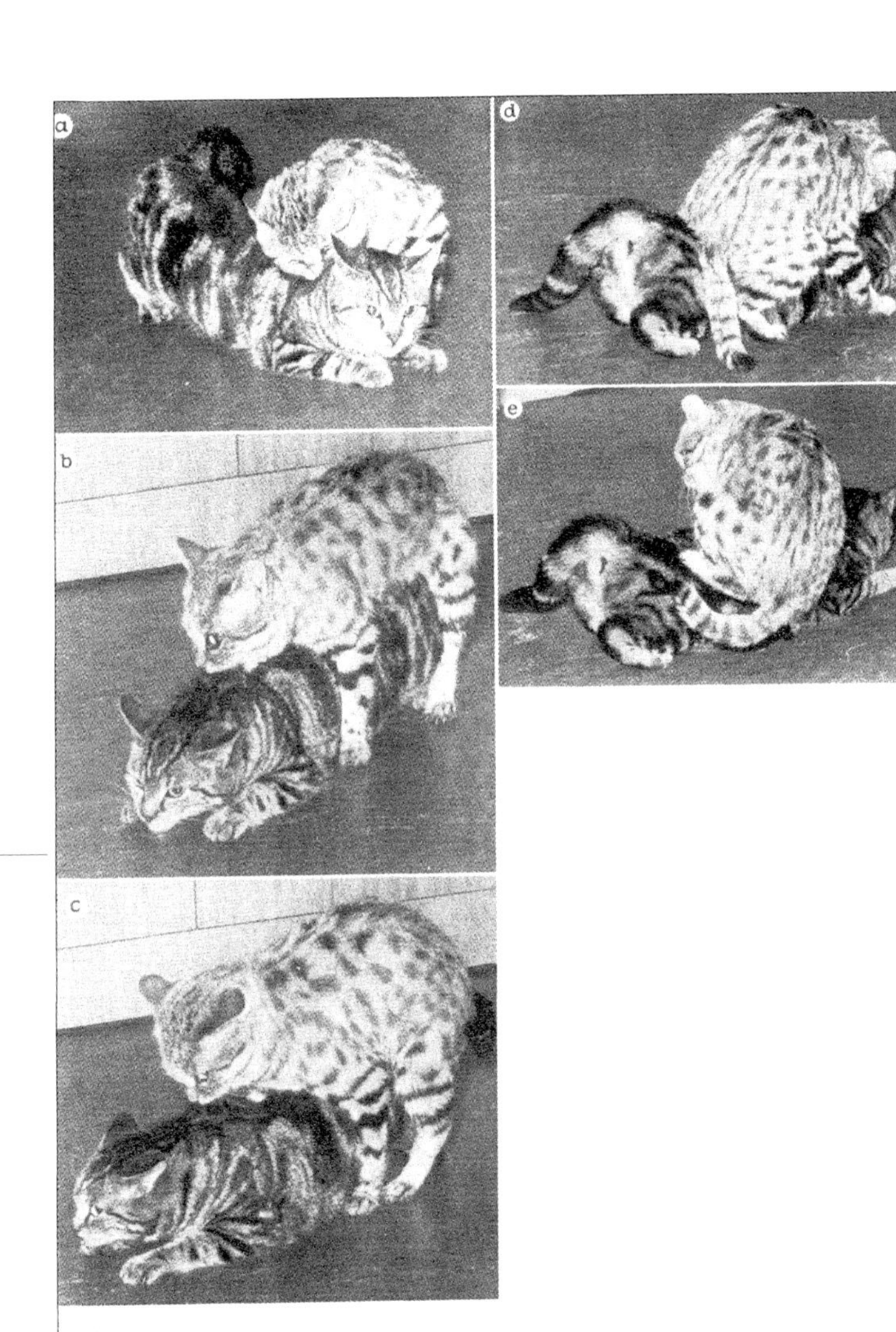

図113　雌のイエネコに交尾する雄のクロアシネコ。a) ふつうの位置でおこなわれる、えり首へのかみつき。b)すでにいくらか肩寄りに下がったところにかみついているが、それでもクロアシネコのペニスは、雌イエネコの膣にはとどかない。c)クロアシネコは雌ネコの肩の毛をくわえる。こうすれば挿入ができる。d) ～ e) 2度にわたる絶望的な試み。これらはbとcの間で起こることがあった。くわしくは本文参照。

この点で学習に限界があることは、私の飼っていたクロアシネコで見られた。この雄クロアシネコは、体の大きな雌のイエネコと交尾するときに、えり首をかならずかんで押さえたのだが、そうすると体長が足りないためにペニスが雌の膣にとどかない。そこでクロアシネコは雌ネコのえり首をいったんかんでから、体を少しずつ後方にずらしていき、雌ネコの背中の毛にかみかえて体の後部で適切な位置をとった（図113）。雄クロアシネコはこの方法をくりかえし使ったが、交尾のはじめから背中の毛をくわえるように学習することはなかったのだ。ちなみにこの雄クロアシネコは、同じ種の雌と交尾するようになってからは、けっしてイエネコとは交尾しなくなった。たとえ長い間、雌のクロアシネコから離しておいても、イエネコと交尾させるのは無理であった。同じことがコヨーテとジャッカルの雄でも見られたことをヘレ（口述による報告）が教えてくれた。自分と同じ種の雌へのこのような好みが、どの程度まで刷り込みにもとづくものなのか、あるいは生得的な要因、たとえば種特異的なフェロモンに反応する生得的解発機構がかかわっているのかについては、まだ決定を下すことはできない。

第23章
子育て

この章では、母ネコの出産前、出産、出産後、子育てにかかわる本能的行動について、これらのすべてをくわしく解説することはひかえたい。ネコの出産のくわしい記録は、クーパー(一九四四)、シュナイルラ、ローゼンブラット、トーバッハ(一九六三)、それにナークトゲボーレン(一九六五)がすでに発表していることであるし、それをいっそう綿密にし、分析する仕事は、今後の研究にゆだねたい。ここであつかいたいのは、母ネコの子育てにかかわる行動様式のうち、広い意味で社会的な意味のある行動、つまり一腹(ひとはら)の子ネコをまとめる行動、子の防衛、子の「教育」、それに家族のむすびつきの解体である。

生後一週間は、一腹のきょうだいネコたちは、巣にとどまっている必要がある。まだ目の見えない子ネコはたがいにぴったりと身を寄せ合い、ひとかたまりになる。巣を出る母ネコの乳首に吸いついたまま引きずられて巣の外に落ちた子ネコは、他の子ネコとの接触をたたれた不安から、地面をはいまわりはじめる。ふるえながら、一方の側の足をイモリのように体のわきから振るように前へ出してはいまわる。頭は前足の動きとともに拍子をつけるように左右に振る(探索の振れ運動)。このような動き方では、子ネコはまっすぐに進むことはできないし、たとえできたとしても、ごくわずかな距離である。たいていは一方の側ばかりに曲がりながら進み、ら旋を描くことになる。このら旋運動のおかげで、子ネコは自然に巣の中央にたどりつき、ふたたびきょうだいたちに出会えるのである。しばしば巣にいる子ネコたちの姿勢から——一方がもう一方の子ネコの首から肩の部分に頭(顎(あご))をのせ

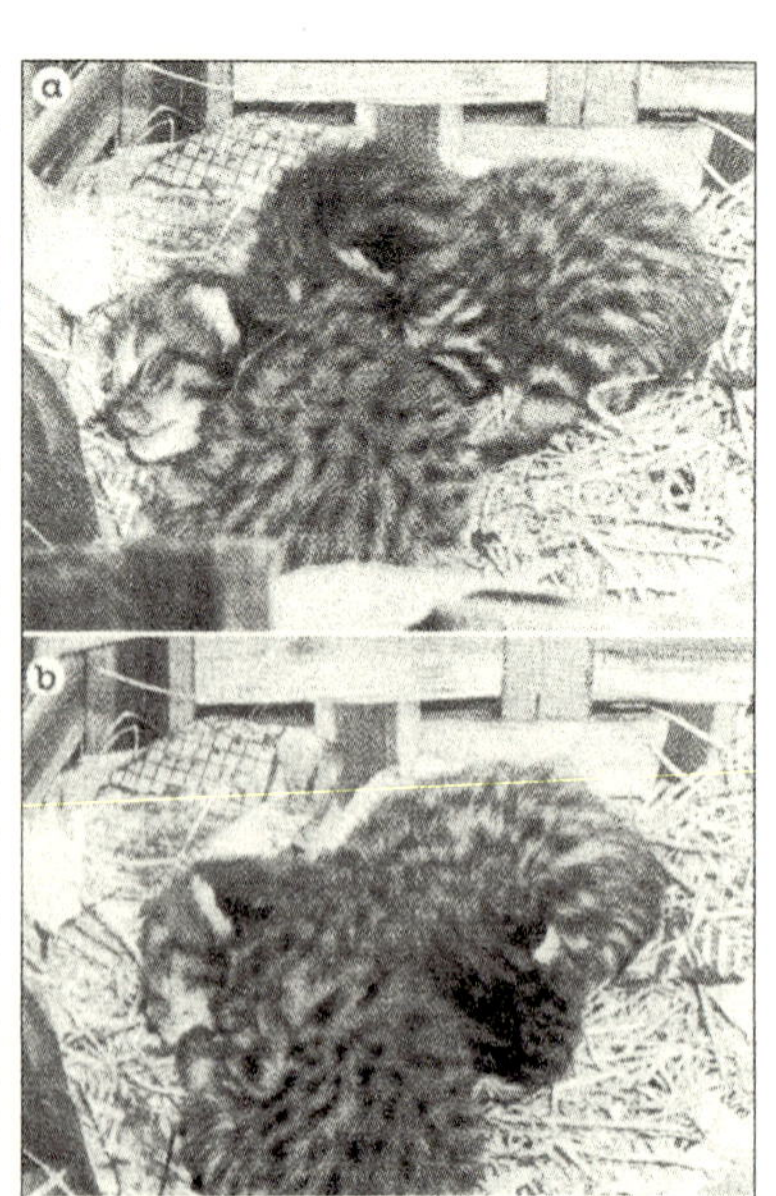

図114　まだ目が開かないクロアシネコの子どもの「巣での姿」。子ネコは円を描くように動くので、子ネコたちは星状にかたまることになる。そのとき頭は、べつの子ネコの肩の上にのせられる。あるいは子ネコたちは、bのような姿勢でかたまることもある。他のネコ類も同じような行動をとる。

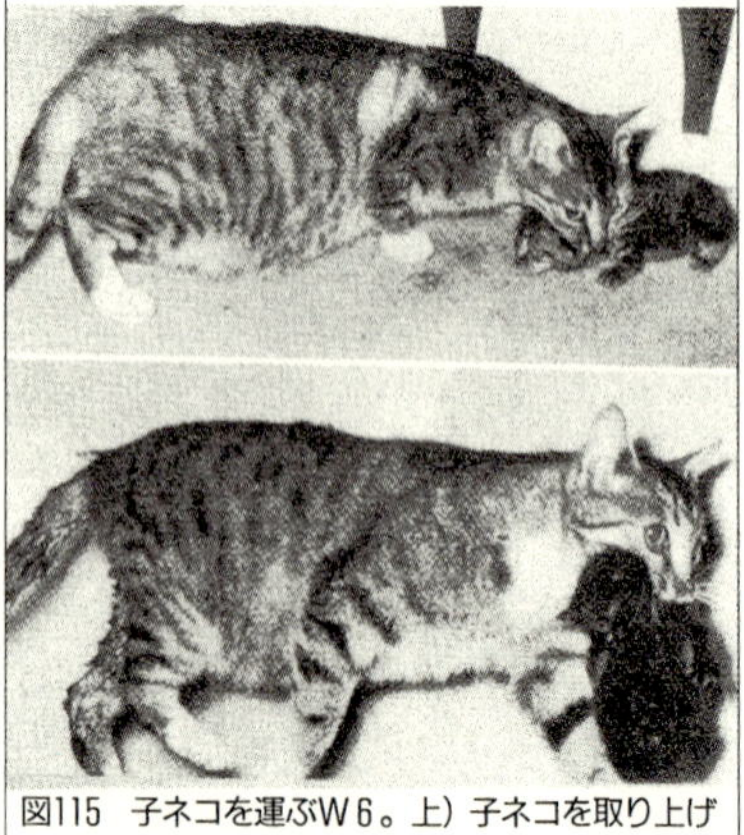

ている（図114）——子ネコが少し前に巣にはいもどったことがわかる。

「家族のネコ」として大切に飼われているネコなら、ふちが高い巣箱をあたえられているおかげで、生後二、三週間の間に子ネコが巣を離れることはまずない。だが、農家の干し草小屋の中の巣など、自然に近い巣では、まわりに高いふちはないから、子ネコははいまわって「まちがった」ら旋をえがいて巣を出てしまったり、母ネコの乳首についたまま、巣からはるか遠くまで離れることが少なからずある。実験のために、ネコが一平方メートル以下の床面積の小さな檻（おり）で飼われると、子ネコは生後数日のうちに早くも自力で巣にもどれるようになる（ローゼンブラット、トゥルケヴィッツ、シュナイルラ　一九六九）。だが、もっと自然に近い条件のもとでは、巣を出た子ネコが途中の障害物を越えられなかったり、あるいは他の強いにおいのせいで、巣のにおいがわからなくなったりするために、自力では巣にもどれないことがよくある。生後二週間で目も完全に開いており、十分見ることのできた子ネコでも、巣から一メートル以上離れてしまうと、もうもどれなかったのを私は見ている。

そこで役に立つのが、よく知られている母ネコによる子ネ

図115　子ネコを運ぶW6。上）子ネコを取り上げる。下）運ぶ。

コの「連れもどし」本能である。母ネコは巣の外に出てしまった子ネコを見つけると、頭のすぐ後方の首すじをかみ、くわえて運んで巣にもどすのだ(図115)。母ネコは子を育てている巣に不安を感じたときにも、この方法で子ネコを運び、べつの静かなところに引っ越す。

人がわざと巣から何度もくりかえし子ネコを取り出しては、やや離れたところに置くと、母ネコはそのつど子ネコを巣に連れもどす。このような母ネコの行動を引き出すのは、ひとえに子ネコのなき声である(ライハウゼン　一九五二c)。巣の外の子ネコが声を出さないと、母ネコは子ネコの姿が目に入っても動こうとしない。母ネコはせいぜい子ネコの方をちらりと見るだけで、立ち上がろうともしないのである。子ネコが比較的長い間隔をおいてなくと、母ネコはなき声を聞くたびに文字どおりガクンと体を動かし、反応するのがはっきりとわかる。ふつう母ネコは、子ネコが何度かなくとやっと本格的に動きはじめる。実際の動きを決めるのは、最後のなき声である。毎回、なき声を聞くたびに母ネコは少しずつ体をあげ、二〜四回このような「意図的動作」をしめしたあと、ついに巣を出て、子ネコのところに行く。

あまりたびたび子ネコをもどしたために、母ネコの連れもどし行動がすでに「消耗している」(三三一頁)場合には、子ネコのにおいを嗅いだり、子ネコをためすようにくわえてみてから、その場に残して巣にもどってしまう。また、意図的動作をしながらも、いったん腰を上げたものの、すぐにまた巣にしずんでしまうこともある。この場合、母ネコはしばしば転位活動として、巣にいる他の子ネコの体を軽くなめる。母ネコが巣の外に出た子ネコを連れもどしにいきながら連れずにもどった場合には、かならずこの転位活動をする。また、まれではあるが、自分の鼻、前足、わき腹をなめることもある。子ネコを連れもどしたときには、その子ネコと残りの子ネコとを区別なく、激しくなめる。この行動は純粋に転位活動だとはいえない。子ネコは人の手によって巣から連れ出されたわけだから、連れもどした子ネコの体から発散されるにおいに刺激されて、母ネコが熱心になめるのだとも考えられる。この実験をつづけて何回もくりかえすと、母ネコの反応は、まずは急速に消耗する。

観察記録

「一九五二年六月一四日。雌ネコW6は、子ネコをすべて下の巣箱に移した(W6は前日に出産したが、出産の間に、同じ檻にすむW7の生後三週間になる子ネコたちを自分の巣箱に連れてきていた)。W6はさらに二頭の子ネコを生んだ。W7

はときどきW6の巣箱にやってきて子ネコをなめたが、それ以上の世話や授乳はしない。

連れもどしの実験のためにW7の子を交代で使うことにする。まず最初の子を巣箱から取り出して、一・五メートル離れた床の上に置く。W6はすぐにやってきて子ネコを巣に連れもどす。四回連続で同じ実験をくりかえすが、W6は同じようにてきぱきと連れもどす。五回目の実験では、W6は巣にとどまったままで、何度も子ネコ（W6から見えるところにいる）に向かって意図的動作をするが、実際に連れもどしに出かけたのは三〇秒後である。私はただちにべつの一頭を取り出し、同じ位置に置く。W6は明らかに不快を感じているようで「いやな顔」をする。それでも三〇秒後には意図的動作をするが、そのまま巣にとどまって授乳する。その間ずっと、床に出された子ネコは寒さから（床はコンクリートなので冷たい）なき声をあげつづける。二分後、W6はふたたび行くそぶりの意図的動作をしめすが、やはり巣箱にとどまったままで授乳をつづける。三分後には母ネコの助走は、その前の二回の意図的動作よりは先に進んで巣箱のふちまでいく。しかし、そこでもどってしまう。四分後、母ネコはふたたび立ち上がる。はじめのうちそのまま動かないように見えたが、結局子ネコを連れもどす。私はただちにべつの一頭を取り出し、同じ位置に置く。三五秒後、母ネコはためらいがちに立ち上がり、とどまり、次いですばやく動いて子ネコを連れもどす」

母ネコの反応時間は、はじめの六回目までは明らかに回を重ねるごとに長くなっている。七回目に短くなったのは偶然のように見えて、実は規則的な変化であることがのちにわかった。一連の実験シリーズのデータを見ると、反応時間は四～六回目でもっとも長くなり、次いで大きく短縮し、最終的にはいっそう短くなるのである。私のおこなった実験シリーズのうち、二シリーズを**表4**にまとめてしめす。

表4の実験シリーズaとbではともに、一回目の連れもどしがおこなわれるまでにかなり時間がかかっている（三一五秒と四六五秒）。それは子ネコが、はじめのうち長い間なき声を出さず、出してもはじめは小さな声しか出さなかったためだろう。子ネコに毎回同じように声を出させるわけにはいかない。子ネコが大きな声をひんぱんに出せば、当然のことながら、母ネコはすぐに連れもどす。それでも、表の二シリーズの実験結果も、先に引用した実験結果と同じような傾向をはっきりと見せている。実験シリーズの長さからはまた、実験が終わり近くになっても反応時間が短いままで、新たな「消

表4
実験シリーズaとbの経過。各数字は母ネコが反応するまでに子ネコがないた回数をあらわす。A＝母ネコが立ち上がる。H−＝子ネコのところまで行くが、子ネコを連れずにもどる。H＋＝子ネコを連れもどす。

実験番号	シリーズa	時間（秒）	シリーズb	時間（秒）
1	4A 5A H− 4A 6H＋	315	8A 7A 4H− 7A 10A 5H＋	465
2	6A 2H＋	30	5A 4A 2H＋	63
3	15A 3H＋	60	7A 2A 2H＋	105
4	7A 10H− 10H＋	66	15A 6A 4H− 12A 3H＋	306
5	8A 1A 2A 22H− 10H＋	322	6A 3H＋	120
6	16H＋	53	5A 3H＋	120
7	16H＋	30	11A 2A 1H−	130
8	14H＋	90	2A 4H＋	100
9	8H＋	30	5A 3A 2A 3H＋	125
10	8A 2H＋	30	2A 2H＋	102
11	5H＋	10	3A 2A 4H＋	110
12	5H＋	8	6A 3A 2A 3H＋	122
13	10H＋	15	5A 2A 1A 1A 1H＋	114
14	4H＋	5	4A 3H＋	100
15	7H＋	8	2A 1A 2H＋	102
16	−	−	4A 2H＋	100
17	−	−	2A 5A 2A 1H＋	126
18	−	−	3A 3H＋	108
19	−	−	3A 3H＋	122

耗」に負けてはいないことがわかる。体力的には、母ネコが実験の終わり近くになると疲れていることは見てとれる。首すじをくわえるのに「ためしてみる動き」の回数がますます増えたし、子ネコを完全にもち上げきれずに、床を引きずり、その途中も何度も子ネコを落としたのだ。しかも、巣までの距離は五〇〜七〇センチにすぎなかったというのに！　こうなれば、実験は中止するしかなかった。このような事態の推移は意外だといえるだろう。本能行為の消耗についてのこれまでの経験と矛盾するように見えるからである。

けれども、さらに実験をつづけた結果、次のようなことがわかった。母ネコはきわめてすばやく条件反射を身につける。そうなると母ネコは子ネコのなき声という解発刺激に反応するのではなく、巣から子ネコが取り出されることに反応するのだ！　この事実がとくに明確になったのは、運搬距離を長くするように組まれた実験においてであった。私が子ネコを巣から六〜七メートルあるとなりの部屋まで連れていくようにしたところ、母ネコは、はじめの二、三回の実験を経験したのちは、もはや子ネコのなき声を待たずに、子ネコを連れていく私といっしょに歩いた。子ネコは私の腕の中でじっと静かにしていただけであった。それどころか、ついには、母ネコが私を追い越して、子ネコを置く場所に先回りし、まるで獲物のレトリーブ（とりもどし）に熱中したイヌのように、期待した顔で私を待ち受けるようになったのである。そして子ネコをほとんど私の手からひったくるようにしてとり、巣に連れもどした。

ここからわかることは、実験シリーズがはじまってまもなくの段階で見られる消耗現象は、本能行為そのものの消耗ではなく、生得的解発機構の消耗だということである。本能行為は消耗に強いように見えるが、実際には、それ以前にはじまる筋肉の疲労に隠されてしまう。いずれにしろ、二つの実験シリーズでは、連れもどしまでの時間がかなり大きく異なっている。このような反応時間のちがいは、それぞれの実験シリーズで、条件反射が形成されたあとの反応時間が大きく異なることからくる（**表4**の実験シリーズaとb）。もっともシリーズbの反応時間は、それが最長に達する以前の段階でも全般に長いし、反応時間が最長になる時期もシリーズaより早い。

だが、二つの実験シリーズの経過をよく見ると、中枢で起こっている二つの「消耗の過程」の重なり合いがはっきりわかる。「消耗」にともなって、意図的動作の回数と、開始されたものの連れもどしまではいたらなかった動作の回数がはっきり増え、母ネコが反応するまでに、子ネコはますますひんぱんになき声をあげなければならないのだ。

表4を見ると、シリーズaでは条件反射が形成されたあとは、一〇回目の実験をのぞいては、意図的動作と完結されない行為が起こらなくなっているのに対して、シリーズbでは、実験の終わりまでこれらが回数に振れはあるものの、毎回起こっているのがわかる。この事実の方が、子ネコの連れもどしに要したそれぞれの時間よりも、活動に特異的なエネルギーの「消耗」の存在を確実に証明している。たとえば、シリーズbの一二回目と一九回目の実験で、子ネコの連れもどしまでかかった時間は、ともに一二二秒である。しかし、一二回目の実験で子ネコがなき声をあげた回数が一四回であったのに、一九回目ではわずか六回だった。つまり実験時間中に母ネコの反応のしかたが大きく揺れていることがわかる。

この実験は、母ネコが一腹の子どもを育てているあいだに、そうしょっちゅうはできないし、それぞれの実験シリーズもかなり時間的に間隔をおいておこなわなければならない。さもないと、前の実験シリーズで生じた条件反射が大きく影響してしまう。一方では、子ネコの成長のための体重の増加などが、べつの要因としてくわわってしまうから、実験シリーズを一腹の子ネコについて、あまり長期にわたってつづけることもできない。私は四頭の雌ネコとこれらが生んだ七腹の子ネコを対象に、全部で二三シリーズの実験をした。**表4**でしめした実験シリーズaとbは、雌ネコW6について一日の間隔をおいておこなった実験シリーズのうちの、一九回目と二〇回目のシリーズである。これら二つは典型的な展開のしかたをしめしているといえる。シリーズaでは、実験開始後かなりすぐに反応の消耗が見られるが、これは明らかに生得的解発機構の「順応」(プレヒツェル　一九五三)からくるものであると思われる。それに対してシリーズbでは、はじめから反応時間がかなり長めであるし、「中間的反応」の回数がかなり多く、条件反射の形成後もつづいている。これらは内的な要因、つまり本能行為を遂行するエネルギーの「現時点でのレベル」が低い、ということをしめしているのであろう。けれども、実験が進むにしたがってこうした効果が増加するわけではない。もしかすると、前日におこなわれたシリーズaの影響が残っていた(他の実験シリーズはすべて二、三日の間隔をおいておこなわれた)のかもしれない。

子ネコをかなり離れた、巣からは見えない場所に連れていって、母ネコに連れもどさせる長距離の実験シリーズでは、母ネコは興味深い行動をおこなった。母ネコが実験終了後(つまり子ネコをすべて連れもどしたあと)も、数回にわたってくりかえし(二例で三回、一例で二回)子ネコのいた場所に出かけ、何分間か「子ネコがもっといないか」嗅ぎまわってさがしたのである。それから巣にもどり、巣の子ネコたちをなめるか、ほんのしばらく子ネコを見てからまた「発見場所」にもどった。これは「エネルギーのアフター・ディスチャージ(後放電)」だといえる。実験シリーズで形成された条件反射もそうであるが、この「アフター・ディスチャージ」も、連れもどし行動が一シリーズ経過するあいだに消耗せずに、むしろ高められる結果になったことに関係しているといえるかもしれない。本能行為は、あらかじめ蓄積された特異的なエネルギーを放出して引き起こされるだけでなく、行為の遂行自体が、新たな特異的興奮を生みだしているように思われるのだ。このように考えれば、一部の本能行為が、それがおこなわれている途中にますます激化する、という事実も理解できる。たとえば、ほとんどすべての脊椎(せきつい)動物の闘争行動は、このような性格をもっている。闘争を終えたネコは、興奮をしずめるのに、イヌよりももっと長い時間がかかる。この状態にあるネコは、たとえふだんはとてもよく人馴(な)れしていても、「ご主人」がなだめようと手を出せば、ひどくひっかいたり、かみついたりする。連れもどし行動の実験シリーズで、母ネコが子ネコを巣に連れもどしたあとすぐに、実験者が次の子ネコを巣から取り出してしまうと、母ネコにとっては、いわば「たえず子ネコがいなくなる」という状況が生じるといってよい。そうなれば、「子ネコを連れもどす」本能行為はたえず充電され、興奮の度合いが強まり、連れもどし行動の限界は中枢の消耗ではなく、筋肉の消耗によって決まるかもしれない。もし筋肉が永遠に消耗しないとしたら、この本能行為もいつかは結局「くみつくされる」はずではあるが。

子ネコの連れもどし行為とそれを引き起こす刺激について、ここで述べてきた特性すべては、「自然な」条件のもとでなら、完璧(かんぺき)な「生物学的意味をもっている」。巣の外に出てしまった子ネコのなき声に反応する生得的解発機構が「消耗しやすい」ことは、なんら不利益をもたらさないだろう。「自然な」条件のもとでは、実験条件のように子ネコがたてつづけに巣を離れてしまうようなことはまずないからだ。一方では、この本能行為が事実上は消耗しない仕組みは、母ネコが巣をかえる必要ができた場合の「子ネコの輸送」には欠かせない。「巣の引っ越し」はしばしば、かなりの距離を動くものだから、母ネコはその活動のために、特異的なエネルギーを多量に消費する。それにネコは数を数えられないから、「後放電」のために「忘れられた子ネコ」をさがしにくりかえしもとの巣を訪れるのは、目的によくかなったことになる。すべての子ネコを移し終わった母ネコがもとの巣の場所だけでなく、二つの中継地点にも訪れ、調べるのを私も見たことがある。

自然状態でくらす小型野生ネコ類の母ネコが、緊急の危険が巣にせまったわけではないのに、しばしば巣を移すかどうかは、はっきりしていない。飼育されているネコ類は十分に場所に慣れてさえいれば、一腹子を育てるあいだ、一つの巣で満足するのがふつうである。アフリカゴールデンキャットのある母ネコは、子ネコを暗い隅(すみ)の巣箱から、ガラスごしに日の当たるとても明るい場所に移した。アフリカゴールデンキャットの子ネコは、生後一六日という異常ともいえる早い時期に、巣の外に自分で出るようになる(トンキンとケーラー 一九七八)。しかし、この母ネコが引っ越しをしたのは、それよりも六日も前であった。クロアシネコは小型野生ネコ類で唯一、六〜一〇日ごとに新しい巣を「要求」する。私たちがはじめてこのことに気づいたのは、クロアシネコの母ネコが子ネコを口にくわえて運び回り、いやがりそうなものをいくら取りのぞいても、もとの巣で落ちつこうとしなかったためである。そこで、おがくずを敷きつめた新しい巣箱を用意してやると、母ネコはただちにそこに引っ越した。はじめの巣箱を掃除してふたたび檻に入れたところ、六日後に母ネコは子ネコをを連れて、またも引っ越した。母ネコはこれを、子ネコが自由に歩き、走るようになるまでくりかえした。この母ネコは、もう二腹の子を育てたときにも、まったく同じことをした。

こうした引っ越しの行動は「巣の衛生」のためということで、もっともらしく説明できる。だがそうすると、ではなぜ、他の小型ネコ類がこれをしないのか、理解できなくなる。そこでもっとありそうに思えるのは、クロアシネコの自然の生息場所では、育児中の巣が危険にさらされることがとくに多いことと関係しているのではないか、という説である。子ネコを同じ場所にとどめておくと、他の食肉類、とくに徘徊(はいかい)して獲物をさがすタイプの種に見つけられやすくなるからである。今の仮説は、私が知っているかぎり、クロアシネコだけで見られるもう一つの行動の特徴にも合う。すなわち他のネコ類の母ネコが、危険がせまると子ネコを巣に追い返したり、自ら守ったりするのに対して、クロアシネコの母ネコは警告を発するだけで、子ネコを巣に追い返そうとはしない。母ネコの警戒の声が聞こえると、クロアシネコの子は巣に避難しようとせず、かわりに四方八方に散りぢりになって逃げ、それぞれに隠れ場所をさがすのだ。危険が過ぎ去って、「警戒解除」をするときにも、母ネコはなんとも説明しがたい特別のなき声を発する。すると子ネコたちはそれぞれに隠れ場所から出てきて、母ネコのもとに集まるのである(ライハウゼンとトンキン　一九六六)。

アダムソン(一九六九)は、自然状態のもとでくらしながらも彼女に馴(な)れていた雌チーターのピッパが、二度目に生んだ子どもたちを三週間の間に九回も移動させたと報告している。だが、ピッパは三度目に生んだ子どもたちは移動させなかった。だからチーターが子の移動をしばしばするのかどうか、たとえそうだとしても、クロアシネコの行動と同じ意味をもつのかどうかはわからない。それでもこの解釈がチーターにもあてはまる可能性はある。なぜなら、おとなのチーターでも同じ生息場所にすむ他の大型食肉類にくらべると力が弱いので、しばしば巣を移すことで子どもが敵に見つかる機会も少なくできるはずだからだ。

さて、子ネコが生後三週間になってもまだ自発的に巣から出ようとしないと、母ネコはその首すじをくわえて巣の外に引きずりだすことがある。一方では、母ネコははじめの何週間かは子ネコが巣を出ようとすると注意深く見守り、一定の活動範囲を越えて巣を離れるのを警戒している。子ネコが一定の範囲の外に出ようとすると、母ネコは子ネコをとらえて巣の近くに引きもどすか、巣の中に入れる。子ネコが大きくなりすぎて、もはや運べないほどの大きさになっても、まだこれをする母ネコもある。自分で自立して行動し、「禁じられた土地」に入ろうとする子ネコを、疲れを知らぬかのように執拗に引きもどすのである。

子ネコはじょうずに歩けるようになると、巣の近辺までなら、母ネコについて巣を出る。母ネコでなくても、たとえば世話をする人の靴にもついていく(図116のaとc)。母ネコが立ち止まると、あとをついてきた子ネコは母ネコに向かって走るが、母ネコのところでは止まらずに、そのまま通り過ぎて探索に出ていったり(図116のbとd)、遊びはじめたりする。とはいえ、母ネコから遠く離れることはない。イエネコの母親は、同じ腹の子どもたちとつくっていた家族が解散する直前の数週間にだけ、巣から子ネコを連れていっしょに遠出をする。しかも、そのときもきちんと巣まで子ネコたちを連れてかえる。

私が飼育した個体についてのわずかな観察から推測してよければ、小型の野生ネコ類にもこれはあてはまる(一二八頁)。けれども、少なくとも一部の大型ネコ類では、巣のある一定の場所と家族とのむすびつきは、それよりずっとはやく失われるようであり、子は母ネコの狩りの探索についていく。それでも、母ネコがいそいで遠くに狩りに出かけるときには、子どもがまだそれができるほどになっていないと、母親は子どもを適当な隠れ場に「置き去りにする」のがふつうである。トラの子は生後二、三カ月間、生まれた巣にとどまり、その後、ようやく母親について出かけるようになる(シャラー一九六七)。この点では、ライオン、ヒョウ、チーターも同じである。ホールノッカー(一九七〇b)によると、ピューマの母親が狩りに連れていくのは、かなり成長した一腹子のうちの一頭だけだという。

一部のネコ類の耳の後ろ側には、目玉に似た模様がある。これを私は「威嚇の仮面」をつくるものだと考えた(二〇七頁)。シャラーは、この斑紋は少なくともトラでは、暗い森を母親について歩く子どものための目印としての働きもすると指摘している。おそらくシャラーの考えは当たっているのだろう。ネコ類のこの斑紋が二重の働きをすることは十分考えられる。ただし系統発生においては、威嚇の効果の方が初期に生じたと思う。というのは、同様の斑紋を耳の後ろ側にもつジャコウネコ科の種(たとえばジャコウネコ、ジェネット、タイガーシベットなど)では、この目玉模様が子どもをみちびく目印に使われていないのはたしかだからだ。それでも、ネコ類にとって、この模様が子どもを誘導するうえでいかに重要であるかは、この模様がないネコ類のほとんどすべてが、べつの種類の「テールランプ」をそなえていることで間接的に証明できるだろう。いくつかの種では、尾の先端がくっき

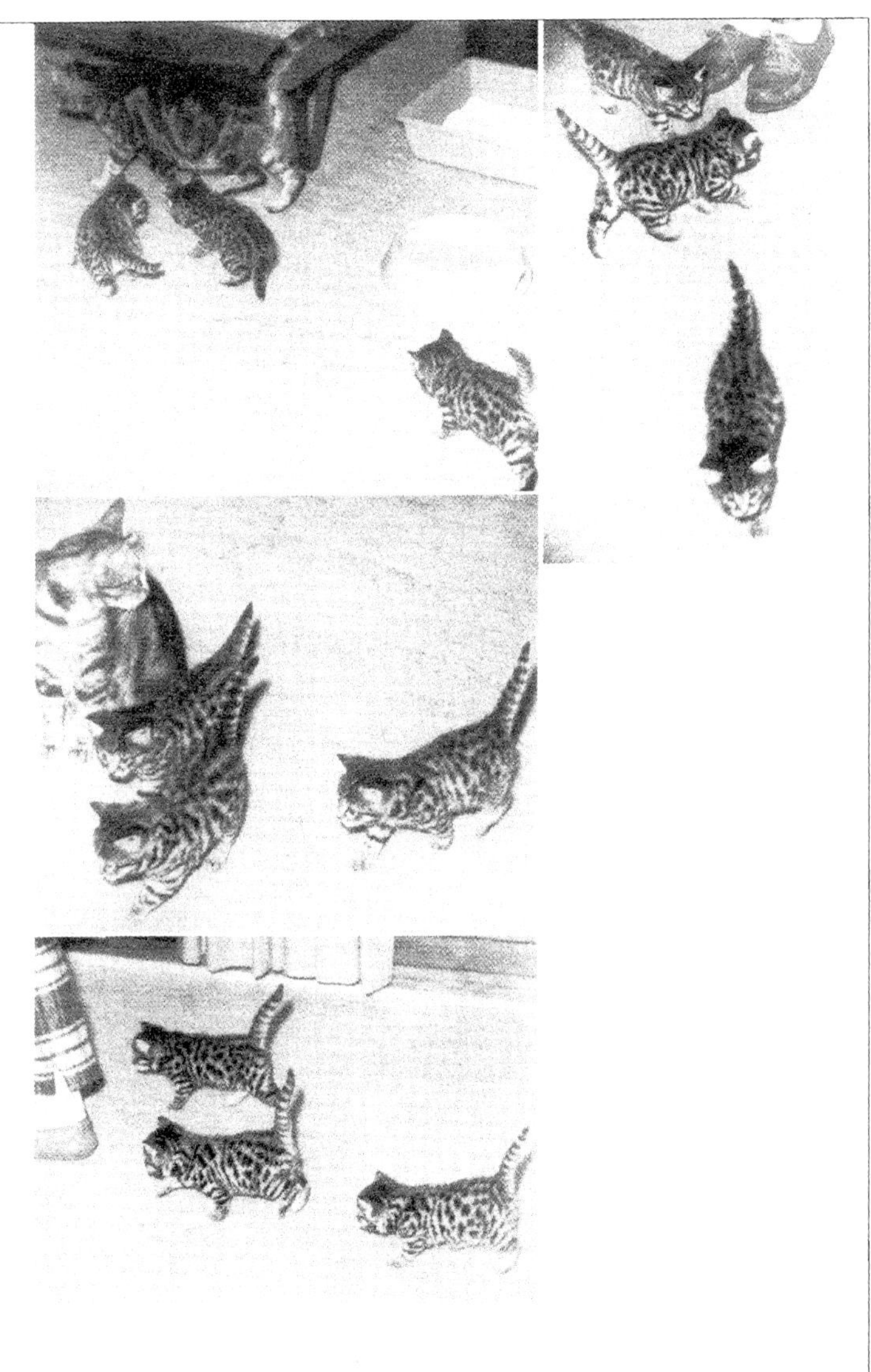

図116　a) 母親のあとについていく子ネコ。母ネコに近いところにいる2頭は、まだ動きがおぼつかない。しんがりを歩く子ネコは尾をぴんと上げて、せっせと歩いている。b) 母ネコがとつぜん止まって、腰をおろすと、子ネコたちはそのまま母ネコを通りすぎて行ってしまう。c) 子ネコたちは母ネコについていくのと同じように熱心に、女性研究者の室内履きのあとを追って歩く。そして彼女がとつぜん立ち止まると、そのままばらばらに散ってしまう (d)。くわしくは本文参照。

りときわだった黒色をなしているか（たとえばピューマ属とネコ属、図116）、黒と白のもようをもつ（たとえばチーター、図117 a）。尾の先端の下側が輝くような純白をなしている種もある（たとえばアジアゴールデンキャット、図117のbとc、ヒョウ）。尾の先端が黒かったり、黒白のもようをもつ種の多くはステップにすむネコ類で、子どもを連れて歩くときには尾を高くかかげる。後者に属するネコ類はブッシュや原生林をすみ場所にしていて、尾の後端の三分の一を上に巻き上げて、明るい白の部分で、後ろからついてくる子どもの道を「照らす」（図117のbとc）。例外もこの法則にうまく合っている。森林にすむアフリカゴールデンキャットとステップや半砂漠にすむカラカルの耳の後ろ側は、一様に黒色である。ときに耳の後ろ側の中央部分がやや明色をなす個体もあるが、信号になるほど明るくはない。これらの種は歩くとき、そのわりあい短い尾の先端をもち上げない。同じことはマライヤマネコについても言える。

子ネコを守る母ネコの行動については、すでにいくらか記した（二一六頁）。ローレンツは母ネコの子を守る行動についてくわしく記載している（一九五一b）。子ネコが自力で逃げられないあいだは、母ネコは強力な敵に出会ったときですら、すべてのネコ類の通常の習性に反して、逃げてしまうわけにはいかない。実際、母ネコが逃げてしまうのは、ごく例外中の例外である。このように逃走行動を完全に抑制している母ネコは究極の「防御・攻撃状況」にある。母ネコはふつうならありえないような離れた位置から、信じがたいスピードで攻撃にでる。不注意にも母ネコの巣に近づきすぎたイヌは、母ネコの奇襲を受け、肉体的な優位を生かす間もなく、まるで毛玉のようになってなき声をあげるはめにおちいるのである。私自身もこのような母ネコの攻撃を二回見ている。二回とも一瞬のうちに母ネコが勝利をおさめた。そのうちの一回の相手はやさしいシェパードだったが、もう一回は、性格がよいとは言いがたいシュナウツァーであった。このシュナウツァーは母ネコの奇襲を受けて以来、ネコを攻撃しなくなった。

実験のために、このようなネコとイヌとの出会いを、ペットを使ってお膳立てしようとしても、あまりうまくいかない。双方の飼い主が自分のペットが心配になってことを成り行きにまかせないのと、イヌとネコ自身も見物人がたくさんいて、しかも人間たちがふだんとちがったようすであるのが気になって、振るまいがためらいがちになるからである。いずれにせよ、注意しなければならないのは、いくら激しくともこうした母ネコの攻撃はあくまで、すでに記した「防御のための

図117　a) チーターの母親と子どもたちが歩くとき、尾の先の白色は、あとについて歩く個体にとって信号の働きをする。b) と c) アジアゴールデンキャットが尾の先3分の1ほどを上向きに巻き上げると、尾の下面の白色が見えて、「テールランプ」の効果をはたす。歩調に合わせてつづけて撮影されたこの二つの写真からわかるように、ネコが一歩進むごとに尾が左右に振れるので、信号効果はいっそう高められる。

攻撃」であるということだ。つまり前足によるパンチの攻撃だけであり、相手にかみつきはしない。かみつくのは、ネコが片隅に完全に追いつめられた場合だけである（二二〇頁以下）。

子ネコが大きくなり、巣の外で遊んだり、いっしょに出かけるようになってからも、母ネコは危険がせまると、子ネコにフーフー声を出して前足で打ちかかって巣の中に追い入れ、巣を守る。私が観察していたある母ネコは、家畜小屋を巣にして子を育てていた。私が近づくと、母ネコは入り口近くで遊んでいた生後八週間にもなる子ネコを小屋の中に追い入れ、私を威嚇しながら戸の下に立った。私が体を動かすと、母ネコはうなり声をあげ、前足を交互に踏み動かした。子ネコたちは、その間も、のん気に小屋の中で遊びつづけていた。子ネコが入り口の戸に近づくと、母ネコはわずかにふり返ってフーフー声を発した。たいてい子ネコはすぐに小屋の中にもどった。子ネコが一瞬でもためらったり、さらに近づいたりすると、母ネコは前足で子どもに激しいびんたをくらわした。子ネコはまさしくもんどり打って、小屋の中へところがり入った。私が飼っていたふだんおとなしい雌ヒョウは、子どもが四カ月になって私と遊びたがって出てくると、やはり同じ前足の平手打ちで、子どもを数メートルもとばした。そして雌ヒョウは金網の近くに立ってフーフーうなりつづけたが、それは私を威嚇したというより、好奇心旺盛（おうせい）で遊び盛りの子が私に近づくのを止めようとしているようだった。雌ヒョウ自身は、こうした子育ての間も、私に体をなでられるのを喜んでいたのである。

家畜小屋の子ネコたちはのちに、母ネコのいない間に私が近づこうとすると、とてもはにかみ、私がふれようとするたびに背中を丸めて唾（つば）を吐き、前足で打ちかかってきた。けれども、私が子ネコたちの巣である干し草のたばのわきで、横になってじっとしていると、しだいに好奇心の方が不安よりも大きくなったらしく、私を調べはじめた。一時間もすると、子ネコたちははにかみをすてて私の体の上で遊びまわり、私がさわったりなでたりするのを許し、喉（のど）をならした。私が立ち上がって歩き回ったときだけ、何頭かがふたたび恐れの反応をしめした。母ネコは農家で飼われていて、かなりひどい待遇を受けていたようだ。のちに私は、バター付きのパンでこの母ネコを手なずけることにも成功した。はじめのうちは、パンを二メートルくらい離れたところから投げてやらなければならなかったが、母ネコも食欲には勝てず、やがて私の手からじかにパンを取るようになった。こうして最後には、母ネコの家族全員が私のまわりに集まるようになり、恐れやはにかみはすっかり消えてしまった。似たような観察事例はいくつもある。

これらをまとめると、子ネコはまず母ネコの警戒行動を経験して、一定の敵を恐れることを学習すると考えられる。だから人に甘やかされた雌ネコに育てられた子ネコやヴァイスに育てられた「カスパー・ハウザー」(他のネコから隔離されて育った子ネコ)は、どんな生き物に出会っても恐れようとしない。したがって、敵への恐れは真の意味での学習であって、すでに一九七頁以下で述べたとおり刷り込みではない、と考えられる。ネコは一部の生き物に対する恐れをわずかの時間のうちに捨て去ることができる一方で、「恐れを知らずに」育ちながら、いつでも一定の敵を恐れることを学ぶのである。ネコの発達の過程にはだれが敵であるかを学習する「感受期」(真の刷り込みがおこなわれる期間で、これが過ぎたあとは刷り込みが起こらない)はない、と考えられる。

子ネコが母ネコから「教えこまれる」必要のある重要事項は二つしかない。一つはいま述べた敵の特徴の学習、もう一つは獲物をとらえる方法である。子ネコが獲物のとらえ方をどのようにして身につけるかについては、すでに九八頁以下で述べたが、そのときに母ネコが子ネコに向かって発するさまざまな誘いの声(九九頁以下の記録を参照)がはたす役割についてはまだ述べていない。

母ネコは成長しつつある子ネコにはじめて生きた獲物を運んでくるとき、決まったいくつかの誘いの声を出す。これらの声は獲物が小さな害のない動物(マウス)であるか、あるいはやや大きくて若干危険な動物(ラット)であるかによって異なる。このちがいは、人間の耳にもはっきりわかる。実際、やってくる子ネコも母親の声しだいで、体をかがめるようにしてためらいながら近づくときと、こわがらずに近づいてくるときとがある。けれども、実はこれら二つの場合の声のちがいは、たんに同じ声がちがう強さで発せられているだけなのである。このことを私はまったく偶然の機会に知った。これらの声を録音しようとしていたときのことである。私たちは、子ネコに獲物を特別よく運んでやる母ネコをマウスでおびきよせて、となりの部屋に入れたあと、仕切りの戸を閉めて母ネコにマウスをあたえた。マウスをとらえた母ネコは、ただちに「マウスの声」を出しながら、子ネコの方に行こうとした。だが、戸が閉まっているために、母ネコは子ネコのところに行けない。母ネコは戸の近くで興奮して行きつもどりつし、なきつづけた。そのとき「マウスの声」がだんだんに強さをまして「ラットの声」に移行したのだ。同じことが、子ネコたちがもう少し成長したときにも、ときどき起こった。

母ネコがマウスを運んできたのに、子どもたちは暖房装置のカバーのかげで遊んでいて、なかなか出て来ようとしなかった。母ネコ自身はそこには入れない。そのとき、母ネコの「マウスの声」は「ラットの声」に変わったのである。しかし、これまで私が観察したかぎりでは、ふつうは母ネコがマウスをくわえて「ラットの声」を出すことはないし、逆にラットをくわえて「マウスの声」を出すこともない。だが、たんなる獲物をとらえたときの興奮の「余韻」の度合いしだいで、「マウスの声」になったり「ラットの声」になったりするのではないことはたしかである。母ネコははじめ自分で獲物を食べてしまうことがあるが、ラットの一部を食べてしまって、残りの三分の一、あるいは四分の一を子ネコに持っていくときでも――この場合、残りはせいぜい太ったマウスくらいしかないし、興奮はとっくにさめているはずだが――「ラットの声」を出して子ネコを呼ぶ。母ネコはあらかじめ獲物を質的に区別しており、量的な区別ではない、と解釈するほかない（ライハウゼン　一九六七b）。

そのほか、母ネコは害のない獲物と危険な獲物のちがいもきちんと考慮している。たとえば運んできた生きた獲物のうち、子ネコが自分でとらえるのを許すのはマウスだけであり、子ネコがラットに近づこうとすると、母ネコはすぐに自分で殺してしまう。私たちが個別実験ですでに獲物をあたえていたために、とっくに自分でラットを殺せるようになっていた二頭の子ネコがいた。この子ネコたちに母ネコの前でラットをあたえると、母ネコはかならず間に割って入った。これら二頭の子ネコは、もし私たちが個別実験でラットをあたえていなかったら、成長してからラットをとるようにはならなかったろう。ラットをとらえるのが得意な母ネコから、ときに、ラットに熱意をしめさない子ネコが育つ。それはこのような母ネコの干渉のためかもしれない。けれども、ふつうは母ネコの慎重さもこれほどまでにはいかないから、子ネコが成長するにしたがって、むずかしい獲物をとらえるのも許すようになる。

大部分の研究者と多くの動物園の専門家の意見によると、ネコの雌雄は交尾のためにだけいっしょになるのであって、子育ては雌ネコの仕事だということになっている。動物園などで飼われているネコ類の雌はすべて、出産が近づくと雄から離される。だが、うっかりして雄がいっしょのままのことがあり、悪い評判の割には実際は共食いなどが起こらないことがわかったりする。ネコ類の雄が子育てに積極的に参加することを最初に報告したのはリンデマン（一九五五）であった。リンデマンは、クラカウ動物園に飼われていた雄のヨー

表5

子ネコだけ	雌と子ネコ	雄と子ネコ	雌雄と子ネコ
126分	159分	71分	459分

ロッパヤマネコが肉片をくわえて、子を育てている雌がひそむ洞穴(ほらあな)型の巣の入り口にもっていき、誘いの声をあげながらそこに置いた、と述べている。ビュルガー（一九六四）は、マクデブルク動物園の雄のヨーロッパヤマネコによる同様の行動を、もっとくわしく記録している。

「一九六二年六月一六日、三頭の子が生まれた。ふだん洞穴を使う特権を享受していた雄は、とたんに夜昼なく、外で横になるようになった。ふだんなら飼育係を攻撃したり、フーフーうなることなどないのに、ただちに攻撃するようになった。ふだんなら少しも気にかけない檻の外の観客にも、同じように攻撃的になった。これは明らかに激しい〝巣の防衛〟だといえる。雄は子が生まれて最初の数日間はあたえられた餌――動物園では死んだヒヨコ、スズメ、アナウサギをあたえていた――を一回に二、三匹、口にくわえ、慎重な忍び足で歩いて、洞穴の入り口に次々と運んだ。入り口で雄は、雌のフーフー声が聞こえて出てくるのがわかるまで待ち、それからもどった。こうして雄は、出産後数日間巣穴にとどまったままの雌に餌を運びつづけたのだ。その後も、このヨーロッパヤマネコの家族は檻で仲よくくらした。雄は子ネコたちをほとんどかまうことはなかったが、子ネコが檻の格子の近くで観客におびえたときには、子を守った」

ビュルガーはベルリン動物園の雄のオオヤマネコが「やはり子の世話をした」というダーテの報告を引用している。

私はフランクフルト動物園の好意でスナドリネコのつがいの子育てを観察できた。このつがいの雄は、ビュルガーが観察した雄ヨーロッパヤマネコよりも、もっと「母子」の世話にかかわった。雄は犬小屋のようなつくりの育児巣箱に餌を運んだばかりでなく、巣の中にも入ったのである。雌も雄をとどめようとはせず、これを受け入れている。出産後三日目から五日目までにおこなわれた一三時間三五分の観察時間の中での、つがいの子守りの「分担」は、**表5**のとおりだった。

巣の中に雄が単独で子のところにいた時間は意味がないともいえるし、またこうした雄の行動は、雌と巣箱が雄を引きつけたためだともみなせる。だが、スナドリネコの檻に巣箱が持ちこまれたのは、動物園が予想もしていなかった出産が起こったあとである。だから雄は巣箱に慣れていたわけではない。それに、はじめに巣箱を使うようになったのも雌で、三頭の子ネコも雌が自分で運びいれた。この雄は、自分が巣箱の外にいるときに雌もやはり巣箱から出てくると、とたんに落ちつきをなくし、ほとんどかならずといっていいほど巣箱に入った。雌雄がともに巣を出るときには、雄が巣箱の入り口近くにとどまり、巣箱をたえず見守った。一方、雌は巣箱から離れてしばしば二七九頁で記した姿勢で休み、巣箱には背を向けていた。残念なことに、雄の父親感情は子ネコにとっては裏目にでた。巣箱は雌雄が子ネコとともに入るには狭すぎて、子ネコは次々に窒息死したのである。私は巣箱のつくりについてフランクフルト動物園に助言し、次の出産の機会には、四方を壁に囲まれた巣箱のかわりに、丈の低いふちで囲まれた大きな板の台を用意させた。そして、天井と観客の側をトウヒの枝でびっしりとおおうようにした。それ以来、このスナドリネコのつがいは何度も共同の子育てに成功している。成長した子ネコの中には、雌よりも雄になつくようになったものもいる。

ビュルガー(前述)も指摘していることだが、このような飼育下の野生ネコ類の観察から、自然条件のもとでも雄が育児に参加していると考えるのは軽率すぎるだろう。性行動についての章でも述べたように、もともと性行動は、バイセクシャルな素質をもつものであって、同じことが子に対する行動にもあてはまる、と考えることができる。つまり、雄ネコは素質として母性的な行動様式をもっている。ふだんはこの行動様式に対応する衝動はあまり発達することがなく、雄は積極的に母性的な行動様式をとろうとはしないのである。自然条件のもとでは、雄はおそらく交尾のあと雌のもとを去り、べつの雌をさがすはずだ。一方、飼育されている場合には、同じ場所にとどまらざるをえない。そこで雄は刺激を受け、ふつうなら休止状態にある行動様式が目覚めるのである(二九二頁も参照)。

これから紹介する現象にも同じ問題がふくまれているかもしれない。出産直前の雌ネコのにおいは、交尾の用意のある雌ネコのにおいと似たような効果を雄にあたえるようである。そのうえ、出産後数週間には、雌ネコの多くが疑似的な発情状態になる。これらの現象は多くのイエネコばかりでなく、先に述べたスナドリネコでも見られた。また、コンデとシャウエンベルク(一九六九)は、飼育しているヨーロッパヤマネコでこれが定期的に起こると書いている。自然条件のもとでは、雄はおそらく出産後数週間の雌に出会うことはまれにしかない。だが、飼育されている場合にはそうはいかない。

図118　左）生後一年になる息子に乳を飲ませる雌ネコ。右）完全に成長した娘を「巣に」引きずっていこうとしている母ネコ。くわしくは本文参照。

雄は雌に誘引され交尾しようとする。出産後の疑似発情にある雌は、ときにはこれに消極的にこたえることもあるが、多くは激しく抵抗する。性的に興奮した雄は代わりの対象をさがし、たまたま巣を離れようとしている、まだ頼りなく、歩くというより、はっているのに近い子ネコを見つけるのだ。コンデとシャウエンベルクのヨーロッパヤマネコでは、子ネコが生後五週間のときにこれが起こった。平たくて動かないものは、もともと雄の交尾の欲求を強く刺激する（三一一頁）。だから、雌に拒否された雄は子ネコと交尾しようとする。もちろん、体の大きさと構造のちがいのために、これはうまくいかない。そうなると雄はますます興奮し、子ネコのえり首を強くかみ、傷つけ、ついには殺してしまう。死んだ子ネコを雄は一部食べるか、すべて食べてしまう。一般に雄ネコは自分の子を共食いする傾向があるといわれるが、実際には、このような事情によるのではないかと考えられる。たしかに本当の意味での共食いが起こることもあろうが、私のこれまでの経験ではまれでしかない。

ネコの家族の解散は、母乳の出が悪くなるのとほぼ時を同じくして起こる。けれども、解散の時期には一腹子の数も関係する。一腹子の数が五～六頭の場合には、家族はほぼ六カ月で解散するのに対して、二～三頭の場合には、さらに二カ月ほど、ともに過ごすことがある。家族の解散は、子ネコがこの年齢でもまだ、たとえ以前よりはまれとはいえ、母ネコの乳首にかじりつこうとすることがあり、乳首を鋭い歯で痛めつけるのがきっかけで起こると思われる。苦痛を感じた母ネコは子ネコにフーフー声を発し、前足で打ち、遠ざけようとする。一腹子の数が多いほど、母ネコがこのように対応しなければならない機会は多くなり、母ネコはいらいらし、激しやすくなる。こうなると家族の解散はそう遠くない。乳を吸おうとする子ネコの欲求は成長とともに弱くなるが、母ネコが「手助け」しないかぎり、完全にはなくならない。一腹子のうちの一頭だけを残して他の子ネコをすべてとり上げられた母ネコは、残された一頭の子ネコをいつまでも拒否しようとしない場合が多い。一頭だけでは十分な「苦痛」にならないからだ。子ネコは母ネコの乳が枯渇してからも吸乳をつづけることになる(図118)。ときには、そのような母ネコが完全におとなになった「子ネコ」を巣に運ぼうとする姿が見られる。「子ネコ」ははじめのうち受け身になっておとなしくしているが、やがて母ネコと激しい争いになる。というのは、重すぎる「子ネコ」をあつかいかねた母ネコの奮闘が長引くうちに、奮闘の対象の方も、耐えがたくなってくるからだ。

一腹子のきょうだいの仲も、この年齢になるとあまりよくはなくなってくるが、それでもいっしょに飼えないほど仲が悪くなることはまずない。私が飼っていたイエネコの「強制社会」では、きょうだいや幼いときからともに過ごしたネコたちは、他のネコたちよりも仲がよかった。このような「子ども時代の仲のよさの延長」は、家畜化の結果だと考えることができる。とくに同じ年齢の野生ネコ類の子ネコたちの仲が悪くなる一方であることとくらべれば、そういえる(リンデマンとリーック　一九五三)。ただし、イエネコの主要な祖先とみなされるリビアネコは、ヨーロッパヤマネコよりは、複数でいっしょに飼われるのによく慣れるという名声を得ている。だが、ときにはどうしてもうまくいかない場合があるとはいえ、ほとんどすべてのネコ類をつがいで飼うことはできている。これらの野生ネコ類がとても幸せにくらしているとはなかなかいえないものの、本格的な闘いが起こることもわりあい少ない。

第24章

ネコは本能運動を「自在に」転用する

雌ネコが子ネコをくわえて運ぶのも、獲物を殺すのも、あるいは、雄ネコがライバルの雄にかみつくのも、交尾の前や最中に雌ネコの首を押さえるのも、いずれも歯が「対象」であるえり首をかむ点では共通している(図119、三二六頁の図115、三〇五頁の図103b)。交尾のときの押さえと子ネコの運搬のくわえが、獲物を殺すときのかみつきと異なるのは、前二者では相手の体のどの部位をかむか、という定位は正確であるものの(一一〇頁以下参照)、ふつうは、かむ力に適度な抑制が働いていて、くわえる相手を傷つけない点である。だから、これら二つの行動が殺しのかみつきが強度を弱めておこなわれたものにすぎない、と単純に考えるわけにはいかない。

注意深い観察を重ね、またネコの行動を撮影した映像を分析してみると、拮抗する神経支配によって、かみつきに抑制が働いていることがわかる(ライハウゼン 一九五二b)。子ネコを運ぼうとしている雌ネコは、くりかえし子ネコをくわえなおしながら首が歯にぴたりとおさまる部位をさがし、また、もち上げても子ネコが落ちないようにかむ力を厳密に調節する。つまり雌ネコの顎は、まさしく「骨を折りながら」閉じられているのである。獲物をかみ殺すときには、顎は強大な力を発揮して閉じられる。「対象」をかむときに拮抗的な抑制が働いているのが一番よくわかるのは、交尾の最中に雄にえり首を歯で押さえられている雌が、その歯から逃れるときである。雄ネコの上下の歯は一定の間隔に調整されたまま固定されているので、雌ネコがそこを抜け出すときに、えり首の毛が雄の歯で櫛けずられるのだ。雌ネコのえり首の皮膚は、雄ネコの犬歯によって、ちょうどかぎ爪でつかまれるよ

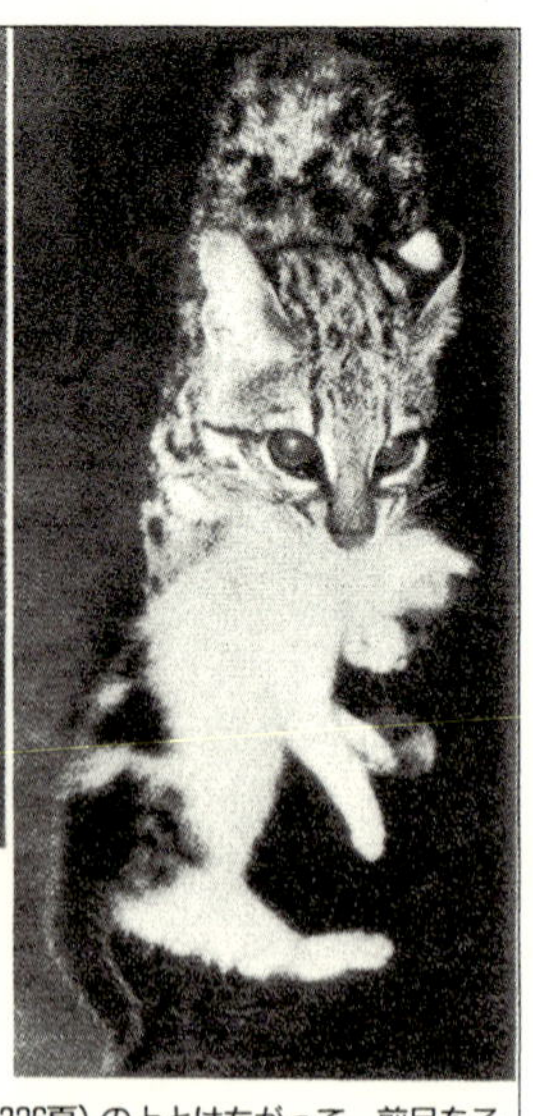
図119　イエネコの子どもを殺す雌のジャガーネコ。左）図115（326頁）の上とはちがって、前足を子ネコの上にのせているのに注意。右）殺した子ネコを運ぶ。図115の下と比較せよ。

うにつままれている。雌は無理やりその歯から体をもぎ放そうとするのではなく、ちょうど凹型のレールの間を通るように、上下の歯の間で皮膚をすべらせて抜けるのである。だから皮膚に傷もつかない。

運搬と交尾のかみつきで働く抑制はときに機能しないことがあり、そうなれば文字どおり「殺しのかみつき」になる。イエネコの雄は交尾中に雌の首を傷つけることがあるし、まれではあるが実際に殺してしまうことすらある。大型ネコ類でも、同様の例が知られている。ある雄ライオンは、交尾しようとする相手の雌ライオンに重傷を負わせながら檻の中を引きずり回した。雌ライオンは抵抗しなかったが、それは「運ばれるための硬直」が引き起こされていたからであった（シュナイダー、一九二八）。同じようにして、雌ネコが子ネコを死なせてしまうこともある。

首への定位という点で共通している事実のほか、次のような現象からも殺しのかみつきと運搬のためのくわえの間に、系統発生の上で関係があることがわかる。すでに述べたとおり（一一〇頁以下参照）、子ネコの成長過程の中では、かみつき自体の本能運動よりも、かみつきを獲物の首に向ける走性の方が、あとから発達してくる。そのため、生後一〇週間くらいまでの子ネコは、まるで「自信がない」かのように、獲物の体のどの部位にでもかまわずにかみついてしまう。獲物捕獲への集中の度合いが低い場合にもこうした定位は働かず、遊び半分のように、獲物のあらゆる部位の毛皮をゆるくくわえるだけで、獲物を傷つけはしない。似た現象は、若い母ネコがまだごく小さな子ネコをはじめて運ぶときにも見られる。若い母ネコは子ネコの体のどこでもかまわずにくわえて運搬するのである。

子ネコが大きくなって、母ネコが巣に生きている獲物を運ぶときにも、同じようにして獲物をくわえる。けれども、獲物を子ネコを運ぶようにしてくわえるのは、子ネコのために獲物を生きた状態であたえるためばかりではない。とりあえず獲物をすばやくとらえておいて、もっと落ちつける場所に行ってからあらためて殺すときにもこの方法を使うし、遊ぶために獲物を殺さずにとらえて、ちょっと放しては追いかけてとらえるのをくりかえすためにも使われるのである（一六七頁参照）。まさにこの遊びの例からは、どのようにして本能行為が目的のない道具行為に転用されるかがはっきりわかる。転用されるからといって、べつの機会に殺しのかみつきが完了行為としておこなわれる能力が失われてしまうわけではないのである（一六五頁以下参照、またライハウゼン　一九六五b）。

ケナガイタチでは、運搬のためのくわえと交尾のときのかみつきとが、ネコよりももっと一致している。雄のケナガイタチは、雌がやや大きくなった子を運ぶのと同じようにして雌のえり首をくわえて引きずり回し、交尾がうまくいくまでこれをつづける（ヘルター　一九五三）。ケナガイタチの母親が子どもを運ぶ方法は、ネコの場合とちがって、子が成長するにつれて変わってくる。子どもが小さなうちは、雌は口で首の全体、あるいは肩の部分を包むようにしてくわえる。つまり、くわえる位置はネコの場合よりもやや後方なのである。子が大きくなると、えり首の毛皮だけをつまんでくわえる。ケナガイタチの雄は、これとまったく同じことを交尾のときに雌にするのである。雌はそうされると、運ばれる子のように体を硬直させることが多く、そのまま雄に引き回される。こうしてみると、ケナガイタチではかみつきは獲物の殺しのかみつきにはじまり、子の運搬をへて、交尾のかみつきへと発達したものと考えることができる。

一方ネコの場合には、交尾のかみつきは子の運搬と同じく、直接獲物の殺しのかみつきから発達したのかもしれない。ネコでは雄にえり首をかまれた雌が運搬の硬直を起こすのはごくまれでしかないし、雄はふつう雌の体をもち上げたり、引きずり回したりすることはまずない（ただし、ライオンの例外的な事例がある。三四六頁を参照)。雌ネコは交尾の姿勢をとって、交尾に積極的にかかわるから、硬直するようではこまるのである。

ジャコウネコ類が交尾のときにどのようにするかについては、残念ながらよくわからない。シュヴァンガルトによると、フォッサの雄も交尾のときに雌のえり首をくわえるが、それによって雌をじっとさせる効果はネコ類よりもずっと大きいという(アントニウス　一九四三からの引用)。だが、このときに雌に運搬の硬直が起こるかどうかは報告されていない。フォッセラー(一九二九/三〇)もこれについては述べていない。

交尾のかみつきは、ネコ科では退化傾向にあるようだ。ネコ科ではこの行動はあつかいにくい雌を押さえておくのに役立つことがたまにある程度なのだ。雄ネコは雌を無理に押さえつけて交尾をしようとすることがあるが、雌に交尾をする気が十分になければ、なんの効力も発揮しない(三〇一頁以下)。イエネコの雄もオルガスムの瞬間になってから、はじめて交尾のかみつきをすることがある。これは大型ネコ類の雄ではふつうに見られる(アントニウス　一九三九、一九四三)。この行動は、本来は雌を交尾に導くための手段であったのだが、大型ネコ類ではそうした機能を失い、オルガスムの表現としてだけ残った。つまり**象徴行動**になったのである。

ネコ類の喉(のど)のゴロゴロならしにも、同じ原理が働いている。この行動の機能はもともと、授乳している母ネコに子ネコたちがみな元気であることを知らせることであった。ゴロゴロ声は、このような状況での発声に適している。口を開かずに出せる声だからである。子ネコは乳首にかじりついたままこの声を出せるのはもちろん、必要なら乳を飲みこみながらもゴロゴロ声を中断させずにすむのだ。だが、ネコ類はこのゴロゴロ声を乳児期を終えたあとも発することができる。そしてこの声は、状況と社会的な関係の展開に応じて、本来の機能からは多少ともはなれた別の意味をもつようになる。

(a)母ネコは巣に入ろうとするときに、動揺する子ネコたちを落ちつかせるためにゴロゴロ声を発する。授乳中の母ネコは、子ネコたちとともにこの声を出し合って、安心感と快適な気分をおたがいに高め合う。

(b)子ネコは、年長の子ネコを遊びに誘おうとするときに、この声を出しながら近づく。

(c)優位のネコが劣位のネコあるいは子ネコに、友好的な気分または遊びの気分で近づこうとするときにも、この声を発する。

(d)劣位のネコ、あるいは病気で弱ったネコは優位のネコ、あるいはなわばりの所有者のネコに近づかれるとゴロゴロ声を出す。

ゴロゴロ声の機能は本来気分のよいことの表現であったから、(d)は一見するとかなり矛盾しているように思える。けれども(a)、(b)、(c)の場合と同じように、ここでもゴロゴロ声は相手の気分をやわらげるという働きをしている。人間のことばにすれば、だいたいこう言っているのだ。「私は無力で、小さく、なにも悪いことはしませんから」。

私はゴロゴロ声の派生的な意味をこのように四つあげたが、フッセル（一九四九、一〇五六）とデニス（一九六九）は、これらのうち最後の意味だけを指摘している。フッセルは、ゴロゴロ声が快適な気分の表出であるのと(d)の意味をもつこととは矛盾すると述べている。デニスは私と同様の解釈をしている。だが、デニスは思いちがいもしていて、おとなのヨーロッパヤマネコがゴロゴロ声を出さないと述べている。デニスの記述を読むと、かれの飼っていたヨーロッパヤマネコが、観察時間中に完全には気を許すようにならなかったからだけのことであることがわかる。それに、かれはその他の、先に述べたような社会的な状況でのゴロゴロ声にも十分な注意をはらっていなかったのである。快適な気分から発せられる純粋なゴロゴロ声は、個体によって程度は異なるものの、歳をとるにつれてまれになることは、デニスも正しく観察している。

表6には、いくつかの本能運動がいかに広範な機会に、そして広範な機能をもって展開されるものであるかをしめしてみた。この表からはまた、本能運動の組み入れられ方と解発の閾値（いきち）が、状況に応じていかに大きく変わるものであるかも読みとることができる。

表6のAにしめした「攻撃——防御——後退」の勾配（こうばい）線上の位置は絶対的なものではなく、そこに記入されている行動様式がそこだけで起こるという意味ではない。たとえば忍び歩きは、「無頓着な接近」と「高度な警戒状況」との間におかれているが、そうした場合にだけおこなわれるわけではない。ただ、このような気分にあるときにネコの忍び歩きはもっともたやすく引き起こされるし、もっとも長くつづくのである。このように、ある運動様式が記入されている「攻撃・防御・後退」勾配線上の位置は、それぞれがもっとも低い解発刺激の閾値で起こり（もっともたやすく引き起こされ）、もっとも長く持続するか、もっともひんぱんにくりかえされる状況を大まかにしめすものだといえる。勾配線上の同じ位置に記入されているいくつかの運動様式は、同時にあるいはひきつづいて起こることが多いものであることが読みとれるが、先に

述べたようなこの表の性格から、べつの動作との組み合わせで、次々とあるいは同時におこなわれることもある。だから、この表を横に水平方向の線を引いて読みとることにこだわると、誤解を生む。

表6からは、闘争行動と威嚇行動をつくるほとんどすべての運動様式と発声とが、両者に共通していること、また一部は獲物捕獲行動にも使われていることがわかる。遊びの行動ではそれらすべてが登場する。同じように、求愛、交尾、子育て、母親に対する子の行動、それに同年齢のネコどうしの社会的なつきあいの行動についても、共通した運動様式と発声とを見ることができる。だから、たとえば「攻撃性」をすべての行動からとりのぞいてしまい、残りのシステム全体をゆるがすことなく無傷でたもつなどという発想がいかにばかげたものであるかは、多くのことばで語るよりも、この表を見ればすぐに納得がいくはずである。ここに記入されている運動様式と発声の多くは、いろいろな組み合わせをとって実際におこなわれたり、あるいはおこなわれる可能性がある。「攻撃性」はそうした組み合わせのうちの、せいぜいのところいくつかがつくるものにすぎないのだ。

本能運動を、それがもつ機能の一つによって名づける習慣はこれまで広く受け入れられてきた。いまの例はこのような名づけ方の弊害を証明するたくさんの例の一つにすぎない(ライハウゼン　一九六五b、一九六七b)が、とくに説得的な例ではある。なかでも哺乳類の行動研究では、この名づけ方の習慣は誤解を招きやすい。「相対的な気分の順位」にしたがって変化する機能構造の内部では、個々の本能運動はさまざまな機能をもつことができるが、そのときに本能運動自体が機能構造(機能範囲)の「目標」や「目的」によって決定されているわけではないからである。ただし、だからといって本能運動が進化の過程で機能との関係で淘汰を受けないといっているのではない。たとえばマーゲイの前足と後ろ足が特別に器用に動くのは、進化の過程でマーゲイが他のネコ類よりも樹上生活により適応するように働いた淘汰圧のおかげである。けれども、ものをつかむ器官となったマーゲイの後ろ足は、枝を登るときに使われるだけでなく、遊びや闘争行動にも使われる。

動物の特定の運動様式を調べると、その動作が進化してくるためのそもそものきっかけとなった機能をはたすことはあまりなかったり、それが目立たなかったり、あるいはもはやまったくその機能をはたさない例に出会う。その好例が人間のキスである。キスはホモ・サピエンスでは、主として性行動の一つの構成部分であるように思われるが、子どもへの愛

表 6
Aのたての間隔は、攻撃ー防御ー後退の仮説上の勾配で、一つの行動単位が占めるおおよその位置をあらわす。Bではこれに相当するものをしめすことは不可能。友好性は、ある行動様式の強さや頻度で表現されるのに対し、行動様式はそのときどきの状況によって、どれが使われるかが変わるからだ。ここでは、もっとも重要な運動様式だけがあげてある。運動様式は、それが向けられるはずの対象（獲物、同種仲間、異種の敵）を考慮せずにあげてある。

A）闘争行動と威嚇行動

攻撃	運動様式 移動	かみつき	前足	後ろ足	頭の動き	姿勢	発声
↑	直接相手に向かって歩く 「ぎこちなく歩く」	えり首 首 喉	首、後ろ足をつかんで引き寄せる		振る 「ぬすみ見る」	立つ 体の後部が前部より高い	「雄ネコの歌」 うなり声 ゴロゴロ声
	忍び歩き	背中	相手の体	引き寄せる（マーゲイ）	低める	前部をかがめる	
	忍び寄る	ひじ	相手のわき腹、背中、頭、足を打つ	「ける」	前向き	威嚇の猫背	フーフー声
↓	なみ足					「ハイエナ姿勢」	
防御		くち対くち		突き放す	ちぢめる	ちぢめる、かがめる	唾を吐く
↕						ころがる	防御の金切り声
後退	そっと立ち去る					低くかがめる	
	逃走（ギャロップ）						

B）友好的な行動

「母子」と「求愛ー交尾」の機能範囲からの行動様式	遊び	休息姿勢	発声
相手の体のさまざまな部位を吸う	闘争遊び	おたがいに近くにいる	のどをゴロゴロならす
	「とおせんぼ」	おたがいにふれ合う	クークーなく
相手の体をなめる、歯でついばむ	追いかけごっこ	相手の体に頭をのせる	ニャオニャオなく
自分の体をこすりつける a）相手が見ることのできる物体 b）相手の 頭、 わき腹、 肩、 あごの下、 相手の背中ごしに尾	遊び相手との獲物捕獲遊び		
頭を差し出す			
相手について行く			

情、友好的な関係、あるいは服従をあらわすこともある。そもそもキスは、離乳期に親が子に食物を口うつしであたえるときの動作として進化した。けれども、文明化した人間の子育てでは、キスのこの機能は事実上消滅している。異星人の行動学者が人間のキスを観察し、その主要な機能（もっともひんぱんに使われる機能）にしたがって命名するとしたら、「性的パートナーによる口対口の圧迫行動」とでも名づけるであろう。だが、私たち人間の日常語は本能運動のもつ多様な機能をとっくの昔にちゃんと考慮にいれて、キスという「中立的な」名前をつけたのである。行動学でもすでに個々の本能運動が、その推測上あるいは事実上の機能によってではなく、その起こり方や運動の特徴にちなんで、（しばしば考慮が足りないとはいえ）名づけられるようにはなってきた（例えばザイツ［一九四九］は、カワスズメのある行動を「口をパチンとならす行動＝口ならし」と名づけた）。実用の点からも、あるいは理論的なすじとしても、このような行動の命名方法が一般に定着するとよいのだが。

訳者あとがき

本書は、Paul Leyhausen:「Katzen, eine Verhaltenskunde」の第六版の全訳である。原書の第一版は一九五六年に出版された。その後、新たな研究データや認識が出てくるつど、改訂・拡充が重ねられた。

「なぜネコがネズミを捕らないことがあるのか」「捕ったネズミを飼い主のところにもってくるのは、飼い主に自慢したいのか」「ネコが気を悪くしたように、ぷいっとするのはなぜ」「ネコはなぜあんなに遊ぶのが好きなのか」「ネコは飼い主を何とみなしているのだろう」などの疑問は、ネコを飼った経験のない人でも、一度はもったことがあるだろう。本書は、ネコの比較行動学と行動生理学の研究結果をもとに、ネコにまつわるさまざまな疑問に納得のいく形で答えてくれる「ネコのことがわかる本」である。

著者のパウル・ライハウゼン博士は「ネコ博士」として世界的に著名で、これまでの四十年を、イエネコを中心とするネコ科動物の研究一筋に捧げてきた。ドイツ・ゼーヴィーゼンのマックスプランク行動生理学研究所でコンラート・ローレンツの下で研究したあと、ヴッパータールに独自の同研究所ネコ研究部門を設立し、多数のイエネコや野生ネコ類を飼育・観察した。研究はネコの行動の生理的な機構の解明から、獲物や他のネコとの出会い実験、野外でのイエネコの行動の観察、インドやアフリカの野生のトラ、ライオンなど、野生ネコ類の観察へと広くおよんでいる。日本にも再度おとずれ、沖縄の西表島でイリオモテヤマネコ、甲子園動植物園で飼育下の大型ネコ類を観察した。

本書は、こうした広範囲で精密な観察データ、さらにシャラー博士のライオンやトラの研究をはじめとする他の研究者の膨大な数の研究結果を徹底的に比較・分析して、そこからネコ科動物の行動を詳細に解明した、いわば「オーソドックスな」行動学の本である。こんにち行動学では、「いかにして個体が自分の遺伝子を広めようとしているか」という「利己的遺伝子」を最初から念頭において動物の行動を考察する社会生物学が主流をしめるようになった。しかし、だからといって、観察を重ね、詳細を記載し、さまざまな類縁種を比較して動物の行動を解明する、従来の行動学の意義が低くなったわけではない。

本書に書かれていることは、現在の行動学でもそのまま生きていると、多くの行動学者は口をそろえる。だから、本書は動物行動学の研究者必読の書であるといえる。

だが、それよりもまず、本書は愛猫家の座右の書である。ネコ類の行動をこれほど広範にあつかった本としては唯一無比で、こんにち出されているネコについての本は、ほとんどすべて、ライハウゼン博士の研究を基礎として書かれているといっても過言ではない。本書からはネコの一つひとつの行動の意味がわかるだけでなく、人間がネコとどうかかわっていくべきかも示唆される。たとえば、ネコが捕らえたネズミを飼い主のところに運んできたら、ほめてやるだけではなく、そのネズミを調べるべきなのだそうだ。ネコはそのとき、飼い主を餌の供給者としてでなく、自分の子ネコとみなしているからだ。また、人間は、場合によっては性行動の相手とみなされることもあるという。ネコが妙になまめかしく、人間にすりよってくるのもこのためらしい。

ネコの行動の分析からは、人間の行動も見えてくる。たとえば、獲物捕獲と食事はそれぞれべつの衝動でおこなわれるので、ネコは食べる気がなくとも大量に獲物を捕ることがあるという。ちょうど人間の衝動買いのようだ。かつては狩猟・採集で生きていた人間が、現代社会ではこのような形で狩りへの欲求を発散しているのかもしれない。

このように、本書はペット書とちがって、ネコのいろいろな行動について、「なぜ、なんのためにそうするのか」「そのときネコの中では何が起こっているのか」といったことを生物学的に納得のいくように解説しているのである。

本書を読むと、自分の飼っているネコやノラネコへの見方も変わってくる。しぐさや声の一つひとつにも深い興味がもてるようになる。この本を手引きに、ネコウォッチングするのも楽しいだろう。

本書の訳出にあたっては、滋賀県立大学学長の日高敏隆氏、横浜国立大学助教授の佐倉統氏に訳語についてご助言をいただき、本書の出版にあたっては、どうぶつ社の久木亮一氏と加納明世さんにたいへんお世話になった。これらの方々に心より感謝いたします。（今泉みね子）

ZANNIER, F. (1965): Verhaltensuntersuchungen an der Zwergmanguste, *Helogale undulata rufula*, im Zoologischen Garten Frankfurt am Main. Z. Tierpsychol. **22**, 672–695. – ZIMEN, E. (19717: Wölfe und Königspudel; Vergleichende Verhaltensbeobachtungen. München. – ZITRIN, A., und F. A. BEACH (1945): Induction of mating activity in male cats. Ann. N.Y. Acad. Sci. **46**, 42–44. – ZITRIN, A., J. JAYNES und F. A. BEACH (1956): Neural mediation of mating in male cats III. Contributions of occipital, parietal and temporal cortex. J. Comp. Neurol. **105**, 111–125.

sendes Schema" und „Angeborener Auslösemechanismus" in der Ethologie. Z. Tierpsychol. **19**, 697–722. – SCHMITT, H. G. (1949): Abnormes Umweltbild eines Grünfinken. Z. Tierpsychol. **6**, 271–274. – SCHNEIDER, K. M. (1928): Einiges zur Leipziger Löwenzucht. In: Festschrift „50 Jahre Leipziger Zoo", Leipzig, 114–141. – Ders. (1932): Das Flehmen III. Der Zool. Garten NF **5**, 200–226. – Ders. (1940/41): Tierparadies im Zoo. Der Zool. Garten NF **12**. – Ders. (1951): Vom Verhalten einiger Raubtiere zu gewissen Geruchsreizen. Verh. Dtsch. Zool. Ges. Wilhelmshaven, 359–374. – SCHNEIRLA, T. C., und J. S. ROSENBLATT (1961): Behavioral organisation and genesis of the social bond in insects and mammals. Amer. J. Orthopsychiat. **31**, 223–253. – Ders., J. S. ROSENBLATT, und E. TOBACH (1963): Maternal behavior in the cat. In RHEINGOLD (Ed.): Maternal behavior in mammals. New York – London. 122–168. – SCHULTZ, W., G. C. GALBRAITH, K. M. GOTTSCHALDT und O. D. CREUTZFELDT (1976): A Comparison of Primary Afferent and Cortical Neurone Activity Coding Sinus Hair Movements in the Cat. Exp. Brain Res. **24**, 365–381. – SCHWANGART, F. (1932): Planmäßige Züchtung von Rattenkatzen. Der Katzenfreund. – Ders. (1933): Hund und Katze. Anregung und Beitrag zur vergleichenden Heimtierforschung. Z. Hundeforschg. **3**, 65–101. – Ders. (1937): Vom Recht der Katze. Leipzig. – SCOTT, J. P., und FULLER, J. L. (1965): Genetics and Social Behavior of the Dog. Chicago (Univ. Press.). – SEITZ, A. (1940): Die Paarbildung bei einigen Cichliden I. Die Paarbildung bei *Astatotilapia strigigena* Pfeffer. Z. Tierpsychol. **4**, 40–84. – Ders. (1943): Die Paarbildung bei einigen Cichliden II. Die Paarbildung bei *Hemichromis bimaculatus* Gill. Z. Tierpsychol. **5**, 74–101. – Ders. (1949): Vergleichende Verhaltensstudien an Buntbarschen (Cichlidae). Z. Tierpsychol. **6**, 202–235. – Ders. (1950): Untersuchungen über angeborene Verhaltensweisen bei Caniden I und II. Z. Tierpsychol. **7**, 1–46. – SIEWERT, H. (1936): Mäuselnder Fuchs. Film C 352, Inst. Wiss. Film, Göttingen. – SINGH, A. (1973): Status and Social Behavior of the North Indian Tiger. The World's Cats, vol. I, 176–188 (ed. R. L. EATON). World Wildlife Safari publ., Portland, Oregon. – SINGH, K. (1961): Ein Mann und tausend Tiger. Hamburg und Berlin. – SLÁDEK, J. (1970): Werden Spitzmäuse von der Wildkatze gefressen? Säugetierk. Mitt. **18**, 224–226. – SPURWAY, H. (1953): The Escape Drive in Domestic Cats and the Dog and Cat Relationship. Behaviour **5**, 81–84. – STEINBACHER, G. (1938/39): Nüsse öffnendes Sumpfichneumon. Zool. Garten NF **10**.

TEYROVSKY, V. (1924): Studies on the intelligence of the cat I: Imitation. Publ. Faculté Sci. Univ. Masaryk **41**, 1–21 (Tschechisch). – THOMAS, E., und F. SCHALLER (1954): Das Spiel der optisch isolierten, jungen Kaspar-Hauser-Katze; Naturw. **41**, 557–558. – TINBERGEN, N. (1942): An objectivistic study of innate behaviour of animals. Bibliotheca biotheoretica **I**, Pars 2. Leiden. – Ders. (1951): The Study of Instinct. Oxford. – Ders. und J. J. A. van IERSEL (1947): Displacement Reactions in the Three-Spined Stickleback. Behaviour **I**, 56–63. – Ders. und D. J. KUENEN (1939): Über die auslösenden und die richtunggebenden Reizsituationen der Sperrbewegung von jungen Drosseln *(Turdus m. merula* L. und *Turdus e. ericetorum* Turton); Z. Tierpsychol. **3**, 37–60. – TODD, N. (1963): The catnip response. Thesis, Harvard Univ. Cambridge Mass., USA, May 1963. – TOGARE (1940): Erfahrungen mit wilden Tieren. Berliner und Münchener Tierärztl. Wochenschr. – TONER, G. C. (1956): House cat predation on small mammals. J. Mammal. **37**, 119. – TONKIN, B. A. und E. KOHLER (1978): Breeding the African golden cat, *Felis (Profelis) aurata*, in captivity; Int. Zoo Yb. **18**, 147–150. – TURNER, J. (1959): Man-eaters and memories. London.

VANEGAS, H., W. E. FOOTE und J. P. FLYNN (1969/70): Hypothalamic Influences upon Activity of Units of the Visual Cortex. Yale J. Biol. & Med. **1969–1970**, 191–201. – VERBERNE, G. (1970): Beobachtungen und Versuche über das Flehmen katzenartiger Raubtiere. Z. Tierpsychol. **27**, 807–827. – Dies. und P. LEYHAUSEN (1976): Marking Behaviour of some Viverridae and Felidae: Time-Interval Analysis of the Marking Pattern. Behaviour (Leiden) **LVIII**, 192–253. – VOSSELER, J. (1929/30): Beiträge zur Kenntnis der Fossa *(Cryptoprocta ferox* Benn.) und ihrer Fortpflanzung. Zool. Garten NF **2**.

WASMAN, M., und J. P. FLYNN (1962): Directed attack elicited from hypothalamus; Arch. Neurol. **6**, 220–227. – WEISS, G. (1952): Beobachtungen an zwei isoliert aufgezogenen Hauskatzen. Z. Tierpsychol. **9**, 451–462. – WEMMER, Ch. M. (1977): Comparative Ethology of the Large-spotted Genet *(Genetta tigrina)* and Some Related Viverrids. Smithsonian Contributions to Zoology **239**, Smithsonian Institution Press, Washington D. C. – WHALEN, R. E. (1963 a): Sexual behavior of cats. Behaviour (Leiden) **20**, 321–342. – Ders. (1963 b): The initiation of mating in naive female cats. Anim. Behaviour **11**, 461–463. – WÜSTEHUBE, C. (1960): Beiträge zur Kenntnis besonders des Spiel- und Beutefangverhaltens einheimischer Musteliden; Z. Tierpsychol. **17**, 579–613.

YERKES, R. M., und A. W. YERKES (1929): The Great Apes. New Haven.

ling by rats: Roles of hunger and thirst in its initiation and maintenance. J. comp. physiol. Psychol. 76, 242–249. – Diesn. (1973): Social facilitation and inhibition of hunger-induced killing by rats. J. comp. physiol. Psychol. 84, 162–168. – Dies. und POSNER, I. (1973): Predation and feeding: Comparisons of feeding behavior of killer and nonkiller rats. J. comp. physiol. Psychol. 84, 258–264. – PEARSON, O. P. (1964): Carnivore-mouse predation: an examination of its intensity and bioenergetics; J. Mammal. 45, 177–188. – PELKWIJK, J. J. ter, und N. TINBERGEN (1937): Eine reizbiologische Analyse einiger Verhaltensweisen von *Gasterosteus aculeatus* L. Z. Tierpsychol. 1, 103–200. – PETERS, G. (1978): Vergleichende Untersuchung zur Lautgebung einiger Feliden (Mammalia, Felidae). Spixiana, Suppl. 1 – (in Vorber.): A preliminary report on purring in the Felidae. – Ders. und B. A. TONKIN (im Druck): A comparative approach to the structure of some vocalizations in the Felidae. – PIELOWSKI, Z. (1976): Cats and Dogs in the European Hare Hunting Ground. In: Ecology and management of European hare populations. Symp. Warszawa 1976, 153–156. – PILTERS, H. GAUTHIER- (1962): Beobachtungen an Feneks *(Fennecus zerda* Zimm.). Z. Tierpsychol. 19, 440–464. – POCOCK, R. I. (1917): The classification of existing Felidae; Ann. Mag. Nat. Hist. 8th Series, 20, 328–351. – Ders. (1951): Catalogue of the genus *Felis*. Trustees of the Brit. Mus. (Nat. Hist.) London. – POGLAYEN-NEUWALL, I. (1962): Beiträge zu einem Ethogramm des Wickelbären *(Potos flavus* Schreber). Z. Säugetierkde. 27, 1–44. – Ders. (1965): Gefangenschaftsbeobachtungen am Makibären *(Bassaricyon* Allen 1876). Z. Säugetierkde. 30, 321–366. – POOLE, T. B. (1966): Aggressive play in polecats. Symp. Zool. Soc. Lond. 18, 23–44. – Ders. (1967): Aspects of aggressive behaviour in polecats. Z. Tierpsychol. 24, 351–369. – PRECHT, H. (1958): Triebbedingtes Verhalten bei Tieren; Z. experim. u. angew. Psychol. 7, 198–210. – PRECHTL, H. F. R. (1953): Zur Physiologie des angeborenen auslösenden Mechanismus I. Quantitative Untersuchungen über die Sperrbewegungen junger Singvögel. Behaviour 5, 32–50. – PROVOST, E. E., NELSON, C. A. und MARSHALL, A. D. (1973): Population Dynamics and Behavior in the Bobcat. The World's Cats, vol. I, 42–67 (ed. R. L. EATON). World Wildlife Safari publ., Portland, Oregon.

RABB, G. (1959): Reproductive and vocal behavior in captive pumas. J. Mammal. 40, 616–617. – RÄBER, H. (1944): Versuche zur Ermittlung des Beuteschemas an einem Hausmarder *(Martes foina)* und einem Iltis *(Putorius putorius)*. Rev. Suisse Zool. 51, 293–332. – Ders. (1949): Das Verhalten gefangener Waldohreulen und Waldkäuze zur Beute. Behaviour 2, 1–95. – RANDALL, W. L. (1964): The behaviour of cats *(Felis catus* L.) with lesions in the caudal midbrain region; Behaviour 23, 107–139. – RASA, O. A. E. (1977): The Ethology and Sociology of the Dwarf Mongoose *(Helogale undulata rufula)*. Z. Tierpsychol. 43, 337–406. – ROBERTS, W. W., und H. O. KIESS (1964): Motivational properties of hypothalamic aggression in cats; J. comp. physiol. Psychol. 58, 187–193. – Ders. und E. H. BERGQUIST (1968): Attack elicited by hypothalamic stimulation in cats raised in social isolation. J. comp. physiol. Psychol. 66, 590–595. – Ders., M. L. STEINBERG und L. W. MEANS (1967): Hypothalamic mechanisms for sexual, aggressive, and other motivational behaviors in the opossum, *Didelphis virginiana*. J. comp. physiol. Psychol. 64, 1–15. – ROSENBLATT, J. S. (1953): Mating behavior of male cats. The role of sexual experience and social adjustments. Ph. D. Thesis New York Univ. N. Y. – Ders., und L. R. ARONSON (1958 a): The decline of sexual behavior in male cats after castration with special reference to the role of prior sexual experience. Behaviour (Leiden) 12, 285–338. – Dies. (1958 b): The influence of experience on the behavioral effects of androgen in prepuberally castrated male cats. Anim. Behaviour 6, 171–182. – ROSENBLATT, J. S. und T. C. SCHNEIRLA (1962): Behavior of the cat. In HAFEZ (Ed.): The behaviour of domestic animals. London. 453–488. – ROSENBLATT, J. S., TURKEWITZ, G. und SCHNEIRLA, T. C. (1969): Development of Home Orientation in Newly Born Kittens. Transact. N. York Acad. Sci. Ser. II, 31, 231–250. – RUDNAI, J. (1973): The Social Life of the Lion. Med. & Tech. Publ. Comp., Lancaster, Engl.

SANDEN, W. von (1939): Ingo. Tübingen. – SCHALLER, G. (1967): The deer and the tiger. Chicago und London. – Ders. (1968): Hunting behaviour of the cheetah in the Serengeti National Park, Tanzania. E. Afr. Wildl. J. 6, 95–100. – Ders. (1970): This gentle and elegant cat. Nat. Hist. 79 (6), 31–39. – Ders. (1972): The Serengeti Lion. Chicago, The University of Chicago Press. – Ders. (1973): Golden Shadows, Flying Hooves. Alfred A. Knopf publ., New York. – Ders. und G. LOWTHER (1969): The relevance of carnivore behavior to the study of early hominids. Southwestern J. Anthropol. 25, 307–341. – Ders. und VASCONCELOS, J. M. C. (1978): Jaguar predation on capybara. Z. Säugetierkunde 43, 296–301. – SCHENKEL, R. (1947): Verhaltensstudien an Wölfen (Gefangenschaftsbeobachtungen). Behaviour I, 81–129. – Ders. (1960): Demut und Großmut im Reiche der Wirbeltiere. ,,Zolli", Bull. Zool. Garten Basel, 3–7. – Ders. (1966): Zum Problem der Territorialität und des Markierens bei Säugern – am Beispiel des Schwarzen Nashorns und des Löwen. Z. Tierpsychol. 23, 593–626. – SCHJELDERUP-EBBE, T. (1922): Beiträge zur Sozialpsychologie des Haushuhns. Z. Psychol. 88, 225–252. – SCHLEIDT, W. M. (1962): Die historische Entwicklung der Begriffe ,,Angeborenes auslö-

und ontogenetischen Entwicklung des Beutefangs von Raubtieren). Z. Tierpsychol. **22**, 412–494. – Ders. (1967 a): Sexual behaviour in mammals. In: Penguin Science Survey 1967, Biology: The biology of sex. Harmondsworth, England. – Ders. (1967 b): Biologie von Ausdruck und Eindruck. Psychol. Forsch. **31**, 113–227. – Ders. (1971): Dominance and territoriality as complements in mammalian social structure. Symp. "The use of space in animals and man", AAAS-Meeting, Dallas, 26.–30.12.1968. – Ders. und B. Tonkin (1966): Breeding the Blackfooted cat in captivity. Int. Zoo Yb. **6** (1964), 178–182. – Ders. und R. Wolff (1959): Das Revier einer Hauskatze. Z. Tierpsychol. **16**, 666–670. – Lindemann, W. (1950): Beobachtungen an wilden und gezähmten Luchsen. Z. Tierpsychol. **7**, 217–240. – Ders. (1953): Einiges über die Wildkatze der Ostkarpaten *(Felis s. silvestris* Schreber, 1777). Säugetierk. Mitt. **1**, 73–74. – Ders. (1955): Über die Jugendentwicklung beim Luchs *(Lynx l. lynx* Kerr) und bei der Wildkatze *(Felis s. silvestris* Schreb.). Behaviour (Leiden) **8**, 1–45. – Ders. und W. Rieck (1953): Beobachtungen bei der Aufzucht von Wildkatzen. Z. Tierpsychol. **10**, 92–119. – Lissman, H. H. (1950): Proprioceptors. In: Physiological Mechanisms in Animal Behaviour, Symp. Soc. Exp. Biol. Cambridge. 34–59. – Loir, A. (1930): Le Chat. Paris. – Lorenz, K. (1935): Der Kumpan in der Umwelt des Vogels. J. Ornith. **83**, 137–215, 289–413. – Ders. (1937 a): Über die Bildung des Instinktbegriffes. Die Naturwiss. **25**, 289–300, 307–318, 324–331. – Ders. (1937 b): Über den Begriff der Instinkthandlung. Folia biotheoretica, Ser. B, II Instinctus, 17–50. – Ders. (1939): Vergleichende Verhaltensforschung. Verh. Dtsch. Zool. Ges. 69–102. – Ders. (1941): Vergleichende Bewegungsstudien an Anatinen. J. Ornith. **89**, Suppl. 3 (Festschrift O. Heinroth), 194–293. – Ders. (1943): Die angeborenen Formen möglicher Erfahrung. Z. Tierpsychol. **5**, 235–409. – Ders. (1951 a): Ausdrucksbewegungen höherer Tiere. Die Naturwiss. **38**, 113–116. – Ders. (1951 b): So kam der Mensch auf den Hund. 2. Aufl. Wien. – Ders. (1952): Die Entwicklung der vergleichenden Verhaltensforschung in den letzten 12 Jahren. Verh. Dtsch. Zool. Ges. Freiburg, 36–58. – Ders. (1959): Gestaltwahrnehmung als Quelle wissenschaftlicher Erkenntnis; Z. experim. u. angew. Psychol. **6**, 118–165. – Ders. (1961): Phylogenetische Anpassung und adaptive Modifikation des Verhaltens; Z. Tierpsychol. **18**, 139–187. – Ders. (1963): Das sogenannte Böse (Zur Naturgeschichte der Aggression). Wien.

Martin, S. J. (1929/30): On the Himalayan Palm Civet *(Paradoxurus grayi)*. J. Bombay Nat. Hist. Soc. **33**. – Marvin, J. H., und Ch. M. Harsh (1944): Observational learning by cats. J. Comp. Psychol. **37**, 71–79. – McCord, C. (1977): The Bobcat in Massachusetts. Massachusetts Wildlife **XXVIII/5**, 2–8. – Meyer-Holzapfel, M. (1949): Die Beziehungen zwischen den Trieben junger und erwachsener Tiere. Schweiz. Z. Psychol. u. ihre Anwendungen **VIII**, 32–60. – Dies. (1956 a): Über die Bereitschaft zu Spiel- und Instinkthandlungen; Z. Tierpsychol. **13**, 442–464. – Dies. (1956 b): Das Spiel bei Säugetieren; Kükenthal's Hdb. Zool. **8**, 10 (5), 1–36. – Michael, R. P. (1960): An investigation of the sensitivity of circumscribed neurological areas to hormonal stimulation by means of the application of oestrogens directly to the brain of the cat. 4th Int. Neurochem. Symp. 1960, 465–480. – Ders. (1961 a): Observations upon the sexual behaviour of the domestic cat *(Felis catus* L.) under laboratory conditions. Behaviour (Leiden) **18**, 1–24. – Ders. (1961 b): "Hypersexuality" in male cats without brain damage. Science **134**, 553–554. – Ders. (1962): The entry of oestrogens into the brain of the female cat. Excerpta Medica, Int. Congress Series No. 51 (abstracts of papers read at the Int. Congress on Hormonal Steroids, Milan 14–19 May 1962). – Ders. (1964): Biological factors in the organisation and expression of sexual behaviour. In: The Pathology and Treatment of Sexual Deviation, Ed. Ismond Rosen, Oxford. – Ders. (1965 a): The selective accumulation of oestrogens in the neural and genital tissues of the cat. Hormonal Steroids, Biochemistry, Pharmacology and Therapeutics: Proc. 1st Int. Congress on Hormonal Steroids, Vol. 2, 469–481. – Ders. (1965 b): Neurological mechanisms and the control of sexual behaviour. The Scientific Basis of Medicine Annual Review **19**, 316–333. – Morris, R. C. (1929/30): The Sense of Smell in Indian Felidae. J. Bombay Nat. Hist. Soc. **33**. – Muckenhirn, N. A., und Eisenberg, J. F. (1973): Home Ranges and Predation of the Ceylon Leopard *(Panthera pardus fusca)*. The World's Cats, vol. I, 142–175 (ed. R. L. Eaton). World Wildlife Safari publ., Portland, Oregon. – Müller, H. (1970): Beiträge zur Biologie des Hermelins, *Mustela erminea* Linné, 1758. Säugetierk. Mitt. **18**, 293–380. – Murie, A. (1944): The Wolves of Mount McKinley. Washington.

Naacktgeboren, C. (1965): Die normale Katzengeburt. Die Edelkatze **15**, 3–5. – Naundorf, E. (1936): Über *Crossarchus obscurus* Fr. Cuvier als Hausgenossen. Carnivorenstudien **II**, P. Schöps-Verl. Leipzig.

Palen, G. F. und G. V. Goddard (1966): Catnip and oestrous behaviour in the cat. Anim. Behav. **14**, 372–377. – Paul, L. (1972): Predatory attack by rats: its relationship to feeding and type of prey. J. comp. physiol. Psychol. **78**, 69–76. – Dies., Miley, W. M. und Baenninger, R. (1971): Mouse kil-

IERSEL, J. J. A. VAN (1953): An Analysis of the Parental Behaviour of the Male Three-Spined Stickleback. Leiden (Behaviour Suppl. III). – IMAIZUMI, Y. (1967): A new genus and species of cat from Iriomote, Ryukyu Islands. The J. Mammal. Soc. Japan **3**, 74–105. – IMMELMANN, K. (1967): Zur ontogenetischen Gesangsentwicklung bei Prachtfinken. Zool. Anz. Suppl. **30**, 320–332. – INHELDER, E. (1955 a): Zur Psychologie einiger Verhaltensweisen – besonders des Spiels – von Zootieren; Z. Tierpsychol. **12**, 88–144. – Ders. (1955 b): Über das Spielen mit Gegenständen bei Huftieren; Revue Suisse de Zool. **62**, 240–250. – INSELMAN, B. R. und FLYNN, J. P. (1972): Modulatory Effects of Preoptic Stimulation on Hypothalamically-Elicited Attack in Cats. Brain Research **42**, 73–87. – Diesn. (1973): Sex-Dependent Effects of Gonadal and Gonadotropic Hormones on Centrally-Elicited Attack in Cats. Brain Research **60**, 1–19.

JACOBS, W. (1950): Vergleichende Verhaltensstudien an Feldheuschrecken. Z. Tierpsychol. **7**, 160–216. – Ders. (1953): Verhaltensbiologische Studien an Feldheuschrecken. Paul Parey, Berlin und Hamburg (Z. Tierpsychol. Suppl. I). – JOSLIN, P. (1973): Factors Associated with Decline of the Asiatic Lion. In: The World's Cats, vol. I (R. EATON ed.), publ. by World Wildlife Safari, Winston, Oregon, 127–141.

KAUFMANN, J. H. (1962): Ecology and social behavior of the coati, *Nasua narica,* on Barro Colorado Island, Panama. Univ. of California Publ. in Zool. **60**, 95–222. – KIRK, G. (1967): Werden Spitzmäuse (Soricidae) von der Hauskatze *(Felis catus)* erbeutet und gefressen? Säugetierk. Mitt. **15**, 169–170. – Ders. (1969): Nochmals zur Frage: Werden Spitzmäuse von der Hauskatze erbeutet und gefressen? Säugetierk. Mitt. **17**, 181. – KLEIN, Br. M.: Gesicht, Körper und Spiel der Katze. Der Naturforscher **VII**, 1930/31 und **VIII**, 1931/32. – KNAPPE, H. (1959/60): Beobachtungen über die Aktivität der Hauskatze; Wiss. Z. Humboldt-Univ. Berlin, Math.-Nat. R. **IX**, 461–478. – Ders. (1964): Zur Funktion des Jacobsonschen Organs *(Organon vomeronasale Jacobsoni).* Der Zool. Garten **24**, 188–194. – KÖHLER, W. (1921): Intelligenzprüfungen an Menschenaffen. Berlin. – KORTLANDT, A. (1955): Aspects and prospects of the concept of instinct (Vicissitudes of the hierarchy theory); Arch. néerl. de Zool. **XI**, 155–284. – KRETSCHMER, E. (1953): Der Begriff der motorischen Schablonen und ihre Rolle in normalen und pathologischen Lebensvorgängen; Arch. Psychiatr. Nervenkr. **190**, 1–3. – KRIEG, H. (1964): Säugetiere stellen sich tot. Das Tier H. 6 (Juni), 25. – KRUIJT, J. P. (1964): Ontogeny of social behaviour in Burmese Red Junglefowl *(Gallus gallus spadiceus)*; Behaviour, Suppl. **12**. – KRUUK, H. (1966): A new view of the hyaena. New Scientist 1966, 849–851. – Ders. (1972): The Spotted Hyena. The University of Chicago Press, Chicago and London. – Ders. und M. TURNER (1967): Comparative notes on predation by lion, leopard, cheetah and wild dog in the Serengeti area, East Africa; Mammalia **31**, 1–27. – KÜHME, W. (1966): Beobachtungen zur Soziologie des Löwen in der Serengeti-Steppe Ostafrikas. Z. Säugetierkde. **31**, 205–213. – KUO, Z. Y. (1931): The Genesis of the Cat's Response to the Rat. J. Comp. Psychol. **XI**. – Ders. (1967): The Dynamics of Behavior Development; An Epigenetic View. New York, Random House Inc.

LAVEN, H. (1940): Beiträge zur Brutbiologie des Sandregenpfeifers. J. Ornith. **88**, 183–287. – LEHRMAN, D. S. (1953): A Critique of Konrad Lorenz's Theory of Instinctive Behavior. Quart. Rev. Biol. **28**, 337–363. – LEYHAUSEN, P. (1948): Beobachtungen an einem jungen Schwarzbären *(Ursus americanus* Pall.). Z. Tierpsychol. **6**, 433–444. – Ders. (1950): Beobachtungen an Löwen-Tiger-Bastarden, mit einigen Bemerkungen zur Systematik der Großkatzen. Z. Tierpsychol. **7**, 46–83. – Ders. (1952 a): Das Verhältnis von Trieb und Wille in seiner Bedeutung für die Pädagogik. Lebendige Schule (Schola) **7**, 521–542. – Ders. (1952 b): Über die Beziehung der Katze zum Beutetier. Verh. Dtsch. Zool. Ges. Freiburg, 200–202. – Ders. (1952 c): *Felis catus* – Transport der Jungen durch die Mutterkatze. Film E 29, Encyclopaedia Cinematographica, Inst. Wiss. Film, Göttingen. – Ders. (1953): Beobachtungen an einer brasilianischen Tigerkatze. Z. Tierpsychol. **10**, 77–91. – Ders. (1954 a): *Nasua rufa,* Stöbern. Film E 56, Encyclopaedia Cinematographica, Inst. Wiss. Film, Göttingen. – Ders. (1954 b): Die Entdeckung der relativen Koordination: Ein Beitrag zur Annäherung von Physiologie und Psychologie; Studium Generale **7**, 45–60. – Ders. (1955): Über relative Stimmungshierarchie bei Säugern; Vortrag auf der III. Internat. Ethologenkonferenz, Groningen, unveröff. – Ders. (1956 a, 1960): Verhaltensstudien an Katzen; Berlin. – Ders. (1956 b): Das Verhalten der Katzen; Hdbch. Zool. **8**, 10 (21), 1–34; Berlin. – Ders. (1961): Über den Begriff des Normalverhaltens in der Ethologie; Vortrag auf der VII. Internat. Ethologenkonferenz, Starnberg, unveröff. – Ders. (1962 a): Domestikationsbedingte Verhaltenseigentümlichkeiten der Hauskatze. Z. Tierzüchtg. u. Züchtungsbiol. **77**, 191–197. – Ders. (1962 b): Smaller cats in the zoo; Inter. Zoo Yearbook **3** (1961): 11–16. – Ders. (1963): Über südamerikanische Pardelkatzen; Z. Tierpsychol. **20**, 627–640. – Ders. (1965 a): The communal organization of solitary mammals. Symp. Zool. Soc. London Nr. **14** (26.–27.11.1963), 249–263. – Ders. (1965 b): Über die Funktion der Relativen Stimmungshierarchie. (Dargestellt am Beispiel der phylogenetischen

(1959): Central representation of affective reactions in forebrain and brain stem: electrical stimulation of *amygdala, stria terminalis,* and adjacent structures. J. Physiol. **145,** 251–265. – Fiedler, W. (1957): Beobachtungen zum Markierungsverhalten einiger Säugetiere. Z. Säugetierkde. **22,** 57–76. – Fischel, W. (1953): Die gewaltsame Auseinandersetzung bei Hunden. Naturw. Rdsch. **6,** 61–64. – Flynn, J. P. (1969): Neural Aspects of Attack Behavior in Cats. Ann. N. York Acad. Sci. **159,** 1008–1012. – Ders. (1972): Patterning Mechanisms, Patterned Reflexes, and Attack Behavior in Cats. Nebraska Symp. on Motivation, 125–153. – Ders., Edwards, S. B. und Bandler, R. J. (1971): Changes in Sensory and Motor Systems during Centrally Elicited Attack. Behav. Science **16,** 1–19.

Gause, G. F. (1942): The relation of adaptability to adaptation. Quart. Rev. Biol. **17,** 99–114. – Goethe, F. (1940): Beiträge zur Biologie des Iltis. Z. Säugetierkde. **15.** – Ders. (1950): Vom Leben des Mauswiesels (*Mustela n. nivalis* L.). Zool. Garten NF **17,** 193–204. – Gossow, H. (1970): Vergleichende Verhaltensstudien an Marderartigen I. Über Lautäußerungen und zum Beuteverhalten. Z. Tierpsychol. **27,** 405–480. – Gottschaldt, K. M. und Young, D. W. (1977 a): Properties of different functional types of neurones in the cat's rostral trigeminal nuclei responding to sinus hair stimulation. J. Physiol. **272,** 57–84. – Dies. (1977 b): Quantitative aspects of responses in trigeminal relay neurones and interneurones following mechanical stimulation of sinus hairs and skin in the cat. J. Physiol. **272,** 85–103. – Greene, H. W. (1976): Scale Overlap, a Directional Sign Stimulus for Prey Ingestion by Ophiophagous Snakes. Z. Tierpsychol. **41,** 113–120. – Guggisberg, C. A. W. (1960): Simba. Bern.

Haas, A. (1962): Phylogenetisch bedeutungsvolle Verhaltensänderungen bei Hummeln; Z. Tierpsychol. **19,** 356–370. – Ders. (1965): Weitere Beobachtungen zum „Generischen Verhalten" bei Hummeln. Z. Tierpsychol. **22,** 305–320. – Haltenorth, Th. (1937): Die verwandtschaftliche Stellung der Großkatzen zueinander II. Z. Säugetierkde. **12,** 97–240. – Ders. (1953): Die Wildkatzen der Alten Welt; Leipzig. – Hassenstein, B. (1960): Die bisherige Rolle der Kybernetik in der biologischen Forschung; Naturwiss. Rundschau **13,** 349–355, 373–382, 419–424. – Hediger, H. (1949): Säugetierterritorien und ihre Markierung. Bijdragen tot de Dierkunde **28,** 172–184. – Ders. (1961): Beobachtungen zur Tierpsychologie im Zoo und Zirkus; Basel. – Heidemann, G., und G. Vauk (1970): Zur Nahrungsökologie „wildernder" Hauskatzen (*Felis sylvestris* f. *catus* Linné 1758). Z. Säugetierkde. **35,** 185–190. – Heiligenberg, W. (1963): Ursachen für das Auftreten von Instinktbewegungen bei einem Fisch (*Pelmatochromis subocellatus kribensis* Boul., Cichlidae); Z. vergl. Physiol. **47,** 339–380. – Ders. (1964): Ein Versuch zur ganzheitsbezogenen Analyse des Instinktverhaltens eines Fisches (*Pelmatochromis subocellatus kribensis* Boul., Cichlidae); Z. Tierpsychol. **21,** 1–52. – Hemmer, H. (1968): Untersuchungen zur Stammesgeschichte der Pantherkatzen (*Pantherinae*) Teil II: Studien zur Ethologie des Nebelparders *Neofelis nebulosa* (Griffith 1821) und des Irbis *Uncia uncia* (Schreber 1775). Veröff. Zool. Staatssamml. München **12,** 155–247. – Herter, K. und M. Herter (1953): Kaspar-Hauser-Versuche mit Iltissen. Zool. Anz. **151,** 175–185. – Hess, W. R. (1943): Das Zwischenhirn als Koordinationsorgan. Helv. Phys. Acta **I,** 549–565. – Ders. (1954): Das Zwischenhirn, 2. Aufl.; Basel. – Ders. und M. Brügger (1943): Das subkortikale Zentrum der affektiven Abwehrreaktion. Helv. Phys. Acta **I,** 33–52. – Hinde, R. A. (1959): Unitary drives; Anim. Behaviour **7,** 130–141. – Hochstrasser, G. (1970): Hauskatze frißt Heuschrecken zur Sättigung. Säugetierk. Mitt. **18,** 278. – Hoffmeister, F. und W. Wuttke (1969): On the actions of psychotropic drugs on the attack- and aggressive-defensive behaviour of mice and cats. Proc. Symp. Biol. of Aggressive Behaviour, Milan, May 1968, 273–280. – Holst, E. v. (1936): Vom Dualismus der motorischen und der automatisch-rhythmischen Funktionen im Rückenmark und vom Wesen des automatischen Rhythmus. Pflügers Archiv ges. Physiol. **237.** – Ders. und H. Mittelstaedt (1950): Das Reafferenzprinzip (Wechselwirkungen zwischen Zentralnervensystem und Peripherie); Naturw. **37,** 464–476. – Ders., und U. von Saint-Paul (1960): Vom Wirkungsgefüge der Triebe. Die Naturwiss. **47,** 409–422. – Hornocker, M. G. (1969): Winter territoriality in mountain lions. J. Wildl. Mgmt. **33,** 457–464. – Ders. (1970 a): An analysis of mountain lion predation upon mule deer and elk in the Idaho Primitive Area. Wildl. Monographs No. 21. – Ders. (1970 b): The American lion. Natural Hist. **79,** 40–49, 68–71. – Hornung, V. (1940): Hauskatze und Mäusebussard als gelegentliche Feinde des Eichhörnchens. Zool. Garten NF **12.** – Ders. (1943): Hauskatze erbeutet Mauswiesel. Zool. Garten NF **15,** 133. – Hubbs, E. L. (1951): Food habits of feral house cats in the Sacramento valley. Californ. Fish and Game **37,** 177–189. – Hunsperger, R. W. (1962): Neurophysiologische Mechanismen des Abwehr/Angriffs- und Fluchtverhaltens bei der Katze. Bull. Schweiz. Akad. Med. Wiss. **18,** 216–224. – Hussel, L. (1949): Beitrag zur Physiologie des Schnurrens der Hauskatze. Diss. d. Vet.-med. Fak. Univ. Leipzig, unpubl. – Ders. (1956): Das Schnurren der Hauskatze. Urania (Berlin) **19,** 36–39.

isse Zool. **76**, 183–210. – COOPER, J. B. (1942): An Exploratory Study on African Lions. Comp. Psych. Monogr. **17**, 1–48. – Ders. (1944): A Description of Parturition in the Domestic Cat. J. Comp. Psychol. **37**, 71–79. – COOPER, K. K. (1960): The significance of past sexual experience in the reappearance of sexual behavior in castrated male cats treated with testosterone propionate. M. Sc. Thesis, New York Univ. N. Y. – CRAIG, W. (1918): Appetites and aversions as constituents of instincts; Biol. Bull. **34**, 91–108.

DAVIS, D. E. (1957): The use of food as a buffer in a predator-prey system; J. Mammal. **38**, 466–472. – DELGADO, J. M. R., und B. K. ANAND (1953): Increase of food intake induced by electrical stimulation of the lateral hypothalamus. Amer. J. Physiol. **172**, 162–168. – DENIS, B. (1969): Contribution à l'étude du ronronnement chez le Chat domestique (*Felis catus* L.) et chez le Chat sauvage (*Felis silvestris* S.). Aspects morpho-fonctionnels, acoustiques et éthologiques. Selbstverlag, 1 bis, Ave. Gambetta, Alfort, Frankreich. – DIEBSCHLAG, E. (1940): Psychologische Beobachtungen über die Rangordnung bei der Haustaube. Z. Tierpsychol. **4**, 173–187. – DRÜWA, P. (1976): Beobachtungen zum Verhalten des Waldhundes (*Speothos venaticus*, Lund 1842) in Gefangenschaft. Diss. Math.-Naturw. Fakultät, Univ. Bonn. – DÜCKER, G. (1957): Farb- und Helligkeitssehen und Instinkte bei Viverriden und Feliden; Zool. Beiträge, N. F. **3**, 25–99. – Dies. (1962): Brutpflegeverhalten und Ontogenese des Verhaltens bei Surikaten (*Suricata suricatta* Schreb., Viverridae); Behaviour **19**, 305–340. – Dies. (1965): Das Verhalten der Viverriden. In: KÜKENTHAL's Handb. d. Zool. **8**, 10 (20 a), 1–48.

EATON, R. L. (1970 a) Group interaction, spacing and territoriality in cheetahs. Z. Tierpsychol. **27**, 481–491. – Ders. (1970 b): The predatory sequence, with emphasis on killing behavior and its ontogeny, in the cheetah (*Acinonyx jubatus* Schreber). Z. Tierpsychol. **27**, 492–504. – Ders. (1972 a): An Experimental Study of Predatory and Feeding Behavior in the Cheetah (*Acinonyx jubatus*). Z. Tierpsychol. **31**, 270–280. – Ders. (1972 b): Predatory and Feeding Behavior in Adult Lions: The Deprivation Experiment. Z. Tierpsychol. **31**, 461–473. – Ders. (1974): The Cheetah. New York, van Nostrand Reinhold Comp. – EIBL-EIBESFELDT, I. (1950 a): Über die Jugendentwicklung des Verhaltens eines männlichen Dachses (*Meles meles* L.) unter besonderer Berücksichtigung des Spieles. Z. Tierpsychol. **7**, 327–355. – Ders. (1950 b): Beiträge zur Biologie der Haus- und Ährenmaus, nebst einigen Beobachtungen an anderen Nagern. Z. Tierpsychol. **7**, 558–587. – Ders. (1951): Beobachtungen zur Fortpflanzungsbiologie und Jugendentwicklung des Eichhörnchens (*Sciurus vulgaris* L.). Z. Tierpsychol. **8**, 370–400. – Ders. (1952): Ethologische Unterschiede zwischen Hausratte und Wanderratte. Verh. Dtsch. Zool. Ges. Freiburg, 169–180. – Ders. (1953): Zur Ethologie des Hamsters (*Cricetus cricetus* L.). Z. Tierpsychol. **10**, 204–254. – Ders. (1955): Zur Biologie des Iltis (*Putorius putorius* L.); Filmvorführung C 697; Verh. Dtsch. Zool. Ges., 304–314. – Ders. (1956): Angeborenes und Erworbenes in der Technik des Beutetötens (Versuche am Iltis, *Putorius putorius* L.); Z. Säugetierkde. **21**, 135–137. – Ders. (1957): Die Ausdrucksformen der Säugetiere. In: KÜKENTHAL's Handb. d. Zool. **8**, 10 (6), 1–26. – Ders. (1958 a): *Putorius putorius* (L.): Beutefang I (Töten von Wanderratten); Film E 106 der Encyclopaedia Cinematographica, Göttingen. – Ders. (1958 b): Das Verhalten der Nagetiere. In: KÜKENTHAL's Handb. d. Zool. **8**, 10 (13), 1–88. – Ders. (1963): Angeborenes und Erworbenes im Verhalten einiger Säuger; Z. Tierpsychol. **20**, 705–754. – Ders. (1967): Grundriß der vergleichenden Verhaltensforschung, München. – EISENBERG, J., u. P. LEYHAUSEN (1972): The phylogenesis of predatory behavior in mammals. Z. Tierpsychol. **30**, 59–93. – EISENBERG, J. F. und LOCKHART, M. (1972): An Ecological Reconnaissance of Wilpattu National Park, Ceylon. Smithsonian Contributions to Zoology Nr. 101. Smithsonian Institution Press, City of Washington D. C. – ELOFF, F. C. (1964): On the predatory habits of lions and hyaenas. Koedoe **7**, 105–113. – Ders. (1973 a): Lion predation in the Kalahari Gemsbok National Park. J. sth. Afr. Wildl. Mgmt Ass. **3** (2), 58–63. – Ders. (1973 b): Ecology and behavior of the Kalahari lion. The World's Cats, vol. I, 90–126, World Wildlife Safari publ., Portland, Oregon. – EWER, R. F. (1959): Suckling behaviour in kittens. Behaviour **15**, 146–162. – Dies. (1961): Further observations on suckling behaviour in kittens, together with some general considerations of the interrelations of innate and acquired responses. Behaviour (Leiden) **17**, 247–260. – Dies. (1963): The behaviour of the meerkat, *Suricata suricatta*; Z. Tierpsychol. **20**, 570–607. – Dies. (1968): Ethology of Mammals, London. – Dies. (1969): Some observations on the killing and eating of prey by two dasyurid marsupials: the mulgara, *Dasycercus cristicauda*, and the Tasmanian devil, *Sarcophilus harrisi*. Z. Tierpsychol. **26**, 23–38. – Dies. (1973): The Carnivores. London, Weidenfeld & Nicolson. – Dies. und WEMMER, C. (1974): The Behaviour in Captivity of the African Civet, *Civettictis civetta* (Schreber). Z. Tierpsychol. **34**, 359–394.

FABER, A. (1929): Die Lautäußerungen der Orthopteren, I und II. Z. Morph. u. Ökol. d. Tiere, Teil I: **23**, 745–803, Teil II: **26**, 1932, 1–93. – Ders. (1936): Die Laut- und Bewegungsäußerungen der Oedipodinen. Z. wiss. Zool. (A) **149**, 1–85. – FERNANDEZ DE MOLINA, A., und R. W. HUNSPERGER

［文献］

ADAMEC, R. (1975 a): The Behavioral Bases of Prolonged Suppression of Predatory Attack in Cats. Aggressive Behavior **1**, 297–314. – Ders. (1975 b): The Neural Bases of Prolonged Suppression of Predatory Attack. I Naturally Occurring Physiological Differences in the Limbic Systems of Killer and Non-Killer Cats. Aggressive Behavior **1**, 315–330. – ADAMS, D., und J. FLYNN (1966): Transfer of an escape response from tail shock to brain stimulated attack behavior. J. Exp. Analysis of Behavior **9**, 401–408. – ADAMSON, J. (1960): Born Free; London. – Dies. (1969): The Spotted Sphinx. London, Collins & Harvill. – ADRIAANSE, A. (1947): *Ammophila campestris* Latr. und *Ammophila adriaansei* Wilcke, ein Beitrag zur vergleichenden Verhaltensforschung. Behaviour **1**. – ANDREW, R. J. (1963): The origin and evolution of the calls and facial expressions of the primates. Behaviour (Leiden) **20**, 1–109. – ANTONIUS, O. (1937): Über Herdenbildung und Paarungseigentümlichkeiten bei Einhufern. Z. Tierpsychol. **1**, 259–289. – Ders. (1939): Über Symbolhandlungen und Verwandtes bei Säugetieren. Z. Tierpsychol. **3**, 264–278. – Ders. (1943): Nachtrag zu „Symbolhandlungen und Verwandtes bei Säugetieren". Z. Tierpsychol. **5**, 38–42. – ARMSTRONG, E. A. (1950): The Nature and Function of Displacement Activities. Symp. Soc. Exp. Biol., Cambridge Univ. Press. 361–384. – ASAHI, M. (1966): A scatological study of Tsushima leopard cat. Bull. Mukogawa Women's University, Tokyo, **14**, 17–22 (japanisch).

BAEGE, B. (1933): Zur Entwicklung der Verhaltensweisen junger Hunde in den ersten drei Lebensmonaten. Z. Hundeforschg. **3**, 65–101. – BAERENDS, G. P. (1941): Fortpflanzungsverhalten und Orientierung der Grabwespe *Ammophila campestris* Jur. Tijdschrift voor Entomologie **84**, 68–275. – BAGSHAWE, L. V. (1909/10): Tigers and their Prey. J. Bombay Nat. Hist. Soc. **XIX**. – BALLY, G. (1945): Vom Ursprung und von den Grenzen der Freiheit, eine Deutung des Spieles bei Tier und Mensch. Basel. – BANDLER, R. (1975): Predatory Aggression: Midbrain-Pontine Junction rather than Hypothalamus as the Critical Structure? Aggressive Behavior **1**, 261–266. – Ders. und FLYNN, J. P. (1972): Control of somatosensory fields for striking during hypothalamically elicited attack. Brain Research **38**, 197–201. – BASTOCK, M., D. MORRIS und M. MOYNIHAN (1953): Some Comments on Conflict and Thwarting in Animals. Behaviour **6**, 66–84. – BEACH, F. A. (1967): Mating behavior in dogs. Vortrag. Xth Intern. Ethol. Conf. Stockholm, 16.–24. Sept. – Ders., A. ZITRIN und J. JAYNES (1955): Neural mediation of mating in male cats II. Contributions of the frontal cortex. J. Exp. Zool. **130**, 381–402. – Dies. (1956): Neural mediation of mating in male cats I. Effects of unilateral and bilateral removal of the neocortex. J. comp. physiol. Psychol. **49**, 321–327. – BECHT, G. (1953): Comparative Biologic-Anatomical Researches on Mastication in some Mammals I. Proc. Koninkl. Nederl. Akad. van Wetenschapen Amsterdam, Series C (Zoology) **56**, 508–527. – BERG, B. (1934): Tiger und Mensch. Berlin. – BERNTSON, G. G. (1972): Blockade and Release of Hypothalamically and Naturally Elicited Aggressive Behaviors in Cats following Midbrain Lesions. J. comp. physiol. Psychol. **81**, 541–554. – Ders. (1973): Attack, Grooming, and Threat Elicited by Stimulation of the Pontine Tegmentum in Cats. Physiol. and Behav. **11**, 81–87. – Ders. und S. F. LEIBOWITZ (1973): Biting attack in cats: evidence for central muscarinic mediation. Brain Research **51**, 366–370. – Ders., H. C. HUGHES und M. S. BEATTIE (1976): A comparison of hypothalamically induced biting attack with natural predatory behavior in the cat. J. comp. physiol. Psychol. **90**, 167–178. –BERRIE, P. M. (1973): Ecology and Status of the Lynx in Interior Alaska. The World's Cats, vol. I, 5–41 (ed. R. L. EATON). World Wildlife Safari publ., Portland, Oregon. – Ders. (1978): Home Range of a Young Female Geoffroy's Cat in Paraguay. Carnivore **1**, 132–133. – BERTRAM, B. C. R. (1973 a): Social factors influencing reproduction in wild lions. J. Zool., Lond. **177**, 463–482. – Ders. (1973 b): Lion population regulation. E. Afr. Wildl. J. **11**, 215–225. – Ders. (1975): The Social System of Lions. Scient. Am. **232**, 54–65. – Ders. (1976): Kin selection in lions and in evolution. In: Growing Points in Ethology (P. P. G. BATESON and R. A. HINDE eds.), Cambridge Univ. Press (Great Britain), 281–301. – BIERENS DE HAAN, I. A. (1940): Die tierischen Instinkte und ihr Umbau durch Erfahrung; Leiden. – BRANDT, G. W. (1949): Farm cat as predator. Michigan Conservation **18**, 23–25. – BROWN, J. L., und R. W. HUNSPERGER (1963): Neuroethology and the motivation of agonistic behaviour. Anim. Behaviour **11**, 439–448. – BRÜGGER, M. (1943): Freßtrieb als hypothalamisches Symptom. Helv. Phys. Acta **I**, 183–198. – BÜRGER, M. (1964): Beobachtungen an Wildkatzen des Magdeburger Zoos. Milu, Wissenschaftliche und kulturelle Mitteilungen aus dem Tierpark Berlin **1/5**, 286–288. – BURTON, R. W. (1929/30): The Tiger's Method Making a Kill. J. Bombay Nat. Hist. Soc. **33**.

CHANCE, M. R. A. (1962): An interpretation of some agonistic postures: the role of "cut-off" acts and postures. Symp. Zool. Soc. London **8**, 71–89. – Ders., und A. P. MEAD (1953): Social Behaviour and Primate Evolution. Symp. Soc. Exp. Biol. **VII**, Evolution, 395–439. – CONDÉ, B., und P. SCHAUENBERG (1969): Reproduction du chat forestier d'Europe (*Felis silvestris* Schreber) en captivité. Rev. Su-

ラ行

ワ行

サ行

タ行

ナ行

索引(斜体は図版頁)

復刻によせて

本書は、パウル・ライハウゼン博士（Paul Leyhausen）著“Katzen, eine Verhaltenskunde”第六版の日本語版『ネコの行動学』（一九九八年にどうぶつ社から出版）の復刻である。当時から二〇年近くを経たいま、ネコの行動学のバイブルともいうべき本書がふたたび日の目を見ることは、愛猫家だけでなく、野生動物やペットに関心のあるすべての人にとってたいへん喜ばしいことである。というのも、世界に数えきれないほどあるネコの本の中で、本書はネコを動物学の視点に立って論じた、他に類を見ない「大著」といってもおおげさではないからだ。

本書はネコの飼い方とかネコとの付き合い方を解説した本ではない。著者のパウル・ライハウゼン博士は、大型および小型野生ネコ類やイエネコの獲物捕獲、食事、コミュニケーション、なわばり、闘争、交尾、子育てなどといった行動について、自身の野外と飼育下での観察、記録、ビデオ分析、実験にもとづいて一つひとつの行動の過程を記載し、さらには他の研究者による観察や実験結果、論文をも考察に入れて、ネコの行動を本能、学習、発達（個体発生）や進化（系統発生）などさまざまな角度から分析している。本書で紹介されている観察資料や引用論文の多さを見ると、読者は一瞬、尻込みしたくなるかもしれないが、実際に読みはじめてみれば、ネコの世界のおもしろさに引き込まれていくことだろう。

今回、本書を改めて読み直して、とくに感激したのは、イエネコや野生ネコたちの行動の観察記録のおもしろさである。これらがいまだにまったく「古く」はないことに、正直にいって驚いた。こんにちでは、（少なくともドイツでは）毎日のようにテレビで野生動物の記録映画が放映されている。撮影技術や画像処理技術の進歩のおかげで、ライオンやチータがアフリカのサヴァンナでヌーやガゼルを捕獲するスリリングな場面や、心をほろりとさせる子育ての光景などを、鮮明な画像で見ることができる。それでも、本書で綴られている細かい記録は、こうした映画にも劣らないほどワクワクさせるものがある。それは、素人の目には映画から見てとれない重要な詳細を、著者が解明してくれるからであろう。本書を読んでから、ふたたびこうした動物映画を観れば、これまでよりも深い見方ができるかもしれない。

また、本書で記述されているネコたちの行動の経過はまさしく科学的に書かれているのだが、それでも思わずニヤッとしてしまうユーモアのある場面がいくつもあって、その点でも楽しめる。

著者のライハウゼン博士はネコ類だけでなく、他の動物、さらには人間の行動についても論文を発表している。一九九六年には『ネコの心（Katzenseele）』という本を、博士の愛弟子で後継者とも呼べるミルシア・プフライデラー博士（Dr. Mircea Pfleiderer）と共著で出版した。プフライデラー博士に本書の意義について伺ったところ、「この本はネコ類の行動に真剣に取り組みたい人にとっては、いまでも必読の書であり、他に類を見ない」「ネコ研究においては、この本の後に出された新しい発見や認識もある。これらはライハウゼン博士の研究の上に構築されたものもあれば、ライハウゼン博士とは無関係に発展してきたものもある。それでも、ライハウゼン博士が得た結論を覆すような新たな認識は発表されていない」というご意見をいただいた。またプフライデラー博士によると、ライハウゼン博士はすばらしい理論家であっただけでなく、愛猫家でもあって、内気なネコでもなつかせてしまう才能があったという。

ライハウゼン博士は、一九九八年に最初の日本語版が出されて一ヵ月もたたない内に亡くなられた。生前は何度も訪日されていて、日本語版が出るのをいまか、いまかと待ち続けておられただけに、亡くなる寸前とはいえ、日本語版をお届けできたのは幸いだった。ちなみに、博士が最後に書かれた論文は、沖縄のイリオモテヤマネコの分類学的な位置がテーマだった。

今回、復刻出版の企画をライハウゼン博士の未亡人、バーバラ・ライハウゼンさん（Barbara Leyhausen）とお嬢様のガブリエレ・ライハウゼン博士（Dr. Gabriele Leyhausen）にお知らせしたところ、お二人ともとても喜んでくださり、この復刻が実現するまでの過程で、お手数をつくして助けてくださった。このお二人、そして訳者に詳しいご助言を下さったプフライデラー博士に、ここであらためて深い感謝を捧げたい。

最後に、復刻出版という勇断をしてくださった丸善出版、そして本書担当の米田裕美さんに心から感謝いたします。

二〇一七年二月　ドイツ、フライブルクにて

今泉　みね子

著者紹介
パウル・ライハウゼン（Paul Leyhausen）
1916－1998年。フライブルク大学で博士号取得。1958年からゼーヴィーゼンのマックスプランク行動生理学研究所で助手を務め、1961年から81年で退官するまでは、ヴッパータールに設立されたマックスプランク行動生理学研究所・ネコ研究グループを率いた。40年以上にわたりネコの行動の研究に従事し、高齢になってからもネコ科動物と分類学を研究するとともに、さまざまな野生ネコ類およびその生息空間の保護に活躍した。

訳者紹介
今泉　みね子（いまいずみ・みねこ）
国際基督教大学教養学部自然科学科卒業、生物学専攻。1990年以来ドイツ、フライブルク市に住み、環境保護についての書籍や雑誌記事の執筆、ドイツ語や英語の書籍の翻訳に従事している。著書は『脱原発から、その先へ』（岩波書店）、『みみずのカーロ』（合同出版）ほか多数。訳書は『オオカミと生きる』『哲学者とオオカミ』『哲学者が走る』（以上、白水社）ほか多数。

ネコの行動学

平成29年5月15日　発　　行
令和5年12月15日　第7刷発行

翻訳者　今泉みね子

発行者　池田和博

発行所　丸善出版株式会社
〒101-0051 東京都千代田区神田神保町二丁目17番
編集：電話(03)3512-3265／FAX(03)3512-3272
営業：電話(03)3512-3256／FAX(03)3512-3270
https://www.maruzen-publishing.co.jp

印刷・製本／大日本印刷株式会社
装幀／戸田ツトム＋今垣知沙子

ISBN 978-4-621-30143-2　C 3045　Printed in Japan

本書は、1998年4月にどうぶつ社より出版された同名書籍を再出版したものです.